DICTIONNAIRE
DES DÉCOUVERTES
EN FRANCE,
DE 1789 A LA FIN DE 1820.

TABLES.

ON SOUSCRIT AUSSI:

Chez MONGIE aîné, boulevart des Italiens.
GALLIOT, boulevart de la Madelaine, n°. 12.
DELAUNAY, au Palais-Royal.
PÉLICIER, place du Palais-Royal.

Tous les exemplaires sont revêtus des initiales ci-après :

PARIS.—IMPRIMERIE DE FAIN, RUE RACINE, N°. 4, PLACE DE L'ODÉON.

DICTIONNAIRE

CHRONOLOGIQUE ET RAISONNÉ

DES DÉCOUVERTES,

INVENTIONS, INNOVATIONS, PERFECTIONNEMENS, OBSERVATIONS NOUVELLES ET IMPORTATIONS,

EN FRANCE,

DANS LES SCIENCES, LA LITTÉRATURE, LES ARTS, L'AGRICULTURE, LE COMMERCE ET L'INDUSTRIE,

DE 1789 A LA FIN DE 1820;

COMPRENANT AUSSI, 1°. des aperçus historiques sur les Institutions fondées dans cet espace de temps; 2°. l'indication des décorations, mentions honorables, primes d'encouragement, médailles et autres récompenses nationales qui ont été décernées pour les différens genres de succès; 3°. les revendications relatives aux objets découverts, inventés, perfectionnés ou importés.

OUVRAGE RÉDIGÉ,

D'après les notices des savans, des littérateurs, des artistes, des agronomes et des commerçans les plus distingués,

PAR UNE SOCIÉTÉ DE GENS DE LETTRES.

Invenies disjecti membra.... HORAT.

TOME DIX-SEPTIÈME.

A PARIS,
CHEZ LOUIS COLAS, LIBRAIRE-ÉDITEUR,
RUE DAUPHINE, N°. 32.

SEPTEMBRE 1824.

POST-FACE.

L'OUVRAGE que nous terminons a reçu l'accueil qu'il devait recevoir d'un public judicieux et prompt à apprécier toute entreprise conçue dans un but utile, honorable, impartial. Il n'est point exact de dire qu'on ne recherche aujourd'hui que les écrits propres à exciter l'esprit de parti ; quelles que soient la véhémence et la direction des opinions politiques, les hommes ont leurs besoins, leur gloire, leurs intérêts particuliers à soigner ; ils ne manquent jamais de favoriser les ouvrages qui peuvent les aider, sous ce triple rapport, à se procurer la plus forte masse possible de satisfaction. Le *Dictionnaire des Découvertes* devait donc trouver et a trouvé en effet des protecteurs dans toutes les classes de la société. Le roi a daigné, le 21 octobre 1822, agréer l'hommage de ce recueil avec une bienveillance particulière ; des souverains étrangers se sont inscrits au nombre de nos souscripteurs ; plusieurs princes français, les chambres représentatives, beaucoup de grands dignitaires, une foule de savans, de littérateurs, d'artistes, d'agriculteurs, de manufacturiers ont applaudi à une publication qu'ils ont jugée d'une haute importance ; plus de cent articles insérés

dans les journaux français et étrangers ont constaté ce jugement favorable.... une seule opinion l'a contesté. Peut-être, malgré le respect que nous professons pour le fonctionnaire au nom duquel cette opinion a été émise, pourrions-nous nous dispenser de nous y arrêter ; car, enfin, dans les jugemens portés par les hommes, la puissance des argumens n'augmente pas nécessairement en raison du rang que les juges occupent. Cependant nous nous décidons à mentionner l'opposition unique dont il s'agit, non pour corroborer le succès de notre Dictionnaire, succès qu'elle n'a point affaibli, mais afin de prouver à nos lecteurs qu'il n'est pas toujours facile de substituer avec adresse un prétexte au motif que la sagesse défend d'émettre ouvertement. Voici les allégations du fonctionnaire qui n'a pu saisir l'utilité d'un livre renfermant environ six mille mémoires scientifiques, notices littéraires, et descriptions technologiques, dus aux hommes les plus recommandables de la nation française, sous le double rapport des talens et de l'érudition.
« Au lieu d'indications concises, de renvois aux sources, » faits avec exactitude, ou d'analyses précises et suc» cinctes, dit le critique que nous citons, ce Diction» naire contient de longues réimpressions presque lit» térales de mémoires originaux, avec lesquels l'ou» vrage ne forme qu'un double emploi, tandis que » des lacunes considérables s'y font remarquer d'ail» leurs. »

Ainsi, il demeure prouvé à l'auteur de cet examen que, pour mériter la protection de l'autorité au nom de

laquelle il parle, le *Dictionnaire des Découvertes* devait s'offrir sous la forme d'une simple table de matières, et renvoyer à d'innombrables collections que peu de personnes peuvent réunir, et qu'on ne trouve complètes dans aucune bibliothéque publique (1); que c'est un défaut d'avoir donné une étendue suffisante à des analyses qui, pour être utiles, devaient être descriptives autant que l'espace le permettait; que, nonobstant cette prétendue prolixité, nous avons trouvé cependant le secret de réimprimer, *presque littéralement*, en seize volumes les quatorze ou quinze cents volumes où nous avons puisé.... Enfin l'exactitude qui nous a généralement acquis des éloges, est précisément le point sur lequel s'appesantit la critique singulière que nous signalons. Nous ne pensons pas qu'il soit nécessaire de combattre de telles assertions pour en démontrer la faiblesse; il suffit de les avoir citées. Quant aux lacunes, on en peut sans doute rencontrer dans notre ouvrage : il y aurait non-seulement de la présomption, mais encore de l'absurdité à prétendre qu'aucune omission ne s'y soit glissée; nul ne peut se flatter d'avoir fait un travail sans défaut. Toutefois, il y eût eu de la bonne foi à citer ces lacunes, car le moyen le plus sûr de prouver qu'elles sont *considérables*, c'était de les désigner.

---

(1) Nous pouvons affirmer, par exemple, qu'on ne peut consulter même à la bibliothéque de l'Institut la collection entière des mémoires de ce corps savant; et que S. Exc. le ministre de l'intérieur, ce protecteur né des entreprises utiles, ne possède pas dans la bibliothéque de son département le quart des ouvrages avec lesquels le nôtre forme un prétendu *double emploi*.

Du reste, il suffit d'ouvrir le Dictionnaire des Découvertes pour reconnaître que les *renvois aux sources* y ont été faits avec une exactitude dont une assertion isolée ne peut démentir l'évidence.

En attendant que le seul détracteur de notre entreprise ait assis son jugement sur des motifs plus réels, et qui puissent paraître moins passionnés, nous nous hâtons de donner ici un témoignage public de notre gratitude aux philanthropes éclairés, aux amis sincères de la gloire et de la prospérité nationales qui ont daigné seconder nos efforts, en nous faisant connaître les découvertes, sans frapper celles-ci d'une injuste réprobation, relativement aux hommes et aux temps qui les ont produites. Nous devons aussi des félicitations à nos collaborateurs internes, MM. Touchard aîné, Roberge jeune, Soleil (St.-Amand), Faye et Chassinte, qui, chacun dans la section de travail qui lui avait été confiée, ont déployé tout le zèle, tout le talent que nous attendions d'eux.

Les rédacteurs principaux,

TOUCHARD-LAFOSSE, F. ROBERGE

TABLE
DES MATIÈRES.

NOTA. Les chiffres romains renvoient à chacun des volumes de l'ouvrage ; les chiffres arabes indiquent la pagination du volume.

INSTITUTIONS.

	Tomes.	Pages.
ABATTOIRS.	I	87
ACADÉMIE CELTIQUE.	I	100
ACADÉMIE ROYALE DE MÉDECINE.	I	101
ADMINISTRATION FORESTIÈRE.	I	180
AFRIQUE (Compagnie d').	I	212
AGRICULTURE (Conseil d').	I	215
AGRICULTURE ET ÉCONOMIE RURALE (École spéciale d').	I	215
APPEL (Tribunaux d').	I	357
APPRENTIS PAUVRES ET ORPHELINS (Manufacture des).	I	358
ARMES D'HONNEUR.	I	401
ART VÉTÉRINAIRE (Écoles spéciales d').	I	422
ARTILLERIE (Premier inspecteur général de l').	I	425
ARTS (Société des amis des).	I	426
ARTS ET MÉTIERS (École des).	I	427
ARTS INDUSTRIELS (École gratuite pour les).	I	428
ARTS INDUSTRIELS (Écoles d'application des connaissances scientifiques aux).	I	428
ASILE ROYAL DE LA PROVIDENCE.	I	436
ASSOCIATION PATERNELLE des chevaliers de Saint-Louis, et du mérite militaire.	I	449
ASSURANCE DES RISQUES MARITIMES (Compagnie d').	I	450
ASSURANCE GÉNÉRALE CONTRE L'INCENDIE. (Compagnie française dite le *Phénix*.)	I	454
ASSURANCE SUR LA VIE DES HOMMES (Compagnie d').	I	456
ASSURANCES CONTRE L'INCENDIE (Compagnie royale d').	I	462
ASSURANCES GÉNÉRALES CONTRE L'INCENDIE (Compagnie d').	I	464
ASSURANCES MUTUELLES SUR LA VIE DES HOMMES (Compagnie d').	I	468
AVEUGLES (Musée des).	I	488

	Tomes.	Pages.
Avoués (Corps des).	I	490
Avoués (Chambres des).	I	491
Banque de France.	I	529
Bourses de commerce dans les départemens.	II	178
Brevets d'invention, de perfectionnement et d'importation.	II	192
Bulletin des lois.	II	218
Cadastre.	II	236
Caisse d'amortissement.	II	277
Caisse d'épargnes et de prévoyance.	II	281
Caisse de survivance et d'accroissement avec remboursement de capitaux.	II	282
Cassation (Tribunal de).	II	425
Chapitre royal de Saint-Denis.	III	34
Charte constitutionnelle.	III	61
Code civil.	III	299
Code de commerce.	III	302
Code de procédure civile.	III	304
Code d'instruction criminelle.	III	308
Code pénal.	III	310
Commerce (Tribunaux de).	III	386
Commerce (Chambres de).	III	389
Commerce (École spéciale de).	III	390
Commerce (Almanach du).	III	391
Commissaires-priseurs.	III	400
Conservatoire des arts et métiers.	III	429
Contribution foncière.	III	440
Contribution patente.	III	440
Contribution personnelle et mobilière.	III	441
Contribution sur les portes et fenêtres.	III	441
Contributions directes (Direction des).	III	442
Contributions indirectes.	III	442
Cour des comptes.	IV	143
Courtiers d'assurances maritimes.	IV	158
Députés (Chambre des).	IV	507
Diners du vaudeville, depuis *Réunions du Caveau moderne*, et ensuite *Soupers de Momus*.	V	32
Dispensaires.	V	55
Douanes (Régie des).	V	149
Eau. (Établissement pour la clarifier, la purifier et la distribuer dans Paris.)	V	234
École polytechnique.	V	412
École royale militaire préparatoire.	V	419
École royale spéciale de dessin, pour les jeunes personnes.	V	422
École royale spéciale militaire de Saint-Cyr.	V	422
Écoles normales.	V	424
Écoles normales primaires.	V	430
Écoles primaires.	V	431

	Tomes.	Pages.
Économie rurale théorique et pratique (Chaire d').	V	440
Élections (Mode des).	V	529
Enregistrement (Organisation de la régie des droits d').	VI	120
Entrepôt de vins et d'eaux-de-vie.	VI	144
État-major (Corps royal de l').	VI	338
État-major (École d'application pour le corps royal de l').	VI	342
Famille royale (Mode de constater l'état civil de la).	VI	507
France (Division militaire de la).	VII	456
France (Division territoriale et système administratif de la).	VII	459
Gardes nationales.	VIII	67
Gymnase civil et normal.	VIII	484
Haras.	VIII	510
Industrie française (Exposition publique des produits de l').	IX	340
Ingénieurs de vaisseaux (École des).	IX	342
Ingénieurs des mines (Corps des).	IX	342
Ingénieurs-géographes (Corps militaire des).	IX	344
Ingénieurs-militaires (École des).	IX	345
Institut des sciences, lettres et arts.	IX	380
Instruction élémentaire par l'enseignement mutuel.	IX	384
Instruction élémentaire (Société fondée à Paris pour l').	IX	399
Instruction publique (Conseil royal de l').	IX	445
Intendans militaires (Corps des).	IX	526
Jury.	X	56
Justice criminelle (Cours d'assises investies de la).	X	61
Langues orientales vivantes (École spéciale des).	X	237
Légion d'honneur.	X	265
Longitudes (Bureau des).	X	416
Majorats.	XI	31
Marine (Collége royal et compagnie d'élèves de la).	XI	137
Mines (École des).	XI	434
Musique et déclamation (École royale de).	XII	79
Naturalistes (École de).	XII	110
Navigation (Écoles de).	XII	129
Notaires (Chambre des).	XII	233
Octrois municipaux.	XII	265
Ordres royaux (Maisons d'éducation pour les filles ou parentes des chevaliers des).	XII	384
Pairs (Chambre des).	XII	509
Pharmacie (Société de).	XIII	203
Police (Commissaires de).	XIII	616
Police (Commissaires généraux de).	XIII	619
Prisons (Société pour l'amélioration des).	XIV	255
Rentes perpétuelles (Grand livre des).	XIV	433
Revue encyclopédique.	XIV	449
Simplon (Route du).	XV	107

	Tomes.	Pages.
Société d'encouragement pour l'industrie nationale.	XV	135
Société philanthropique.	XV	137
Système métrique.	XV	446
Tribunaux de paix.	XVI	189
Tribunaux de première instance.	XVI	190
Vaccine (Société pour la propagation de la).	XVI	353
Vendée (Chef-lieu du département de la).	XVI	459

SCIENCES

PHYSIQUES ET MATHÉMATIQUES.

MATHÉMATIQUES.

Calcul des dérivations. — *M. Arbogast.*	II	292
Calcul des probabilités. (Son application à la philosophie naturelle.) — *M. de Laplace.*	II	292
Calcul des probabilités. (Son application aux opérations géodésiques.) — *M. de Laplace.*	II	299
Constantes arbitraires. (Théorie générale de leur variation dans tous les problèmes de la mécanique.) — *MM. Lagrange ; Poisson.*	III	430
Corps (Théorie des momens d'inertie et axes conjugués des). — *M. Binet.*	III	480
Corps. (Leur mouvement en tombant d'une grande hauteur.) — *M. de Laplace.*	III	486
Corps solides (Distribution de la chaleur dans les). — *M. Poisson.*	IV	37
Courbe (Méthode synthétique pour déterminer les cercles osculateurs d'une). — *M. Hachette.*	IV	151
Courbe appelée lieu des centres de courbure, ou lieu des cercles osculateurs d'une courbe quelconque. — *M. Lancret.*	IV	152
Courbes du second degré (Équations différentielles des). — *M. Monge.*	IV	153
Courbes tautochrones. — *M. Biot.*	IV	154
Developpoïdes (Centre des). — *M. Hachette.*	IV	516
Developpoïdes (Courbes planes des). — *M. Lancret.*	IV	517
Eau (Moyen pour mesurer le poids d'un pied cube d'). — *MM. Haüy et Lavoisier.*	V	237
Eaux. (Détermination d'une nouvelle unité de mesure pour leur distribution, adaptée au système métrique français.) — *M. de Prony.*	V	324

	Tomes.	Pages.
EAUX COURANTES (Jaugeage des). — *M. de Prony.*	V	339
ELLIPSOÏDES HOMOGÈNES (Attraction des). — *M. Legendre.*	VI	23
ÉQUATION qui se présente dans la théorie des attractions des sphéroïdes. — *M. Poisson.*	VI	174
ÉQUATIONS (Racines imaginaires des). — *M. Cauchy.*	VI	184
ÉQUATIONS. (Leur intégration linéaire aux différences partielles, et en particulier de l'équation générale du mouvement des fluides.) — *M. Poisson.*	VI	197
ÉQUATIONS (Réalité et signes des racines des). — *M. Dubourguet.*	VI	201
ÉQUATIONS aux différences mêlées (Considérations sur les). — *M. Biot.*	VI	202
ÉQUATIONS ALGÉBRIQUES (Détermination du nombre et des racines réelles dans les). — *M. Cauchy.*	VI	205
ÉQUATIONS AUX DIFFÉRENCES PARTIELLES. (Leur intégration et vibrations des surfaces.) — *MM. Biot ; Poisson.*	VI	208
ÉQUATIONS DE LA PROPAGATION DU SON. (Leur intégration générale et complète.) — *M. Parseval.*	VI	234
ÉQUATIONS DIFFÉRENTIELLES (Intégration d'une classe particulière d'). — *M. Cauchy.*	VI	235
ÉQUATIONS DIFFÉRENTIELLES. (Théorie de leurs solutions particulières.) — *M. Lacroix.*	VI	240
ÉQUATIONS GÉNÉRALES DU MOUVEMENT (Propriétés des). — *M. Poisson.*	VI	245
ÉQUATIONS NUMÉRIQUES d'un degré quelconque (Nouvelle méthode pour la résolution des). — *M. Beudan.*	VI	249
FLUIDES (Intégration générale et complète de deux équations importantes dans la mécanique des). — *M. Parseval.*	VII	191
FONCTIONS (Leçons sur le calcul des). — *M. Lagrange.*	VII	265
FONCTIONS RÉCIPROQUES (Remarques sur les). — *M. Cauchy.*	VII	265
FONCTIONS SYMÉTRIQUES (Calculs des). — *M. Cauchy.*	VII	274
FORCES (Parallélogramme des). — *M. Duchayla.*	VII	310
FORMULES ANALYTIQUES (Système de). — *M. Binet.*	VII	368
GÉOMÈTRIE (Application de l'analyse à la). — *M. Monge.*	VIII	258
GÉOMÉTRIE aux trois dimensions. — *M. Hachette.*	VIII	259
GÉOMÉTRIE DESCRIPTIVE. — *M. Monge.*	VIII	261
GÉOMÉTRIE ÉLÉMENTAIRE. — *M. Legendre.*	VIII	262
GÉOMÉTRIE RATIONNELLE ET ANALYTIQUE. — *M. Dupin.*	VIII	264
INTÉGRALES DÉFINIES. — *MM. Legendre ; Poisson ; de Laplace ; Cauchy.*	IX	483
INTÉGRALES DÉFINIES. (Application des fonctions en séries de quantités périodiques.) — *M. Deflers.*	IX	505
INTÉGRALES DÉFINIES. (Leur application aux probabilités.) — *M. de Laplace.*	IX	514
INTÉGRALES DOUBLES. (Leurs propiétés et celles des rayons de courbure des surfaces.) — *M. Rodrigue.*	IX	515

	Tomes.	Pages.
INTÉGRALES MAXIMUS ET MINIMUS (Questions relatives aux). — *M. Poisson.*	IX	517
INTÉGRALES MULTIPLES. (Leurs variations.) — *M. Poisson.*	IX	521
MATHÉMATIQUES (Nouveau genre de figures de).—*M. Poinsot.*	XI	170
MÉRIDIENS ET PARALLÈLES (Méthode rigoureuse pour tracer les). — *M. Puissant.*	XI	318
MOINDRES CARRÉS (Méthode des). — *M. Legendre.*	XI	466
MOUVEMENT D'UN SYSTÈME DE CORPS, en supposant les masses variables. — *M. Poisson.*	XII	13
NOMBRES (Théorie des). — *M. Poinsot.*	XII	199
ONDES (Théorie des). — *M. Poisson.*	XII	298
PENDULE (Considérations sur le). — *MM. de Prony ; de Laplace ; de Prony ; Biot.*	XIII	134
PERPENDICULES MÉTALLIQUES destinés à reconnaître et calculer les mouvemens des grands édifices. — *M. de Prony.*	XIII	168
PLANS OSCULATEURS qui résultent de l'intersection de deux surfaces. — *M. Hachette.*	XIII	432
PLAQUES ÉLASTIQUES (Intégrale de l'équation relative aux vibrations des). — *M. Poisson.*	XIII	470
POLYÈDRES. (Égalité de ceux composés des mêmes forces semblablement disposées.) — *M. Cauchy.*	XIV	4
POLYGONES ET POLYÈDRES. — *M. Poinsot.*	XIV	7
POUSSÉE DES TERRES et épaisseur des murs de revêtement. — *M. de Prony.*	XIV	215
PROBABILITÉS (Approximation des formules qui sont fonctions de très-grands nombres, et sur leur application aux). — *M. de Laplace.*	XIV	256
RÉFRACTION ORDINAIRE ET EXTRAORDINAIRE (Théorème d'où l'on peut déduire toutes les lois de). — *M. Ampère.*	XIV	406
RÉGULATEUR universel des poids et mesures. — *MM. Martin ; Ray et Bellard.*	XIV	423
SPHÈRE qui en touche quatre autres (Solution analytique d'un problème d'une). — *M. Poisson.*	XV	253
SPHÉROÏDES. (Sur leur attraction.) — *M. Biot.*	XV	256
SPHÉROÏDES HOMOGÈNES (Attraction des). — *MM. Yvory et Legendre.*	XV	262
SURFACES. (Leurs tangentes réciproques.) — *M. Hachette.*	XV	416
SYPHON POUR ÉLEVER L'EAU (Manière d'employer le). — *M. de Prony.*	XV	432
TABLES ET RÈGLES GONIOMÉTRIQUES. — *M. Francœur.*	XV	495
TABLES LOGARITHMIQUES ET TRIGONOMÉTRIQUES. — *M. de Prony.*	XV	496
TABLETTES propres à trouver l'heure en mer par la hauteur du soleil. — *Madame Lefrançois.*	XV	501
TANGENTES (Méthode synéthique des). — *M. Hachette.*	XV	531
TERRES (Arpentage des). — *M. Lenormand.*	XV	617

	Tomes.	Pages.
Transcendantes elliptiques. — *M. Legendre.*	XVI	156
Trente et quarante (Avantage du banquier au jeu de). — *M. Poisson.*	XVI	178
Triangles (Différentes manières d'orienter une chaîne de). — *M. Burckhardt.*	XVI	188
Trigonométrie sphéroïdique. — *M. Puissant.*	XVI	232
Voute hémisphérique. (Ses portions et sa solidité exprimées par une formule algébrique.) — *M. Bossu.*	XVI	681

HYDROGRAPHIE.

Torrens et rivières (Essai sur la théorie des). — *M. Fabre.*	XVI	115

MARINE, GÉNIE ET CONSTRUCTIONS MARITIMES.

Architecture navale. — *M. Annesley.*	I	370
Cales flottantes. — *M. Ducrest.*	II	308
Camp flottant. — *M. Prinet.*	II	341
Carte trigonométrique. — *M. Maingon.*	II	413
Doublage des vaisseaux. — *M. Ducrest.*	V	149
Mats pour les vaisseaux (Nouveau système d'assemblage de). — *M. Lemercier.*	XI	194
Vaisseaux (Construction et radoubs des). — *M. Walters.*	XVI	355
Vaisseaux. (Moyens de leur procurer une égale activité dans leurs manœuvres et le service de leur artillerie.) — *M. Burges-Missiessy.*	XVI	356

Voyez Mécanique et Économie industrielle.

ARTILLERIE.

Affuts de canon de remparts ou de vaisseaux. — *M. Hawkins*	I	209
Artillerie (Recherches sur l'). — *MM. Texier de Norbec, Guyton de Morveau.*	I	423
Artillerie (Baguettes pour remplacer les lances à feu de l'). — *MM. Proust* et *Borde ; Cadet.*	I	424
Bouches a feu (Résultats des expériences sur les alliages de cuivre, d'étain, de zinc et de fer, considérés sous le rapport de la fabrication des). — *M. Dusaussoy.*	II	168
Bouches a feu. (Leur emploi pour lancer des grenades.) — *M. Marescot.*	II	171
Boulets en fer battu. — *M. Varnier.*	II	176

	Tomes.	Pages.
Canons (Instrument pour pointer les). — *M. Petit-Pierre.*	II	366
Étoupille inflammable. — *M. Régnier.*	VI	449
Forges de campagne sans soufflet. — *M. Thilorier.*	VII	355
Poudre a canon anglaise comparée à la poudre française. — *M. N***.*	XIV	197
Projectiles. — *MM. Petit* et *Canuel.*	XIV	267

GÉODÉSIE.

Méridienne (Mesure de la). — *MM. Méchain, Delambre, Biot* et *Arago.*	XI	315
Voyez Mathématiques.		

MÉCANIQUE.

Accouchemens (Fauteuil propre à faciliter les). — *M. Rouget.*	I	105
Aéro-clavicorde. — *MM. Schell* et *Tschirscki.*	I	180
Air. (Machine propre à le renouveler dans les mines.) — *MM. Marcel de Serres; Castellane.*	I	230
Air. (Machine pour le déplacer.) — *M. Salichon.*	I	231
Allumettes (Machine à faire les). — *M. Pelletier.*	I	262
Ambotrace ou instrument propre à écrire deux lettres à la fois. — *M. de Lachabeaussière.*	I	275
Anguille ou navire brisé. — *M. White.*	I	308
Appareil a vapeur. — *M. Engelmann.*	I	346
Arbre de tour. — *M. Gauthier.*	I	363
Arbres. (Machine pour les arracher.) — *M. Quatremère-Disjonval.*	I	366
Arçon des chapeliers. (Nouvel appareil pour le remplacer.) — *M. N***.*	I	370
Arrosemens (Machine pour les). — *M. Quatremère-Disjonval.*	I	409
Asphyxiés. (Appareil propre à les enlever des puits méphytisés.) — *M. Brizé-Fradin.*	I	443
Autographe. — *M. Brunel.*	I	487
Bacs. (Machine propre à accélérer leur passage.) — *M. Vachette.*	I	496
Baignoire pour les chevaux — *M. Torchon.*	I	505
Balance-brouette pour la pesée des grains. — *M. Chemin.*	I	510
Balance-pendule. — *MM. Dumont; de Saint-Denis.*	I	513
Balance-d'essai. — *MM. Devrine; Fourché.*	I	514
Balancier hydraulique. — *M. Dartigues.*	I	516
Balancier pour la fabrication des boutons. — *MM. Lalouet* et *Puissant.*	I	518

	Tomes.	Pages.
Balancier pour le monnayage — *M. Droz.*	I	519
Barque pour sauver les naufragés sous la glace. — *M. Brizé-Fradin.*	I	547
Barres de fer (Machine pour couper et percer simultanément les). — *M. Dufaud.*	I	548
Bas (Métiers à). — *MM. Jandeau ; Moor* et *Armitage ; Viardot ; Bellemère ; Favreau ; Dautry ; Coutan ; Bonnard ; Leger-Boizard ; Judson ; Favreau.*	I	555
Bascule a réverbération applicable aux cheminées.—*M. Bertrand.*	I	576
Bateau dit nouvelle embarcation. — *M. Castera.*	II	6
Bateau a double gouvernail. — *M. Guillaume.*	II	6
Bateau a machine hydraulique. — *M. Périssol.*	II	6
Bateau a palettes. — *MM. Destaigne* et *Courtant.*	II	7
Bateau-canne. — *M. Lemaistre.*	II	7
Bateau de pêche. — *M. Roach.*	II	7
Bateau plongeur. — *M. Castera.*	II	8
Bateau roulant ou bateau-char. — *M. Clément-Lossen.*	II	9
Bateaux. (Moyens de leur faire remonter les rivières.) — *MM. Huguet ; Chandeau, Renault* et *Tellier ; Brista de Bonval* et *Pillardeau ; Dayme* et *Montgolfier.*	II	11
Bateaux. (Procédé mécanique pour les faire naviguer.) — *M. Hoyau.*	II	14
Bateaux a vapeur. — *MM. de Jouffroy; Brunel ; Bagneris ; Binet, Renaud* et *Blanchet; Church.*	II	14
Bateaux a vapeur. (Appareil propre à les faire mouvoir.) — *M. Barlow.*	II	15
Bateaux mécaniques. — *MM. Courteaut; Raymond.*	II	16
Batiment propre à naviguer, sans voiles, sans chevaux et sans rouages. — *M. Lacroix.*	II	17
Battant a bras, à navettes changeantes, pour le tissage des étoffes. — *M. Culhat.*	II	19
Battoirs a grains. — *MM. Brun ; de Musigny.*	II	19
Belier hydraulique. — *MM. Montgolfier ; Montgolfier* fils ; *de Bernis.*	II	23
Belier hydraulique rural. — *M. Godin.*	II	26
Besicles (Nouveau mécanisme adapté aux). — *M. Chevalier.*	II	32
Betteraves (Machines propres à râper ou piler les). — *MM. Pichon* et *Moyaux ; Thiéry ; Caillon ; Molard ; Delamarche ; Isnard ; la Sucrerie de Saneschawbenheim.*	II	54
Blé (Machines à égrener le). — *MM. Cardinet ; Mairé-Voiserai ; Salabert.*	II	104
Blé (Machine à cribler le). — *M. Gravier.*	II	106
Blémomètre. — *M. Régnier.*	II	110
Blutoir. — *M. Régnier.*	II	127
Bocard volatiliseur. — *M. Auger.*	II	128

	Tomes.	Pages.
Bois. (Machine à travailler ceux de toute nature et de toutes dimensions.) — *M. Roguin.*	II	132
Bois de placage (Machine à scier le). — *MM. Charpentier; Tschaggeny; Cochot; Lefèvre.*	II	140
Boîte fulminante. — *M. Régnier.*	II	150
Bouchons de liège (Machine à fabriquer les). — *M. Maupassant de Rancy.*	II	173
Brides (Mécanisme ajouté aux). — *M. Grimoult.*	II	193
Briquet a lanterne, armé d'une baïonnette. — *M. Régnier.*	II	195
Brosse pour détacher le dépôt qui se forme à la paroi intérieure des bouteilles. — *M. Jullien.*	II	205
Brouettes ou chaises roulantes à bras. — *M. Riffé.*	II	207
Cabestan. — M. N***.	II	222
Cacao (Machines à broyer le). — *MM. Poincelet; Villalon-Calero.*	II	223
Cache-entrées. — *MM. Régnier; Georget; Régnier.*	II	223
Cachemire (Machine pour éplucher le poil de). — *M. Collier.*	II	226
Cadenas a combinaison. — *MM. Régnier; Huret.*	II	257
Cadran de sureté. — *M. Mariotte.*	II	260
Caisse métalli-mécanique. — *M. Robin.*	II	285
Caisson de voyage. — *M. Régnier.*	II	285
Canaux (Machine propre à la construction des). — *M. Diez.*	II	354
Canaux (Machines à curer les). — *MM. Dalmas; de Prony.*	II	355
Canne hydraulique. — *M. Molard.*	II	360
Canons de fusil (Machine propre à fabriquer les lames pour les). — *M. Dufaud.*	II	367
Canons de fusil. (Machine pour les rayer.) — *M. Jacquet.*	II	367
Canons de fusil (Machine à polir les). — *M. Largillière.*	II	369
Canons de fusil. (Machine pour les achever extérieurement sur le tour). — *M. Javelle.*	II	369
Caractères d'imprimerie (Machine à fabriquer les). — *MM. Didot; Didot Saint-Léger.*	II	378
Cardes. — *MM. Calla; Pelluard* et compagnie; *Muln* père; *Hache* et *Bourgeois*; *Calla*; *Scrive* et fils; *White*; *Raedel*; *Dubois-Auzoux*; *Gohin* et *Mathieu*; *Delon*; *Calla.*	II	390
Cardes (Machine à fabriquer les dents des). — *MM. Ellis; Scrive* et fils.	II	393
Cardes a dentelles (Machine à piquer les). — *M. Léger.*	II	413
Casimirs (Machine à bras pour lainer les). — *M. Kutgent.*	II	424
Casse-fil. — *M. Régnier.*	II	437
Cercle (Machines à diviser le). — *MM. Rhé; Jecker.*	II	457
Chaînes de fil de fer (Machines pour fabriquer les). — *MM. Andrieux; Roza.*	II	498
Chandeliers mécaniques et économiques. — *MM. Félix; Girard* frères.	III	4

	Tomes.	Pages.
CHANVRE (Machines propres à briser et à préparer le). — *MM. Bond; Durand; Christian; Roggero; Tissot, Montagne* et compagnie; *Montagne.*	III	18
CHANVRE ET LIN (Machines à filer les). — *MM. Robinson; Fournier; Alphonse Leroy* fils; *Madden* et *O'Neal; Girard* frères; *Debézieux; Baldwin; Vandermesch.*	III	22
CHAPEAUX (Machine propre à carder et mélanger les laines et poils servant à la fabrication des). — *M. Sarrazin.*	III	30
CHARBON-DE-TERRE (Appareil propre à extraire le bitume du). — *M. Lewille.*	III	41
CHARDON MÉTALLIQUE. — *M. Henraux* jeune.	III	45
CHARIOT A VAPEUR. — *MM. Montgolfier* et *Ceugnot.*	III	47
CHARIOT DE PRESSE D'IMPRIMERIE. — *M. Richer.*	III	47
CHASSE MÉCANIQUE A BASCULE. — *M. Dandrez.*	III	64
CHASSES pour les métiers à tisser. — *M. Ducos.*	III	64
CHEVAUX (Procédé pour doubler la force des). — *M. Cartier.*	III	123
CHEVAUX. (Moyen de les dételer lorsqu'ils s'emportent) — *M. Joanne.*	III	124
CHEVILLES MÉCANIQUES, pour basses et guitares. — *M. Scheibler.*	III	127
CHIFFONS DE LAINE (Machine à rompre les). — *M. Green-Milner.*	III	152
CHOCOLAT (Mécanismes propres à fabriquer le). — *MM. Auger; Poincelet; Menard; Daret.*	III	197
CHRONOMÈTRE appliqué à la musique. — *M. Despréaux.*	III	210
CHRONOMÈTRE de poche, à tourbillon. — *MM. Breguet*, père et fils.	III	212
CHRONOMÈTRE FRANÇAIS. — *MM. Peschot* et *N***.*	III	212
CIMENT (Machine à broyer le). — *M. Daudin.*	III	224
CISAILLES à couteaux circulaires, propres à découper les métaux laminés. — *M. Molard.*	III	238
CLAQUET de sûreté. — *M. Régnier.*	III	244
CLOUS A VIS (Machines pour former les filets des). — *MM. Phillix; Gonnaud, Reingpach, Parisot* et *Madame veuve Mérique.*	III	270
CLOUS D'ÉPINGLES (Machines à fabriquer les). — *MM. White; Daguet.*	III	270
COCHES OU DILIGENCES. (Leur remontage par une pompe à feu). — *MM. Desblancs* et *Quiey.*	III	290
COECOGRAPHE, ou Machine à l'aide de laquelle on peut écrire sans voir clair. — *M. Jullien.*	III	314
COLONNE OSCILLANTE. — *M. Manoury d'Ectot.*	III	341
COLONNES CYLINDRIQUES ET CONIQUES. (Moyen de les extraire de toute espèce de blocs.) — *M. Wright.*	III	342
COMPTEPAS, ou machines propres à mesurer les distances. — *MM. Couturier; Hervois.*	III	408
CONDENSATEUR DE FORCES. — *M. de Prony.*	III	417

	Tomes.	Pages.
CORDAGES. (Machines propres à les fabriquer.) — *MM. Robert-Fulton* et *Nathaniel Cutting* ; *Vignolet* frères et *Leroy* ; *Bauny* : *Martin* ; *Duboul.*	III	460
CORNE (Machine propre à pulvériser la). — *M. Houlet.*	III	472
CORNES POUR LA MARINE (Machine propre à fendre les). — *M. Houlet.*	III	475
CORPS (Machine pour mesurer la cohésion et la flexibilité des). — *M. Bosch*, fils.	III	494
COTON (Machines à carder et à filer le). — *MM. Brown, Pickfort* et compagnie ; *Pouchet* ; *Bardel, Molard, Lancelevée, Conté* et *Bellanger* ; *Mollard* jeune ; *Pobecheim* : *Bramwels* ; *Liewen-Bauwens* et *Farrar* ; *Miln* père ; *Jubert* ; *Pouchet* ; *Albert* ; *Rivery* père et fils ; *Klarck* et *André* ; *Corbillez* et *Walsch* ; *Delafontaine* ; *Andrieux* ; *Maquemhem* et *Poujols* ; *Boucher*, oncle et neveu ; *Rodier* ; *Bardel* ; *Chassaigne* ; *Bodmer* : *Rawle* : *Liewen-Bauwens* ; *Mather* ; *Calla* et *Sureda* ; *Mather* ; *Uhlborn* et compagnie ; *Collier* ; *Saladin* ; *Jacob* ; *Vautier.*	IV	63
COTON (Machines à ouvrir et à battre le). — *MM. Orford* ; *Ellis.*	IV	102
COULEURS (Machine à broyer les). — *M. Molard.*	IV	123
COURANS DE L'AIR et DE L'EAU. (Art de les employer à vaincre leur propre résistance et celle des autres corps). — *M. Thilorier.*	IV	145
COUVERTS EN MÉTAL. (Machine pour les fabriquer.) — *M. Jalabert.*	IV	161
CRAYONS (Machine à fabriquer les). — *MM. Arnoult* et *Humblot-Conté.*	IV	185
CRÉCISE. — *M. Cointereaux.*	IV	186
CRÉMAILLÈRE pour lever les fardeaux. — *M. Macquart.*	IV	186
CRIC HYDRAULIQUE. — *MM. Renaud, Blanchet* et *Binet.*	IV	193
CRICS. — *MM. Martin* ; *Dusoudray.*	IV	193
CUIR (Machines à fendre les courroies de). — *MM. Roth* et *Adelmann* ; *Degrand.*	IV	282
CUIRASSE MARINE, ou cuirasse flottante. — *M. Cayeux.*	IV	283
CUISSES ARTIFICIELLES. — *M. Gautier.*	IV	311
CYLINDRE A BATTOIRS. (Machine à battre le blé.) — *M. Carrère.*	IV	356
CYLINDRE à HÉLICES. — *M. Vialon.*	IV	360
CYLINDRES DE CARDES EN STUC. — *MM. Collier* frères.	IV	362
CYLINDRES DES INSTRUMENS DE MUSIQUE (Machine servant à noter avec la plus grande précision les). — *M. Bourdier.*	IV	362
CYLINDRES employés dans les machines à filer le coton (Machines à canneler les). — *M. Caillon.*	IV	363
CYLINDRES EN PAPIER (Machine à faire les). — *MM. Bardel* ; *Hisette.*	IV	363

	Tomes.	Pages.
DACTYLOGRAPHE. (Clavier destiné à transmettre, au moyen du toucher, les signes de la parole.) — *M. N***.*	IV	377
DANAÏDE. — *M. Manoury-d'Ectot.*	IV	385
DANAÏDE ou nouveau pressoir à vin. — *M. Huguet.*	IV	388
DENTELLE (Métier propre à faire le fond de). — *MM. Dervieu* et *Piaud.*	IV	455
DENTELLE (Machines à fabriquer la). — *MM. Thomassin, Corbitt, Blacks* et *Cutts; Heatcoat.*	IV	481
DENTELLES (Presse pour les). — *M. Gauthier.*	IV	484
DENTELLES EN SOIE, façon anglaise (Métiers propres à la fabrication des fonds de). — *MM. Jourdan* père et fils.	IV	484
DENTELLES fond fil, or et argent (Machine à fabriquer les). — *M. Penet.*	IV	485
DENTELLES, TULLES ET TRICOTS (Métier à fabriquer les). — *MM. Louis* et *Louyet.*	IV	486
DENTS DE ROUES (Machine à tailler les). — *M. Japy.*	IV	505
DÉVIDOIR pour les soies cuites, teintes, grasses et autres, ainsi que pour les fils de coton, de laine, etc. — *M. Belly.*	IV	521
DIABLE. (Machine à ouvrir et nettoyer la laine et à mélanger les couleurs.) — *M. Douglas.*	IV	531
DONNAVY. (Machine à élever l'eau.) — *M. Donnavy.*	V	141
DRAPS (Machines à fabriquer les). — *MM. Reynaud* et *Ford; Vigneron; Demaurey.*	V	158
DRAPS (Machines à tondre les). — *MM. Delarches; Douglas; Wathier; Leblanc-Paroissien; Place; la Société d'encouragement; M. Mazeline.*	V	163
DRAPS (Machines à lainer les). — *MM. Grangier* frères; *Douglas; Wathier; Mazeline; Faux; Kutgens* fils; *Ducrest; Taurin* frères.	V	176
DYNAMOMÈTRE. — *M. Régnier; la Société d'encouragement; M. Régnier.*	V	213
DYNAMOMÈTRE destiné à comparer les différens degrés de force des laines. — *M. Régnier.*	V	219
EAU. (Machine propre à la tirer des puits.) — *M. Charpentier.*	V	235
EAU DE LA SEINE. (Son élévation à Marly.) — *MM. Carnot, Poisson* et *de Prony.*	V	278
EAUX (Machines à élever les). — *MM. Dumoutier; Bergeaud; Forir-Dieudonné; Néret; Cagniart de Latour; N***.; Lacroix* et *Peulvay; Navier.*	V	332
EAUX STAGNANTES. (Machine propre à les mettre en activité.) — *M. Messance.*	V	383
ÉCLUSE A FLOTTEUR. — *M. de Bettancourt.*	V	400
ÉCLUSES (Bascule au moyen de laquelle on peut faire monter ou baisser l'eau dans les). — *M. Groetaers.*	V	410

	Tomes.	Pages.
ÉCLUSES A SAS MOBILE ET A PLAN INCLINÉ. (Moyen de les construire.) — *M. Robert-Fulton.*	V	410
EMPORTE-PIÈCES. — *M. Japy.*	VI	89
ENCLIQUETAGE PARTICULIER. — *M. Dobo.*	VI	99
ENGRENAGE CONTINU. — *M. White.*	VI	119
ÉPROUVETTES pour la poudre. — *MM. Régnier ; Hachette.*	VI	169
ESCALIER HYDRAULIQUE. — *Madame veuve Lecourtois.*	VI	283
ÉTEIGNOIR MÉCANIQUE. — *M. Régnier.*	VI	343
ÉTOFFES (Machine à coudre les). — *MM. Stone* et *Anderson.*	VI	401
ÉTOFFES DIVERSES (Machines à fabriquer les) — *MM. Meunier* fils ; *Bonvallet ; Ébingre ; Jacquard ; Leblanc-Paroissien ; Meunier ; Aubert ; Bouillon ; Ajac ; Dufour ; Boutarel* et *Reverchon ; Jacquard ; Breton ; Villalon-Calero ; Godart.*	VI	430
FARDEAUX (Collets à rouleaux de frottement pour mouvoir les). — *M. Calla.*	VI	509
FARDEAUX. (Moyens de les transporter sur les terrains impraticables.) — *MM. Amavet*, père et fils.	VI	511
FAUTEUIL MÉCANIQUE. — *MM. Daujon ; Rouget.*	VI	519
FAUTEUIL-PORTOIR. — *M. Regnier.*	VI	521
FER (Machine à couper et à percer le). — *M. N***.*	VI	553
FER. (Machine propre à le dresser, et à faire dessus des languettes, des rainures et des moulures.) — *M. Caillon.*	VI	554
FER FONDU (Appareil employé au moulage des objets en). — *M. Baradelle.*	VII	43
FICELLE (Machine à filer la). — *M. Quatremère-Disjonval.*	VII	111
FIL DE CARET de toute grosseur et longueur. (Machines pour le fabriquer avec du chanvre sérancé.) — *MM. Boichoz ; Viéné ; Barbé-de-Luz.*	VII	133
FILETS POUR LA PÊCHE (Métiers propres à faire les). — *MM. Jacquard ; Buron.*	VII	141
FILS (Machine à doubler et à retordre les). — *MM. Gombert ; Michelez* et *Welter.*	VII	148
FILS ET TISSUS RÉTICULAIRES (Machine à flamber les). — *M. Hall.*	VII	160
FORCE TANGENTIELLE dans les machines à arbre tournant (Mesure de la). — *M. Hachette.*	VII	307
FORCES HÉLICOÏDES pour tondre les draps. — *M. Ellis.*	VII	311
FORCES MOTRICES (Nouveau système de). — *MM. Macouan* et compagnie.	VII	313
FORCES MOTRICES obtenues des vagues de la mer. — *MM. Girard* père et fils.	VII	313
FORMES ET EMBOUCHOIRS. — *M. Sakosky.*	VII	365
FOSSES D'AISANCES (Appareil propre à empêcher les émanations méphitiques des). — *M. Debezis.*	VII	371
FOULOIRES pour le raisin. — *M. Gay.*	VII	377

	Tomes.	Pages.
FOULONS à fouler les draps. — *MM. Lenoir, Maillet* et *Lhèrmillier.*	VII	379
FUSEAU MÉCANIQUE. — *M. Sureda.*	VII	522
FUSILS DE MUNITION (Instrumens pour connaître et comparer la force relative des ressorts des). — *M. Régnier.*	VII	538
GAMMOGRAPHIE. (Art de rayer toutes sortes de papiers.) — *M. Rohberger de Vausenville.*	VIII	55
GARDE-MONTRE. — *M. Billiaux.*	VIII	66
GAZ DES PUITS et des fosses méphitisées. (Appareil pour l'extraire facilement.) — *M. Cadet de Gassicourt.*	VIII	142
GLACES (Machine à dresser et à adoucir les). — *M. Dartigues.*	VIII	294
GLACES (Machine à polir les). — *M. Hubert.*	VIII	294
GLOBE GÉO-CÉLESTE. — *M. Georges.*	VIII	310
GOUVERNAIL (Moyen de suppléer en mer à la perte du). — *M. Dusseuil.*	VIII	381
GRAINES OLÉAGINEUSES (Machines propres à les broyer). — *MM. Molard* aîné ; *Montgolfier.*	VIII	383
GRAINS (Machines à battre, dépiquer et cribler les). — *MM. Lavocat; Gros* aîné; *Dalmas.*	VIII	387
GRAINS ET FARINES. (Appareil pour les sécher.) — *M. Jeanson.*	VIII	388
GRAVURES ET MONNAIES. (Machines propres à prévenir leur contrefaçon.) — *M. Botch.*	VIII	433
GRUES. — *M. Bandiery.*	VIII	471
HOUILLE (Machine propre à extraire la). — *M. Sarton* père.	IX	136
HUILE (Machines à extraire l'). — *MM. Moline; Écouchart.*	IX	137
HUILE DES PLANTES OLÉAGINEUSES. (Machine destinée à l'extraire.) — *M. Paillette.*	IX	144
HYDRE HYDRAULIQUE. — *M. Villain.*	IX	206
HYDRÉOLE. — *M. Manoury-d'Ectot.*	IX	207
HYDRO-BASCULE. — *M. Capron.*	IX	213
HYDRO-ÉCONOMIQUE. (Nouvelle machine hydraulique.) — *M. Dewal.*	IX	216
INCENDIE (Appareils divers contre l'). — *MM. Désaudray; Audibert; Régnier; Tréchard; Daujon; Jeandeau; Régnier; de Castera; Rivey; N***.*	IX	292
INDIGO (Machine à broyer l') — *M. Lefèvre.*	IX	316
INSTRUMENT pour régler une feuille de papier des deux côtés à la fois. — *M. Astier.*	IX	448
INSTRUMENT propre à prendre le profil de toutes sortes d'objets. — *M. Lemoyne.*	IX	448
INSTRUMENT propre à remplacer le plomb de sonde. — *M. Gauthier.*	IX	419
IRRIGATIONS (Machine pour les) — *M. N***.*	IX	569
JAMBES ARTIFICIELLES. — *MM. Oudet; Sonneck; Prévost; Daret.*	X	17
JEU A LA SERINETTE. — *M. Burgin.*	X	30

	Tomes.	Pages.
Jeu de bagues où les chevaux sont mis en mouvement au moyen de pédales qui servent d'étriers. — *M. Cardinet.*	X	30
Lacs (Machine propre à remplacer les tireurs de). — *M. Breton.*	X	105
Laine (Cardes à). — *M. Douglas.*	X	115
Laine (Machines à préparer et à filer la). — *MM. Sarrazin; Douglas; Colas de Brouville, Vandebergue* et *Gajou* père et fils; *Faux* et *Georges; Dérodé-Biémont; Madame Ve. Garnett; MM. Guéroult; Weber; Demaurey; Ellis; Heydweiler; Maupeou; Collier; Rawlé; Dobo; Chauvelot; Busby; Bélanger; Dobo; Bélanger; Belot; Himmer.*	X	123
Laiton (Machine à couper les feuilles de). — *M. Japy.*	X	172
Laminoirs. — *MM. Colon; Delamotte; Droz; Dodillet.*	X	185
Lardon de potence (Banc à tirer pour faire l'entrée du). — *M. Japy.*	X	247
Levier moteur. — *M. Demandres.*	X	277
Leviers hydrauliques. — *MM. Cadet; Godin.*	X	277
Ligne traînante a détente. — *M. Grossin* aîné.	X	286
Limes (Machines à tailler les). — *MM. Persevalle; Petit-Pierre.*	X	306
Lin. (Machine propre à le broyer sans rouissage.) — *M. Tissot.*	X	314
Lin et chanvre (Machine à préparer et à filer les). — *MM. Munier* et *Madden.*	X	316
Lin et chanvre (Broyage, affinage et sérançage des). — *MM. Hill* et *Bundy.*	X	323
Linge damassé (Métier à tisser le). — *M. Gaspard.*	X	325
Lit pliant, portatif. — *M. Desouches.*	X	363
Lit pour les femmes en couche. — *M. Daujon.*	X	364
Lits a ressorts. — *M. Cardinet.*	X	372
Lits pour les malades. — *MM. Daujon; Martini; Daujon; Laurent.*	X	372
Lock perpétuel. — *M. Odiorne.*	X	410
Louchets. (Machines propres à extraire la tourbe sous l'eau.) — *MM. Millot; Jullien.*	X	423
Machine a bras pour faire la farine de pomme-de-terre. — *M. Grouvel.*	X	523
Machine à broyer l'indigo ou toute autre matière. — *M. Douglas.*	X	524
Machine a canneler. — *M. Petit-Pierre.*	X	524
Machine a cannettes à l'usage des tissus en soie et en coton. *M. Princeps.*	X	525
Machine a centrer. — *M. Privat.*	X	525
Machine à graver la taille-douce. — *M. Petit-Pierre.*	X	526
Machine a naviguer par l'action de l'eau accumulée sur un bateau moteur. — *M. Jennepin.*	X	527

	Tomes.	Pages.
MACHINE A PERCER DROIT A L'ARCHET. — *M. Japy.*	X	527
MACHINE A PLONGER *dite* ichtisandre. — *M. Touboulic.*	X	527
MACHINE A TRAMES. — *M. Rousseau.*	X	529
MACHINE pour couper la betterave, la réduire en pulpe et en exprimer le suc. — *M. Drapiez.*	X	532
MACHINE propre à mettre en mouvement, à l'aide d'un seul homme, une corderie, une plaquerie et un laminoir. — *M. Potel.*	X	533
MACHINE propre à perfectionner la fabrication des huiles. — *MM. Delille* et *Hallette.*	X	533
MACHINE DE ROTATION propre à imprimer au fer toutes les formes usitées dans le commerce. — *MM. Pillardeau* et *Pelletan.*	X	535
MACHINES. (Récompenses accordées pour leur construction ou leur propagation, et exposé des avantages qu'on peut en tirer.) — *MM. Douglas; Guénin; Cagniard de Latour; Salneuve; Dermet; Bouchet; Manoury-d'Ectot; Berniset* père et fils; *Delfau* dit *Lamotte; Fourmand; Lami; N***.*	X	535
MACHINES A FEU. — *MM. Boury; Perrier; Delamotte; O'Reilly; Menault; Jandeau; Girard* frères; *Clément, Désormes, Champy* et *Gengembre; Girard* frères; *Cagniard de Latour; Albert* et *Martin; Perrier; Douglas; Humphrey, Edwards; Cordier* et *Cazalis; Clément* et *Désormes; Hague* et *Crosley; Bresson; Degrand; Aitken* et *Steel.*	X	543
MACHINES HYDRAULIQUES. — *MM. Trouville; Desmarest; Lacaze; Charpentier; Thuez; Goin* et *Marperger; Bossu* et *Solages; Chauvin; de Maizières; Aitken.*	X	561
MACHINES SOUFFLANTES. — *MM. O'Reilly; Williac; N***.*	X	572
MAINS ARTIFICIELLES. — *MM. Thévenin; Provost.*	XI	24
MANÉGES et mécanismes s'y adaptant et en tenant lieu. — *MM. Focard-Château; Arnoult* et *Goulé; Landrieux; de Maizières.*	XI	98
MANIVELLE A RESSORT. — *M. Régnier.*	XI	109
MARBRE (Machines à scier le). — *MM. Barbier; Coutan.*	XI	129
MARBRES PRÉCIEUX (Machine propre à débiter en rond les). — *M. Valin.*	XI	132
MARQUETERIE DE MÉTAL dans le bois, et propre à la décoration des meubles, appartemens, etc. (Machine à faire la). — *M. Jouvet.*	XI	157
MATIÈRES FILAMENTEUSES (Nouveau système de machines propres à mélanger, ouvrir, carder et filer les). — *MM. Pobecheim* et *White; Pelletier.*	XI	185
MÉCANIQUE A PIQUER les cartes à dentelles. — *M. Legoux.*	XI	195
MÉCANIQUE adaptée au métier dit à la Jacquart. — *M. Jourdan.*	XI	195

	Tomes.	Pages.
MÉCANIQUE HYDRAULIQUE applicable aux moulins à blé et à huile. — *M. Laberthy.*	XI	201
MÉCANISME à substituer à la mécanique de Jacquart. — *M. Skola.*	XI	202
MÉCANISME applicable au métier ordinaire de filoche. — *M. Allais.*	XI	202
MÉCANISME destiné à faire basculer le levier de la mécanique dite à la Jacquart, adapté au métier à la Zurichoise. — *M. Royel.*	XI	202
MÉCANISME pour apprécier la résistance qu'éprouvent les bateaux. — *M. Récicourt.*	XI	202
MÉCANISME propre à mettre à la fois en mouvement une plaquerie et un laminoir à l'aide d'un seul ouvrier. — *M. Potel.*	XI	204
MÉCANISME susceptible d'être adapté à tous les mull-jennys pour le renvidage du coton. — *MM. Bataille* et *Charoy.*	XI	204
MÈCHES DITES ANGLAISES. — *M. Privat.*	XI	207
MÈCHES RONDES ET PLATES (Métier propre à faire les). — *M. Hoffmann.*	XI	210
MÉTIERS A GAZES. — *M. de Lasalle.*	XI	381
MÉTIERS A TISSER. — *MM. Biard; Despiau* et *Renon; Biard; Delamarre; Biard; Vigneron; Bucher; Lecocq; Belly; Banse; Breton; Despiau.*	XI	381
MÉTIERS pour la fabrication des étoffes de soie (Nouveau mécanisme appliqué aux). — *M. Brun.*	XI	388
MÈTRE (Machines propres à diviser et à graduer le). — *MM. Lanier; Kutsch.*	XI	389
MÉTRONOMES. — *M. Maelzel.*	XI	390
MINERAI. (Machines pour l'extraire.) — *MM. Bouesnel; Sarton* père.	XI	419
MOBILE PERFECTIONNÉ. (Son application aux voies de transport par terre et par mer.) — *M. Dallery.*	XI	458
MONNAIE. (Machine propre à l'emballer sans frottement) — *M. Colson.*	XI	499
MONNAIES (Machines propres à la fabrication des). — *MM. Montu; de Prony; Saulnier; Droz; Gingembre; Droz; Rolch* jeune.	XI	500
MOTEURS DIVERS. — *MM. Quintenz; Rondinelli; Dietz* et *Cauchoix.*	XI	575
MOULIN à ailes horizontales. — *M. Navier.*	XI	581
MOULIN A BROYER LES MORTIERS et les cimens. — *M. Daudin.*	XI	581
MOULIN A DRAGUER. — *M. Hubert.*	XI	582
MOULIN A EAU ET A VENT. — *M. Pilet.*	XI	583
MOULIN A ÉCRASER LE RAISIN. — *M. Rast-Maupas.*	XI	583
MOULIN A MANÉGE. — *MM. Léger* et *Piter.*	XI	584
MOULIN A PERLER L'ORGE. — *M. Grignet.*	XI	585
MOULIN A VAPEUR. — *M. Girard.*	XI	586

	Tomes.	Pages.
MOULIN CRIBLEUR pour nettoyer le grain. — *M. Moussé.*	XI	587
MOULIN HYDRAULIQUE et perpétuel à double piston. — *M. Denys de Montfort.*	XI	588
MOULIN SANS ROUE. — *M. Bossu.*	XI	589
MOULINET. — *M. Lavocat.*	XI	590
MOULINS A FARINE DIVERS. — *MM. Darnal; Devismes* et *Perrier; Manoury-d'Ectot; Albert; Johnson* et compagnie; *Navier; Ormeaux; Romancé; Desquinemare; Pilet; Saget; Pécantin; Dronsart* et *Jacob.*	XI	591
MOULINS A PILONS OU A FOULONS (Nouveau procédé pour élever les pilons ou foulons des). — *MM. Lenoir, Maillet* et *Lhermillier.*	XI	602
MOULINS A SUCRE. — *MM. N***; Fouache.*	XI	603
MOULINS A VENT. — *MM. Rogniat; N***; Huguet; Girard; Lefèvre; Molard* jeune.	XI	604
MOUTON A CABESTAN. — *M. Caumont-Lasuze.*	XII	7
MOUVEMENT CIRCULAIRE dans un plan donné à volonté. (Nouveau moyen propre à le convertir en mouvement de va-et-vient.) — *M. White.*	XII	10
MOUVEMENT CIRCULAIRE HORIZONTAL produit au moyen du vent et de l'eau courante. — *M. Muhlert.*	XII	12
MOUVEMENT DE SURETÉ. — *M. Georget.*	XII	13
MOUVEMENS CIRCULAIRES CONTINUS. (Moyen de les changer en mouvemens rectilignes alternatifs.) — *M. de Prony.*	XII	18
MULLS-JENNYS (Système de renvidage à toute longueur applicable aux). — *M. Paillette.*	XII	26
MUSIQUE. (Moyen de la noter à mesure qu'on la compose.) — *M. Lenormand.*	XII	65
NAPPES ET SERVIETTES de toutes grandeurs, avec dessins et paysages (Machine pour fabriquer les). — *M. Werly.*	XII	99
NAUTILE. (Bateau sous-marin.) — *MM. Coëssin* frères.	XII	110
NAVETTES DE MÉTIERS A LA ZURICHOISE (Mécanisme destiné à faire mouvoir les). — *M. Royet.*	XII	113
NAVETTES VOLANTES. — *MM. Chaptal; Delasalle; Julien-Leroy; Lecocq.*	XII	113
NÉCESSAIRES A JEU (Mécanisme pour les). — *M. Saint-Martin.*	XII	133
NORIA. — *M. Gateau.*	XII	222
NORIA SIMPLIFIÉE. — *M. Burel.*	XII	224
NORPAC. (Machine hydraulique.) — *M. Capron.*	XII	225
NYCTOGRAPHE. — *M. Dejernon.*	XII	254
OISEAU DE PROIE FACTICE, propre à lancer, à une grande distance, un objet déposé dans une circonférence donnée. — *M. Desquinemare.*	XII	276
ORFÈVRES (Moulin pour laver les cendres des). — *M. Lainé.*	XII	388
ORGANO-LYRICON. — *M. Perne.*	XII	395

	Tomes.	Pages.
Os. (Machine pour les réduire en poudre.)—*M. de Lasteyrie.*	XII	423
Panémore. — *M. Desquinemare.*	XII	529
Panharmonicon. — *M. Maelzel.*	XII	530
Panier en forme de niche pour les incendies.— *M. Régnier.*	XII	531
Papier (Machines à fabriquer le). — *MM. Robert; Degrand; Leistenschneider; Berthe* et *Grevenich; Didot-Saint-Léger; Berthe* et *Grevenich; Didot-Saint-Léger; Porlier* et *Durieux; Bilbille* et *Lenteigne.*	XII	559
Papier (Machine à rayer le).— *M. Degrand.*	XII	567
Parachutes. — *MM. Lenormand; Garnerin.*	XII	594
Parapluies. — *MM. Sagnier; Berte; Peix; Langoiroux; Sagnier; Jecker; Guillemin.*	XII	598
Pas-de-vis (Machine à tailler les). — *M. Salneuve.*	XIII	13
Passementerie (Machine pour fabriquer la). — *M. Auger.*	XIII	18
Patins destinés à exécuter, dans les appartemens, les mêmes mouvemens que sur la glace. — *M. Petitbled.*	XIII	66
Peaux (Machine à crépir et à donner le grain aux).— *M. Degrand.*	XIII	77
Peaux (Machine à raser les). — *M. Degrand.*	XIII	77
Peaux. (Machine propre à les partager dans leur épaisseur.) *M. Buscarlet.*	XIII	77
Peigne mécanique pour arracher les mauvaises herbes. — *MM. Machon* père et fils.	XIII	92
Peignes. (Moyens mécaniques pour fabriquer ceux en ivoire, en écaille, en corne et en buis.) — *MM. Tissot* et *Foullon.*	XIII	92
Peignes pour fabriquer les vis. — *M. N***.*	XIII	100
Peignes pour les fabriques. — *MM. Fouquier-d'Inglebert; Lemaire* père et fils; *Jay; Almeras* fils aîné; *Roswag* père et fils; *de Maizières; Thomas; Declanlieux; Vion; Noury.*	XIII	101
Pendule de nouvelle construction. — *M. Lenormand.*	XIII	148
Pendule hydraulique. — *M. Boitias.*	XIII	151
Pendule ou balancier (Nouvelle espèce de). — *M. Pine.*	XIII	151
Percales (Métier à fabriquer les). — *M. Stédrauski.*	XIII	161
Perspective (Instrument à dessiner la). — *M. Roggero.*	XIII	171
Peson ou romaine a cadran. — *MM. Hanin* père et fils; *Hanin* fils.	XIII	178
Physionotrace. — *M. Chrétien.*	XIII	323
Piliers des cages de montres (Machine à river les). — *M. Japy.*	XIII	374
Piliers ronds ou carrés pour les montres (Machine à faire les). — *M. Japy.*	XIII	375
Pilotis (Machines à enfoncer les). — *MM. Vauvilliers; Henry; Laplatte.*	XIII	375
Piqués en coton (Mécanique propre à fabriquer les). — *M. Julien-Leroy.*	XIII	396

	Tomes.	Pages.
PISTOLETS (Machine à carabiner les). — *M. Peniet.*	XIII	398
PISTONS DIVERS. — *MM. de Bonnard ; Gillet de Laumont.*	XIII	398
PLAN INCLINÉ (Écluse à sas mobile à). — *MM Solages* et *Bossu.*	XIII	403
PLANÉTAIRES. — *MM. Jambon ; Rouy ; Jambon ; Tombini.*	XIII	414
PLASTRON NAUTIQUE, nautile ou scaphandre complet. — *M. Bordier-Marcet.*	XIII	473
PLATE-FORME. — *M. Petit-Pierre.*	XIII	475
PODOMÈTRE. (Machine à marquer le chemin parcouru par une voiture.) — *M. Billiaux.*	XIII	525
POIGNET. (Mécanisme propre à le remplacer.) — *M. Dezarmeaux.*	XIII	547
POINÇONS. — *MM. Letixerand ; Jouvet.*	XIII	551
POINTES pour la fabrication du tulle (Nouvelle espèce de). — *M. Louis.*	XIII	555
POLYGRAPHES. — *M. Rochette* père.	XIV	12
POMMES-DE-TERRE (Machines à peser, à broyer, à pétrir et à râper les). — *MM. Thierry ; Burette ; Mathieu de Dombasle ; Paifer ; Burette.*	XIV	42
POMPE A DEUX CORPS ACCOLÉS. — *M. Boitias.*	XIV	50
POMPE à deux pistons dans le même corps. — *M. Gerin.*	XIV	52
POMPE A DOUBLE PISTON. — *M. Boitias.*	XIV	53
POMPE D'OBERDAM. — *M. Marcel de Serres.*	XIV	54
POMPE DE VAISSEAU. — *M. Bidot.*	XIV	55
POMPES A FEU. — *MM. les rédacteurs des Annales des arts et manufactures ; Droz ; Dubochet ; Favre* fils ; *Villcox* et *Crépu ; Edwards-Humphrey ; Gay-Lussac ; Douglas.*	XIV	56
POMPES A INCENDIES. — *MM. Picot ; Touboulic ; Hellet* fils ; *Gaudelet ; Cartelli ; Gailard.*	XIV	66
POMPES DIVERSES. — *MM. Bonnet-Maison-Rouge ; Fabre ; Vernon ; Rouillet ; Arnollet ; Paulet* fils aîné et *Sevennes* frères.	XIV	67
POMPES FOULANTES ET ASPIRANTES. — *MM. Berger ; Champion ; Nantes ; Banon* et *Quillet.*	XIV	73
PONT A BASCULE à trois leviers, ou pont-balance. — *M. Merlin.*	XIV	91
PONT MÉCANIQUE. — *M. Regnier.*	XIV	93
PORTE-CYLINDRE. — *M. Chatel.*	XIV	123
POUCE DU FONTAINIER. (Sur son rapport avec l'once d'eau romaine, et sur la détermination d'une nouvelle unité de mesure, pour la distribution des eaux, adaptée au système métrique français.) — *M. de Prony.*	XIV	165
POULIE MÉCANIQUE. — *M. Fyot.*	XIV	207
POULIE pour tirer l'eau des puits. — *M. Billiaux.*	XIV	208
PRESSE A BASCULE. — *M. Molard.*	XIV	229
PRESSE A CRIC A DOUBLE ENGRENAGE. — *M. Hu.*	XIV	230
PRESSE A CYLINDRE (Nouvelle espèce de). — *M. Burette.*	XIV	231

	Tomes.	Pages.
PRESSE A DOUBLE PRESSION pour dégraisser et décolorer les sucres bruts. — *MM. Banon* et *Alluard*.	XIV	232
PRESSE à imprimer le papier des deux côtés à la fois. — *M. Applegath*.	XIV	232
PRESSE et procédé pour extraire l'huile des olives.—*M. Favre*.	XIV	232
PRESSE HORIZONTALE PORTATIVE. — *M. Favre*.	XIV	234
PRESSE MUETTE, comparée à la presse à coin.— *M. Hallette*.	XIV	234
PRESSES A TIMBRE SEC. — *MM. Salneuve ; Régnier*.	XIV	234
PRESSES A VIS. — *M. Valcourt* aîné.	XIV	235
PRESSES D'IMPRIMERIE. — *MM. Didot ; Sutorius ; Izar ; Burhs ; Rowson-Wood ; Durand ; Barnet*.	XIV	236
PRESSES HYDRAULIQUES. — *MM. Perrier* et *Bettancourt ; Favre ; Cadet de Gassicourt ; Douglas ; Gengembre*.	XIV	239
PRESSES MÉCANIQUES. — *M. Gateau*.	XIV	243
PRESSOIRS A HUILE. — *MM. Sineti ; N****.	XIV	244
PRESSOIRS A VIS. — *MM. N***; Huguet*.	XIV	245
PROMENEUSE D'ENFANT. — *M. Pinabel*.	XIV	267
PYRÉOLOPHORE. — *MM. Niepce*.	XIV	303
RADEAU PLONGEUR. — *M. Thilorier*.	XIV	359
RAISIN (Machine pour extraire le liquide du marc de). — *M. N****.	XIV	378
RAMES BRISÉES mues par un balancier-pendule. — *M. Courteaut*.	XIV	387
RÈGLE A BRANCHES MOBILES. — *M. Bouvier*.	XIV	417
RÉGULATEUR DE TISSAGE. — *MM. Prost* frères.	XIV	423
RÉGULATEUR, ou fuseau de machines à filer. — *M. Corbet*	XIV	423
REUMAMETRE. (Instrument propre à connaître la force du courant des fleuves.) — *M. Régnier*.	XIV	448
RIVIÈRES ET FLEUVES (Machine à curer les). — *M. Bonnet*.	XIV	467
ROMAINE A QUEUE OSCILLANTE. — *M. Fourché*.	XIV	482
ROTS A TISSER.— *MM. Fauquier; Thomas ; Almeras ; Journée ; Thomas ; Omouton*.	XIV	495
ROUE A DOUBLE FORCE. — *M. Albert*.	XIV	496
ROUE A TAMBOUR, destinée à faire tourner des tours à tirer la soie des cocons. — *M. Lacombe* fils.	XIV	497
ROUE INCLINÉE A PALETTES. — *M. Eckardt*.	XIV	497
ROUE pour utiliser les chutes et cours d'eau. — *M. Lefèvre*.	XIV	497
ROUE SPIRALE pour le tour. — *M. Teillard*.	XIV	498
ROUES (Machines propres à tailler et à arrondir les dents et les pignons des). — *M. Petit-Pierre*.	XIV	499
ROUES A AUBES. — *MM. Privat ; Amavet* et *Belleville*.	XIV	500
ROUES A ÉLEVER L'EAU. — *M. Navier*.	XIV	501
ROUES DE VOITURES (Machine destinée à la confection des). — *M. Arnaud-Haneisz*.	XIV	504
ROULEAU A BATTRE LE BLÉ. — *M. de Puymaurin*.	XIV	509
ROULEAUX DE FRICTION. (Leur application.) — *M. Fournier-Desuremont*.	XIV	511

	Tomes.	Pages.
ROULEAUX DE PRESSION à l'usage des filatures de coton. — *M. Lecoffre.*	XIV	511
ROULEAU ou cylindres gravés pour l'impression des tissus. — *M. Rawle.*	XIV	511
SALABERTRAIN. (Instrument pour battre les céréales.) — *M. Salabert.*	XIV	568
SCIERIE pour le bois de placage. — *M. Lefebvre.*	XV	14
SCIERIE PORTATIVE. — *M. Bourdeux.*	XV	14
SCIES (Machine propre à tailler les dents des).—*M. Massuco.*	XV	18
SECRÉTAIRE NYCTALOPE. — *M. Liets.*	XV	30
SEMOIRS. — *MM. Gairal; Mourgues ; N***.*	XV	60
SERINGUES DIVERSES. — *MM. Éberhard* et *Laffitte ; Boicervoise ; Dodé* et *Duverne ; Négasseck ; Chemin* et *Fourche ; Sartores ; Heÿmann.*	XV	73
SIROPS DE SUCRE BRUT (Machine pour la clarification des). — *MM. Lartigue* et *Loze.*	XV	133
SOIE (Machines à filer la). — *MM. Molard ; Jourdan ; Rodier.*	XV	139
SOIE (Machines propres à filer les déchets de).—*MM. Miln; Eymieu ; Holleweger.*	XV	141
SONNETTES MÉCANIQUES. — *M. Berthault.*	XV	183
SONOMÈTRE. — *M. Montu.*	XV	183
SOUFFLERIE HYDRAULIQUE. — *M. Godin.*	XV	208
SOUFFLETS A CYLINDRES. — *MM. Ramus.*	XV	213
SOUFFLETS DE FORGE. — *MM. Privat ; Delaforge ; Barbier.*	XV	214
SPHÈRE HARMONIQUE. — *M. Montu.*	XV	247
STÉRÉO-CALLI-TYPOGRAPHIE. — *MM. Boileau* et *Duplat.*	XV	279
SUPPORT DE BALANCE. — *M. de Prony.*	XV	415
SYPHON INTERMITTENT. — *M. Manoury-d'Ectot.*	XV	435
TABAC (Machines à râper le). — *MM. Dubroca; Roy.*	XV	465
TABLE A TONDRE LES DRAPS. — *M. Gallois.*	XV	483
TAN (Machine à broyer le). — *M. Godet.*	XV	529
TARIÈRE A DEUX TRANCHANS. — *M. Hubert.*	XV	556
TEINTURE (Machine à couper le bois de). — *MM. Ternaux* frères.	XV	579
TÉLÉGRAPHES.—*MM. Chappe ; Bréguet* et *Bettancourt; Garroz ; Depillon ; de Saint-Haouen.*	XV	580
TENDEUR PERPÉTUEL. — *M. Arpin.*	XV	591
TERRES (Machine pour servir à l'arrosement des). — *M. Conté.*	XV	624
TISSUS (Machines propres à la fabrication des). — *MM. Furet - Laboulaye ; Vautrin ; Schonendall - d'Arimont* père et fils ; *Rawle ; Pérelle* fils ; *Prost* frères ; *Sandrin ; Privat ; Demarquet ; Lehoult* jeune et Cie.	XVI	50
TOILES A VOILES (Métier à fabriquer les). — *MM. Quéval* et Cie.	XVI	73

	Tomes.	Pages.
Toiles a voiles et cordages (Machine à mesurer la force des). — *M. Hubert.*	XVI	74
Tondeuses, ou machines à tondre les draps et autres étoffes. — *MM. Sévenne* et *Collier; Poupart de Neuflize, Sévenne* et *Collier; Froment; le Jury de l'exposition.*	XVI	95
Tonneau hydraulique. — *M. Delaunay.*	XVI	98
Tonneaux (Machine à faire les). — *M. Crochard.*	XVI	100
Tordoir-ourdissoir. — *M. Vigneron.*	XVI	110
Tour a guillocher les vases en terre noire. — *M. Lambert.*	XVI	123
Tour a tirer la soie. — *M. Tabarin.*	XVI	124
Tour en l'air. — *M. Japy.*	XVI	126
Tour universel propre à fabriquer les essieux et les boîtes des voitures. — *M. Groves.*	XVI	126
Tourbe. (Machines à l'extraire sous l'eau.) — *MM. Hesselat du Héré; de Prony.*	XVI	134
Tournant a vent. — *M. Gislain.*	XVI	140
Tournebroche a mouvement vertical. — *M. Cadet-de-Gassicourt.*	XVI	140
Tournoises ou tissus circulaires plans (Manière de fabriquer les étoffes appelées). — *M. Grégoire.*	XVI	145
Trameuse anglaise. — *M. Andrieux.*	XVI	155
Tricots divers (Machines propres à la fabrication des). — *MM. Dechoix; Jolivet* et *Cochet; Aubert; Mathis; Bernard* et *Legrand; Coutan; Simon* et *Bomard; Julien-Leroy; Pouillot, Fayolle* et *Hullin; Jannin; Louis* et *Louyet; N. Louis, Louyet, Cartier, Brannuger, Legrand* et *P. Louis; Delahaye* et compagnie; *Moisson; Chevrier* fils; *Coutan; Andrieux; Aubert; Tellier; Perrony, Coulet* et *Mary.*	XVI	210
Triton, ou machine à plonger. — *M. Drieberg.*	XVI	235
Tulles divers (Machines à fabriquer les). — *MM. Bonnard; Gallino; Bernard* et *Legrand; Jolivet, Cochet* et *Perrony; Gillet* et *Jourdan; Allais; Thomassin, Corbitt, Blacks et Cutts.*	XVI	25
Tuyau a volant, pour filer le coton sans broches. — *M. Labbé.*	XVI	271
Tuyaux sans couture (Métier pour fabriquer les). — *M. Serre.*	XVI	275
Tuyaux sans soudure (Machines et procédés propres au laminage des). — *MM. Huygh, Auger.*	XVI	281
Urines (Machine pour prévenir l'insalubrité des). — *M. Decœur.*	XVI	33.
Ustensiles de toutes formes (Machine à fabriquer les). — *M. Ford.*	XVI	339
Vaisseaux. (Moyens de les faire aller en temps calme et contre le vent.) — *M. Fouet.*	XVI	35[illegible]

	Tomes.	Pages.
VAPEUR (Machines mues par la). — *MM. Albert* et *Martin*; *Girard* frères; *Desprets*; *Lixon*; *Dagoty*; *Redon*; *Andriel*, *Perrin* et compagnie; *de Jouffroy*; *Panton*; *Barnet*.	XVI	372
VELOURS (Machine propre à gaufrer les). — *M. Morand*.	XVI	452
VELOURS. (Métier pour en fabriquer deux pièces ensemble.) — *M. Chartier*.	XVI	452
VERRES D'OPTIQUE (Machine propre à polir les). — *M. Tournant*.	XVI	495
VIDANGE des fosses d'aisances, puisards, etc. (Machine propre à renouveler l'air pendant la). — *M. Thillaye*.	XVI	527
VINS. (Machine pour les monter de la cave au comptoir.) — *M. Raboisson*.	XVI	590
VIROLE brisée pour le monnayage. — *M. Droz*.	XVI	623
VIS D'ARCHIMÈDE (Nouvelle construction et nouvelle application de la). — *MM. Alphonse-Leroy* fils; *N****.; *Cordier*.	XVI	623
VIS D'ARCHIMÈDE (Machine propre à faire mouvoir avec économie la). — *MM. Biallez*, *Guinchet* et *Pierrugues*.	XVI	627
VIS DIVERSES (Machines et procédés pour fabriquer les). — *MM. Jecker*; *Japy*; *Tournu*; *Clément-Lossen* et *Molard*; *Japy*; *Jecker*; *Japy* frères; *Tourasse*; *Japy*.	XVI	628
VOITURE dont on peut détacher le cheval en cas de danger. — *MM. Jouanne*; *Boze*.	XVI	641
VOITURES. (Moyens d'empêcher la chute de celles dont l'essieu vient à se rompre.) — *MM. Amavet*; *Gentil*.	XVI	649
VOITURES. (Moyen propre à faciliter leur marche dans les montées.) — *M. Defrance*.	XVI	650
VOLANT DYNAMIQUE, avec régulateur de force. — *M. Manoury-d'Ectot*.	XVI	665

ASTRONOMIE.

COMÈTES (Remarques générales sur les). — *MM. Legendre*; *Delambre*; *Flaugergues*.	III	364
COMÈTES principales observées dans la période. — *MM. Méchain*; *Dangos*; *Méchain*; *Messier*; *Méchain*; *Bouvard*; *Méchain*; *Pons*; *Bouvard*; *Burckhardt*; *Pons*; *Flaugergues*; *Burckhardt*; *Pons*; *N****.; *Pons*; *Bessel*; *Pons*; *Nicollet*; *Pons*; *Bouvard*; *Blanpain*.	III	369
CORPS CÉLESTES. (Leurs mouvemens autour de leurs centres de gravité.) — *M. de Laplace*.	III	507
ÉQUATIONS SÉCULAIRES DU MOUVEMENT DE LA LUNE, de son apogée et de ses nœuds. — *M. de Laplace*.	VI	253
ÉQUINOXES ET SOLSTICES. — *M. Cuvier*.	VI	257
ÉTOILES (Eclipses d'). — *M. de Lalande*.	VI	445
ÉTOILES BORÉALES. — *M. de Lalande*.	VI	446
FLUX ET REFLUX DE LA MER. — *M. de Laplace*.	VII	234

	Tomes.	Pages.
JOUR MOYEN (Invariabilité du). — *M. Poisson.*	X	49
JUNON. (Planète nouvelle.) — *M. Harding.*	X	56
LUNE. (Mouvement de son apogée.) — *M. de Laplace.*	X	488
LUNE (Nouvelles tables de la). — *MM. Burckhardt; de Laplace.*	X	491
LUNE. (Sa libration.) — *MM. Bouvard* et *Nicollet; Poisson.*	X	501
MÉCANIQUE CÉLESTE. — *M. de Laplace.*	XI	195
MERCURE. (Son passage sur le soleil.) — *MM. de Lalande* et *Messier.*	XI	301
MONDE (Exposition du système du). — *M. de Laplace.*	XI	491
NÉBULOSITÉS. — *M. N***.*	XII	132
PALLAS (Planète de). — *M. Messier.*	XII	515
PIED ÉQUATORIAL. — *M. Bonne.*	XIII	348
PLANÈTES. — *MM. Olbers; Piazzi; Burckhardt.*	XIII	419
PLANÈTES (Recherches sur les). — *MM. Lagrange; Poisson; de Laplace; Binet.*	XIII	421
SATURNE (Anneau de). — *M. de Laplace.*	XIV	598
SPHÈRE MÉCANIQUE. — *M. Gérardot.*	XV	219
SYSTÈME SOLAIRE. (Influence de la grande inégalité de Jupiter et de Saturne dans le mouvement de ses corps.) — *M. de Laplace.*	XV	464
TABLES SOLAIRES. — *M. Delambre.*	XV	501
TERRE (Figure de la). — *M. de Laplace.*	XV	600
TERRE (Mouvement de rotation de la). — *MM. Poisson; de Laplace.*	XV	605
URANUS. (Son opposition observée par Flamsteed, en 1715, et résultat qu'on peut en tirer.) — *M. Burckhardt.*	XVI	315
VÉNUS. (Planète.) — *MM. de Lalande; Flaugergues.*	XVI	463
VESTA. (Planète.) — *M. Burckhardt.*	XVI	521

GÉOGRAPHIE ET VOYAGES.

	Tomes.	Pages.
AFRIQUE (Grand plateau de l'intérieur de l'). — *M. de Lacépède.*	I	210
AMÉRIQUE (Passage au nord-ouest de l'). — *M. Buache.*	I	279
BAIE DU GÉOGRAPHE. — *M. Baudin.*	I	504
BALÉARES. (Étymologie des différens noms qui leur ont été donnés). — *M. Grasset.*	I	521
CARTES EN RELIEF. — *M. Alleaume.*	II	414
CREUGENAT (Grand trou appelé le). — *M. Verneur.*	IV	191
DIAMANS. (Provinces du Brésil qui les produisent.) — *M. d'Andrada.*	IV	552
ÉGYPTE (État ancien et moderne des provinces orientales de la Basse-). — *M. Malus.*	V	489
ÉGYPTE (Exhaussement séculaire du sol de la vallée d'). — *M. Girard.*	V	497

	Tomes.	Pages.
FONTAINE DE MOÏSE. — *M. Monge.*	VII	277
GEBEL SELSELEH. (Sa description et celle des carrières qui ont fourni les matériaux des principaux édifices de la Thébaïde.) — *M. Rozière.*	VIII	189
GÉOGRAPHIE. — *M. Andréossi.*	VIII	253
GÉOGRAPHIE ANCIENNE (Recherches sur la). — *M. Gosselin.*	VIII	253
GÉOGRAPHIE PHYSIQUE de la mer Noire, de l'intérieur de l'Afrique, et de la Méditerranée. — *M. Dureau de Lamalle* fils.	VIII	254
GLOBE TERRESTRE (Hauteurs et positions correspondantes des principales montagnes du). — *M. de Lacépède.*	VIII	311
GRAU D'ORGON. (Petit pays du midi de la France, formant une île de dix à douze lieues de circuit, située entre un bras du Rhône, le canal d'Aigues-Mortes et la mer.) — *M. Gleizes.*	VIII	413
INDE (Élévation des montagnes de l'). — *M. de Humboldt.*	IX	3 6
ISTHME DE CAPTOS. — *M. Rozière.*	IX	578
JORAT. (Montagne du Valais.) — *M. Murith.*	X	35
JUAN DE LISBOA (Recherche sur l'île de). — *M. Buache.*	X	54
LAC DU FLEUVE SANS-EAU (Vallée du). — *M. Andréossi.*	X	96
LAC MENZALEH (État actuel du). — *M. Andréossi.*	X	98
LAC MOERIS (Emplacement du). — *M. Jomard.*	X	100
LACS de Natroun et du fleuve Sans-Eau (Description de la vallée des). — *M. Andréossi.*	X	108
LATITUDE. (Tableau servant à l'indiquer dans l'hémisphère nord.) — *M. Dithurbide.*	X	253
MARAIS PONTINS. — *M. de Prony.*	XI	127
MER ROUGE (Anciennes limites de la). — *M. Dubois-Aimé.*	XI	290
MER ROUGE. (Établissement d'un canal communiquant de cette mer au Nil et à la Méditerranée.) — *M. Lepère.*	XI	292
MER ROUGE (Géographie comparée des côtes de la). — *M. Rozière.*	XI	293
NIGER. (Fleuve d'Afrique.) — *M. de Lalande.*	XII	152
NIL (Dissertations sur le). *MM. Girard ; Dubois-Aimé.*	XII	153
NOUVELLE - HOLLANDE (Cartes manuscrites de la). — *M. Coquebert de Montbret.*	XII	241
OPHIODES OU TOPAZOS, et montagne des Émeraudes (Position d'). — *M. Rozière.*	XII	313
TÉNÉRIFFE (Volcan de l'île de). — *M. Willaumez.*	XV	591
TERRES AUSTRALES (Voyage de découvertes aux). — *M. Péron.*	XV	630
TERRES dont la découverte est due à Lapeyrouse. — *M. Buache.*	XV	639
VOYAGES. (Relation de ceux de Lapeyrouse.) — *M. Millet-Mureau.*	XVI	682

Voyez GÉOGRAPHIE ANCIENNE.

Tomes. Pages.

PHYSIQUE.

	Tomes.	Pages.
ACIER. (Son aimantation par l'action du courant voltaïque.) — *M. Arago.*	I	166
AÉRONAUTES. (Ce qu'ils éprouvent et ce qu'ils remarquent dans leurs ascensions.)— *MM. Robertson ; Gay-Lussac* et *Biot.*	I	185
AÉROSTAT-BALEINE. — *M. Verger.*	I	191
AFFINITÉ DES CORPS AVEC LA LUMIÈRE. — *MM. Biot* et *Arago.*	I	194
AIGUILLE AIMANTÉE. — *MM. Mentelle ; Monge ; Paris de Boisrouvray.*	I	217
AIR. (Moyens pour le diriger, le chauffer ou le refroidir dans les maisons.)— *M. Choulot.*	I	231
ALCOGRADES. — *M. Hassenfratz.*	I	245
ATMOSPHÈRE (Constitution de l'). — *M. Gay-Lussac.*	I	471
BAGNÈRES (Eaux thermales de). — *M. Ramond.*	I	499
BAROMÈTRE. (Son application à la mesure des hauteurs.) — *MM. Ramond ; Dubuisson.*	I	539
BARREAUX AIMANTÉS. — *M. Coulomb.*	I	547
BITTERSPATH ou chaux carbonatée magnésifère. (Ses propriétés.) — *M. Biot.*	II	69
BOIS CARBONISÉ. (Sa scintillation par le choc d'un autre bois.) — *M. Leschevin.*	II	137
BRIQUETS PNEUMATIQUES. — *MM. Grobert ; Dubois.*	II	198
CALORIMÈTRE. — *M. Montgolfier.*	II	322
CALORIQUE DU VIDE. — *M. Gay-Lussac.*	II	323
CHALEUR (Remarques et théories sur la). — *MM. de Rumfort ; Péron ; Bérard ; Biot, Fourier.*	II	500
CHALEUR. (Sa production par le choc et la compression, et par la vapeur inflammable.) — *MM. Biot ; Berthollet ; Gay-Lussac.*	II	517
CHALEUR. (Effets qu'elle produit sur les couleurs développées par la polarisation.) — *M. Fresnel.*	II	524
CHALEUR ANIMALE. — *MM. Legallois* et *Thillaye* fils.	II	528
CHAUX CARBONATÉE MAGNÉSIFÈRE. — *M. Biot.*	III	87
COLORISATION (Résumé sur la). — *M. Hassenfratz.*	III	349
CORPS (Cause de la coloration des). — *M. Biot.*	III	498
CORPS. (Leur pesanteur spécifique à différens degrés de grosseur). — *M. Hassenfratz.*	III	500
CORPS (Table de conductibilité extérieure des) —*M. Cuvier.*	III	501
CORPS. (Leur phosporescence produite par la compression). — *M. Dessaignes.*	III	502
CORPS COLORÉS. (Mode d'émission de la lumière qui part de ces corps, et moyen d'augmenter considérablement l'intensité de leur couleur.) — *M. Benedict Prévost.*	IV	1

	Tomes.	Pages.
CORPS LÉGERS. (Cause du ralentissement de leur chute dans l'air.) — *M. Benédict Prévost.*	IV	21
CORPS ODORANS (Émanations visibles des). — *MM. Benédict Prévost ; Guyton de Morveau.*	V	27
CORPS RÉGULIÈREMENT CRISTALLISÉS (Double réfraction et polarisation dans les). — *M. Biot.*	IV	31
CORPS SOLIDES composés de molécules agglutinées (Écrasement des). — *M. Girard.*	IV	40
COULEURS (Considérations sur les). — *M. Prieur.*	IV	111
COULEURS IRISÉES des corps réduits en pellicules minces. — *M. Prieur.*	IV	131
COURANS DE L'OCÉAN. (Expériences propres à déterminer leur direction et leur rapidité.) — *MM. Bernardin de Saint-Pierre ; Ruyter de Warfusée.*	IV	146
COURANS ÉLECTRIQUES (Attractions et répulsions des). — *MM. Dessaignes; Ampère; Ampère, Arago* et *Fresnel.*	IV	147
CRISTAUX (Axe de réfraction des). — *M. Malus.*	IV	211
CRISTAUX DIAPHANES (Double réfraction de la lumière dans les). — *M. de Laplace.*	IV	215
DENTS (Moyen d'entendre par les). — *M. Vidron.*	IV	499
DIAPHANOMÈTRE. (Appareil propre à mesurer la transparence de l'air.) — *M. de Saussure.*	IV	555
DIFFRACTION (Expériences sur la). — *M. Arago.*	V	9
DILATATION des solides, des liquides et des fluides élastiques à de hautes températures (Loi de la). — *MM. Dulong* et *Petit.*	V	20
EAU (Adhésion des molécules de l'). — *M. de Rumfort.*	V	224
EAU. (Maximum de sa densité.) — *M. de Rumfort.*	V	236
EAU. (Rapport de son évaporation spontanée avec l'état de l'air, connu par le thermomètre, le baromètre et l'hygromètre.) — *M. Flaugergues.*	V	241
EAU. (Sa congélation par l'évaporation de l'éther.) — *M. Vogel.*	V	242
EAU. (Sa dilatation.) — *M. Haüy.*	V	246
EAU. (Sa formation par la seule compression.) — *M. Biot.*	V	247
EAU. (Sa phosphorescence.) — *M. Dessaignes.*	V	250
EAU. (Son mouvement dans les tubes capillaires.) — *M. Girard.*	V	260
EAU DE LA MER (Phosphorescence de l'). — *M. Suriray.*	V	275
EAUX (Cause de la diminution progressive des). — *M. Cadet-Devaux.*	V	322
ÉLASTICITÉ. — *MM. Barruel ; Libes.*	V	523
ÉLECTRICITÉ (Théorie de l'). — *MM. Coulomb ; N***. ; Tremery ; Libes ; Dessaignes ; Poisson ; Biot ; Becquerel.*	V	534
ÉLECTRICITÉ. (Son influence dans la végétation.) — *M. Silvestre.*	VI	2

	Tomes.	Pages.
Électricité animale. — *M. de Humboldt.*	VI	3
Eudiométrie. — *M. Berthollet.*	VI	460
Évaporation. — *MM. Cotte ; Clément* et *Désormes ; Flaugergues.*	VI	473
Fer. (Vertu magnétique considérée comme moyen de reconnaître sa présence dans les minéraux.) — *M. Haüy.*	VII	23
Fer forgé (Essai théorique et expérimental sur la résistance du). — *M. Duleau.*	VII	43
Feutrage (Mécanisme du). — *M. Monge.*	VII	97
Fils conjonctifs (Action mutuelle de deux). — *M. Ampère.*	VII	148
Fleurs (Influence que la lumière exerce sur les). — *M. Langlois.*	VII	178
Fluides. (Expériences propres à déterminer la cohérence et les lois de leur résistance.) — *MM. Coulomb ; Lacroix.*	VII	184
Fluides. (Leur écoulement.) — *MM. Hachette ; Girard ; Lehot.*	VII	195
Fluides. (Mouvemens que certains reçoivent par le contact d'autres fluides.) — *M. Draparnaud.*	VII	207
Fluides (Propagation de la chaleur dans les). — *M. Biot.*	VII	210
Fluides élastiques. (Leur mouvement dans des tuyaux cylindriques.) — *M. Poisson.*	VII	219
Fluides élastiques, liquides, et solides. (Leur dilatation à de hautes températures.) — *MM. Dulong* et *Petit.*	VII	222
Forces. (Nature de celles qui produisent la double réfraction.) — *M. Biot.*	VII	309
Forces magnétiques. (Leur intensité et leur inclinaison observées en France, en Italie et en Allemagne.) — *MM. de Humboldt* et *Gay-Lussac.*	VII	312
Forces polarisantes de certains cristaux. — *M. Biot.*	VII	321
Forces vives. (Emploi de leur principe dans le calcul de l'effet des machines.) — *MM. Petit ; Navier.*	VII	324
Foudre (Moyens préservatifs contre la). — *Franklin.*	VII	376
Froid. (Ses effets sur quelques végétaux et principalement sur le poirier.) — *M. Lhéritier.*	VII	496
Froid artificiel. — *M. Zanetti*, aîné.	VII	498
Froid produit par la dilatation des gaz. — *M. Gay-Lussac.*	VII	499
Galvanisme. — *MM. Hallé ; Robertson ; Lehot ; N***. ; Boutet ; Hallé ; Gautherot ; Biot ; de Fourcroy ; Gerboin ; Aldini ; Izarn ; Legallois ; la Société galvanique ; MM. Guyton de Morveau ; Riffaut , Chompré* et *Humphry-Davy.*	VIII	10
Gaz. (Leur capacité pour le calorique.)—*MM. Gay-Lussac ; Delaroche* et *Bérard.*	VIII	107
Gaz. (Leur force réfringente et affinité des corps pour la lumière.) —*MM. Biot* et *Arago.*	VIII	110

	Tomes.	Pages.
GAZ. (Relation entre les volumes et pressions qu'ils supportent à une même température.) — *M. Ampère.*	VIII	113
GAZ (Variation de température qui accompagne les changemens de volume des). — *M. Navier.*	VIII	122
GAZ COMPRIMÉS. (Leur phosphorescence.) — *M. Dessaignes.*	VIII	140
GAZ ET VAPEURS (Dilatation des). — *M. Gay-Lussac.*	VIII	143
GAZ HYDROGÈNE. (Manière de s'en servir pour imprimer le mouvement à diverses machines.) — *M. de Rivaz.*	VIII	154
GAZ HYDROGÈNE DES MINES (Moyen d'empêcher l'inflammation du). — *M. Brizé-Fradin.*	VIII	164
GAZ OXIDE D'AZOTE (Expériences sur le). — *M. Dispan.*	VIII	179
GENÈVE (Remarques sur le lac de). — *MM. Vaucher; Delcros.*	VIII	239
GLOBE TERRESTRE (Refroidissement séculaire du). — *M. Fourier.*	VIII	321
GLOBE TERRESTRE (Température de l'intérieur du). — *M. Fourier.*	VIII	339
HOMMES (Forces des). — *M. Coulomb.*	IX	113
INFLAMMATION par le choc du bois carbonifié. — *M. N***.*	IX	341
INSECTES tenus dans le vide pendant plusieurs jours. — *M. Biot.*	IX	378
INSTRUMENS A CORDES ET A ARCHET (Théorie des). — *M. Savart.*	IX	451
INSTRUMENS A VENT (Théorie des). — *M. Poisson.*	IX	462
ISOLATEURS DU CALORIQUE. — *MM. Pinel* et *Alphonse Leroy.*	IX	575
JOUR. (Diminution de sa durée par le refroidissement de la terre.) — *M. de Laplace.*	X	41
LAMES DE VERRE. (Nouvelles propriétés physiques qu'elles acquièrent quand elles exécutent des vibrations longitudinales.) — *MM. Biot* et *Savart.*	X	179
LAMPE A AIR INFLAMMABLE. — *M. Gay-Lussac.*	X	186
LARMES BATAVIQUES. — *MM. Brewster* et *Biot.*	X	248
LIGNES ISOTHERMES. — *M. de Humboldt.*	X	287
LIQUIDES (Adhérence des molécules des). — *M. de Rumfort.*	X	348
LIQUIDES. (De leurs puissances réfractives et dispersives, et des vapeurs qu'ils forment.) — *MM. Arago* et *Petit.*	X	350
LIQUIDES. (Leur congélation par un froid artificiel de quarante degrés au-dessous du thermomètre de Réaumur.) — *MM. de Fourcroy* et *Vauquelin.*	X	359
LITHOLOGIE ATMOSPHÉRIQUE. — *M. Izarn.*	X	370
LUMIÈRE (Application de la théorie des oscillations de la). — *M. Biot.*	X	431
LUMIÈRE (Dissection de la). — *M. Biot.*	X	433
LUMIÈRE. (Examen de celle que produisent différens combustibles, ainsi que de la clarté de différentes lampes, en raison de l'huile que l'on emploie.) — *M. Hassenfratz.*	X	436
LUMIÈRE (Indépendance absolue des forces qui font osciller et qui font tourner la). — *M. Biot.*	X	446

	Tomes.	Pages.
MONT-D'OR (Nature des eaux du). — *M. Bertrand.*	XI	510
MONTAGNES. (Neiges teintes en rouge que l'on rencontre dans les plus élevées.) — *M. Ramond.*	XI	513
MONTAGNES (Végétation sur les). — *M. Ramond.*	XI	515
OEIL DE BOEUF (Courbure des milieux réfringens de l'). — *M. Chaussat.*	XII	269
OPTIQUE (Considérations sur différens phénomènes d'). — *MM. Malus ; Omalius d'Halloy ; Malus.*	XII	335
OPTIQUE ACHROMATIQUE (Système quadrangulaire d'). — *MM. Gaillaud* et *Chamblant.*	XII	344
OPTIQUE DE PTOLÉMÉE. — *M. de Laplace.*	XII	344
OXIDATION. (Son influence sur les effets de la colonne électrique de Volta.) — *M. Biot.*	XII	454
PARATONNERRES. — *MM. Leroy; Beyer; Régnier; Billiaux.*	XII	604
PHÉNOMÈNES CAPILLAIRES. — *M. de Laplace.*	XIII	208
PHOSPHORESCENCE. — *M. Dessaignes.*	XIII	296
PHYSIQUE (Traité de). — *MM. Haüy; Bouillon-Lagrange.*	XIII	323
PIERRES ayant la propriété de se mouvoir elles-mêmes. — *M. Robertson.*	XIII	359
PILE DE VOLTA. — *MM. Biot; Alizeau; Gay-Lussac* et *Thénard.*	XIII	369
PILE GALVANIQUE (Sur quelques propriétés de la). — *MM. Biot* et *Cuvier.*	XIII	372
PLANTES exposées au soleil. (Leur respiration.) — *MM. Ruhland; N***.*	XIII	452
POINTES. (Leur aptitude pour lancer et recevoir la matière électrique.) — *M. Chappe.*	XIII	552
POINTES. (Leur pouvoir sur le fluide de la phosphorescence.) *M. Dessaignes.*	XIII	553
PYRÉNÉES (Réflexions sur les). — *M. Ramond de Carbonnières.*	XIV	296
RAYONS DE LUMIÈRE POLARISÉE. (Action qu'ils exercent les uns sur les autres.) — *MM. Arago* et *Fresnel.*	XIV	395
RAYONS LUMINEUX. — *M. Bérard.*	XIV	396
RAYONS SOLAIRES. (Leur force.) — *M. de Rumfort.*	XIV	397
RÉFLEXION (Route que suit la lumière dans les phénomènes de la). — *M. Dupin.*	XIV	403
RÉFRACTION. — *M. Biot.*	XIV	404
RÉFRACTIONS (Influence de l'humidité et de la chaleur dans les). — *M. Biot.*	XIV	415
RÉPULSION ET ATTRACTION (Nouveaux phénomènes de). — *M. Dessaignes.*	XIV	439
SIRÈNE. (Nouvelle machine d'acoustique.) — *M. Cagniard de Latour.*	XV	111
SOLEIL. (Altération que sa lumière éprouve en traversant l'atmosphère.) — *M. Hassenfratz.*	XV	157

	Tomes.	Pages.
Soleil. (Influence de sa déclinaison sur le commencement des pluies équinoxiales.) — *M. de Humboldt.*	XV	158
Son (Théorie du). — *MM. Biot; Hassenfratz; Biot; Poisson; Chladni; de Laplace.*	XV	166
Statique de l'air et du feu. — *M. Clavelin.*	XV	271
Substances minérales (Électricité des). — *M. Haüy.*	XV	322
Substances phosphorescentes. (Leurs causes principales chez les minéraux, les végétaux et les animaux.) — *M. Virey.*	XV	330
Température de la mer, des animaux qui y vivent et de l'air. — *M. Péron.*	XV	586
Températures. (Leur mesure, et lois de la communication de la chaleur.) — *MM. Dulong* et *Petit.*	XV	586
Terre (Densité moyenne de la). — *M. de Laplace.*	XV	595
Terre. (Phénomène d'optique qui résulte de son mouvement.) — *M. Hachette.*	XV	614
Thermomètre. (Son emploi pour mesurer la hauteur des montagnes.) — *M. Garnier.*	XVI	31
Torpille (Expériences sur la). — *MM. de Humboldt* et *Gay-Lussac.*	XVI	111
Tuyaux. (Résistance que le mouvement de l'air éprouve dans ceux d'une grande longueur.) — *MM. Lehot, Désormes* et *Clément.*	XVI	272
Vases de porcelaine dorés ou non dorés (Refroidissement des liquides dans les). — *M. de Rumfort.*	XVI	388
Végétation. — *M. Séguin.*	XVI	393
Végétaux (Force assimilitatrice des). — *M. Braconnot.*	XVI	415
Végétaux (Influence de la lumière sur les). — *M. de Candolle.*	XVI	416
Verres dépolis (Dispersion de la lumière par les). — *M. de Rumfort.*	XVI	494
Volcans (Considérations générales sur les). — *MM. Virey; Desmarets; de Humboldt; Abel-Rémusat.*	XVI	665
Yeux d'une organisation particulière, et moyen de suppléer, au moins momentanément, aux lunettes des presbytes. — *M. Bénédict Prévost.*	XVI	704

MÉTÉRÉOLOGIE.

	Tomes.	Pages.
Aérolithes. (Pierres atmosphériques.) — *MM. Biot; Vauquelin; Séguin; Sage; Pictet; Séguin; Laugier.*	I	181
Air (Phénomènes et propriétés de l'). — *MM. Monge; de Humboldt* et *Gay Lussac; Saladin; Deluc; de Humboldt* et *Provençal, Dessaignes; Gay-Lussac.*	I	220
Atmosphère. (Ses variations et causes qui les produisent.) — *M. de Lamarck.*	I	472

	Tomes.	Pages.
AURORES BORÉALES. — *MM. Prudhomme ; de Lamarck ; Bory de Saint-Vincent ; Cotte ; Dupin.*	I	480
BOLIDES ou globes de feu. — *M. Biot.*	II	151
CLIMAT DE L'EUROPE (Prétendue détérioration du). — *M. N***.*	III	258
FRIMAS. — *M. Monge.*	VII	496
GRÊLE. — *M. Monge.*	VIII	447
INONDATIONS SOUTERRAINES. (De celles auxquelles sont exposés périodiquement plusieurs quartiers de Paris.) — *M. Girard.*	IX	348
LUNE. (De ses nœuds et de l'influence de leur système sur notre atmosphère.) — *M. de Lamarck.*	X	498
LUNE. (Son influence sur l'atmosphère terrestre.)—*M. de Lamarck.*	X	504
MARÉES (Considérations sur les). — *MM. Coquebert-Monbret ; de Laplace.*	XI	134
MÉTÉORES. — *M. N***.*	XI	362
MÉTÉOROLOGIE (Cause des principaux phénomènes de la). — *M. Monge.*	XI	363
MÉTÉOROLOGIE (Remarques concernant la). — *M. Ramond.*	XI	379
NEIGE (Formation de la). — *M. Monge.*	XII	134
ORAGES accompagnés de grêle. (Leur formation.)—*M. Volta.*	XII	373
OURAGANS (Recherches sur la cause des). — *M. de Lamarck.*	XII	444
PLUIE. — *M. Monge.*	XIII	522
TONNERRE. — *M. Monge.*	XVI	106
TROMBES. — *MM. Monge ; Defrance.*	XVI	239
VENTS. — *M. Monge.*	XVI	461

GÉOLOGIE.

BASALTES. — *MM. Daubuisson, Werner, Dolomieu, Bergmann, Kennedy, Klaproth, Hall, Ramond, Spallanzani, Hubert* et *Richardson.*	I	570
BOIS FOSSILES. — *M. Villars.*	II	139
BRÈCHES OSSEUSES (Remarques sur les). — *M. Cuvier.*	II	189
CALCAIRES GROSSIER ET SILICEUX. (Leur formation.)—*MM. Cuvier* et *Brongniart.*	II	288
CALYPTRÉE. (Fossile des environs de Paris.)—*M. de Lamarck.*	II	326
CAOUT-CHOUC, ou bitume élastique fossile du Derbyshire. — *M. Faujas de Saint-Fond.*	II	371
CAVERNE dans les environs de Nice. — *M. N***.*	II	445
CAVERNES. (Leurs rapports avec les formations des roches dans lesquelles on les trouve.) — *M. de Humboldt.*	II	445
CÉTACÉS (Pétrification de). — *M. Traullé.*	II	491
CHARBON FOSSILE découvert à Naples.— *M. Faujas de Saint-Fond.*	III	41

	Tomes.	Pages.
CHAUVE-SOURIS FOSSILE. — *M. N***.*	III	79
CHIMBORAÇO (Voyage à la cime du). — *M. de Humboldt.*	III	152
CÔNE. (Coquille fossile des environs de Paris.) — *M. de Lamarck.*	III	422
CRASSATELLES. — *M. de Lamarck.*	IV	175
CROCODILE FOSSILE. — *M. Cuvier.*	IV	239
CUCULLÉES. — *M. de Lamarck.*	IV	277
CYCLOSTOME. — *M. de Lamarck.*	IV	351
CYPRIS. (Fève fossile.) — *M. Desmarest* fils.	IV	373
CYRTODAIRES. (Nouveau genre de coquille bivalve.) — *M. Daudin.*	IV	375
DENT FOSSILE D'ÉLÉPHANT. — *MM. N***.; Faujas de Saint-Fond.*	IV	488
DICÉRATE. — *M. de Lamarck.*	V	1
DISCORBES. — *M. de Lamarck.*	V	54
DONACES FOSSILES. — *M. de Lamarck.*	V	139
ÉGAREMENT (Description de la vallée de l'). — *M. Girard.*	V	478
ÉRYCINES FOSSILES. — *M. de Lamarck.*	VI	278
ERZRIBGE (Essai géognostique sur l'). — *M. de Bonnard.*	VI	281
FARINE FOSSILE. — *M. Faujas de Saint-Fond.*	VI	514
FISSURELLE. — *M. de Lamarck.*	VII	173
FLUSTRES ET CELLÉPORES FOSSILES. — *MM. Desmarest* et *Lesueur.*	VII	229
FOSSILES INCONNUS. — *M. Desmarest.*	VII	374
GYPSE trouvé à Pantin, et dans lequel il existe des fragmens d'os fossiles. — *M. Cuvier.*	VIII	489
GYPSE DE TRANSITION DES ALPES. — *M. Brochant de Villiers.*	VIII	490
GYROGONITE. — *MM. Desmarest; Léman.*	VIII	492
HYÈNES (Ossemens fossiles de). — *M. Cuvier.*	IX	242
JORULLO. (Volcan du Mexique.) — *M. de Humboldt.*	X	36
LAVES LITHOÏDES. (Leur formation par un nouveau genre de liquéfaction ignée.) — *M. de Drée.*	X	259
MACTRE FOSSILE. (Ses caractères.) — *M. de Lamarck.*	XI	1
MASTODONTE (Os fossiles du). — *MM. Cuvier* et *de Lacépède.*	XI	170
MÉGALONIX. — *M. Cuvier.*	XI	261
MÉGATÉRIUM. — *M. Cuvier.*	XI	262
MER. (Son séjour sur les terres de Diémen, de la Nouvelle-Hollande et de l'île de Timor). — *M. Péron.*	XI	287
MOLLUSQUES. (Existence simultanée des mollusques marines et fluviatiles dans le golfe de Livonie.) — *M. Freminville.*	XI	477
MONTAGNES MOYENNES ET INFÉRIEURES de la vallée de l'Adour. — *M. Ramond.*	XI	518
MONT-MEZIN. — *M. Cordier.*	XI	523
MONT-PERDU (Voyage au sommet du). — *M. Ramond.*	XI	524

	Tomes.	Pages.
MONTS-DORES ET MONTS-DOMES. (Leur nivellement et considérations sur l'origine des terrains nivelés.)—*M. Ramond.*	XI	525
MOULE FOSSILE. (Ses caractères.) — *M. de Lamarck.*	XI	578
NICE (Structure géologique des environs de). — *M. Risseau.*	XII	143
NUCULE FOSSILE. (Ses caractères.) — *M. de Lamarck.*	XII	246
ORLÉANS. (Constitution minéralogique et géologique du sol de ses environs.) — *M. Bigot de Morogues.*	XII	404
ORNITHOLITHES de Montmartre. — *M. Cuvier.*	XII	410
OS FOSSILES. — *MM. N***. ; Cuvier.*	XII	424
PALÆOTHERIUM. — *MM. Cuvier ; Faujas de Saint-Fond.*	XII	516
PALMIER FOSSILE, dont un tronçon a été découvert au milieu d'une brèche volcanique de Montechio-Maggiore dans le Vicentin. — *M. Faujas de Saint-Fond.*	XII	516
PARIS (Géographie minéralogique des envions de). — *MM. Cuvier* et *Brongniart.*	XIII	1
PÉTONCE FOSSILE. (Ses caractères.) — *M. de Lamarck.*	XIII	182
PICHINCHA. (Montagne qui domine la ville de Quito.) — *MM. de Humboldt.*	XIII	342
PIERRE D'ALUN. (Nature, gisement et origine de cette pierre.) — *M. Beudant.*	XIII	351
PINNE FOSSILE. (Ses caractères.) — *M. de Lamarck.*	XIII	389
PLANTES FOSSILES. — *M. Faujas de Saint-Fond.*	XIII	456
POISSONS FOSSILES. — *MM. Faujas de Saint-Fond ; de Lacépède.*	XIII	608
POLYPIERS FOSSILES. — *M. Lamouroux.*	XIV	20
POUDRE VÉGÉTALE FOSSILE. — *M. Leschevin.*	XIV	202
PYRÉNÉES (Terrain granitique des). — *M. Charpentier.*	XIV	301
TAPIRS FOSSILES de France. — *M. Cuvier.*	XV	550
TORTUES FOSSILES. — *M. Cuvier.*	XVI	117
TURFA ou mine d'ombre. — *M. Faujas de Saint-Fond.*	XVI	267
VÉSUVE. — *M. Dolomieu.*	XVI	522

CHIMIE.

ACÉTATE D'ALUMINE. — *M. Gay-Lussac.*	I	107
ACÉTATE D'AMMONIAQUE (Préparation de l'). — *MM. Steinacher; Destouches.*	I	108
ACÉTATE DE CUIVRE. (Sa distillation et ses produits.) — *MM. Derosne* frères.	I	109
ACÉTATE DE POTASSE. — *MM. Frémy ; Figuier.*	I	111
ACÉTITE DE PLOMB. — *M. Thénard.*	I	114
ACIDE ACÉTEUX. — *MM. de Fourcroy* et *Vauquelin.*	I	117
ACIDE BENZOÏQUE. — *MM. de Fourcroy* et *Vauquelin.*	I	124
ACIDE BORACIQUE OU BORIQUE. — *MM. Gay-Lussac* et *Thénard ; Robiquet.*	I	125

	Tomes.	Pages.
Acide chlorique. (Ses combinaisons avec les corps métalliques?) — *M. Vauquelin.*	I	128
Acide cicérique ou de pois chiches. — *M. Dispan.*	I	129
Acide citrique. (Sa formation par la combinaison du sucre et de l'acide muriatique oxigéné.) — *M. Vauquelin.*	I	130
Acide fluorique. — *MM. Gay-Lussac, de Fourcroy* et *Vauquelin ; Gay-Lussac* et *Thénard.*	I	131
Acide gallique. (Son existence dans la noix de galle.) — *MM. Braconnot ; Chevreul.*	I	130
Acide hydrosulfurique. (Procédé pour le préparer en grand.) — *M. Gay-Lussac.*	I	132
Acide hyposulfurique. — *MM. Gay-Lussac* et *Welter.*	I	133
Acide jaune. — *MM. de Fourcroy* et *Vauquelin.*	I	133
Acide muqueux. (Sa formation par l'acide nitrique sur les gommes et sur le sucre de lait.) — *M. Laugier.*	I	134
Acide muriatique. — *MM. Delatre ; Biot* et *Thénard ; de Labillardière.*	I	135
Acide muriatique oxigéné. — *MM. Thénard* et *Gay-Lussac ; Gay-Lussac, Thénard* et *Berthollet ; Métrasse; Dulong; Dolfus* et *Jagerschmid.*	I	136
Acide nancéique. — *M. Braconnot.*	I	139
Acide nitreux. (Son application à la dissolution de l'or.) — *M. Sage.*	I	140
Acide nitrique. — *M. de Fourcroy ; de Fourcroy* et *Vauquelin ; Lampadius.*	I	141
Acide oxalique. — *M. Bouillon-Lagrange.*	I	144
Acide phosphoreux. — *M. Thénard.*	I	145
Acide phosphorique. (Procédé pour l'obtenir.) — *MM. Laudet ; Martres.*	I	145
Acide prussique. — *MM. de Fourcroy* et *Vauquelin ; Gay-Lussac ; Magendie.*	I	147
Acide pyroligneux. — *MM. de Fourcroy* et *Vauquelin; Colin.*	I	149
Acide pyroligneux. (Appareil propre à l'extraire du goudron.) — *MM. Lhomond* et *Kurtz.*	I	150
Acide pyromucique. — *M. de Labillardière.*	I	151
Acide pyrosorbique. — *M. Braconnot.*	I	152
Acide pyrotartareux. — *MM. de Fourcroy* et *Vauquelin.*	I	152
Acide pyrourique. (Sa formation et ses propriétés.) — *MM. Chevalier* et *Lassaigne.*	I	153
Acide sébacique. — *M. Thénard.*	I	154
Acide sorbique. — *MM. Donovan ; Vauquelin.*	I	154
Acide subérique ou de liége. — *M. Chevreul.*	I	156
Acide sulfurique. (Procédé pour l'obtenir.) — *MM. Chambertain ; Pelletan* fils, *Clément.*	I	156
Acide tartareux. — *M. Thénard.*	I	157
Acide tartrique. (Sa combinaison avec l'acide borique.) — *M. Thévenin.*	I	157

	Tomes.	Pages.
Acide urique (Combinaison de l'). — *M. Gay-Lussac.*	I	158
Acide zoonique. — *M. Berthollet.*	I	158
Acides. — *MM. de Fourcroy* et *Vauquelin ; Thénard.*	I	159
Acides végétaux. — *MM. de Fourcroy* et *Vauquelin ; Thénard ; Braconnot.*	I	161
Acidule tartareux. (Crème de tartre.) — *M. Destouches.*	I	164
Acier fondu. (Sa formation au moyen du fer et du diamant.) — *MM. Clouet, Welter* et *Hachette.*	I	170
Aciers. (Leur constitution.) — *M. Gazeran.*	I	172
Aconit-napel. (Son analyse.) — *M. Steinacher.*	I	179
Affinités chimiques (Dissertation sur les). — *MM. Berthollet; Guyton de Morveau; Berthollet; de Lamétherie.*	I	195
Agates. (Procédé pour les colorer.) — *M. N***.*	I	213
Ail (Analyse de l'). — *M. Bouillon-Lagrange.*	I	220
Air. (Moyens de le désinfecter.) — *MM. Guyton de Morveau; Cadet-de-Gassicourt.*	I	227
Aix-la-Chapelle (Propriétés et analyse des eaux d'). — *MM. Reumont* et *Monheim; Lansberg.*	I	232
Alambics (Influence que leur forme exerce sur la qualité des produits de la distillation.) — *M. Curaudau.*	I	238
Albumine. — *MM. Séguin ; Thénard ; Cadet.*	I	238
Alcali fixe. (Son extraction des cendres des écailles d'huîtres.) — *M. Auger.*	I	241
Alcali vauqueline. — *M. Vauquelin.*	I	241
Alcohol. — *MM. Thénard ; de Saussure ; Destouches ; Cadet ; Gay-Lussac.*	I	247
Alcornoque (Expériences sur l'écorce et la racine de l'). — *MM. Cadet ; Nachet* et *Cadet ; Rein.*	I	252
Aloès succotrin et hépatique. (Leur analyse.) — *MM. Bouillon-Lagrange* et *Vogel.*	I	264
Alumine. — *MM. de Fourcroy ; Gay-Lussac.*	I	266
Aluns divers. — *MM. Vauquelin ; Séguin.*	I	270
Amidon. (Son extraction de la racine de colombo, et sa préparation sans fermentation.) — *MM. Planche ; Guin.*	I	279
Amidon (Sucre d'). — *MM. Bérard ; Cadet-de-Gassicourt.*	I	281
Amidon de pommes-de-terre (Sucre d'). — *M. Thorin.*	I	282
Ammoniaque (Composition de l'). — *M. Berthollet* fils.	I	283
Ammoniaque. (Phénomènes qu'il présente avec le nitrate et le muriate de mercure.) — *M. de Fourcroy.*	I	284
Anemone pratensis (Analyse de l'). — *M. Vauquelin.*	I	305
Antimoine (Remarques sur l'). — *MM. Pelletier ; Thiellay ; Robiquet.*	I	338
Appareils désinfectans. — *M. Guyton de Morveau.*	I	354
Ardoise. (Son analyse.) — *M. Daubuisson.*	I	371
Argent. (Procédé pour le séparer lorsqu'il se trouve allié au cuivre dans la monnaie de billon.) — *M. Napione.*	I	382

	Tomes.	Pages.
Argent. (Sa précipitation par le cuivre.) — *M. Gay-Lussac.*	I	383
Argent. (Son oxidation pendant sa fusion.) — *M. Chevillot.*	I	383
Argent rouge du Pérou et de Sainte-Marie. (Leur analyse.) — *M. Sage.*	I	383
Arome (Consideration sur l'). — *M. Robiquet.*	I	402
Arseniate de cobalt. — *M. Thénard.*	I	410
Arsenic (Phosphoration de l'). — *M. Pelletier.*	I	412
Asperges (Nouveau principe végétal dans le suc des). — *MM. Vauquelin* et *Robiquet.*	I	438
Audinac (Analyse de l'eau minérale d'). — *MM. Lafond* et *Magnes.*	I	477
Aunée (Analyse de la racine d'). — *M. Funke.*	I	480
Azote. (Son extraction du charbon par la chaleur, et sa combinaison avec l'acide oximuriatique et avec l'oxigène.) — *MM. Berthollet*; *Dulong*; *Gay-Lussac.*	I	493
Bagnères-Adour (Analyse des eaux de). — *M. Poumier.*	I	500
Bagnoles (Analyse des eaux minérales de). — *MM. Vauquelin* et *Thierry* fils.	I	503
Baies de sureau. (Manière dont elles se comportent avec les acides et les alcalis.) — *M. Chevalier.*	I	504
Balaruc (Analyse des eaux minérales de). — *M. Figuier.*	I	520
Bananier (Analyse du suc de). — *MM. de Fourcroy* et *Vauquelin.*	I	524
Barèges (Analyse des eaux minérales de). — *M. Poumier.*	I	539
Baryte pure. (Nouveau procédé pour l'obtenir.) — *MM. de Fourcroy* et *Vauquelin*; *Robiquet.*	I	549
Belladone. (Son analyse.) — *M. Vauquelin.*	II	27
Bezoards (Analyse des). — *MM. de Fourcroy* et *Vauquelin*; *Berthollet.*	II	60
Bile du boeuf. (Sa nature.) — *M. Thénard.*	II	64
Bismuth. — *MM. Pelletier*; *N****.; *Chaudet.*	II	67
Blanchiment par l'acide muriatique oxigéné. — *MM. Berthollet*; *Potter*; *Descroizilles* aîné; *Oberkampf*, *Widmer* et *Descroizilles*; *Boullanger.*	II	82
Blé carié. (Sa nature.) — *MM. de Fourcroy* et *Vauquelin.*	II	106
Bleu. (Procédé pour obtenir cette couleur sans indigo.) — *M. Manfredi-Stella.*	II	114
Bleu anglais. — *M. Estève.*	II	116
Bleu artificiel. — *M. Taffaert.*	II	116
Bleu d'azur. — *MM. Thénard*; *Bourgeois.*	II	117
Bleu de Prusse. (Sa composition et ses propriétés.) — *MM. Clouet*; *Curaudau*; *Gohin*; *Volpelius*; *Clément-Lossen*; *Raymond*; *Roard*; *Raymond*; *Drouet.*	II	119
Bleville (Analyse des eaux minérales de). — *M. Dupray.*	II	125
Bois de corail (Analyse du). — *M. Cadet.*	II	138
Bois fossiles (Analyse des). — *M. Sage.*	II	139

	Tomes.	Pages.
BONNETTE (Analyse des eaux minérales de).—*M. Lansberg.*	II	153
BORACITE. (Son analyse.) — *M. Vauquelin.*	II	154
BOURBONNE (Analyse des eaux minérales de).—*MM. Bosc* et *Bézu.*	II	177
BROCHET (Analyse des œufs du). — *M. Vauquelin.*	II	201
BROU DE NOIX (Analyse du). — *M. Braconnot.*	II	206
BRUCINE (Propriétés de la). — *MM. Pelletier* et *Caventou.*	II	207
CADAVRES. (Différens états de ceux trouvés dans les fouilles du cimetière des Innocens.) — *M. de Fourcroy.*	II	238
CAFÉ. (Son analyse.) — *MM. Parmentier ; Séguin.*	II	264
CAILLÉ. (Sa fermentation.) — *M. Proust.*	II	276
CALAGUALA (Examen chimique de la racine de).—*M. Vauquelin.*	II	286
CALAMINE, ou oxide de zinc (Propriété nouvelle de la). — *MM. Dony* et *Poncelet.*	II	287
CALCULS, CONCRÉTIONS ET BÉZOARDS. (Caractères distinctifs des différens matériaux qui les composent.) — *M. de Fourcroy.*	II	304
CALCULS OU CONCRÉTIONS BILIAIRES. (Leur nature.) — *MM. de Fourcroy ; Orfila.*	II	304
CALCULS FORMÉS DANS LES REINS. — *M. Gaultier-de-Claubry.*	II	307
CAMBO (Analyse des eaux sulfureuses et ferrugineuses de). *M. Poumier.*	II	328
CAMÉLÉON MINÉRAL. (Cause des changemens de couleur qu'il présente.) — *MM. Chevreul ; Chevillot* et *Edwards.*	II	332
CAMPAGNE (Analyse des eaux minérales de). — *MM. Estribaud, Fréjacque* et *Reboulh.*	II	341
CAMPÊCHE (Recherches sur le bois de). — *M. Chevreul.*	II	345
CAPBERN (Analyse des eaux minérales de). — *MM. Save ; Poumier.*	II	372
CARBONATE D'AMMONIAQUE. — *M. Pelletier.*	II	380
CARBONATE DE BARYTE natif d'Alston-Moor. (Son analyse). — *M. de Fourcroy.*	II	380
CARBONATE DE CUIVRE. (Sa composition.) — *M. Proust.*	II	383
CARBONATE DE CHAUX. — *M. de Fourcroy.*	II	384
CARBONATE DE POTASSE. (Sa formation et sa nature.) — *MM. Pelletier ; Steinacher ; Vauquelin.*	II	385
CARBONATE DE STRYCHNINE. — *MM. Pelletier* et *Caventou.*	II	389
CARMIN (Analyse du). — *MM. Pelletier* et *Caventou.*	II	400
CAROTTES (Suc de). — *M. Laugier.*	II	408
CARTHAME (Examen chimique de la fleur du). — *MM. Dufour* et *Marchais.*	II	414
CASÉATE D'AMMONIAQUE. (Son analyse.) — *M. Proust.*	II	420
CASSE (Analyse de la). — *M. Vauquelin.*	II	427
CASTINES. (Leur emploi comme fondans, dans les mines de la Côte-d'Or et de la Haute-Saône.) — *M. Vauquelin.*	II	440

	Tomes.	Pages.
CAUTERETS (Analyse des eaux minérales de). — *M. Poumier.*	II	441
CERITE. (Son analyse.) — *M. Vauquelin.*	II	462
CERVEAU. (Analyse de celui de l'homme et de celui de quelques animaux.) — *MM. de Fourcroy; Vauquelin.*	II	481
CEYLANITE (Analyse de la). — *M. Collet-Descostils.*	II	496
CHABASIE de l'île de Féroé. — *M. Vauquelin.*	II	497
CHALEUR. (Son influence sur les corps colorés.) — *M. Gay-Lussac.*	II	520
CHAMEAU (Analyse de l'urine du). — *M. Chevreul.*	II	538
CHAMPIGNONS (Analyse des). *MM. Braconnot; Vauquelin; Braconnot.*	II	546
CHANVRE. (Procédé pour le dépouiller de la plus grande partie de la matière extractive et colorante.) — *M. Durivoire.*	III	18
CHARA COMMUN (Analyse du). — *MM. Chevalier* et *Lassaigne.*	III	35
CHARBON ANIMAL. (Sa fabrication.) — *M. Cadet-de Gassicourt.*	III	39
CHAUDESAIGUES (Analyse des eaux minérales de). — *M. Berthier.*	III	69
CHAUSSE-TRAPE. — *M. Figuier.*	III	72
CHAUX (Diverses propriétés de la). — *MM. Raymond; Cadet-de-Gassicourt; Gay-Lussac.*	III	80
CHEVAL (Analyse de l'urine du). — *MM. de Fourcroy* et *Vauquelin; Chevreul.*	III	117
CHEVEUX. (Substances dont ils se composent.) — *M. Vauquelin.*	III	124
CHIMIE APPLIQUÉE AUX ARTS — *M. Chaptal.*	III	154
CHIMIE PNEUMATIQUE. (Son application à l'art de guérir, et propriétés médicamenteuses des substances oxigénées.) *M. de Fourcroy.*	III	159
CHLORATES A BASE TERREUSE. — *M. Vauquelin.*	III	183
CHLORATES ALCALINS. — *M. Vauquelin.*	III	183
CHLORATES MÉTALLIQUES. — *M. Vauquelin.*	III	184
CHLORE OU CHLORINE (Remarques et expériences sur le). — *MM. Bidault de Villiers; Berthollet; Raymond.*	III	186
CHLORITE BLANCHE. (Son analyse.) — *M. Vauquelin.*	III	191
CHLORITE D'ARGENT. (Procédé pour la décomposer par la voie humide.) — *M. N***.*	III	192
CHLORURE DE BARYTE mélangé d'acétate (Accident produit par le). — *M. Vauquelin.*	III	193
CHLORURES DE POTASSIUM ET DE SODIUM. (Leur mélange.) — *La Direction des poudres et salpêtres.*	III	194
CHROMATE DE MERCURE. — *M. Godon de Saint-Memin.*	III	206
CHROMATE DE PLOMB. (Son application sur la soie, la laine, le lin et le coton.) — *M. Lassaigne.*	III	207

	Tomes.	Pages.
Chrôme ou métal trouvé dans le plomb rouge de Sibérie. — *M. Vauquelin.*	III	208
Chrysolithe (Analyse de la). — *M. Vauquelin.*	III	218
Chyle du cheval (Analyse du). — *M. Vauquelin.*	III	218
Cinchonin ou cinchonine. (Procédé pour l'obtenir.) — *MM. Pelletier* et *Caventou.*	III	229
Cobalt. (Procédé pour le séparer du nickel.) — *M. Laugier.*	III	272
Cobalt arsenical. — *M. Laugier.*	III	273
Cochenille (Examen chimique de la). — *MM. Berthollet; Pelletier* et *Caventou.*	III	282
Cochenille. (Son emploi dans les arts.) — *MM. Pelletier* et *Caventou.*	III	289
Colombo (Analyse de la racine du). — *M. Planche.*	III	340
Concrétions arthritiques (Nature des). — *MM. de Fourcroy* et *Vauquelin.*	III	411
Concrétions calculeuses trouvées dans les viscères de divers animaux. (Leur analyse.) — *MM. de Fourcroy* et *Vauquelin; Vauquelin; Bénédict-Prévost.*	III	411
Concrétions vésicales d'oxalate de chaux — *MM. Martres* et *Bénédict-Prévost.*	III	416
Coque du levant (Principe immédiat cristallisé qui donne les qualités vénéneuses à la). — *M. Boullay.*	III	448
Coquille d'huître. (Son analyse.) — *M. Vauquelin.*	III	451
Coquille d'oeuf. (Son analyse.) — *M. Vauquelin.*	III	452
Coraline (Analyse de la). — *M. Bouvier.*	III	457
Corps (Remarques sur la déliquescence des). — *M. Gay-Lussac.*	III	477
Corps. (Leur épuration par la cristallisation.) — *MM. Desormes* et *Clément.*	III	484
Corps. (Combustion de plusieurs dans le gaz acide muriatique oxigéné.) — *M. de Fourcroy.*	III	497
Corps gras (Recherches chimiques sur les). — *M. Chevreul.*	IV	13
Corps ligneux. (Leur conversion en sucre à l'aide de l'acide sulfurique, et en ulmine par la potasse.) — *M. Braconnot.*	IV	22
Coton. (Sa teinture en diverses couleurs.) — *MM. Chaptal; Berthollet; Gonfreville; Julia* et *Favier; Gonfreville; Lefay; Chaptal; Bucher; Vitalis; Kœchlin; le Jury de l'exposition; MM. Kœchlin; Widmer; Vitalis.*	IV	88
Couleurs tirées des oxides métalliques et fixées sur le verre. — *M. Brongniart.*	IV	120
Crayons lithographiques (Analyse des). — *M. Laugier.*	IV	185
Crème de tartre soluble. — *M. Meyrac* fils.	IV	187
Cubèbes. — *M. Vauquelin.*	IV	275

	Tomes.	Pages.
CUIVRE. (Procédés pour l'obtenir séparément, ainsi que les autres matières qui entrent dans la composition du métal des cloches.) — *MM. Auguste; de Fourcroy* et *Vauquelin; Anfrye* et *Lecour.*	IV	312
CUIVRE (Poids spécifique du). — *M. Pouchet.*	IV	314
CUIVRE. (Sa précipitation et sa dissolution par le fer et le zinc.) — *M. Vauquelin.*	IV	314
CUIVRE. (Son action chimique sur certains acides et sels.) — *M. de Drée.*	IV	315
CUIVRE (Moyen de dédorer le). — *M. Vauquelin.*	IV	316
CUIVRE ARSENIATÉ LAMELLIFORME. (Son analyse.) — *M. Vauquelin.*	IV	318
CUIVRE HYDRATÉ SILICIFÈRE. (Son analyse.) — *M. Vauquelin.*	IV	318
CUIVRE JAUNE (Analyse de divers échantillons de). — *M. Chaudet.*	IV	323
CUIVRE LAITON. — *M. Vauquelin.*	IV	325
CUIVRES CARBONATÉS BLEU ET VERT. (Leur analyse.) — *M. Vauquelin.*	IV	329
CULMUS GENICULATUS. — *M. de Humboldt.*	IV	330
CURCUMA (Analyse de la racine de). — *MM. Vogel* et *Pelletier.*	IV	332
CYANOGÈNE. — *MM. Gay-Lussac; Vauquelin.*	IV	338
CYTISE DES ALPES (Propriété vomitive des jeunes gousses de). — *M. Cadet-de-Gassicourt.*	IV	375
CYTISINE. — *MM. Chevalier* et *Lassaigne.*	IV	376
DAPHNÉ ALPINA. — *M. Vauquelin.*	IV	394
DARTRES (Analyse des humeurs provenant des). — *MM. Alibert; Chevalier.*	IV	396
DATHOLITHE ou chaux boratée siliceuse (Analyse de la). — *M. Vauquelin.*	IV	402
DATISQUE ou cannabine. (Avantage de l'emploi de cette plante dans la teinture.) — *M Braconnot.*	IV	405
DEGRAS ou matière à corroyer. (Sa composition.) — *M. Séguin.*	IV	435
DENTS (Examen de l'enveloppe des). — *M. Josse.*	IV	490
DÉTONATIONS PAR LE CHOC. — *MM. de Fourcroy* et *Vauquelin.*	IV	514
DIABÈTES (Sucre de). — *MM. Dupuytren* et *Thénard; Chevreul.*	IV	524
DIAMANT. (Sa combustion.) — *MM. Guyton de Morveau; Guyton de Morveau* et *Hachette.*	IV	532
DIASPORE (Analyse du). — *M. Vauquelin.*	IV	556
DIGITALE POURPRÉE (Examen chimique de la). — *M. Destouches.*	V	17
DINAN (Propriétés chimiques et médicinales des eaux de). — *M. Bigeon.*	V	30

	Tomes.	Pages.
Diopside. (Son analyse.) — *M. Laugier.*	V	43
Dioptase (Analyse de la). — *M. Vauquelin.*	V	48
Dissolutions salines (Diminution de volume des sels et rupture des vaisseaux dans la cristallisation des). — *M. Vauquelin.*	V	59
Doreurs. (Appareil pour les préserver des vapeurs métalliques qu'ils respirent en travaillant sur les métaux.) — *M. Brizé-Fradin.*	V	144
Eau (Force dissolvante de l'). — *M. Vauquelin.*	V	235
Eau. (Sa composition.) — *MM. de Fourcroy, Séguin* et *Vauquelin.*	V	242
Eau. (Sa décomposition par le charbon.) — *M. Tordeux.*	V	243
Eau. (Son action sur la neutralité des acétates, tartrates, oxalates, citrates et borates alcalins.) — *M. Meyrac* fils.	V	251
Eau anti-vénérienne. (Son analyse.) — *M. Vitalis.*	V	264
Eau de fleurs d'oranger. — *MM. Boullay ; Cadet.*	V	269
Eau de l'amnios de femme et de vache (Analyse de l'). — *MM. Buniva* et *Vauquelin.*	V	275
Eau de mer. (Son emploi au blanchissage.) — *M. N***.*	V	284
Eau de saint-romain (Analyse de l'). — *M. Charpentier.*	V	288
Eau oxigénée. (Sa formation.) — *M. Thénard.*	V	311
Eau régale et d'antimoine (Réaction de l'). — *M. Robiquet.*	V	321
Eaux. (Leur désinfection au moyen du charbon.) — *MM. Smith; Cuchet.*	V	329
Eaux des mers qui baignent les côtes de France (Analyse des). — *MM. Bouillon-Lagrange* et *Vogel.*	V	367
Eaux minérales artificielles. — *MM. Paul* et compagnie.	V	375
Eaux minérales qui renferment du muriate de chaux avec des sulfates solubles. — *M. Vogel.*	V	380
Eaux sures des amidonniers. (Leur analyse.) — *M. Vauquelin.*	V	384
Écrevisses et autres crustacées (Principe colorant des). — *M. Lassaigne.*	V	458
Ellébore blanc (Analyse de la racine de l'). — *MM. Pelletier* et *Caventou.*	VI	19
Ellébore d'hiver (Analyse de la racine de l'). — *M. Vauquelin.*	VI	19
Émail des dents. — *MM. de Fourcroy* et *Vauquelin.*	VI	44
Émanations. — *MM. Guyton de Morveau; Chevalier.*	VI	45
Émeri de l'île de Gersey. (Son analyse.) — *M. Vauquelin.*	VI	76
Encausse (Analyse de l'eau minérale d'). — *M. Save.*	VI	93
Encres de sympathie. — *M. de Ribaucourt.*	VI	104
Enghien (Analyse des eaux sulfureuses d'). — *MM. de Fourcroy* et *Laporte.*	VI	117

	Tomes.	Pages.
ÉPÉE DE BRONZE trouvée dans une tourbière (Examen d'une). — *MM. d'Arcet* et *Mongez.*	VI	149
ÉPIDERME. (Son analyse.) — *M. Chaptal.*	VI	152
ERGOT (Propriétés physiques et composition chimique de l'). — *M. Vauquelin.*	VI	269
ESSENCE D'ANIS (Combustion de l'). — *M. de Saussure.*	VI	293
ESSENCE DE CITRON. (Sa combinaison avec quelques substances huileuses et avec l'acide muriatique.) — *M. de Saussure.*	VI	294
ESSENCE DE LAVANDE. — *M. de Saussure.*	VI	296
ESSENCE DE ROMARIN. — *M. de Saussure.*	VI	297
ESSENCE DE ROSE (Combustion de l'). — *M. de Saussure.*	VI	299
ÉTAIN. — *M. Destouches.*	VI	304
ÉTAIN (Moyens de distinguer les différentes sortes d'). — *MM. Vauquelin; Cauthion.*	VI	307
ÉTAIN. (Procédé pour le séparer de la matière des cloches, lorsque ce métal y est allié.) — *MM. Dizé* et *Janety*; *Aufrie*, *Lecour* et *Guérin* frères.	VI	310
ÉTAIN. (Sa combinaison avec le soufre.) — *M. Pelletier.*	VI	311
ÉTAIN. (Sa combinaison avec l'antimoine.) — *M. Thenard.*	VI	312
ÉTAIN. (Son acide, et analyse de ses mines.) — *M. Guyton de Morveau.*	VI	315
ÉTAIN ET PLOMB. (Leur différens alliages avec le vinaigre, le vin et l'huile.) — *M. Vauquelin.*	VI	322
ÉTHER ACÉTIQUE. (Sa formation dans le marc de raisin.) — *MM. Derosne*; *Planche.*	VI	345
ÉTHER ARSÉNIQUE. — *M. Boullay.*	VI	345
ÉTHER HYDRIODIQUE. — *M. Gay-Lussac.*	VI	348
ÉTHER MURIATIQUE. (Sa formation et moyen de l'obtenir.) — *MM. Vanmons*; *Thenard*; *Boullay.*	VI	348
ÉTHER NITREUX. — *M. Deyeux*; *Boullay.*	VI	373
ÉTHER NITRIQUE. — *MM. Thenard*; *Bouillon-Lagrange.*	VI	375
ÉTHER PHOSPHORIQUE. — *MM. Boullay*; *Lassaigne.*	VI	377
ÉTHER SULFURIQUE. (Sa formation.) — *MM. de Fourcroy* et *Vauquelin*; *Proust*; *Henry* et *Vallée*; *de Saussure*; *Planche.*	VI	379
ÉTHERS EN GÉNÉRAL. — *M. Boullay.*	VI	390
EUCLASE (Analyse de l'). — *M. Vauquelin.*	VI	453
ÉVIAN (Analyse des eaux minérales savonneuses d'). — *M. Tingry.*	VI	484
EXCROISSANCE VÉGÉTALE (Analyse d'une). — *M. Vauquelin.*	VI	494
FÉCULE. (Moyen de reconnaître celle de l'amidon par l'iode.) — *M. Robert.*	VI	534
FÉCULE. (Sa conversion en alcohol.) — *M. Mathieu de Dombasle.*	VI	535
FER (Oxidation du). — *MM. Thenard*; *Hassenfratz*; *N***.*	VII	7

	Tomes.	Pages.
Fer. (Sa combustion spontanée lorsqu'il est traité avec le vinaigre distillé.) — *M. Steinacher.*	VII	16
Fer. (Sa conversion en acier, dans des creusets fermés, sans contact d'aucune substance contenant du carbone.) — *M. Collet-Descostils.*	VII	18
Fer. (Sa conversion en acier fondu.) — *M. Clouet.*	VII	19
Fer de Sibérie. (Identité présumée d'origine avec les aérolithes.) — *M. Laugier.*	VII	38
Fer natif du Pérou. (Son analyse.) — *M. Proust.*	VII	59
Fer oxidé bleu. — *M. Vauquelin.*	VII	61
Fermentation. — *M. Séguin.*	VII	67
Féron (Analyse de l'eau minérale de la fontaine de). — *M. Tordeux.*	VII	68
Fers et aciers (Nouvelle méthode d'analyser les). — *M. Gay-Lussac.*	VII	84
Feu. (Son action sur les sulfates et sur les sulfures.) — *M. Vauquelin.*	VII	87
Feu blanc indien. — *M. de Zach.*	VII	89
Feuilles (Analyse de la matière verte des). — *MM. Pelletier* et *Caventou.*	VII	90
Fève de saint-ignace (Analyse de la). — *MM. Pelletier* et *Caventou.*	VII	104
Fèves de marais (Analyse des). — *MM. de Fourcroy* et *Vauquelin.*	VII	109
Fibre musculaire. — *MM. Gay-Lussac* et *Arago.*	VII	110
Filets ou poils des pois chiches (Acide produit par les). — *M. Deyeux.*	VII	146
Fluides élastiques. (Examen chimique de ceux contenus dans les cavités de plusieurs espèces de plantes.) — *M. Bidault de Villiers.*	VII	216
Foie de boeuf (Analyse du). — *M. Braconnot.*	VII	256
Foie de raie. (Son analyse.) — *M. Vauquelin.*	VII	258
Foie humain (Changement singulier opéré par la putréfraction sur le). — *M. de Fourcroy.*	VII	260
Fonte qui s'attache aux parois des hauts fourneaux (Matière blanche filamenteuse qui se trouve dans les cavités de la). — *M. Vauquelin.*	VII	280
Force décomposante du principe sucré sur les sels et sur les oxides métalliques. — *M. Vogel.*	VII	294
Forges (Eaux minérales de). — *M. Robert.*	VII	349
Foucaude (Analyse de l'eau de). — *M. de Saint Pierre.*	VII	376
Fourmis. (Leur nature chimique, et existence simultanée de deux acides végétaux dans ces insectes.) — *MM. de Fourcroy* et *Vauquelin.*	VII	383
Fromages divers (Recherches sur le principe qui assaisonne les). — *M. Proust.*	VII	506

	Tomes.	Pages.
FROMENT (Partie glutineuse du). — *MM. Tessier ; de Fourcroy* et *Vauquelin*.	VII	509
FROMENT (Analyse de la farine du). — *MM. de Fourcroy* et *Vauquelin*.	VII	511
FUCUS (Analyse des diverses espèces de). — *M. Gaultier de Claubry*.	VII	515
FUSAIN D'EUROPE. (Matière blanche déposée sur ses feuilles par l'espèce de puceron appelée *aphis evonymis*). — *M. Lassaigne*.	VII	521
FUSÉES INCENDIAIRES DE CONGRÈVE (Analyse des). — *M. d'Arcet*.	VII	523
GADOLINITE. — *M. Vauquelin*.	VII	541
GALÈNE. (Sa réduction par le feu). — *M. Sage*.	VII	558
GAMARDE (Eaux minérales salino - sulfureuses de). — *M. Meyrac* fils.	VIII	54
GAZ. (Analyse de ceux formés dans l'estomac des herbivores par la météorisation ou empansement.) — *MM. Lameyran* et *Frémy*.	VIII	94
GAZ (Chaleur spécifique des). — *MM. Delaroche* et *Bérard*.	VIII	97
GAZ (Expériences sur l'eau contenue dans les). — *MM. Clément* et *Desormes*.	VIII	104
GAZ. (Leur absorption par différens corps). — *M. de Saussure*.	VIII	104
GAZ. (Phénomènes que présente leur combustion en s'échappant des hauts fourneaux.) — *M. Curaudau*.	VIII	112
GAZ ACIDE MURIATIQUE. (Son dégagement du sel marin dans les fabriques de soude artificielle, et moyen de l'absorber.) — *M. Pelletan* fils.	VIII	128
GAZ ACIDE MURIATIQUE OXIGÉNÉ (Combustion de plusieurs corps dans le). — *M. de Fourcroy*.	VIII	128
GAZ AMMONIAC (Expériences sur le). — *M. Thenard*.	VIII	134
GAZ AZOTE considéré comme principe des matières animales. — *M. de Fourcroy*.	VIII	136
GAZ CARBONEUX. — *M. Chaussier*.	VIII	139
GAZ HYDRIODIQUE. — *M. Gay-Lussac*.	VIII	143
GAZ HYDROGÈNE. (Sa conservation pendant quelque temps au-dessus de l'eau.) — *M. Hassenfratz*.	VIII	145
GAZ HYDROGÈNE. (Sa fabrication.) — *MM. Wilcox* et *Crépu*.	VIII	145
GAZ HYDROGÈNE. (Sa combustion.) — *MM. de Fourcroy*, *Vauquelin* et *Séguin* ; *de Saussure*.	VIII	155
GAZ HYDROGÈNE CARBONÉ, retiré de l'éther et de l'alcohol. — *MM. Boudt*, *Deiman*, *Van-Troost*, *Vick* et *Lauweremburg*.	VIII	158
GAZ HYDROGÈNE CARBONÉ (Considérations sur le charbon et le). — *M. Berthollet*.	VIII	161
GAZ HYDROGÈNE PHOSPHORÉ. — *M. Raymond*.	VIII	166
GAZ HYDROGÈNE SULFURÉ (Décomposition mutuelle des acides et du). — *M. Vogel*.	VIII	167

	Tomes.	Pages.
GAZ INTESTINAUX de l'homme sain. — *MM. Magendie* et *Chevreul.*	VIII	168
GAZ MURIATIQUE. (Phénomènes que présentent ses combinaisons avec la baryte et la strontiane.) — *M. Chevreul.*	VIII	171
GAZ NITREUX. (Causes et effets de sa dissolubilité dans la solution du sulfate de fer). — *MM. de Humboldt* et *Vauquelin.*	VIII	173
GAZ NITREUX. (Ses combinaisons avec l'oxigène). — *M. de Humboldt.*	VIII	175
GAZ OLÉFIANT. — *M. de Saussure.*	VIII	179
GAZ OXIDE D'AZOTE. (Sa nature comparée avec le gaz nitreux.) — *MM. de Fourcroy, Vauquelin* et *Thénard.*	VIII	181
GAZ OXIDE DE CARBONE. (Sa combustion à froid.) — *M. Guyton de Morveau.*	VIII	185
GAZ OXIGÈNE. (Ses propriétés pour la combustion de l'argent). — *M. Vauquelin.*	VIII	185
GÉLATINE considérée comme l'un des matériaux constituant les concrétions animales.) — *M. de Fourcroy.*	VIII	197
GÉLATINE. (Son analyse.) — *MM. Richard* et *Jean.*	VIII	198
GENIÈVRE. (Moyen de le débarrasser de son goût empyreumatique). — *M. Agnnis.*	VIII	245
GENTIANE. — *M. Henry.*	VIII	245
GERMINATION (Expériences sur la). — *MM. de Fourcroy* et *Vauquelin.*	VIII	271
GESSE TUBÉREUSE (Analyse des tubercules de la). — *M. Braconnot.*	VIII	285
GLU (Analyse de la). — *M. Bouillon-Lagrange.*	VIII	345
GLUCINE (Expériences comparatives sur la). — *M. Vauquelin.*	VIII	346
GLUTEN (Expériences sur le). — *M. Cadet.*	VIII	348
GOMME (Expériences comparatives sur le sucre de canne, le sucre de lait et la). — *M. Vauquelin.*	VIII	356
GOMME D'OLIVIER. — *M. Pelletier.*	VIII	359
GOMME ÉLASTIQUE (Examen chimique du suc qui fournit la). — *M. de Fourcroy.*	VII	361
GOMME ÉLASTIQUE. (Sa dissolution dans l'éther sulfurique.) — *M. Pelletier.*	VIII	367
GOMME KINO. (Son analyse.) — *M. Vauquelin.*	VIII	368
GOMME RÉSINE de Madagascar (Analyse d'une). — *M. Vauquelin.*	VIII	369
GOMME RÉSINE indigène. — *M. Bidault de Villiers.*	VIII	370
GOMMES. (Leur conversion en acide citrique, par l'action de l'acide muriatique oxigéné.) — *M. Vauquelin.*	VIII	371
GOMMES ARABIQUE ET ADRAGANT. (Leur analyse.) — *M. Vauquelin.*	VIII	371
GOMMES RÉSINES (Analyse comparée des). — *M. Braconnot.*	VIII	371

	Tomes.	Pages.
GOURNAI (Analyse des eaux minérales de). — *M. Dupray.*	VIII	378
INE DE LIN (Analyse du mucilage de la). — *M. Vauquelin.*	VIII	382
GRAINS (Expériences sur la fermentation des). — *MM. de Fourcroy* et *Vauquelin.*	VIII	384
GRAISSE. (Expériences sur les composés médicamenteux, dont elle est l'excipient.) — *M. Bouillon-Lagrange.*	VIII	390
GRAISSE DE PORC (Expériences diverses sur la). — *MM. Chevreul ; de Saussure.*	VIII	392
GRAISSE retirée des os du cheval.— *M. Cadet de Devaux.*	VIII	395
GRAISSES. (Leur solubilité par l'alcohol et par l'éther sulfurique.) — *M. Boullay.*	VIII	395
GRAMMATITES blanche et grise du mont Saint-Gothard. (Leur analyse.) — *M. Laugier.*	VIII	406
GRATIOLE. (Son analyse.) — *M. Vauquelin.*	VIII	408
GROTTE DE L'ARC dans l'île de Caprée. (Substance animale qu'elle renferme.) — *M. Laugier.*	VIII	457
GUANO, engrais naturel des îlots de la mer du Sud, près des côtes du Pérou (Examen d'un). — *MM. de Fourcroy* et *Vauquelin.*	VIII	474
HUILE DE CARAPAT (Analyse de l'). — *M. Cadet.*	IX	138
HUILE DE PALME. — *M. Henry.*	IX	151
HUILE D'OEUFS (Extraction de l'). — *MM. Henry; Planche.*	IX	155
HUILE D'OLIVE. (Moyen de reconnaître sa falsification.) — *M. Poutet.*	IX	158
HUILE D'OLIVE (Expériences diverses sur l'). — *MM. de Lamétherie ; de Saussure.*	IX	159
HUILE VOLATILE DE ROSES (Cristallisation régulière de l'). — *M. Steinacher.*	IX	162
HUILES (Action de l'air sur les). — *M. Sennebier.*	IX	163
HUILES (Épuration des). — *MM. Thenard ; Damart ; Colin de Cancey* et compagnie ; *Virey.*	IX	166
HUILES. (Leur combinaison avec les oxides métalliques.) — *M. Henry.*	IX	170
HUILES. (Leur composition.) — *M. de Saussure.*	IX	174
HUILES (Densité des). — *M. de Saussure.*	IX	175
HUILES. (Leur dilatation par la chaleur.) — *M. de Saussure.*	IX	178
HUILES. (Leur solubilité dans l'alcohol.) — *M. de Saussure.*	IX	180
HUILES FIXES. (Leur combinaison avec les oxides de plomb et les alcalis.) — *M. Frémy.*	IX	182
HUILES FIXES. (Leur solubilité dans l'alcohol et dans les éthers sulfurique et acétique.) — *M. Planche.*	IX	183
HUILES VOLATILES (Action du froid sur les). — *M. Margueron.*	IX	185
HUILES VOLATILES. (Leur action avec quelques substances salines.) — *M. Margueron.*	IX	187
HUÎTRES (Analyse des). — *M. Pasquier.*	IX	189

	Tomes.	Pages.
HYACINTES (Analyse de diverses). — *MM. Guyton de Morveau ; Vauquelin.*	IX	196
HYACINTHUS NON SCRIPTUS. (Sa nature.) — *M. Leroux.*	IX	198
HYDRIODATES. — *M. Gay-Lussac.*	IX	209
HYDROCHLORATES. — *M. Chevreul.*	IX	214
HYDROGÈNE PROTOPHOSPHORÉ ET PERPHOSPHORÉ. (Ses combinaisons avec l'acide hydriodique.) — *M. Houton de Labillardière.*	IX	219
HYDROGÈNE SULFURÉ. — *M. Berthollet.*	IX	220
HYDROGÈNE SULFURÉ. (Son action sur le fer.)—*M. Vauquelin.*	IX	223
HYDROSULFURE DE POTASSE. — *M. Vauquelin.*	IX	234
HYDROSULFURE DE SOUDE (Expériences sur l'). — *MM. N*** ; Figuier.*	IX	235
HYDROSULFURE SULFURÉ DE SOUDE. — *M. Vauquelin.*	IX	237
HYDROSULFURES. — *M. Thenard.*	IX	238
ICHTYOPHTALMITE (Analyse de l'). — *MM. de Fourcroy* et *Vauquelin.*	IX	269
IF. (Analyse des baies de l').—*MM. Chevreul* et *Lassaigne.*	IX	287
INDIGO GUATIMALA (Analyse de l').— *M. Chevreul.*	IX	319
INULINE. (Examen de la substance à laquelle on a donné ce nom.) — *M. Gaultier de Claubry.*	IX	532
IODATES. — *M. Gay-Lussac.*	IX	533
IODE (Nature de l'). — *MM. Courtois ; Gay-Lussac.*	IX	536
IODE. (Sa combinaison avec les corps simples.) — *M. Gay-Lussac.*	IX	539
IODE. (Sa combinaison avec le chlore.) — *M. Gay-Lussac.*	IX	542
IODE. (Sa combinaison avec les substances animales et végétales.) —*MM. Colin* et *Gaultier de Claubry.*	IX	543
IODE. (Son action sur les oxides secs.) — *M. Gay-Lussac.*	IX	544
IODE. (Son action sur les oxides humides.) — *M. Gay-Lussac.*	IX	546
IPÉCACUANHA (Recherches chimiques et physiologiques sur l'). — *MM. Magendie* et *Pelletier.*	IX	549
IRIDIUM. (Métal qui se trouve dans le résidu insoluble de la mine de platine traitée par l'acide nitro-muriatique.) — *M. Tennant.*	IX	565
IRIS DE FLORENCE. (Ses propriétés.) — *M. Vogel.*	IX	566
JALAP (Remarques diverses sur la racine de).—*MM. Henry; Planche ; Cadet-de-Gassicourt.*	X	11
JALAP (Résine de). — *M. Planche.*	X	15
JOUHE (Analyse des eaux minérales de). — *M. Masson-Four.*	X	38
JOURDAIN (Analyse de l'eau du). — *M. Gay-Lussac.*	X	52
KERMÈS. (Analyse chimique de cet insecte.) — *M. Lassaigne.*	X	83
KERMÈS MINÉRAL. — *M. Cluzel* jeune.	X	85
LABASSÈRE (Analyse des eaux minérales de).—*M. Poumier.*	X	88

	Tomes.	Pages.
Lachapelle-Godefroy (Analyse des eaux minérales de). — *MM. Cadet* et *Eusèbe Salveste.*	X	104
Laifour (Analyse de l'eau minérale de). — *M. Amstein de l'Échelle.*	X	114
Laines (Savon pour dégraisser les). — *M. Chaptal.*	X	155
Lait (Analyse du). — *MM. Parmentier* et *Deyeux ; de Fourcroy* et *Vauquelin ; Bouillon-Lagrange ; Thenard.*	X	156
Lait (Action de diverses substances sur le sucre de). — *MM. Bouillon-Lagrange* et *Vogel.*	X	167
Laiton (Analyse du). — *M. Vauquelin.*	X	172
Lapis lazuli (Principe colorant du). — *M. Guyton de Morveau.*	X	240
Larmes. (Leur analyse.) — *MM. de Fourcroy* et *Vauquelin.*	X	247
Laumonite (Analyse de la). — *M. Vogel.*	X	254
Lentilles (Analyse des). — *MM. de Fourcroy* et *Vauquelin.*	X	271
Lichen (Gomme extraite du). — *M. Robert.*	X	281
Lichen de Ténériffe. — *M. Cadet.*	X	281
Liége. (Son analyse et celle d'un acide qu'on retire de cette substance.) — *MM. Bouillon-Lagrange ; Chevreul.*	X	283
Limonade faite à chaud ou à froid. — *M. Cadet.*	X	313
Linge taché par les préparations de plomb et de mercure. (Moyen de faire disparaître ces taches.) — *M. Vauquelin.*	X	327
Lingots contenant de l'or, du platine, de l'argent et du cuivre. (Procédés pour déterminer, par la coupellation et le départ seulement, le titre exact des). — *M. Chaudet.*	X	329
Liqueur de nitre camphrée (Présence de l'acide et de l'éther acétique dans la). — *M. Planche.*	X	337
Liqueur fumante de Cadet. — *M. Thenard.*	X	338
Liqueur pour rendre les étoffes imperméables. (Son analyse.) — *M. Vauquelin.*	X	341
Liqueurs alcoholiques. (Leur coloration en vert.) — *M. Cadet.*	X	342
Liqueurs pour préparer les bains d'eaux sulfureuses artificielles (Examen des). — *MM. Boullay* et *Planche.*	X	343
Liqueurs salines. (Leur altération lorsqu'elles sont exposées à la chaleur, dans des vaisseaux de verre fermés hermétiquement.) — *M. Guyton de Morveau.*	X	345
Liqueurs végétales. (Leur décoloration par le charbon pulvérisé.) — *M. Duburguce.*	X	347
Liquides (Décoloration de divers). — *M. Figuier.*	X	356
Liquides animaux soumis à l'action galvanique. — *MM. Larcher, Daubancourt* et *Zanetti* aîné.		360
Lithion. — *M. Vauquelin.*	X	365

	Tomes.	Pages.
Lu, en Monferrat (Analyse de l'eau sulfureuse de). — *M. de Brezé.*	X	423
Lumière. (Ses effets comparatifs avec la chaleur.)—*M. Berthollet.*	X	482
Lumière. (Son action sur les corps simples et sur quelques composés chimiques.) —*M. Vogel.*	X	485
Lupin (Analyse de la farine de).— *MM. de Fourcroy* et *Vauquelin.*	X	509
Lycopode. (Analyse du). — *M. Cadet.*	X	513
Madréporite à odeur de truffes. — *M. Vauquelin.*	XI	3
Magdelaine (Analyse des eaux de la). — *M. de Saint Pierre.*	XI	6
Malambo (Écorce de). — *M. Vauquelin.*	XI	38
Malate de chaux. (Sa présence dans le suc de joubarbe.) *M. Vauquelin.*	XI	41
Malou (Analyse des eaux de).—*M. de Saint Pierre.*	XI	43
Manganèse. (Sa combinaison avec le cuivre.)—*M. Diétrich.*	XI	99
Manganèse carbonaté ferrifère. — *MM. Lelièvre* et *Collet-Descostils.*	XI	101
Manganèses oxidés susceptibles d'être employés dans les arts. — *MM. Cordier* et *Baunier.*	XI	102
Manne. (Sa nature.) — *MM. Bouillon-Lagrange; Gay-Lussac* et *Arago.*	XI	111
Manne, ou sucre concret, provenant du rosage pontitique. — *M. Bosc.*	XI	113
Maréquerie (Eau minérale de la fontaine de la).— *M. Dubuc.*	XI	136
Marronnier d'inde (Examen chimique des différentes parties du). — *M. Vauquelin.*	XI	139
Mastic des sauvages (Analyse du). — *M. Laugier.*	XI	164
Mastic inaltérable. — *M. N***.*	XI	164
Matière cérébrale de l'homme. (Son analyse.)—*M. Vauquelin.*	XI	173
Matière inflammable et détonante (Sa formation par l'action de l'acide nitrique sur l'indigo et les matières animales.) — *MM. de Fourcroy* et *Vauquelin.*	XI	174
Matière ligneuse (Sa quantité dans quelques racines et dans quelques fruits.)—*M. Clément.*	XI	176
Matières animales (Assainissement des). — *MM. Payen, Bourlier* et *Pluvinet* frères.	XI	179
Matières animales. (Leur conversion en nouvelles substances par l'acide sulfurique.) — *M. Braconnot.*	XI	180
Matières animales. (Leurs phénomènes et leurs produits lorsqu'elles sont traitées par l'acide nitrique.) — *MM. de Fourcroy* et *Vauquelin.*	XI	181
Matières végétales. (Leur coloration par l'oxigène.) — *M. de Fourcroy.*	XI	188

	Tomes.	Pages.
Mèche incendiaire d'invention anglaise. — *M. Gay-Lussac.*	XI	205
Méconium des enfans et des agneaux. (Sa nature.) — *M. Bouillon-Lagrange.*	XI	213
Médicinier cathartique (Graine du). — *MM. Pelletier* et *Caventou.*	XI	229
Méduses. (Matières salines contenues dans la liqueur que l'on obtient en les faisant fondre et en les abandonnant à une décomposition spontanée.) — *M. Laugier.*	XI	232
Mellite (Analyse de la). — *M. Vauquelin.*	XI	272
Mer morte (Analyse de l'eau de la). — *M. Gay-Lussac.*	XI	289
Mercure (Action des différens fluides élastiques sur le). — *M. Vogel.*	XI	302
Mercure (Dissolutions et précipités de). — *M. Berthollet.*	XI	303
Mercure. (Sa combinaison avec l'oxigène et le soufre.) — *M. Guibourt.*	XI	304
Mercure et argent. (Leur amalgame appelé *arbre de Diane.*) — *M. Vitalis.*	XI	310
Mercure fulminant. — *M. Berthollet.*	XI	311
Métaux (Leur précipitation par l'hydrogène sulfuré.) — *M. Gay-Lussac.*	XI	347
Métaux. (Rapport entre leur oxidation et leur capacité de saturation par les acides.) — *M. Gay-Lussac.*	XI	359
Mettemberg (Analyse de l'eau de). — *M. Vauquelin.*	XI	391
Miasmes putrides (Moyen de reconnaître la présence des). — *MM. Thenard, Dupuytren* et *Moscati.*	XI	397
Miel. (Moyen de le purifier, de le clarifier et de le blanchir.) — *MM. Thenard ; Borde ; Guilbert.*	XI	407
Miel (Produits immédiats du). — *M. Guilbert.*	XI	409
Mine d'antimoine (Analyse d'une nouvelle variété de). — *M. Vauquelin.*	XI	410
Mine de plomb de Johann-Georgen-Staad. (Son analyse.) — *M. Laugier.*	XI	416
Mine de plomb verte. — *M. de Fourcroy.*	XI	418
Minerai de fer des houillères de France. — *M. Berthier.*	XI	423
Minéral américain. (Son analyse.) — *M. Vauquelin.*	XI	424
Minéral de l'Amérique septentrionale. (Son analyse.) — *M. Vauquelin.*	XI	425
Mines de fer (Considérations chimiques sur les). — *M. Vauquelin.*	XI	436
Mispikel. (Son analyse.) — *M. Chevreul.*	XI	456
Mont-d'or (Brèche siliceuse du). — *M. Cordier.*	XI	509
Mordans employés dans la teinture. — *MM. Thenard* et *Roard.*	XI	560
Morphine. (Son action sur l'économie animale.) — *M. Orfila.*	XI	565
Moutarde noire (Analyse de la graine de). — *M. Thibierge.*	XII	6

	Tomes.	Pages.
Mucilage de la graine de lin. — *M. Vauquelin.*	XII	21
Mucus animal. — *MM. de Fourcroy* et *Vauquelin.*	XII	22
Muriacite de Salzbourg. — *M. Vauquelin.*	XII	27
Muriate ammoniaco. (Manière de l'obtenir du rhodium régulièrement cristallisé.) — *M. Laugier.*	XII	27
Muriate ammoniaco d'iridium. — *M. Vauquelin.*	XII	28
Muriate de baryte (Nouveau moyen pour la préparation du). — *M. Résat.*	XII	28
Muriate de mercure ou mercure doux. (Procédé pour le former.) — *M. Berthollet.*	XII	29
Muriate de mercure sublimé (Préparation du). — *M. Planche.*	XII	30
Muriate de potasse et d'iridium. — *M. Vauquelin.*	XII	32
Muriate de soude. (Sa décomposition par l'oxide de plomb.) — *MM. Vauquelin; Gazzino, Deschamps* et *Armand.*	XII	32
Muriate de soude. (Son extraction des eaux sourcilleuses salées.) — *M. Vatrin.*	XII	33
Muriate d'étain. — *MM. Pelletier ; Descroizilles* frères.	XII	33
Muriate et oxide de platine (Expériences sur les). — *M. Vauquelin.*	XII	36
Muriate fumant d'étain ou liqueur fumante de Libavius. — *M. Adet.*	XII	37
Muriate oxigéné de potasse. — *M. Guyton de Morveau.*	XII	39
Muriate suroxigéné de potasse. (Sa préparation.) — *M. Pelletier.*	XII	39
Muriate trisule d'or et de soude cristallisé (Procédé pour obtenir le). — *M. Figuier.*	XII	40
Muriates de baryte et de strontiane (Préparation des). — *M. Bouillon-Lagrange.*	XII	45
Muriates de mercure. (Diverses altérations qu'ils éprouvent par l'action de différens corps.) — *M. Boullay.*	XII	46
Muriates métalliques. (Produits qui résultent de leur action.) — *M. Thenard.*	XII	47
Musc artificiel. (Sa préparation.) — *M. N***.*	XII	54
Musc tonquin. — *MM. Blondeau* et *Guibourt.*	XII	54
Myrrhe (Examen chimique de la). — *M. Pelletier.*	XII	94
Nerfs du poumon. (Leur influence chimique dans la respiration.) — *M. Provençal.*	XII	141
Néris (Nature des eaux minérales de). — *M. Boirot.*	XII	142
Nickel. — *M. Thenard.*	XII	145
Nickel. (Sa purification par l'hydrogène sulfuré.) — *M. Robiquet.*	XII	147
Nickel et cobalt. (Moyen d'opérer la séparation de ces deux métaux.) — *M. Laugier.*	XII	148
Niéderbrunn (Eaux minérales de). — *MM. Gerboin* et *Hecht.*	XII	150
Niedermennich (Analyse des matières qui se trouvent dans les carrières de). — *M. Faujas de Saint-Fond.*	XII	150

	Tomes.	Pages.
NIELLE. (Sa nature.) — *M. Girod-Chantran.*	XII	152
NIL (Analyse du limon du). — *M. Regnault.*	XII	167
NITRATE D'ARGENT. (Ses effets sur quelques eaux minérales.) — *M. Salaignac* fils.	XII	176
NITRATE DE SOUDE. (Sa substitution à celui de potasse.) — *M. d'Arcet.*	XII	177
NITRATES DE MERCURE. — *MM. de Fourcroy ; Résat.*	XII	179
NITRE (Purification du). *M. de Saluces.*	XII	180
NITRITE DE MERCURE. — *M. de Fourcroy.*	XII	180
NOIX DE GALLE. (Son analyse.) — *MM. Deyeux ; Laubert.*	XII	188
NOIX VOMIQUE (Examen chimique de la). — *M. Braconnot.*	XII	190
OCÉAN ATLANTIQUE (Salure de l'). — *M. Gay-Lussac.*	XII	261
OCRE. (Analyse de celle de Pourrain et de celle de Saint-Amand.) — *MM. Mérat* et *Guillot.*	XII	262
OCRE JAUNE. (Sa conversion en ocre rouge.) — *M. N***.*	XII	264
OGNON CULTIVÉ. (Son analyse.) — *MM. de Fourcroy* et *Vauquelin.*	XII	274
OISANITE. — *M. Vauquelin.*	XII	275
OPIUM. (Son analyse chimique.) — *MM. Séguin ; Derosne ; Séguin.*	XII	325
OPIUM INDIGÈNE. (Son examen.) — *M. Vauquelin.*	XII	330
OPOPONAX. (Son analyse.) — *M. Pelletier.*	XII	333
OR (Faits pour servir à l'histoire de l'). — *M. Pelletier.*	XII	345
OR (Préparations d'). — *MM. Chrestien ; Vauquelin ; Figuier ; Boullay ; Oberkampf* fils.	XII	350
ORGE (Analyse de l'). — *MM. de Fourcroy* et *Vauquelin.*	XII	397
ORPIMENT ET RÉALGAR. — *M. Thenard.*	XII	413
ORSEILLE (Emploi et fabrication de l'). — *M. Cocq.*	XII	414
OS (Existence du fer et du manganèse dans les). — *MM. de Fourcroy* et *Vauquelin.*	XII	420
OS HUMAINS. — *MM. de Fourcroy* et *Vauquelin.*	XII	429
OSMAZÔME. (Son emploi.) — *M. Cadet.*	XII	433
OSMIUM. — *MM. Tennant ; Vauquelin ; Laugier.*	XII	435
OUTREMER (Analyse de l'). — *MM. Clément* et *Desormes.*	XII	447
OXALATE CALCAIRE. (Son existence dans les végétaux.) — *MM. de Fourcroy* et *Vauquelin.*	XII	450
OXALATES ET SUROXALATES. (Proportion de leurs élémens.) — *M. Bérard.*	XII	453
OXIDE BLANC DE BISMUTH. (Sa préparation.) — *M. Cadet.*	XII	458
OXIDE BLANC DE PHOSPHORE. — *M. Steinacher.*	XII	459
OXIDE BLANC DE ZINC. (Sa réduction par le charbon.) — *MM. Desormes* et *Clément.*	XII	460
OXIDE BRUN DE PLOMB. (Sa production dans une circonstance qui n'a point été observée.) — *M. Chevreul.*	XII	462
OXIDE D'ANTIMOINE. (Son oxigénation et ses combinaisons avec l'hydrogène sulfuré.) — *M. Thenard.*	XII	462

	Tomes.	Pages.
OXIDE D'ARSENIC (Action de la potasse et du platine sur l'). — *M. Chevreul.*	XII	463
OXIDE DE FER (Enlèvement des taches d'). — *M. Roard.*	XII	465
OXIDE DE MANGANÈSE SULFURÉ de Nagyag. (Son analyse.) — *M. Vauquelin.*	XII	465
OXIDE D'OSMIUM. — *M. Vauquelin.*	XII	467
OXIDE DE PLOMB BRUN ET SUROXIGÉNÉ. — *M. Vauquelin.*	XII	468
OXIDE DE PLOMB JAUNE. (Ses combinaisons avec les acides nitrique et nitreux.) — *M. Chevreul.*	XII	468
OXIDE DE ZINC. (Sa réduction par le charbon.) — *M. N***.*	XII	470
OXIDE ROUGE DE MERCURE. — *M. Gay-Lussac.*	XII	470
OXIDES (Propriétés qu'a le tartrate acide de potasse de dissoudre un grand nombre d'). — *M. Gay-Lussac.*	XII	471
OXIDES D'ÉTAIN AVEC LE CAMPÊCHE (Influence de l'oxidation des). — *M. Chevreul.*	XII	472
OXIDES DE FER. — *MM. Hassenfratz ; Gay-Lussac.*	XII	474
OXIDES NOIRS DE MANGANÈSE. (Leur distillation avec l'acide sulfurique.) — *MM. Vauquelin* et *Bouvier.*	XII	478
OXIDES DE MERCURE. (Leur nature.) — *M. de Fourcroy.*	XII	478
OXIDES DE MERCURE (Préparation en grand des). — *M. Payssé.*	XII	479
OXIDES DE TITANE ET DE CÉRIUM (Purification et réduction des). — *M. Laugier.*	XII	480
OXIDES ET ACIDES OXIGÉNÉS. — *M. Thenard.*	XII	481
OXIDES MÉTALLIQUES (Force décomposante du principe sucré sur les). — *MM. Vogel ; Fougeron.*	XII	489
OXIDES MÉTALLIQUES (Leur action avec les hydrosulfures alcalins.) — *M. Gay-Lussac.*	XII	492
OXIDES MÉTALLIQUES. (Leur action réciproque avec l'ammoniaque.) — *M. de Fourcroy.*	XII	492
OXIDES MÉTALLIQUES. (Leur combinaison avec les parties astringentes et colorantes des végétaux.) — *M. Berthollet.*	XII	494
OXIDES MÉTALLIQUES (Précipitation mutuelle des). — *M. Gay-Lussac.*	XII	496
OXIGÈNE (Ses caractères distinctifs et ses autres rapports généraux avec les autres matières réputées comme simples.) — *M. Thierry* fils.	XII	496
OXIGÈNE. (Ses combinaisons nouvelles avec divers acides.) — *M. Thenard.*	XII	497
PALLADIUM. — *M. Vauquelin.*	XII	510
PAPAYER. — *MM. Marchais ; Vauquelin.*	XII	552
PARANTHINE (Analyse de la). — *M. Laugier.*	XII	597
PASSY (Analyse des eaux minérales de). — *M. Deyeux.*	XIII	19
PASTEL (Examen chimique des feuilles de). — *M. Chevreul.*	XIII	34
PÉRIDOT (Analyse du). — *M. Vauquelin.*	XIII	161
PETIT-LAIT susceptible d'une longue conservation. (Son examen). — *M. Boudet.*	XIII	180

	Tomes.	Pages
PÉTROLE (Nouvelle source de). — *M. Poggi.*	XIII	188
PHOSPHATE ACIDE DE POTASSE. — *M. Vauquelin.*	XIII	253
PHOSPHATE ACIDULE DE CHAUX. — *MM. de Fourcroy* et *Vauquelin.*	XIII	253
PHOSPHATE CALCAIRE. — *MM. Pelletier* et *Donadei.*	XIII	255
PHOSPHATE D'ALUMINE. — *M. Vauquelin.*	XIII	256
PHOSPHATE D'AMMONIAQUE (Nouveau). — *M. Planche.*	XIII	257
PHOSPHATE DE COBALT. — *M. Thenard.*	XIII	258
PHOSPHATE DE PLOMB. — *M. Darnaud.*	XIII	260
PHOSPHATE DE SOUDE. — *MM. Hassenfratz; Pelletier; Figuier.*	XIII	262
PHOSPHATE NATIF DE FER mélangé de manganèse. — *M. Vauquelin.*	XIII	264
PHOSPHATES DE SOUDE ET D'AMMONIAQUE (Préparation des). — *M. Thenard.*	XIII	266
PHOSPHATES DE POTASSE, DE SOUDE ET DE CHAUX. (Leur décomposition par le charbon à une très-haute température.) — *M. de Saussure.*	XIII	270
PHOSPHORE (Préparation du). — *MM. Curaudau; Javal.*	XIII	290
PHOSPHORE (Résumé d'expériences diverses faites sur le). — *MM. Pelletier; Berthollet; de Fourcroy* et *Vauquelin; Thenard.*	XIII	292
PHOSPHORE. (Son existence dans le sucre.) — *M. Boullay.*	XIII	296
PHOSPHURE D'ARGENT. — *M. Pelletier.*	XIII	301
PHOSPHURE DE CUIVRE. — *M. Pelletier.*	XIII	302
PHOSPHURE DE FER. — *M. Pelletier.*	XIII	302
PHOSPHURE DE PLATINE. — *M. Pelletier.*	XIII	303
PHOSPHURE D'OR. — *M. Pelletier.*	XIII	304
PHTHISIE PULMONAIRE. (Son traitement par le goudron en vapeurs.) — *M. Cadet.*	XIII	317
PHYTOLACCA ou raisin d'Amérique. (Sa nature.) — *M. Braconnot.*	XIII	331
PIERRE FILTRANTE. (Son analyse.) — *M. Guyton de Morveau.*	XIII	354
PIERRE PERLÉE de Cinapecuaro, au Mexique. (Son analyse.) — *M. Vauquelin.*	XIII	355
PIMENT (Examen chimique du). — *M. Braconnot.*	XIII	386
PLANTES INODORES (Eau distillée de quelques). — *MM. Delunel; Deyeux.*	XIII	459
PLATINE (Considérations générales sur le). — *MM. Guyton de Morveau; Collet-Descostils; de Fourcroy* et *Vauquelin.*	XIII	476
PLATINURE ET DOUBLÉ DE PLATINE. — *M. Guyton de Morveau.*	XIII	498
PLATRE-CIMENT (Nouvelle espèce de mortier nommé). — *M. N***.*	XIII	504
PLOMB BLANC. — *M. Pelletier.*	XIII	515

	Tomes.	Pages.
PLOMB SPATHIQUE. (Moyen de distinguer ces mines des sulfates de baryte ou spaths pesans.) — *M. Pelletier.*	XIII	520
PLOMBAGINE. — *M. Sage.*	XIII	521
PLOMBIÈRES (Eaux de). — *M. Vauquelin.*	XIII	521
POÊLE A CARBONISER. — *M. Dagoty.*	XIII	526
POIS CHICHES. (Leur examen chimique.) — *M. Figuier.*	XIII	558
POISSONS (Analyse de la laite des). — *MM. de Fourcroy* et *Vauquelin.*	XIII	574
POISSONS (Sur la nature de l'air contenu dans la vessie natatoire des). — *M. Biot.*	XIII	586
POMMES (Analyse de la matière sucrante du moût de). — *M. Henry.*	XIV	27
POMMES-DE-TERRE (Analyse des). — *M. Vauquelin.*	XIV	40
POMMES-DE-TERRE. (Leur parenchyme considéré comme substance alimentaire.) — *M. Gay-Lussac.*	XIV	41
PORCELAINE (Couleur verte obtenue du chrôme pour la). — *M. Vauquelin.*	XIV	99
PORNIC (Eaux minérales de). — *M. Hectot.*	XIV	119
POTASSE. (Action de son métal sur les oxides et sels métalliques, et sur les sels terreux et alcalins.) — *MM. Thenard* et *Gay-Lussac.*	XIV	125
POTASSE (Expériences sur le mode d'épreuve de la). — *Les administrateurs des poudres et salpêtres; M. Vauquelin.*	XIV	127
POTASSE. (Moyen d'en multiplier la fabrication en France.) — *M. Pertuis.*	XIV	131
POTASSE. (Moyen de la retirer des cendres du marron d'Inde.) — *M. N***.*	XIV	134
POTASSE. (Moyen de la saturer d'acide carbonique.) — *M. Guraudau.*	XIV	135
POTASSE. (Sa conversion en métal.) — *MM. Curaudau; Gay-Lussac* et *Thenard.*	XIV	138
POTASSE. (Son extraction des fanes de pommes-de-terre.) — *M. Lapostolle.*	XIV	147
POTASSE. (Son extraction des lessives rebutées des blanchisseries.) — *M. Flahault-Fokedey.*	XIV	147
POTASSE FONDUE. (Procédé économique pour l'obtenir en grand.) — *M. Bouillon-Lagrange.*	XIV	148
POTASSIUM (Influence des métaux sur la production du). — *M. Vauquelin.*	XIV	150
POTASSIUM ET SODIUM. — *MM. Gay-Lussac* et *Thenard.*	XIV	151
POTASSIUM ET SODIUM. (Leur alliage avec d'autres métaux.) — *M. Sérullas.*	XIV	152
POUDRE (Nouvelle espèce de). — *MM. Gingembre* et *Bottée.*	XIV	170
POUDRE A CANON. — *M. Proust.*	XIV	170
POUDRE ANGLAISE *dite* de Gyms (Analyse de la). — *M. Cadet.*	XIV	197

	Tomes.	Pages.
Poudre anti-dartreuse. (Son analyse.) — *M. Cadet.*	XIV	199
Poudre fulminante de mercure. — *M. de Fourcroy.*	XIV	201
Poudres fulminantes. — *M. Pajot-Laforêt.*	XIV	202
Pougues (Eaux aérées de). — *M. Hassenfratz.*	XIV	206
Prehnite compacte de Reichenbach près Oberstein. — *M. Laugier.*	XIV	228
Propolis. — *MM. Vauquelin ; Cadet.*	XIV	269
Provins (Analyse des eaux minérales de). — *MM. Vauquelin* et *Thenard.*	XIV	276
Prussiates. — *M. Guyton de Morveau.*	XIV	282
Prussiates. (Leur usage en teinture.) — *M. Berthollet.*	XIV	282
Putréfaction. (Moyen d'en préserver les animaux en conservant leur forme essentielle, et même en leur donnant la fraîcheur et l'apparence de la vie.) — *M. Chaussier.*	XIV	289
Pyrolignite de fer. — *M. Vitalis.*	XIV	304
Quinquina (Diverses espèces de). — *M. Vauquelin.*	XIV	341
Quinquina (Nouvelle espèce de). — *MM. Cadet ; Laubert.*	XIV	346
Quinquina (Principes du). — *MM. Séguin ; Laubert.*	XIV	348
Quinquina (Teinture et sucre de). — *M. Coldefy.*	XIV	352
Quinquina jaune. (Sa sophistication par l'écorce du marronnier d'Inde.) — *M. Planche.*	XIV	355
Raisin (Analyse du sirop de). — *M. Résat* aîné.	XIV	361
Raisin (Examen du dépôt provenant du sirop de). — *M. Barruel.*	XIV	361
Raisin (Sur la fermentation du moût de). — *M. Gay-Lussac.*	XIV	378
Raisin (Mutage du suc de). — *M. Boudet* oncle.	XIV	381
Raisins secs d'Espagne et de Corinthe (Analyse de la matière sucrée blanche que l'on trouve en grains solides dans les). — *M. Barruel.*	XIV	386
Réaumuria (Sel recueilli sur le). — *M. Cuvier.*	XIV	399
Réglisse (Analyse de la racine de). — *M. Robiquet.*	XIV	417
Rennes (Analyse des eaux minérales de). — *MM. Julia* et *Reboulh.*	XIV	427
Résine (Cristallisation de la). — *M. Pelletier.*	XIV	443
Rhubarbes de Chine, de Moscovie et de France (Analyse comparée des). — *M. Henry.*	XIV	462
Riz (Son analyse.) — *M. Vauquelin.*	XIV	469
Roche-posay (Analyse des eaux minérales de la). — *M. Joslé.*	XIV	474
Roisdorff (Analyse des eaux minérales de). — *M. Petazzi.*	XIV	482
Rubis (Analyse du). — *M. Vauquelin.*	XIV	513
Safran. (Son analyse.) — *MM. Bouillon-Lagrange* et *Vogel.*	XIV	555
Sagapenum ou gomme séraphique. — *M. Pelletier.*	XIV	557
Sain-bois (Analyse de l'écorce de). — *M. Lartigue.*	XIV	559

	Tomes.	Pages.
SAINT-FÉLIX DE BAGNIÈRES, près Condat (Analyse des eaux minérales de). — *M. Vergne.*	XIV	561
SAINT-GERVAIS (Eaux thermales de). — *M. N***.*	XIV	562
SAINT-PARIZE (Eaux aérées de). — *M. Hassenfratz.*	XIV	564
SAINT-SAUVEUR (Analyse des eaux minérales de). — *M. Poumier.*	XIV	564
SAINTE-MARIE. (Eaux minérales de). — *M. Save.*	XIV	565
SAINTE-QUITERIE (Eau de la fontaine de). — *M. Magnes.*	XIV	566
SALEP INDIGÈNE (Préparation du). — *M. Mathieu de Dombasle.*	XIV	570
SALINES des départemens de la Meurthe, du Jura, du Doubs et du Mont-Blanc. — *M. Nicolas.*	XIV	571
SALINIGRADE ou instrument pour reconnaître par la pesanteur spécifique, la proportion d'un sel déterminé dissous dans l'eau. — *M. Hassenfratz.*	XIV	575
SALPÊTRE. (Sa formation.) — *M. Chaptal.*	XIV	575
SALSOLA SODA. — *M. Vauquelin.*	XIV	577
SALSOLA TRAGUS (Analyse du). — *M. Vauquelin.*	XIV	578
SANG (Bile et gélatine trouvées dans le).—*MM. de Fourcroy* et *Vauquelin.*	XIV	580
SANG. (Son altération par l'effet d'une maladie.) — *M. de Fourcroy.*	XIV	584
SANG BILIEUX. — *M. Deyeux.*	XIV	587
SANG DES ANIMAUX (Principe colorant du). — *M. Vauquelin.*	XIV	587
SANTAL ROUGE (Matière colorante du). — *M. Pelletier.*	XIV	593
SARCOLITHE (Analyse de la). — *M. Vauquelin.*	XIV	595
SAULE BLANC. (Son examen comparé au quinquina.) — *M. Bouillon-Lagrange.*	XIV	601
SAVON DE LAINE. (Ses usages dans les arts.) — *M. Chaptal.*	XIV	605
SAVON SULFURÉ DE SOUDE. — *MM. Planche* et *Boudet.*	XIV	610
SCAMMONÉES D'ALEP ET DE SMYRNE (Essai analytique sur les). — *MM. Bouillon-Lagrange* et *Vogel.*	XIV	619
SCILLE (Analyse de la). — *M. Vogel.*	XV	26
SEIGLE ERGOTÉ (Analyse du). — *M. Bonvoisin.*	XV	31
SEL CATHARTIQUE AMER. — *M. Ansaldo.*	XV	32
SEL COMMUN OU MURIATE DE SOUDE. (Moyens propres à l'extraire des eaux sourcilleuses.) — *MM. Vatrin; Derivaz; Dubochet.*	XV	32
SEL DE DESCROIZILLES. (Son analyse.) — *M. Charpentier.*	XV	33
SEL DE SEIGNETTE. —*MM. Henry; Figuier.*	XV	37
SEL MÉTALLIQUE (Proportion du métal qui entre dans chaque). — *M. Gay-Lussac.*	XV	43
SEL PHOSPHORIQUE TERREUX. (Sa présence dans les os des animaux, et analyse de ces organes en général.) — *MM. de Fourcroy* et *Vauquelin.*	XV	43

	Tomes.	Pages.
SEL TRIPLE, composé d'acide sulfurique, de soude, et d'ammoniaque. — *M. Séguin.*	XV	45
SELS. (Sur ceux qui peuvent remplacer la cendre de bois.) — *M. N***.*	XV	47
SELS AMMONIACAUX. (Leur amalgame avec l'ammoniaque par la pile voltaïque.) — *MM. Gay-Lussac* et *Thenard.*	XV	48
SELS INSOLUBLES. — *M. Dulong.*	XV	49
SELS MARINS CALCAIRES. (Leur décomposition.) — *M. Baumé.*	XV	49
SELS MERCURIELS. — *M. de Fourcroy.*	XV	50
SELS TRIPLES. — *M. Gay-Lussac.*	XV	53
SELS TRIPLES, alcalins et terreux. — *M. Thenard.*	XV	54
SELS TRIPLES DE PLATINE. — *M. Vauquelin.*	XV	56
SELS TRIPLES, qui résultent de la combinaison de l'acide tartareux avec les bases salsifiables (Propriétés des). — *M. Thenard.*	XV	57
SELTZ (Composition de l'eau artificielle de). — *M. N***.*	XV	59
SENTAL (Analyse du bois de). — *M. Pelletier* fils.	XV	71
SERPENTAIRE DE VIRGINIE (Analyse chimique de la). — *M. Chevalier.*	XV	78
SÈVE. (Analyse de ce fluide dans la vigne et dans le charme.) — *M. Deyeux.*	XV	96
SEXTIUS (Eaux thermales d'Aix, connues sous le nom d'eaux de). — *M. Robert.*	XV	101
SIRADAN (Eaux minérales de). — *M. Save.*	XV	109
SIROP MERCURIEL dit de Belet. — *M. Bouillon-Lagrange.*	XV	126
SIROPS ACIDES. — *M. Pluquet.*	XV	130
SOLANÉE. — *M. Desfosses.*	XV	156
SOMMITE (Analyse de la). — *M. Vauquelin.*	XV	166
SORBIER (Suc de). — *M. Vauquelin.*	XV	185
SOUDE. (Son emploi dans les fabriques de savon de Marseille.) — *M. Laurens; les Rédacteurs des Annales de chimie.*	XV	200
SOUFRE. (Nouveau sel résultant de sa combinaison avec les alcalis.) — *M. Chaussier.*	XV	216
SOUFRE. (Procédés pour le raffiner.) — *MM. Michel; Boffe; Michel* et *Chassebau.*	XV	218
SOUFRE. (Quantité que quelques métaux peuvent en absorber par la voie sèche.) — *M. Vauquelin.*	XV	222
SOUFRE. (Sa combinaison avec le chrôme, et nouveau procédé pour obtenir l'oxide de ce métal.) — *M. Lassaigne.*	XV	224
SOUFRE. (Sa combinaison avec les métaux.) — *M. Vauquelin.*	XV	226
SOUFRE. (Sa combinaison avec l'oxigène et l'acide muriatique.) — *M. Berthollet.*	XV	228
SOUFRE. (Ses combinaisons avec les alcalis, et surtout avec la potasse.) — *MM. Vauquelin; Gay-Lussac.*	XV	229
SOUFRE. (Son action réciproque avec le charbon.) — *M. Berthollet* fils.	XV	231

	Tomes.	Pages.
Soufre. (Son existence dans la bile et dans le sang.) — *M. Vogel.*	XV	231
Soufre et phosphore. (Leur nature.) — *MM. Gay-Lussac* et *Thenard.*	XV	232
Staphysaigre. — *MM. Lassaigne* et *Feneuille.*	XV	264
Statique chimique (Essai de). — *M. Berthollet.*	XV	265
Stéatites (Plusieurs variétés de). — *M. Vauquelin.*	XV	274
Sternutatoire (Remarques sur un nouveau). — *M. Cadet.*	XV	281
Strontiane et baryte. (Leurs propriétés.) — *M. Vauquelin.*	XV	294
Strychnine. (Nouvel alcali végétal trouvé dans la fève Saint-Ignace, dans la noix vomique, etc.) — *MM. Pelletier* et *Caventou.*	XV	297
Styrax liquide. — *M. Bouillon-Lagrange.*	XV	307
Substance charbonneuse trouvée dans un four à porcelaine. — *M. Alluand*, aîné.	XV	308
Substance détonante. — *M. Dulong.*	XV	308
Substance pierreuse artificielle. — *M. Curaudau.*	XV	315
Substance terreuse. — *M. Vauquelin.*	XV	316
Substances simples ou élémentaires. — *M. de Lamétherie.*	XV	321
Substances végétales et animales (Analyse des). — *MM. Gay-Lussac* et *Thenard.*	XV	334
Succin (Distillation du). *MM. Robiquet* et *Collin*; *Vogel.*	XV	340
Succin (Préparation du vernis de). — *M. Balthasar.*	XV	345
Sucre (Expériences sur le). — *MM. Bouillon-Lagrange* et *Vogel.*	XV	348
Sucres et cassonades (Moyens de reconnaître la falsification des). — *MM. Tissier* jeune; *N****.	XV	367
Sucs végétaux (Matière colorante des). — *M. Guyton de Morveau.*	XV	374
Sueur. (Acide qu'elle contient.) — *M. Thenard.*	XV	375
Suint (Analyse du). — *M. Vauquelin.*	XV	378
Sulfate de cadmium. — *M. Cadet.*	XV	379
Sulfate de fer. (Son action sur le gaz nitreux et sur la formation de l'acide muriatique.) — *M. Berthollet.*	XV	386
Sulfate de magnésie (Expériences faites avec l'ammoniaque sur le). — *MM. de Fourcroy*; *Gay-Lussac.*	XV	388
Sulfate de magnésie. (Sa fabrication au moyen des terres magnésiennes.) — *M. Bérard.*	XV	393
Sulfate de mercure. — *M. de Fourcroy.*	XV	394
Sulfate de platine. — *M. Vauquelin.*	XV	395
Sulfate de plomb. (Sa décomposition par l'acide muriatique.) — *M. Collet-Descostils.*	XV	396
Sulfate de strontiane. — *MM. Guyton de Morveau*; *Vauquelin*; *Lelièvre.*	XV	401
Sulfate de zinc. (Sa purification.) — *MM. Bergeron*; *Cadet.*	XV	404

	Tomes	Pages.
Sulfate double d'alumine et d'ammoniaque. — *M. Riffault.*	XV	405
Sulfates. (Leur décomposition par la chaleur.) — *M. Gay-Lussac.*	XV	407
Sulfates d'alumine et de potasse (Moyens de reconnaître les proportions d'acide et de potasse qui entrent dans la composition des). — *M. Curaudau.*	XV	408
Sulfure de platine (Expériences sur le). — *M. Vauquelin.*	XV	409
Sulfure d'iridium. — *M. Vauquelin.*	XV	411
Sulfure noir de mercure. (Nouvelle manière de le préparer promptement.) — *M. Destouches.*	XV	411
Sulfures (Préparation des divers). — *M. Henry.*	XV	412
Sulfures (Remarques sur les). — *M. Vauquelin.*	XV	414
Tabacs (Expériences et considérations sur les). — *MM. Vauquelin; Cadet; Guyton de Morveau.*	XV	469
Tain et poliment des glaces. — *M. Sage.*	XV	527
Tannin (Considérations sur le). — *MM. Proust; Bouillon-Lagrange; Pelletier.*	XV	533
Tannins artificiels. — *M. Chevreul.*	XV	543
Tarascon (Eau de). — *M. Magnes.*	XV	554
Tartrite acidule de potasse. (Sa décomposition au moyen de la chaux.) — *M. Vauquelin.*	XV	557
Tartrites acidules, alcalins, terreux et métalliques. — *M. Thenard.*	XV	558
Telephora coerulea. (Espèce de champignon.) — *M. Chevalier.*	XV	584
Térébenthine (Essence de). — *M. Houton de Labillardière.*	XV	592
Terre minérale. — *M. N***.*	XV	615
Terre servant de nourriture aux habitans de la Nouvelle-Calédonie. (Son analyse.) — *M. Vauquelin.*	XV	615
Terres. (Affinités qu'elles exercent les unes sur les autres, soit par la voie sèche, soit par la voie humide.) — *M. Guyton de Morveau.*	XV	616
Terres de nouvelles espèces. — *MM. Gadolin; Bérard; Bosc* et *de Musigny; Henry.*	XV	631
Thuy (Eaux de). — *M. N***.*	XVI	41
Tinkal. (Sa purification en grand.) — *MM. Robiquet* et *Marchand.*	XVI	44
Titane cristallisé (Oxide de). — *M. Vauquelin.*	XVI	64
Tongres (Eaux minérales de). — *M. Paysse.*	XVI	96
Topaze. — *M. Berthollet.*	XVI	110
Tournesol (Analyse du). — *M. Chevreul.*	XVI	142
Truffes (Examen chimique des). — *M. Bouillon-Lagrange.*	XVI	248
Tungstène. — *M. Guyton de Morveau.*	XVI	264

	Tomes.	Pages.
Turquoise (De la substance connue sous le nom de). — *M. Bouillon-Lagrange.*	XVI	268
Turquoises artificielles. — *M. de Sauviac.*	XVI	270
Urée (Nouvelles expériences sur l'). — *MM. de Fourcroy* et *Vauquelin.*	XVI	324
Urine humaine (Examen de l'). — *MM. de Fourcroy* et *Vauquelin ; Caballe ; Vauquelin ; Vogel.*	XVI	329
Urines de divers animaux (Analyse comparée des). — *M. Vauquelin.*	XVI	335
Ussat (Eaux des bains et de la fontaine d'). — *M. Figuier.*	XVI	338
Val (Analyse de l'eau du). — *MM. Cadet* et *Deslauriers.*	XVI	371
Varecs (Principes chimiques des). — *MM. Vauquelin ; Sage.*	XVI	384
Végétation (Recherches chimiques sur la). — *M. de Saussure.*	XVI	397
Végétaux (Principes extractifs des). — *M. Vauquelin.*	XVI	428
Végétaux. (Salaison de ceux dont on veut obtenir des eaux distillées.) — *M. Descroizilles* aîné.	XVI	431
Végétaux (Séve des). — *M. Vauquelin.*	XVI	432
Végétaux astringens propres au tannage des cuirs. — *M. Cadet.*	XVI	438
Végétaux contenant le plus de matière sucrée. — *M. Drapiez.*	XVI	440
Venin du crapaud. (Sa nature.) — *M. Pelletier.*	XVI	459
Verre (Dévitrification du). — *M. Dartigues.*	XVI	484
Verre. (Moyen de juger sa qualité.) — *M. Guyton de Morveau.*	XVI	485
Verre d'antimoine. — *M. Vauquelin.*	XVI	489
Vert-de-gris (Examen chimique du). — *M. Destouches.*	XVI	516
Vinaigre (Formation du). — *MM. de Fourcroy* et *Vauquelin.*	XVI	575
Vinaigre de petit-lait. — *M. Deschamps.*	XVI	577
Vins. (Sur leur altération et moyens d'y remédier.) — *M. Bézu.*	XVI	602
Xanthorhea hastilis (Résine jaune du). — *M. Laugier.*	XVI	701
Zéolithes (Examen chimique des pierres connues sous le nom de). — *MM. Vauquelin; Laugier.*	XVI	709
Zinc (Examen chimique du). — *MM. Proust ; Planche ; Vogel.*	XVI	715
Zircon. (Procédés pour l'obtenir pur du fer.) — *MM. Chevreul; Dubois* et *Silveira.*	XVI	723

Tomes. Pages.

MATIÈRE MÉDICALE.

ANTIMOINE (Propriétés de l'). — *M. Magendie.* I 341
BARYTE. (Ses effets sur le corps humain.) — *M. Brodie.* I 549
CACHOU (Recherches sur le). — *M. Aubert du Petit-Thouars.* II 230
CENTAUREA CALCYTRAPA. (Son emploi comme fébrifuge.) — *M. Lando.* II 452
CERISIER. (Écorce de ses jeunes branches considérées comme propres à remplacer le quinquina.) — *M. Menuret.* II 460
CHARBON. (Son inefficacité comme contre-poison.) — *M. Orfila.* III 38
DARTRES (Efficacité de la plombagine contre les). — *M. N***.* IV 397
DIPPEL (Usage de l'huile de). — *MM. Payen* et *Ranque.* V 51
DODONOEA ANGUSTIFOLIA. — *M. Virey.* V 138
DORADILLE D'ESPAGNE. (Ses propriétés.) — *M. Cadet.* V 144
EAU ANTI-APOPLECTIQUE. — *M. Cadet.* V 263
ÉLIXIR DE RAULIN. — *M. Raulin.* VI 14
ENCENS (Histoire naturelle et médicale de l'). — *M. Virey.* VI 96
EUPATOIRES (Vertus médicinales de deux espèces d'). — *MM. Chambon de Montaux ; Virey.* VI 466
EUPHORBES. (Emploi de leurs racines à la place de l'ipécacuanha et du jalap.) — *M. Loiseleur Deslongchamps.* VI 472
FÈVE TONKA, ou tonca, ou tongo. — *M. Virey.* VII 105
FOIE DE SOUFRE ALCALIN, employé comme remède contre le croup, la coqueluche et le catharre pulmonaire. — *M. N***.* VII 259
GÉSIER DE VOLAILLES BLANCHES (Examen chimique et médical du). — *M. Bouillon-Lagrange.* VIII 283
GLOBULAIRE TURBITH (Propriétés purgatives de la). — *M. Loiseleur Deslongchamps.* VIII 341
GOMME KINO. (Son origine.) — *M. Virey.* VIII 368
KAKA-TODDADI. (Propriété fébrifuge de son écorce.) — *M. Hubert.* X 63
LAITUE (Propriétés du suc de). — *M. N***.* X 176
MANCENILIER (Suc du). — *M. d'Arcet.* XI 94
MARRONIER D'INDE. (Son écorce considérée comme fébrifuge.) — *M. Dupont.* XI 150
MÉDICAMENS SIMPLES du règne végétal. (Leurs couleurs considérées comme indices de leurs propriétés.) — *M. Virey.* XI 227
MONTLIGNON (Eaux minérales de). — *M. Mauduit-Larive.* XI 521
MORPHINE. (Emploi de quelques-uns de ses sels comme médicamens.) — *M. Magendie.* XI 566

	Tomes.	Pages.
NARCISSES INDIGÈNES. — *M. Loiseleur Deslongchamps.*	XII	102
NÉPENTHÈS. (Remède exhilarant.) — *M. Virey.*	XII	136
NOIX VOMIQUE (Expériences physiologiques sur les effets de la). — *M. Desportes.*	XII	195
OLIVIER. (Substitution de ses feuilles au quinquina.) — *M. Cazals.*	XII	295
OPIUM (Remarques diverses sur l'). — *MM. Lassus; Dubuc; Nysten ; Loiseleur Deslongchamps.*	XII	317
OPOBALSAMUM , ou baume de la Mecque. — *M. Mongez.*	XII	331
ORCANETTES D'ORIENT. — *M. Pelletier.*	XII	374
PAVOTS INDIGÈNES. — *M. Loiseleur Deslongchamps.*	XIII	67
QUINQUINA DU PÉROU. (Renseignemens sur sa récolte , son choix et son envoi.) — *M. Bonpland.*	XIV	353
QUINQUINA FRANÇAIS. — *M. Alphonse-Leroy.*	XIV	354
SANDARÎON OU SANDAROUS , résine transparente de l'Orient et de l'Inde. — *M. Virey.*	XIV	579
SÉNÉ (Description , récolte et commerce du). — *MM. Rouillure ; Parmentier.*	XV	65
TOXICOLOGIE GÉNÉRALE considérée sous les rapports de la physiologie , de la pathologie et de la médecine légale. — *M. Orfila.*	XVI	146
UPAS. — *MM. Coquebert de Montbret ; Leschenault de Latour; Delille* et *Magendie.*	XVI	311
VINS MÉDICINAUX. — *M. Parmentier.*	XVI	610
Voyez THÉRAPEUTIQUE ET MATIÈRE MÉDICALE (Nouveaux élémens de).		

PHARMACIE.

ACHE (Conserve et pâte pectorale d'). — *M. Boudet.*	I	116
ALCOHOLAT DE TOLU (Préparation de l'). — *M. Lemaire-Lisancourt.*	I	251
BAUME DE TOLU (Préparations du sirop de). — *MM. Frémy; Lemaire-Lisancourt.*	II	20
BOULES DE MARS dites de Nancy. — *MM. N***. ; Mandel.*	II	174
CAFÉ MOKA (Conserve de). — *M. Bourgogne.*	II	269
CAMPHRE (Raffinage et épuration du). — *MM. Villain ; Clémandot ; N***.*	II	349
CAMPHRE. (Moyen de le diviser dans les potions.) — *M. N***.*	II	352
CORNE DE CERF. (Moyen de la calciner.) — *M. Planche.*	III	473
EAU CORDIALE. — *M. Cadet.*	V	265
EAU de SELTZ ARTIFICIELLE (Composition d'une). — *M. Cadet.*	V	291
EAU ÉTHÉRÉE CAMPHRÉE (Préparation d'une). — *M. Planche.*	V	308
ÉLIXIR VITRIOLIQUE DE MINZICHT. (Sa préparation.) — *M. Boullay.*	VI	14
EMPLATRES (Préparation des). — *M. Deyeux.*	VI	86

	Tomes.	Pages.
ÉTAIN. (Méthode pour diviser celui que l'on emploie dans la médecine.) — *M. Planche.*	VI	306
ÉTHIOPS MARTIAL. (Procédé pour le faire promptement.) — *M. Vauquelin.*	VI	392
HUILE DE GOUDRON, ou de longévité. (Sa composition.) — *M. Denys de Montfort.*	IX	142
HUILE DE PALMA-CHRISTI, ou de Ricin.—*MM. Planche; Haguenot; Limousin-Lamotte; Fournier; Lacassagne; Haguenot; Deyeux; Limousin-Lamotte; Charlard; Fournier.*	IX	144
HUILE ET POMMADE DE SAIN-BOIS, ou garou pour remplacer les cantharides. — *M. Lartigue.*	IX	161
IPÉCACUANHA (Préparation de l'). — *MM. Masson-Four; Coldefy.*	IX	559
LIQUEUR ANTI-CONTAGIEUSE. — *M. Chaussier.*	X	336
MÉDECINE. (Moyen de la rendre agréable en réformant les médicamens les plus répugnans à prendre.) — *M. Virey.*	XI	220
MÉDECINES. (Manière avantageuse de les préparer.) — *M. Opoix.*	XI	225
MERCURE. (Son état dans l'onguent mercuriel double.) — *M. Vogel.*	XI	308
ONGUENT BASILICUM. — *M. Gay.*	XII	308
ONGUENT MERCURIEL DOUBLE. — *M. Peuillat.*	XII	308
OPIAT contre la syphilis. — *M. Pajot-Laforêt.*	XII	316
OPIAT PERSAN. (Sa préparation.) — *M. Cadet.*	XII	316
OPIUM (Préparation pharmaceutique de l'). — *MM. Barrier; Leroux.*	XII	327
OPPODELDOCH (Baume). — *M. Cadet.*	XII	334
PASTILLES PECTORALES INCISIVES ET CALMANTES. — *M. Jobard.*	XIII	57
PETIT-LAIT EN POUDRE. — *M. Cadet* père.	XIII	179
PILULES DE STAHL. — *M. N***.*	XIII	379
PLANTES VIREUSES (Nouvelles méthodes de préparer les extraits des). — *MM. Virey; Germain.*	XIII	465
POMMADE ASTRINGENTE DE VERJUS. — *M. Virey.*	XIV	22
POMMADE contre la coqueluche. — *M. Anternieth.*	XIV	23
POMMADE DE DESSAULT. — *M. Cadet.*	XIV	23
POMMADE MERCURIELLE au beurre de cacao (Nouveau procédé pour préparer la). — *M. Planche.*	XIV	24
POMMADE SOLUBLE (Composition de la). — *M. Cadet.*	XIV	25
POUDRE ANTI-HÉMORRAGIQUE. — *M. Faynard.*	XIV	199
PRINCIPE EXTRACTIF. — *M. Braconnot.*	XIV	250
ROB ANTI-SYPHILITIQUE. — *M. Villars.*	XIV	470
SAVON ACÉTIQUE ÉTHÉRÉ. — *M. Pelletier.*	XIV	603
SIROP ANTI-SCORBUTIQUE. — *M. Portal.*	XV	112
SIROP BALSAMIQUE DE TOLU (Nouvelle préparation du). — *M. Planche.*	XV	113

	Tomes.	Pages.
Sirop contre la toux. — *M. Desessarts.*	XV	116
Sirop d'amidon (Expériences sur la fabrication du). — *M. Vogel.*	XV	116
Sirop de kermès. — *M. Haguenot.*	XV	118
Sirop de maïs. — *M. de Lapanouse.*	XV	119
Sirop de mélasse (Procédé pour la fabrication du). — *M. Guillou.*	XV	119
Sirop de ményanthe composé. — *M. Chaussier.*	XV	120
Sirop de mou de veau simple et très-concentré. — *M. Planche.*	XV	121
Sirop de mûres. (Sa préparation.) — *M. Magnes.*	XV	122
Sirop de vanille. — *M. Chaussier.*	XV	124
Sirop d'orge. — *M. Dubussoir.*	XV	125
Sirop pectoral. — *M. Maloet.*	XV	127
Sirops aromatiques. — *M. Olivier.*	XV	131
Sirops de limaçon, de mou de veau et de chou rouge. — *M. Boudet.*	XV	131
Sirops de sucre de canne, de miel et de betterave (Clarification des). — *MM. Virey, Pelletier* et *Boudet.*	XV	133
Species prothea. — *M. Cadet.*	XV	245

PRODUITS CHIMIQUES.

Acétite de cuivre (Fabrication de l'). — *M. Chaptal.*	I	113
Acide acétique. (Vinaigre radical.) — *MM. Badollier; Mollerat; Lartigue; Dupuytren; Schœdelin; Bobec; Mollerat.*	I	118
Alun artificiel. (Sa fabrication.) — *M. Curaudau; la fabrique de Fontaine; la fabrique de Saint-Georges; MM. Curaudau; Bérard; Delpech.*	I	267
Blanc de Céruse ou blanc de plomp. (Sa fabrication.) — *MM. Chaillot; Frisou; Rideau; Saxelbye; Lescure* et *Brechot; Stevenart; Gérard* et *Bequet; Casaurane de Saint-Paul; Chevremont; Montgolfier; Roard.*	II	73
Blanc de zinc pouvant remplacer le blanc de céruse. — *M. Guyton de Morveau.*	II	82
Blanc minéral. — *M. Volpélius.*	II	82
Borax raffiné. — *M. Jacob.*	II	155
Camphre artificiel. — *M. Chomel.*	II	352
Carbonates de strontiane et de baryte. — *MM. Amfrye* et *d'Arcet.*	II	389
Cendres bleues. (Procédé pour les préparer.) — *M. Pelletier.*	II	449
Cinabre, ou vermillon. — *MM. Séguin; Desmoulins.*	III	228
Colle-forte des os. — *M. Grenet.*	III	339
Colophane. (Procédé pour l'obtenir pure.) — *M. Séguin.*	III	343
Craie. (Carbonate de chaux.) — *MM. Payen* et *Chevalier.*	IV	170

	Tomes.	Pages
GÉLATINE. (Son extraction des os.)— *MM. d'Arcet; Robert; le Jury de l'exposition.*	VIII	202
MINIUM (Fabrication en grand du). — *MM. Ollivier; Utzschneider, Dartigues, Pécard* fils et *Husson-Verdier; Pécard.*	XI	439
NOIR ANIMAL ET NOIR VEGÉTAL (Procédé pour revivifier le). — *M. Cavaillon.*	XII	184
POTASSE. (Sa fabrication par l'incinération de diverses espèces de plantes.) — *M. Mathieu de Dombasle.*	XIV	145
PRODUITS CHIMIQUES. — *MM. Payen* et *Bourlier; Rideau* aîné et compagnie; *Pécard* fils; *Utzschneider* et compagnie; *Clément* et *Desormes; Carny; Savary; Dartigues; Gaillard; Costel; Husson-Verdier; Magnan; Pelleteau; Ansaldo; Chomel; d'Arcet, Gauthier; Anfrye* et *Barreba; Chaptal* fils, *d'Arcet* et *Holker; Bérard; Bobée; Payen* et *Pluvinet; Pécard* fils; *Delpech; Rouquès; Cherveau; Dubuc* jeune.	XIV	259
SAVON DE WINDSOR. (Sa fabrication.) — *M. Decroos.*	XIV	606
SAVONS. (Leur fabrication.) — *MM. d'Arcet, Lelièvre* et *Pelletier; Girard* et *Auzilly; Roelant; Payen* et compagnie; *Millau; le jury de l'exposition; M. Souton.*	XIV	610
SEL AMMONIAC (Composition du). — *MM. Leblanc; Payen* et *Pluvinet; Volpélius; Rideau* aîné et compagnie.	XV	32
SEL DE SATURNE. (Sur sa fabrication.) — *M. Pontier.*	XV	34
SEL D'EPSOM. — *M. Ansaldo.*	XV	39
SOUDE (Fabrication de la). — *MM. Leblanc; Lelièvre, Pelletier, d'Arcet* et *Giroud; Millet; le jury de l'exposition.*	XV	192
SOUDES ARTIFICIELLES — *MM. Carny; Mollerat; Lefrançois* père et fils; *Gazzino, Deschamps* et *Armand.*	XV	205
SOUDES LESSIVÉES. (Emploi de leur résidu.) — *M. d'Arcet.*	XV	207
SULFATE DE FER. (Procédés pour le fabriquer en grand.) — *MM. Vitalis; Gaillard, Clément, Désormes, Magnan* et *Costel; Bérard* et *Martin.*	XV	380
SULFATE DE SOUDE. — *MM. Daguin; Gren.*	XV	397
VERDET fabriqué par le moyen des acides. — *Mademoiselle Arod-Dubois.*	XVI	467
VERT-DE-GRIS, ou cristaux de Vénus. — *M. Lenormand.*	XVI	517

SCIENCES NATURELLES.

HISTOIRE NATURELLE
PROPREMENT DITE.

	Tomes.	Pages.
Ambre gris. — *MM. N***.; Pelletier* et *Caventou.*	I	277
Animaux. (Limites de leurs voyages de l'eau salée vers l'eau-douce.) — *M. Marcel de Serres.*	I	312
Astroïtes infundibuliformes. — *M. de Lamarck.*	I	470
Bélemnites. — *M. Beudant.*	II	22
Bleu martial fossile cristallisé. — *M. Sage.*	II	123
Calmar, de la famille des polypes de mer. — *M. de Lamarck.*	II	312
Caraïbes (Squelettes des). — *M. Ernouf.*	II	379
Caryophillie. — *M. Lesueur.*	II	418
Caulerpa. — *M. Lamouroux.*	II	443
Corail. — *M. de Lamarck.*	III	455
Coralline. (Polypier corticifère.) — *M. de Lamarck.*	III	456
Cymosaire. — *M. de Lamarck.*	IV	366
Dapèche. — *M. de Humboldt.*	IV	393
Éponges. — *M. de Lamarck.*	VI	165
Géodie. — *M. de Lamarck.*	VIII	252
Glace. (Sa formation dans la caverne de la Grâce-de-Dieu.) — *M. Cadet.*	VIII	288
Gorgone. — *M. de Lamarck.*	VIII	374
Histoire naturelle (Caractères génériques employés en). — *M. Daubenton.*	IX	84
Hommes (Variétés d'). — *MM. Peyron de la Coudrenière* et *de Lamétherie.*	IX	115
Hommes porcs-épics. — *M. N***.*	IX	115
Huîtres des parcs. (Causes de leur coloration en vert à certaines époques de l'année.) — *M. Gaillon.*	IX	192
Hydres (Espèces diverses d'). — *M. Bosc.*	IX	208
Insectes (Géographie des). — *M. Latreille.*	IX	370
Mollusques, radiaires et zoophites (Structure des parties solides des). — *M. Beudant.*	XI	483
Naphte (Source enflammée de). — *M. Virey.*	XII	96
Ocellaria. (Nouveau genre de polypiers fossiles.) — *M. Ramond.*	XII	261
Panopée. (Nouveau genre de coquille.) — *M. Ménard-Lagroye.*	XII	533

	Tomes.	Pages.
PAPION. — *M. Cuvier.*	XII	593
PENNATULA CYNOMORIUM. — *M. Cuvier.*	XIII	158
POISSONS. (Leur habitation dans les eaux profondes.) — *M. Delaroche.*	XIII	575
POLYPIERS EMPATÉS. — *M. de Lamarck.*	XIV	17
SÈCHE. (Vulgairement nommée *polype de mer.*) — *M. de Lamarck.*	XV	29
TENTACULAIRE. — *M. Bosc.*	XV	591
THALASSIOPHYTES NON ARTICULÉS (Essai sur la classification de la famille des). — *M. Lamouroux.*	XV	657
TORTUES MOLLES. — *M. Geoffroy Saint-Hilaire.*	XVI	118
VÉGÉTAUX EN GÉNÉRAL. (Leurs propriétés.) — *M. Virey.*	XVI	441
VIVIPARE D'EAU DOUCE (Observations sur la). — *M. Cuvier.*	XVI	636

MINÉRALOGIE.

AGATES. — *M. Renault.*	I	213
ANALCIME. — *M. Vauquelin.*	I	289
ANTHRACITE. — *M. Drapiez.*	I	326
ATIMOINE OXIDÉ NATIF. — *M. N***.*	I	341
ANTIMOINE SULFURÉ NATIF. — *M. N***.*	I	341
ARRAGONITE. — *M. Haüy.*	I	405
ARSENIATE DE CUIVRE NATIF. — *M. Vauquelin.*	I	410
ARSENIATE DE FER NATIF. — *M. Vauquelin.*	I	411
ARSENIC SULFURÉ NATIF. — *M. Haüy.*	I	413
ASPHALTE (Mines d'). — *M. Eynard.*	I	439
BÉRIL. — *MM. Vauquelin ; Vauquelin* et *Haüy.*	II	30
BISMUTH NATIF RHOMBOÏDAL. — *M. Haüy.*	II	69
CACHOLONG. — *M. Mongez.*	II	230
CHAUX NATIVES DIVERSES. — *MM. Haüy; Monteiro.*	III	83
CHROMATE DE FER. — *MM. Pontier ; Gillet de Laumont.*	III	205
CHRÔME OXIDÉ NATIF. — *M. Leschevin.*	III	209
CORINDON. — *MM. Lelièvre ; Soret.*	III	467
CRAIE. (Sa formation.) — *MM. Cuvier* et *Brongniart.*	IV	168
CRISTAUX. (Théorie de leur structure.) — *MM. Haüy ; Leblanc ; Haüy.*	IV	196
CRISTAUX DE STRONTIANE SULFATÉE. (Leur comparaison avec ceux de baryte sulfatée.) — *M. Haüy.*	IV	214
CRISTAUX MÉTALLIQUES (Formation des). — *M. Muthon.*	IV	222
CUIVRE ARSENIATÉ. (Ses diverses espèces et variétés.) — *MM. Haüy* et *Gillet de Laumont.*	IV	317
CYMOPHANES. — *M. Haüy.*	IV	365
DICHROITE. (Nouvelle espèce de pierre.) — *M. Cordier.*	V	3
DIOPSIDE. (Son analogie avec le pyroxène.) — *M. Haüy.*	V	42
DIOPTASE. — *M. Haüy.*	V	47

	Tomes.	Pages.
DUSODILE, espèce de combustible composé. — *M. Cordier.*	V	211
ÉMERAUDES TROUVÉES EN FRANCE. — *MM. Lelièvre ; Champeaux.*	VI	75
ESPÈCES MINÉRALES (Importance relative des caractères tirés de la composition et de la cristallisation dans la détermination des). — *M. Beudant.*	VI	291
ÉTAIN. (Son existence en France.) — *MM. de Cressac ; Athénas ; le jury de l'exposition.*	VI	319
EUCLASE (Cristallisation et propriétés physiques de l'). — *MM. Haüy ; Biot.*	VI	451
FASSAÏTE. — *M. Haüy.*	VI	516
FER ARSENICAL (Formes cristallines du). — *M. Haüy.*	VII	29
FER CARBONATÉ fibreux pseudo-morphique. — *M. Berthier.*	VII	35
FER CARBURÉ. — *M. N***.*	VII	37
FER CHROMATÉ. — *M. Gillet de Laumont.*	VII	38
FER HYDRATÉ, considéré comme espèce minéralogique. — *M. Daubuisson.*	VII	53
FER NATIF. — *MM. Schreibert ; Biot.*	VII	56
FER OXIDÉ. (Masse contenant des portions de fer à l'état natif) — *M. Henry.*	VII	59
FER OXIDULÉ. — *M. Robiquet.*	VII	62
FER PHOSPHATÉ BLEU. — *M. Berthier.*	VII	63
FER PICIFORME. — *M. Gillet de Laumont.*	VII	64
FER SPATHIQUE. — *M. Collet-Descostils.*	VII	65
FER SULFURÉ BLANC. — *M. de Jussieu.*	VII	66
FER TITANÉ. — *M. Cordier.*	VII	67
FLUATE D'ALUMINE. — *M. Vauquelin.*	VII	184
GADOLINITE. — *M. Haüy.*	VII	540
GEMME ORIENTALE. — *M. Haüy.*	VIII	209
GLAUBERITE. (Nouvelle substance minérale.) — *M. Brongniart.*	VIII	305
GRENATS DE FINLANDE. — *M. de Jussieu.*	VIII	450
HAUYNE. (Nouvelle espèce de pierre.) — *M. Neergaard.*	VIII	534
HYACINTHE. (Sa comparaison avec le jargon.) — *M. Haüy.*	IX	196
KANNELSTEIN (Examen optique de la structure cristalline du). — *M. Biot.*	X	68
LÉPIDOLITHE. — *MM. Lelièvre ; Biot.*	X	273
LEUCITE. (Grenat blanc.) — *MM. Vauquelin, Dolomieu et Haüy.*	X	274
MARBRE (Carrière de). — *M. Grave.*	XI	128
MARBRE LUMACHELLE. — *M. Lombard.*	XI	131
MELLITE. (Pierre de miel ou honigstein.) *MM. Coquebert de Montbret ; Haüy.*	XI	270
MERCURE SULFURÉ (Structure des cristaux de). — *M. Haüy.*	XI	312
MICA FOLIACÉ. — *M. Rochon.*	XI	400
MINE DE FER. — *M. Rampasse.*	XI	413

	Tomes.	Pages.
MINE DE FER SPATHIQUE. — *MM. Drapiez ; Collet-Descostils.*	XI	413
MINE DE PLOMB (Nouvelle espèce de). — *M. Champeaux.*	XI	415
MINE DE PLOMB CUIVREUSE. — *M. Sage.*	XI	416
MINE DE PLOMB TERREUSE. — *M. Sage.*	XI	417
MINERAI DE FER ARGILEUX. — *M. Collet-Descostils.*	XI	419
MINERAI DE FER D'ALLUVION. — *M. Berthier.*	XI	422
MINÉRALOGIE. — *MM. Brongniart ; Brochant.*	XI	426
MINES DE FER (Cristallisation des). — *M. Haüy.*	XI	437
MINES D'ÉTAIN. — *MM. de Cressac ; Athénas.*	XI	438
NATROLITHE. — *M. Brard.*	XII	108
NICKEL. — *M. Haüy.*	XII	144
PÉTRIFICATION trouvée au mont de Terre-Noire. — *M. Daubenton.*	XIII	184
PHOSPHATE DE FER de l'Ile-de-France. — *M. de Fourcroy.*	XIII	259
PIERRE SILICÉO-FERRUGINEUSE. — *M. Laugier.*	XIII	355
PIERRES (Moyen de donner la flexibilité à plusieurs espèces de). — *M. Fleuriau de Bellevue.*	XIII	356
PIERRES LITHOGRAPHIQUES. — *MM. Quenedey ; Gauterot ; Niepse ; Bruan.*	XIII	364
PIERRES PRÉCIEUSES. (Leurs caractères.) — *M. Haüy.*	XIII	364
PLATINE. — *MM. Vauquelin ; Guyton de Morveau.*	XIII	475
PLÉONASTE. (Son identité avec le spinelle.) — *M. Haüy.*	XIII	504
PLOMB ARSENIÉ ACICULAIRE. — *M. N***.*	XIII	515
PYCNITE. (Sa réunion avec la topaze.) — *M. Haüy.*	XIV	292
PYROXÈNE EN ROCHE. — *M. Charpentier.*	XIV	313
QUARTZ (Nouvelle variété de). — *M. Haüy.*	XIV	337
ROCHES (Classification des). — *M. Brongniart.*	XIV	474
ROCHES PRIMITIVES, ou granits (Variétés de). — *M. Lefèvre.*	XIV	480
SABLE qui se trouve dans les mines d'or. — *M. Chaptal.*	XIV	551
SAPHIR D'EAU. — *M. Cordier.*	XIV	593
SEL GEMME (Mines de). — *MM. Cordier ; Thiébaud* et compagnie ; *Thonnelier.*	XV	40
SOUDE BORATÉE. — *M. Rampasse.*	XV	205
SOUFRE (Double réfraction du). — *M. Haüy.*	XV	216
SOURCE. — *M. Gillet de Laumont.*	XV	235
SPHÈNE. — *M. Haüy.*	XV	246
STRONTIANE CARBONATÉE. (Comparaison de ses formes cristallines avec celles de l'arragonite.) — *M. Haüy.*	XV	292
STRONTIANE CARBONATÉE (Nouvelle variété de). — *M. Haüy.*	XV	293
STRONTIANE SULFATÉE DE SICILE. — *M. Gillet de Laumont.*	XV	295
SUBSTANCE MINÉRALE. (Causes qui déterminent les variations de ses formes cristallines.) — *M. Beudant.*	XV	310
TOURMALINES DIVERSES. — *MM. Dolomieu ; Haüy.*	XVI	136
TRASS OU TUFFA VOLCANIQUE. — *MM. Faujas de Saint-Fond ; Webers.*	XVI	163

	Tomes.	Pages.
Urane trouvé en France. — *M. Champeaux.*	XVI	314
Yénite. — *M. Lelièvre.*	XVI	703
Zéolithes (Structure et propriétés électriques de quelques). — *M. Haüy.*	XVI	707
Zinc. — *M. Dony.*	XVI	711
Zinc oxidé manganésifère. — *M. Berthier.*	XVI	721
Zircon (Nouvelle variété de). — *M. Haüy.*	XVI	722

BOTANIQUE.

Acantophora. — *M. Lamouroux.*	I	103
Acicarpha. — *M. de Jussieu.*	I	116
Actinea hétérophylla. — *M. de Jussieu.*	I	179
Aigrette. — *M. Desvaux.*	I	216
Airelle ponctuée. — *M. Legros.*	I	231
Akée. — *M. de Tussac.*	I	236
Alcornoque (Écorce et racine de l'). — *M. Cadet.*	I	252
Algues marines. — *MM. Lamouroux ; Desvaux.*	I	254
Aloès. — *MM. Parmentier ; Vidot.*	I	263
Amaiova de diverses espèces. — *M. Desfontaines.*	I	272
Amansia. — *M. Lamouroux.*	I	274
Amaranthoïdes. — *M. Ventenat.*	I	274
Anamenia coriacea. — *M. Ventenat.*	I	289
Anatomie végétale comparée. — *M. Turpin.*	I	292
Ancylanthes rubiginosa. — *M. Desfontaines.*	I	300
Andira Harsfieldii. — *M. Leschenault de Latour.*	I	301
Andropogon (Deux espèces d'). — *MM. Desfontaines ; Céré.*	I	302
Androsace diapensioïdes. — *M. Picot-Lapeyrouse.*	I	303
Anthonotha. — *M. Palisot de Beauvois.*	I	326
Antiaris-toxicaria. — *M. Leschenault de Latour.*	I	327
Antirrhinum sempervirens. — *M. Picot-Lapeyrouse.*	I	341
Aréca de plusieurs espèces. — *M. Bory de Saint-Vincent.*	I	373
Areng a sucre (Nouveau genre d'). — *M. de Labillardière.*	I	375
Arum ou chou caraïbe. — *M. Hubert.*	I	429
Asclepias (Nouvelles espèces d'). — *M. Cavanilles.*	I	435
Aspalatus. — *M. Jaume Saint-Hilaire.*	I	437
Aspérococcus. — *M. Lamouroux.*	I	439
Aspidium subquinquefidum. (Fougère nouvelle.) — *M. Palisot de Beauvois.*	I	445
Astéranthos brasiliensis. — *M. Desfontaines.*	I	468
Atlas botanique. — *M. Lefebvre.*	I	470
Aubépine (Nouvelle espèce d'). — *M. Flugge.*	I	476
Aubertia. — *M. Bory de Saint Vincent.*	I	477
Aya-pana. — *M. Ventenat.*	I	492

	Tomes.	Pages.
BANANIER OU FIGUIER D'ADAM (Diverses espèces de). — *M. Desvaux.*	I	523
BANERA RUBIOÏDES. — *M. Ventenat.*	I	528
BELLEVALIA. — *M. Picot-Lapeyrouse.*	II	27
BONPLANDIA ANGUSTURA. — *MM. de Humboldt* et *Bonpland.*	II	153
BOOPIS. — *M. de Jussieu.*	II	153
BORONIA PINNATA. — *M. Ventenat.*	II	159
BRUYÈRES. — *M. Thouin.*	II	210
BRYOPSIS. — *M. Lamouroux.*	II	212
BUNIAS ÉPINEUX. — *M. Desfontaines.*	II	218
BUNIUM FERULÆFOLIUM. — *M. Desfontaines.*	II	219
CACHRYS CRETICA. — *M. Desfontaines.*	II	231
CACTES de diverses espèces. — *M. Berthollet.*	II	231
CALOMERIA. — *M. Ventenat.*	II	312
CAMÉLÉA BLANC. — *M. Tamponet.*	II	330
CAMPANULACÉES (Fécondation des). — *M. Aubert du Petit-Thouars.*	II	343
CAMPANULES. — *MM. Picot-Lapeyrouse; Desfontaines.*	II	344
CANTUA de la famille des Polémoniées. — *M. de Jussieu.*	II	370
CAOUT-CHOUC du figuier. — *M. Trémolière.*	II	371
CARDUACÉES (Étamines des). — *M. Cassini.*	II	394
CAREX OU LAICHES. — *M. Palisot de Beauvois.*	II	395
CARLOWIZIA. — *M. de Candolle.*	II	400
CASSIA. — *M. Michaux.*	II	438
CÈDRES DU MONT LIBAN. — *MM. de Volney* et *de Labillardière.*	II	448
CENTAURÉES de deux espèces. — *MM. Desfontaines; Saint-Amans.*	II	453
CERCODEA. (Plante intermédiaire entre les onagraires et les ficoïdes.) — *M. de Jussieu.*	II	459
CÉROXYLON. (Genre de palmier.) — *M. Bonpland.*	II	466
CHABRÆA. — *M. de Candolle.*	II	497
CHAILLETIA. — *M. de Candolle.*	II	498
CHAMELAUCIUM de diverses espèces. — *M. Desfontaines.*	II	539
CHAMPIA. — *M. Lamouroux.*	II	542
CHAMPIGNONS. (Considérations générales sur ces végétaux et espèces nouvelles ou peu connues qu'ils présentent.) — *MM. de Candolle; Palisot de Beauvois; de Candolle; N***.*	II	543
CHARA. — *M. Berneaux.*	III	34
CHARDINIA XERANTHEMOÏDES. — *M. Desfontaines.*	III	44
CHEIRANTHUS FARSETIA. — *M. Desfontaines.*	III	96
CHONDRUS. — *M. Lamouroux.*	III	202
CHOU MARIN. — *M. Thouin.*	III	204
CHRYSANTHEMUM MAXIMUM. (Leucanthème.) — *M. Ramond.*	III	214
CHRYSEIS (Remarques sur le genre). — *M. Cassini.*	III	215
CHRYSOSPLENIUM (Deux espèces de). — *M. Legros.*	III	218
CIERGES. — *M. Desfontaines.*	III	223

	Tomes.	Pages.
Cineraria hirsuta. — *M. Ventenat.*	III	233
Cibier. (Arbrisseau.) — *M. Rast-Maupas.*	III	236
Cirsium tricephalodes (Monstruosité offerte par un individu du genre du). — *M. Cassini.*	III	237
Claudea. — *M. Lamouroux.*	III	247
Clava (Espèces nouvelles de). — *M. Bosc.*	III	248
Clitoria. (Espèce nouvelle ou à feuilles variables.) — *M. Desfontaines.*	III	264
Cnicus cyranoïdes. — *M. Desfontaines.*	III	271
Cobea scandens. — *M. Desfontaines.*	III	274
Cocotier des Maldives. — *M. Houton de Labillardière.*	III	298
Coignassier (Considérations physiologiques sur le fruit du). — *M. Alibert.*	III	329
Coignassier de la Chine. — *M. Thouin.*	III	331
Coleosanthus (Deux espèces de). — *M. Cassini.*	III	334
Commeline douteuse. — *M. Palisot de Beauvois.*	III	386
Conferves (Recherches sur les). — *MM. de Candolle; Vaucher.*	III	423
Convallaria. (Genre). — *M. Desfontaines.*	III	445
Conyza candida. — *M. Desfontaines.*	III	447
Cordia macrophylla. (Cordia à grandes feuilles.) — *M. Desfontaines.*	III	466
Correa alba. — *M. Desfontaines.*	IV	46
Corypha. — *M. Michaux* fils.	IV	48
Cotyledon parviflora. (Cotylédon à petites fleurs.) — *M. Desfontaines.*	IV	104
Crassula crenata. — *M. Desfontaines.*	IV	175
Crocus multifidus. — *M. Ramond.*	IV	266
Cucubalus spergulifolius. (Cucubale à feuilles d'esparcette.) — *M. Desfontaines.*	IV	276
Cucurbitacées. — *MM. Virey; de Saint-Hilaire.*	IV	277
Cupressus. (Genre de la famille des conifères.) — *MM. Schonbert* et *Mirbel.*	IV	330
Curanga. (Genre nouveau de la famille des personées.) — *M. de Jussieu.*	IV	331
Cuspidia castrata. — *M. Cassini.*	IV	334
Cuviera. (Genre nouveau de la famille des rubiacées.) — *M. de Candolle.*	IV	338
Cycas. — *M. Aubert du Petit-Thouars.*	IV	343
Cynoglossum (Deux espèces de). — *M. Desfontaines.*	IV	367
Cypéracées (Famille des). — *MM. Kunth; Virey.*	IV	369
Cypselea humifusa. — *M. Turpin.*	IV	374
Cytise des Indes. — *M. Aubert du Petit-Thouars.*	IV	376
Danais (Propriétés tinctoriales du). — *M. Aubert du Petit-Thouars.*	IV	390
Dattiers. — *M. Desfontaines.*	IV	408
Delesseria. — *M. Lamouroux.*	IV	436

	Tomes.	Pages.
Desmarestia. — *M. Lamouroux.*	IV	509
Diasia. (Genre nouveau de la famille des iridées.) — *M. de Candolle.*	IV	555
Dicoryphe. — *M. Aubert du Petit-Thouars.*	V	2
Dicotylédones (Germination des). — *M. Jaume Saint-Hilaire.*	V	4
Dictyoptères. (Genre nouveau d'algues marines.) — *M. Lamouroux.*	V	4
Dictyota. (Nouveau genre d'algues marines.) — *M. Lamouroux.*	V	5
Didymèle. — *M. Aubert du Petit-Thouars.*	V	8
Digitale (Nouvelle espèce de). — *MM. Dutour de Salvert* et *de Saint-Hilaire.*	V	16
Diglossus variabilis. — *M. Cassini.*	V	20
Dilléniacées (Caractères de la famille des). — *M. de Jussieu.*	V	28
Dimerostemma brasiliana. — *M. Cassini.*	V	29
Diosma (Deux espèces de). — *M. Ventenat.*	V	49
Diptophractum auriculatum. — *M. Desfontaines.*	V	53
Ditrichum macrophyllum. — *M. Cassini.*	V	136
Doum, ou palmier de la Thébaïde. — *M. Raffeneau-Delille.*	V	152
Dracænas. (Accroissement en diamètre de leur tronc.) — *M. Aubert du Petit-Thouars.*	V	155
Draparnaldes (Nouveau genre de). — *M. Bory de Saint-Vincent.*	V	156
Drusa. (Genre nouveau de la famille des ombellifères.) — *M. de Candolle.*	V	208
Dumontia. — *M. Lamouroux.*	V	210
Échenais (Nouvelle espèce d'). — *M. Cassini.*	V	395
Echium caudicans. — *M. Ventenat.*	V	397
Échytes (Nouvelle espèce d'). — *M. Desfontaines.*	V	397
Écorce (Remarques sur les pores de l'). — *M. de Candolle.*	V	441
Eleutheranthera. — *M. Poiteau.*	VI	13
Elodea guyanensis. — *M. Richard.*	VI	28
Embryon végétal (Enveloppes de l'). — *M. Dutrochet.*	VI	73
Enalcida. (Nouveau genre de plantes de la famille des synanthérées, tribu des tagétinées.) — *M. Cassini.*	VI	92
Endoleuca. (Nouveau genre de plantes de la famille des synanthérées, tribu des inulées, section des gnaphaliées.) — *M. Cassini.*	VI	112
Énothère à fleurs blanches. — *M. Defrance.*	VI	120
Enydra coeruloïdes. — *M. Cassini.*	VI	148
Ephedra. (Genre de plantes de la famille des conifères.) — *M. Mirbel.*	VI	150
Épidendron. — *M. Loureiro.*	VI	151
Épiderme des arbres. (Sa reformation dans ceux qui ont été décortiqués.) — *M. Aubert du Petit-Thouars.*	VI	152

	Tomes.	Pages.
EPIGEA REPENS. — *M. Ventenat.*	VI	157
ÉRABLES A FRUIT COTONNEUX et à fleurs rouges. — *M. Desfontaines.*	VI	267
ERGOT des céréales. (Genre *selcrotium.*) — *M. de Candolle.*	VI	270
ERICA DABOECIA. — *M. de Jussieu.*	VI	273
ERICÆFOLIA. — *M. Ventenat.*	VI	273
ERPENEMA (Nouveau genre d'). — *M. Cassini.*	VI	274
ERYTHRINUM MONOSPERMUM. — *M. Virey.*	VI	281
ERYTHROXYLUM PERUVIANUM. — *M. Virey.*	VI	281
ÉTAMINES. (Leur changement en pistils dans la joubarbe des toits.) — *M. Aubert du Petit-Thouars.*	VI	330
ÉTAMINES. (Influence que leur avortement paraît avoir sur les péricanthes.) — *M. Cassini.*	VI	331
ÉTAMINES. (Leur nombre dans le genre *polygonum.*) — *M. Aubert du Petit-Thouars.*	VI	333
ÉTAMINES. (Leur origine dans les fleurs monopétales.) — *M. Cassini.*	VI	335
EUPHORBES (Plusieurs espèces d'). — *M. Desfontaines.*	VI	469
FACELIS. (Nouveau genre de plantes de la famille des synanthérées, tribu des inulées, section des gnaphaliées.) — *M. Cassini.*	VI	501
FAUJASIA. (Nouveau genre de plantes de la famille des synanthérées, tribu des senecionées.) — *M. Cassini.*	VI	518
FEUILLES (Arrangement et disposition des). — *M. Palisot de Beauvois.*	VII	92
FEUILLES. (Leur chute en automne.) — *M. Palisot de Beauvois.*	VII	93
FEUILLES (Transformation des parties de la fructification en). — *M. Aubert du Petit-Thouars.*	VII	94
FIGUIER (Gomme élastique extraite du suc de). — *M. N****	VII	133
FILAGO PYGMÆA. — *M. Cassini.*	VII	135
FIMBRILLARIA (Nouvelle espèce de). — *M. Cassini.*	VII	169
FLABELLARIA. — *MM. Lamouroux; de Lamarck.*	VII	176
FLACURTIA DOMINGENSIS. — *M. Poiteau.*	VII	177
FLEURS. (Sur celles des plantes de la famille des conifères.) — *MM. Mirbel* et *Schonbert.*	VII	180
FLEURS DESSÉCHÉES (Conservation de la couleur des). — *M. Haüy.*	VII	180
FORNICIUM. (Nouveau genre de plantes de la famille des synanthérées, tribu des carduiuées.) — *M. Cassini.*	VII	370
FRÈNE dont un anneau d'écorce avait été enlevé. — *M. Aubert du Petit-Thouars.*	VII	487
FRÊNES (Notice sur les espèces de). — *M. Bosc.*	VII	488
FUCUS (Espèces diverses de). — *MM. Lamouroux; Gaultier de Claubry.*	VII	513
FURCELLARIA. — *M. Lamouroux.*	VII	520

	Tomes.	Pages.
Galles des végétaux. (Insectes qui les produisent.) — *MM. N**** et *Virey*.	VIII	1
Garuleum. (Nouveau genre.) — *M. Cassini.*	VIII	80
Gelée. (Ses effets sur les fleurs des abricotiers et autres arbres fruitiers.) — *M. Aubert du Petit-Thouars.*	VIII	206
Gelidium. — *M. Lamouroux.*	VIII	209
Géranium pubescent. — *M. Desfontaines.*	VIII	269
Germination des graines (Influence de l'air et de diverses substances gazeuses dans la). — *MM. Hubert* et *Senebier.*	VIII	273
Germination et graine (Résumé des différens mémoires sur les). — *M. Mirbel.*	VIII	275
Gesse pourpre. — *M. Desfontaines.*	VIII	284
Geum pyrenæum. (Plante inédite des hautes Pyrénées.) — *M. Ramond.*	VIII	286
Gigartina. — *M. Lamouroux.*	VIII	287
Glaux. — *MM. de Saint-Hilaire* et *Dutour de Salvert.*	VIII	307
Glossostemon. (Plante nouvelle.) — *M. Desfontaines.*	VIII	344
Gnaphalium. — *M. Ventenat.*	VIII	348
Gnephosis tenuissima. — *M. Cassini.*	VIII	349
Goniocaulon glabrum. — *M. Cassini.*	VIII	373
Goudenia. — *M. Ventenat.*	VIII	375
Graminées (Embryons des). — *M. Poiteau.*	VIII	396
Graminées (Inflorescence des). — *M. Turpin.*	VIII	404
Guy (Végétation du). — *M. de Candolle.*	VIII	481
Gymnarrhena. (Nouveau genre de composée.) — *M. Desfontaines.*	VIII	483
Gymnostyles. (Plante d'un genre nouveau.) — *M. de Jussieu.*	VIII	488
Gyrostemon. (Nouveau genre de plantes.) — *M. Desfontaines.*	VIII	497
Hamulium. — *M. Cassini.*	VIII	509
Hécatea. — *M. Aubert du Petit-Thouars.*	VIII	540
Hélianthe annuel. (Son accroissement en diamètre.) — *M. Aubert du Petit-Thouars.*	VIII	541
Henricia agathoeïdes. — *M. Cassini.*	VIII	556
Héritieria. — *M. Bosc.*	IX	26
Hétérodendrum. (Nouveau genre de la famille des térébinthacées.) — *M. Desfontaines.*	IX	58
Hétérostémon. (Nouveau genre de plantes.) — *M. Desfontaines.*	IX	59
Hiéracium (Nouvelle espèce de). — *M. Saint-Amans.*	IX	60
Hirnellia. — *M. Cassini.*	IX	71
Hyacinthus non scriptus. — *M. de Saint-Hilaire.*	IX	199
Hymenatherum tenuifolium. — *M. Cassini.*	IX	257
Hypnéa. — *M. Lamouroux.*	IX	261
Iberide. — *M. Varin.*	IX	265

	Tomes.	Pages.
Ipécacuanha (Recherches sur les diverses espèces d'). — *M. de Candolle.*	IX	547
Jalap (Plante qui fournit le). — *M. Desfontaines.*	X	10
Jambosade. — *M. Thouin.*	X	19
Joséphinia. — *M. Ventenat.*	X	37
Joubarbes (Remarques sur la famille des). — *M. de Candolle.*	X	37
Juniperus. (Genre de la famille des conifères.) — *MM. Schonbert* et *Mirbel.*	X	55
Kleinia linearifolia. (Nouveau genre de la famille des corymbifères.) — *M. de Jussieu.*	X	87
Labiées (Anatomie et physiologie des plantes de la famille des). — *M. Mirbel.*	X	88
Lait des végétaux en général, et lait de l'arbre de la vache en particulier. — *M. de Humboldt.*	X	171
Laitron (Deux espèces nouvelles de). — *M. Desfontaines.*	X	174
Laminaria. — *M. Lamouroux.*	X	184
Landolphia. (Le genre.) — *M. Palisot de Beauvois.*	X	224
Lasiantera. (Le genre.) — *M. Palisot de Beauvois.*	X	253
Laurencia. — *M. Lamouroux.*	X	254
Lauriers (Réunion de plusieurs plantes exotiques en un seul genre de la famille des). — *M. de Jussieu.*	X	255
Lémanes. — *M. Bory de Saint-Vincent.*	X	268
Lentilles d'eau, ou lemma. — *M. Palisot de Beauvois.*	X	272
Liber (Remarques sur le). — *M. Mirbel.*	X	280
Lichens. — *M. Raffeneau-Delille.*	X	282
Ligulatum. — *M. Ventenat.*	X	296
Listea. (Nouveau genre de la famille des lauriers.) — *M. de Jussieu.*	X	361
Lobéliacées. (Nouvelle famille de plantes.) — *M. de Jussieu.*	X	409
Lotus anthilloïdes. — *M. Ventenat.*	X	422
Lotus d'Égypte. — *M. Raffeneau-Delille.*	X	422
Lycopodiacées. — *M. Desvaux.*	X	514
Magnolia grandiflora. — *M. Basquies.*	XI	19
Maïs. — *M. Aubert du Petit-Thouars.*	XI	25
Malpighia à feuilles de kermès. — *M. Desfontaines.*	XI	43
Maracury. (Plante qui produit le poison des Indiens de la Rivière Noire.) — *M. de Humboldt.*	XI	116
Matisia. — *M. Bonpland.*	XI	191
Mélicocca (Espèces nouvelles de). — *M. de Jussieu.*	XI	269
Merendera bulbocodium. (Plante inédite des hautes Pyrénées.) — *M. Ramond.*	XI	313
Mesembrianthemum. — *M. Desvaux.*	XI	340
Mespilus japonica. — *M. Ventenat.*	XI	342
Metrosideros floribunda. — *M. Ventenat.*	XI	390
Micrantheum ericoïdes. (Nouveau genre d'euphorbiacées.) — *M. Desfontaines.*	XI	401

	Tomes.	Pages.
Mirabilis hybrida. (Nouvelle espèce de belle-de-nuit.) — *M. Lepelletier.*	XI	442
Monimia. — *M. Aubert du Petit-Thouars.*	XI	497
Monimiées (Nouveau genre admis dans l'ordre des). — *M. de Jussieu.*	XI	498
Montbretia. — *M. de Candolle.*	XI	520
Morène a éponge. — *M. Bosc.*	XI	562
Mousses (Organes sexuels des). — *M. Ventenat.*	XI	612
Mousses et lycopodes (Fructification des). — *M. Palisot de Beauvois.*	XI	613
Myosurus minimus. — *M. Cassini.*	XII	93
Nelumbo nucifera. — *M. Mirbel.*	XII	136
Nipa. (Espèce de palmier.) — *M. Houton de Labillardière.*	XII	175
Nymphæa (Graines des). — *MM. de Candolle; Savigny.*	XII	254
Orchidées. — *M. Richard.*	XII	380
Organisation végétale. — *M. Mirbel.*	XII	392
Ormes. (Recherches sur ces végétaux, et sur les maladies qui les attaquent.) — *MM. Vauquelin; Boucher; Calvel; Fanon.*	XII	405
Orobes des Pyrénées. — *M. Picot-Lapeyrouse.*	XII	412
Osmundaria. — *M. Lamouroux.*	XII	437
Ovieda. — *M. Poiteau.*	XII	448
Ovules. (Leur développement dans l'ovaire des plantes phanérogames.) — *M. Mirbel.*	XII	448
Palmiers. — *MM. Daubenton; Houton de Labillardière; Turpin.*	XII	517
Pandanus (Diverses espèces de). — *MM. Aubert du Petit-Thouars; Palisot de Beauvois.*	XII	526
Passerina nivalis. (Plante inédite des hautes Pyrénées.) — *M. Ramond.*	XIII	18
Pêcher (Nouvelle espèce de). — *M. Thouin.*	XIII	88
Pédilanthe. (Genre de plantes de la famille des euphorbiacées.) — *M. Poiteau.*	XIII	91
Phaca (Nouvelle espèce de). — *M. Clarion.*	XIII	192
Phagnalon (Nouveau genre de). — *M. Cassini.*	XIII	192
Phallus. (Nouveau genre de champignons.) — *M. Ventenat.*	XIII	193
Phallus impudicus. — *MM. Cassini; Geoffroy St.-Hilaire.*	XIII	196
Phelipæa. — *M. de Jussieu.*	XIII	207
Phormium tenax, ou lin de la Nouvelle-Zélande. (Sa culture.) — *M. Thouin.*	XIII	247
Pinus de Linnée. — *M. Tristan.*	XIII	392
Piqueria (Nouvelle espèce de). — *M. Cassini.*	XIII	394
Plantes (Considérations générales sur les). — *M. de Humboldt.*	XIII	434
Plantes. (Causes de leur direction constante vers la lumière.) — *MM. de Candolle* et *Duchesne.*	XIII	435

	Tomes.	Pages.
Plantes (Exposition des familles naturelles et de la germination des). — *M. Jaume Saint-Hilaire.*	XIII	435
Plantes (Fécondation des). — *M. Turpin.*	XIII	437
Plantes. (Histoire de celles cultivées en Égypte.) — *M. Raffeneau-Delille.*	XIII	438
Plantes des îles de France, de Bourbon et de Madagascar. — *M. Aubert du Petit-Thouars.*	XIII	446
Plantes dormeuses. — *M. Palisot de Beauvois.*	XIII	451
Plantes onagraires (Sur la famille des). — *M. de Jussieu.*	XIII	461
Plantes vénéneuses qui servaient aux anciens à empoisonner leurs flèches. — *M. Coquebert de Monbret.*	XIII	464
Plocamium. — *M. Lamouroux.*	XIII	510
Pogostemon. (Nouveau genre de labiées.) — *M. Desfontaines.*	XIII	542
Poirier du mont Sinai. — *M. Thouin.*	XIII	557
Poivrier (Culture du). — *M. Leblond.*	XIII	611
Pollen. (Poussière du dattier d'Égypte.) — *M. de Fourcroy.*	XIV	1
Polyphragmon sericeum. (Nouveau genre de plantes.) — *M. Desfontaines.*	XIV	13
Polytrichum commune. — *MM. Schonbert* et *Mirbel.*	XIV	21
Porana. (Le genre.) — *M. Palisot de Beauvois.*	XIV	98
Primevère de Perrein (Nouvelle espèce de). — *M. Flugge.*	XIV	250
Psoralea melilotoïdes. — *M. Ventenat.*	XIV	283
Psylle (Nouvelle espèce de). — *M. Latreille.*	XIV	283
Ptélidium. — *M. Aubert du Petit-Thouars.*	XIV	284
Pyrole a ombelles. — *M. Oberlin.*	XIV	304
Quercitron. — *M. Michaux.*	XIV	339
Quiscalis (Nouvelle espèce de). — *M. Palisot de Beauvois.*	XIV	357
Ramondia. (Nouveau genre de fougère.) — *M. Mirbel.*	XIV	387
Raphia. (Le genre.) — *M. Palisot de Beauvois.*	XIV	388
Renoncule aquatique. — *M. Ramond.*	XIV	430
Reticularia rosea. — *M. de Candolle.*	XIV	447
Rhizoctones. (Nouveau genre de champignons.) — *M. de Candolle.*	XIV	458
Rhizomorpha. — *M. de Candolle.*	XIV	460
Ricinocarpos. (Nouveau genre de la famille des euphorbiacées.) — *M. Desfontaines.*	XIV	466
Robinia viscosa. — *M. Michaux.*	XIV	472
Rosiers (Classification des). — *M. Desvaux.*	XIV	492
Sagoutier des Moluques. — *M. Houton de Labillardière.*	XIV	558
Salsepareille grise ou fausse. — *MM. Planche* et *Virey.*	XIV	577
Saule a trois étamines. — *M. Legros.*	XIV	602
Scabieuse (Nouvelle espèce de) — *M. de St.-Hilaire.*	XIV	618
Scilla umbellata. (Plante inédite des hautes Pyrénées.) — *M. Ramond.*	XV	26
Scorsonère (Nouvelle espèce de). — *M. Desfontaines.*	XV	27
Serratifolia. — *M. Ventenat.*	XV	81

	Tomes.	Pages.
SÈVE (Remarques sur la). — *MM. Coulomb; Palisot de Beauvois.*	XV	98
SOLENANDRIA CORDIFOLIA. — *M. Ventenat.*	XV	165
SOMMEA CALCITRAPA. — *M. Bory de St.-Vincent.*	XV	165
SPARRMANNIA AFRICANA. — *M. Ventenat.*	XV	244
SPATHODEA. (Le genre.) — *M. Palisot de Beauvois.*	XV	245
STERCULIA ACUMINATA. — *M. Palisot de Beauvois.*	XV	278
STERCULIA MONOSPERMA. — *M. Ventenat.*	XV	279
STEVENSIA. — *M. Poiteau.*	XV	282
STROPHANTHUS. — *M. de Candolle.*	XV	296
STYLIDIÉES. (Nouvelle famille de plantes.) — *M. de Jussieu.*	XV	305
SUFFRÉNIA. — *M. Bellardi.*	XV	376
SYNANTHÉRÉES (Genres nouveaux, formés dans la famille des). — *M. Cassini.*	XV	426
TARCHONANTHUS CAMPHORATUS. — *M. Cassini.*	XV	554
THOREA. — *M. Bory de St.-Vincent.*	XVI	40
THOUINIA. — *M. Poiteau.*	XVI	41
THUYA. (Genre de la famille des conifères.) — *MM. Schonbert* et *Mirbel.*	XVI	42
TITHONIA. (Description de ce genre.) — *M. Desfontaines.*	XVI	64
TRAGUS. — *M. de St.-Hilaire.*	XVI	154
VALÉRIANÉES. (Histoire naturelle de cette famille.) — *M. Dufresne.*	XVI	371
VARECS. — *M. Lamouroux.*	XVI	383
VÉGÉTAUX (Fluides contenus dans les). — *M. Mirbel.*	XVI	398
VÉGÉTAUX. (Leur division en endorrhizes et exorrhizes.) — *M. Mirbel.*	XVI	418
VENTENATE. — *M. Palisot de Beauvois.*	XVI	460
VESCE d'une espèce nouvelle. — *M. Gérard.*	XVI	521
VIEUSSEUXIA. — *M. de Candolle.*	XVI	529
VOLKAMERIA FRAGRANS. — *M. Ventenat.*	XVI	675
WRITHIA TINCTORIA ET NERIUM TINCTORIUM. — *M. Jaume Saint-Hilaire.*	XVI	699
XILOPIE (Nouvelle espèce de). — *M. Palisot de Beauvois.*	XVI	703

SCIENCES MÉDICALES.

PHYSIOLOGIE.

ABDOMEN. (Sa capacité dans les animaux.) — *M. Duméril.*	I	88
ANIMAUX. (Considérations sur leur classification générale.) — *M. Cuvier.*	I	311

	Tomes.	Pages.
Animaux a sang rouge et chaud (*Mécanisme de l'absorption chez les*). — *M. Magendie.*	I	318
Artères. (Leur action dans la circulation du sang.) — *M. Magendie.*	I	422
Cerveau (Système physiologique du). — *MM. Gall; Tourlet; Moreau de la Sarthe.*	II	468
Cerveau. (Son influence dans la production de la chaleur animale.) — *M. Brodie.*	II	487
Cochons d'Inde. (Relâchement des symphyses du bassin de ces animaux à l'époque du part.) — *M. Legallois.*	III	292
Coeur (Expériences relatives aux mouvemens du). — *M. Legallois.*	III	315
Corps humain (Transpiration du). — *MM. Lavoisier* et *Séguin.*	IV	20
Déglutition de l'air. — *M. Hallé.*	IV	431
Digestion dans l'homme (Expériences sur la). — *M. Montègre.*	V	14
Émétique, ou tartrite antimonié de potasse. (Son influence sur l'homme et les animaux.) — *M. Magendie.*	VI	80
Enfans (Changemens qui arrivent aux organes de la respiration et de la circulation après la naissance des). — *M. Sabatier.*	VI	114
Épiglotte. (Ses fonctions dans la déglutition.) — *M. Magendie.*	VI	157
Fibrine du sang. (Sa contraction par l'action galvanique.) — *M. Tourdes.*	VII	111
Foetus. (Changemens qui arrivent aux organes de la circulation lorsqu'il commence à respirer.) — *M. Sabatier.*	VII	242
Force de vitalité d'animaux qui ont éprouvé des lésions organiques ou l'amputation du chef (Expériences sur la). — *M. Legallois.*	VII	297
Force physique des peuples sauvages, comparée à celle des nations civilisées. — *M. Péron.*	VII	299
Gaz. (Effets résultant de leur introduction dans les vaisseaux des animaux.) — *M. Nysten.*	VIII	102
Génération. (Examen de ses organes dans divers animaux.) — *M. de Blainville.*	VIII	222
Glandes salivaires dans les quatre classes d'animaux vertébrés. — *M. Duvernoy.*	VIII	301
Hermaphrodisme. — *M. Laumonier.*	IX	27
Homme et animaux. (Mécanisme de leurs mouvemens progressifs.) — *M. Chabrier.*	IX	108
Homme ruminant. — *M. Mazart de Carelle.*	IX	113
Insectes (Manière dont se fait la nutrition dans les). — *M. Cuvier.*	IX	372

	Tomes.	Pages.
INSECTES (Métamorphose du canal alimentaire dans les). — *M. Dutrochet.*	IX	372
INSECTES (Respiration des). — *M. Vauquelin.*	IX	374
INSECTES (Tube intestinal des). — *M. Marcel de Serres.*	IX	376
INSTINCT DES ANIMAUX. — *M. Dupont de Nemours.*	IX	378
IRIS (Quelques propriétés de la membrane de l'). — *M. Larrey.*	IX	565
LANGUE. (Si un individu peut avaler la sienne.) — *M. Magendie.*	X	234
MAMMIFÈRES ET REPTILES (Principes du sentiment et du mouvement, et son siége dans les). — *M. Legallois.*	XI	88
MOELLE ÉPINIÈRE (Mouvement de la). — *M. Portal.*	XI	463
MOUVEMENT VITAL dans l'homme, les animaux et les végétaux. — *M. Virey.*	XII	15
NERFS DU POUMON. (Influence qu'ils exercent sur la respiration.) — *M. Dupuytren.*	XII	140
ODORAT. (Remarques sur cet organe dans les insectes.) — *M. Duméril.*	XII	266
OEsophage. (Ses fonctions dans la déglutition et le vomissement.) — *M. Magendie.*	XII	269
OEUF. (Manière dont se comporte son jaune dans le ventre du poulet.) — *M. Vicq-d'Azir.*	XII	271
OISEAUX. (Histoire de leur œuf avant la ponte.) — *M. Dutrochet.*	XII	279
OISEAUX (Organe de la voix dans les). — *M. Cuvier.*	XII	284
OISEAUX (Vaisseaux lymphatiques des). — *M. Magendie.*	XII	288
PHYSIOLOGIE (Nouveaux élémens de). — *MM. Dumas; Richerand.*	XIII	320
POISSONS (Odorat des). — *M. Duméril.*	XIII	578
POISSONS (Respiration des). — *MM. Sylvestre; Duméril; de Humboldt* et *Provençal.*	XIII	580
POISSONS (Vessie aérienne des). — *MM. Delaroche; Geoffroy Saint-Hilaire.*	XIII	587
RESPIRATION (Phénomènes chimiques de la). — *MM. Lavoisier* et *Séguin; Guyton de Morveau; Berthollet; Provençal; Delaroche.*	XIV	443
SANG (De l'influence des nerfs de la huitième paire sur la coloration du), — *M. Dumas.*	XIV	581
SOURDS-MUETS (Réflexions physiologiques sur les). — *M. Cornac.*	XV	239
SYSTÈME NERVEUX. (Son état sous les rapports de volume et de masse dans le marasme non sénile, et influence de cet état sur les fonctions nerveuses.) — *M. Desmoulins.*	XV	460
TRANSPIRATION. — *MM. Lavoisier* et *Séguin; Trousset; Magendie.*	XVI	159
URINE. — *M. Nysten.*	XVI	328
VAISSEAUX ABSORBANS ET EXHALANS. (Dissertation sur ces		

	Tomes.	Pages.
vaisseaux et sur les maladies qui proviennent de leur dérangement ou des altérations que peuvent éprouver nos humeurs, ou enfin de la réunion de ces deux causes.) — *M. Séguin.*	XVI	360
VOMISSEMENT (Causes du). — *M. Portal.*	XVI	678

ANATOMIE.

BEC DE LIÈVRE (Vice de conformation appelé). — *M. Tenon.*	II	21
CERVEAU (Anatomie du). — *MM. Gall* et *Spurzheim.*	II	478
CORPS HUMAIN (Système méthodique de nomenclature et de classification des muscles du). — *M. Dumas.*	IV	19
CRANE HUMAIN. — *M. Tenon.*	IV	171
CROCODILE DU NIL (Description anatomique d'un). — *M. Geoffroy Saint-Hilaire.*	IV	227
DIDELPHE MANICOU (Dissection de deux femelles de). — *M. Duvernoy.*	V	6
DISSECTION (Procédé pour la). — *M. Maygrier.*	V	57
ÉGYPTE (Conformation physique des différentes races qui habitent l'). — *M. Larrey.*	V	484
ENFANS MONSTRUEUX. — *MM. N***; Dupuytren.*	VI	115
FEMME HOTTENTOTE. — *M. de Blainville.*	VI	543
FOETUS de sept mois, né avec un renversement des membres abdominaux. — *M. Mulot.*	VII	246
FOETUS DES ANIMAUX DIDELPHES. — *M. de Blainville.*	VII	247
FOETUS MONSTRUEUX. — *M. Chaussier.*	VII	249
FOETUS trouvé dans le corps d'un chevreau femelle. — *M. d'Hombres-Firmas.*	VII	250
FOETUS trouvé dans le ventre d'un jeune homme de quatorze ans. — *M. Dupuytren.*	VII	252
GROSSESSE EXTRAORDINAIRE observée dans un animal. — *M. Coillot.*	VIII	455
HIPPOPOTAME (Ostéologie de l'). — *M. Cuvier.*	IX	62
HOMME dont les bras, les avant-bras, les cuisses et les jambes ne s'étaient pas développés. — *M. Hébréard.*	IX	104
HYMEN. — *M. Duvernoy.*	IX	251
INSUFFLATION D'UN FLUIDE dans les veines d'un animal vivant. — *La Société médicale d'émulation.*	IX	483
KANGUROOS, RAT ET GÉANT (Estomac et canal des). — *M. Cuvier.*	X	66
LARYNX DANS LES EUNUQUES (Développement du). — *M. Dupuytren.*	X	252
MATRICE (Bourse membraneuse que le péritoine fournit à la). — *M. Tenon.*	XI	191
MEMBRANE PUPILLAIRE. — *MM. Cloquet; Portal.*	XI	283

	Tomes.	Pages.
Modèle anatomique représentant particulièrement la myologie humaine. — *M. Ameline.*	XI	462
Nerfs de la huitième paire (Section des). — *M. Legallois.*	XII	137
Œil (Remarques anatomiques sur l'). — *MM. Lefebure ; Nicolas ; Tenon ; Chaussier* et *Ribes.*	XII	267
Os (Canaux veineux des). — *M. Dupuytren.*	XII	418
Tablier des Hottentotes. — *M. Cuvier.*	XV	502
Tubercules appelés vulgairement *châtaignes* ou *ergots* dans les chevaux. — *M. Lafosse.*	XVI	249
Vaisseaux lymphatiques (Injection des). — *M. Duméril.*	XVI	367
Vaisseaux omphalo ou ombilico-mésentériques. — *M. Chaussier.*	XVI	368
Veau monstrueux. — *M. Dupuytren.*	XVI	391
Veines (Expériences sur la force absorbante des). — *M. Magendie.*	XVI	446

HYGIÈNE.

Anguilles venimeuses. — *M. Defay.*	I	309
Boisson composée avec des pousses d'arbres résineux. — *M. Fabroni.*	II	148
Boisson militaire en remplacement de celle acidulée par le vinaigre. — *M. Quatremère-Disjonval.*	II	149
Chanvre. (Procédé pour le débarrasser des parties échappées dans le rouissage à l'action de l'eau , et qui nuisent à la santé des ouvriers occupés à le peigner)— *M. Nicolas.*	III	18
Code des bonnes mères , ou médecine perfective. — *M. Millot.*	III	312
Constitution médicale. — *M. N***.*	III	435
Médecine maternelle. — *M. Alphonse-Leroy.*	XI	223
Méphitisme. (Moyen de le détruire par la peinture au lait.) — *M. Cadet-Devaux.*	XI	284
Narbonne. (Recherches sur l'ancien état et les causes de l'insalubrité de cette ville.) — *M. Georget.*	XII	100
Nourriture des anciens comparée à celle des modernes. — *M. Virey.*	XII	234
Porcs ladres. — *M. Chaussier.*	XIV	116
Professions insalubres (Hygiène des). — *M. Gosse.*	XIV	262
Régime diététique et moral des marins. — *M. Bernardin de Saint-Pierre.*	XIV	416
Thé considéré comme nuisible aux dents. — *M. de Volney.*	XV	658
Typhus. (Moyen d'en prévenir le développement et la contagion.) — *MM. Petit* et *Fouquier.*	XVI	284
Vaisseaux (Moyen de renouveler l'air dans les). — *M. Garroz.*	XVI	358

SALUBRITÉ PUBLIQUE.

	Tomes.	Pages.
Catacombes de Paris. — *M. Héricart de Thury.*	II	441
Champignons. (Observations propres à faire reconnaître les bons et les mauvais.) — *Le conseil de salubrité de Paris; MM. Gabriel; Paulet.*	II	554
Faience et poterie. (Dangers de l'usage de celles qui sont de mauvaise qualité.) — *M. Poitevin.*	VI	529
Fosses d'aisances, dites appareils à vannes. — *M. Foulon.*	VII	372
Fosses mobiles inodores. — *MM. Cazeneuve; Bourla.*	VII	372

NOSOLOGIE.

Apoplexies (Nouvelle division des). — *M. Lavignette.*	I	346
Égyptiens (Chirurgie et médecine des). — *M. Larrey.*	V	506
Nosographie chirurgicale. — *M. Richerand.*	XII	225
Nosographie philosophique, ou méthode de l'analyse appliquée à la médecine. — *M. Pinel.*	XII	226

PATHOLOGIE.

Affections catarrhales. — *M. Cabanis.*	I	191
Antilles (Maladie des). — *M. Leblond.*	I	329
Apoplexie. — *MM. Gay; Portal.*	I	342
Asphyxie par diverses causes, et moyens curatifs. — *MM. Dupuytren; N***.; de Fourcroy.*	I	440
Blé ergoté (Maladie causée par le). — *M. François.*	II	107
Bursæ mucosæ. — *M. Pajot-Laforest.*	II	220
Cancer. (Expériences tendant à prouver que sa nature n'est pas contagieuse.) — *M. Alibert.*	II	357
Chapeliers (Maladies propres aux). — *M. Tenon.*	III	32
Cheveux. (Danger de les couper dans la convalescence des maladies aiguës.) — *M. Lanoix.*	III	125
Cholera-morbus. — *MM. Sengeussé; Gallereux.*	III	200
Coeur (Maladies organiques du). — *MM. Corvisart; Portal.*	III	318
Combustions humaines. (Recherches sur celles qui paraissent être spontanées.) — *MM. Lair; Marc.*	III	353
Concrétion pierreuse d'un développement extraordinaire. — *M. N***.*	III	410
Contagion (Théorie de la). — *M. Bressy.*	III	436
Corps flottans et cartilagineux contenus dans quelques articulations ginglymoïdes, et surtout au genou. — *M. Larrey.*	IV	11
Cowpox, ou vaccine originelle. — *Plusieurs correspondans du comité de vaccine.*	IV	168

	Tomes.	Pages.
CRÉTINS DU VALAIS. — *M. Hanin.*	IV	190
CROUP. — *MM. Désessarts ; Latour ; Caron ; Bourdier* aîné et *Gaultier de Claubry; Bonnafox de Malet ; Larrey.*	IV	268
DYSSENTERIE DES PAYS CHAUDS. — *M. Péron.*	V	220
EXCROISSANCE FONGUEUSE dans le canal intestinal et dans d'autres parties internes. — *M. Portal.*	VI	486
FEMME (Phénomènes observés dans une). — *M. Odier.*	VI	539
FEMME qui avait avalé une grande quantité d'aiguilles et d'épingles.— *M. Silvy.*	VI	541
FIÈVRE JAUNE. — *MM. Dupont de Nemours ; Gilbert ; Devèze ; Dalmas; Bailly ; Moreau de Jonnès.*	VII	112
FIÈVRE ORTIÉE (Moyen de distinguer la). — *M. Double.*	VII	123
FIÈVRE PUERPÉRALE. — *M. Chaussier.*	VII	123
FIÈVRE SCARLATINE. — *MM. Double ; Duri.*	VII	124
FIÈVRES PERNICIEUSES, ou ataxiques intermittentes.—*M. Alibert.*	VII	128
FISTULES DE L'ESTOMAC. — *MM. Corvisart* et *Leroux.*	VII	174
GLAIRES. (Leurs causes , leurs effets , et médicamens propres à combattre cette humeur.) — *M. Doussin-Dubreuil.*	VIII	300
GRAVELLE. (Ses causes et ses symptômes généraux.) — *M. Magendie.*	VIII	417
HALLUCINATION. (Maladie de l'esprit.) — *M. Esquirol.*	VIII	508
HÉMIPLÉGIE. — *M. Reuciller.*	VIII	548
HÉMORRAGIES classées sous la désignation d'*exhalations sanguines.* — *M. Mérat.*	VIII	549
HERNIE DE POUMON. — *M. Lemercier.*	IX	43
HYDROTHORAX (Déplacement du cœur par suite d').—*M. Larrey.*	IX	241
LANGUE. (Son prolongement morbifique hors de la bouche.) — *M. Lassus.*	X	232
MACHOIRES. (Leur serrement convulsif à la suite des plaies.) — *M. Sabatier.*	X	580
MALADIE NERVEUSE très-singulière. — *M. Guéritant.*	XI	34
MALADIES HÉRÉDITAIRES (Considérations sur les).—*M. Portal.*	XI	35
MANIE. — *M. Esquirol.*	XI	104
MATRICE. (Son renversement après l'accouchement.) — *M. Beaudeloque.*	XI	193
MÉLÉNA OU MÉLÆNA. (Maladie noire.) — *M. Mérat.*	XI	263
MEMBRANES MUQUEUSES (Affection des). — *M. N***.*	XI	284
PANARIS (Remède contre le). — *M. Dudevant.*	XII	525
PEAU (Description des maladies de la). — *M. Alibert.*	XIII	73
PÉRITOINE (Causes de l'inflammation du).— *M. Portal.*	XIII	162
PETITE VÉROLE. — *M. Mesmer.*	XIII	182
PHLEGMASIES, ou inflammations chroniques.— *M. Broussais.*	XIII	226
PHTHISIE. — *M. Neboux.*	XIII	309

	Tomes.	Pages.
PHTHISIE PULMONAIRE. — *MM. Bonnafox de Malet; Brieude; Salmade; Laennec; Châteauneuf.*	XIII	310
PIAN. (Maladie de peau.) — *M. Alibert.*	XIII	334
PLIQUE. — *MM. Roussille-Chamseru* et *Larrey; Boyer.*	XIII	507
POURRITURE D'HÔPITAL. — *M. Delpech.*	XIV	214
PUS ET SUPPURATION (Recherches expérimentales sur le). — *M. Schwilgué.*	XIV	288
RACHITIS (Nature et traitement du). — *MM. Bonhomme; Salmade.*	XIV	357
RÉPERCUSSIONS BLENNORRHAGIQUES. — *M. Larrey.*	XIV	434
RHUMATISMES (Réflexions sur les). — *M. Latour* fils.	XIV	464
ROUGEOLE (Moyen de distinguer la). — *M. Double.*	XIV	508
SAFRAN nouvellement cueilli. (Affection comateuse ou assoupissement produit par son émanation.) — *M. Sage.*	XIV	556
SANG. (Son effusion dans le péricarde.) — *M. Sabatier.*	XIV	586
SOURDS-MUETS (Moyen de rendre l'ouïe aux). — *M. Itard.*	XV	236
SUICIDE considéré comme dépendant d'un état pathologique. — *M. Kénaudrer.*	XV	376
SYMPHYSE. (Son opération préférée à l'*opération césarienne*). — *M. Canin.*	XV	425
SYSTÈME LYMPHATIQUE (Maladie du). — *M. Alard.*	XV	445
TAILLE (Opération de la). — *M. Sabatier.*	XV	525
TEIGNE. — *M. Sancerotte.*	XV	560
TESTICULES (Atrophies des). — *M. Larrey.*	XV	644
THÉORIE DE BROWN (Réflexion sur la). — *M. Chortet.*	XVI	25
TRÉPAN. (Son opération au fémur.) — *M. Tenon.*	XVI	185
TUMEUR produite par la bile, et retenue dans la vésicule du fiel par un engorgement du canal colédoque. — *M. Sabatier.*	XVI	262
TYPHUS. (Ses caractères, ses progrès et son traitement.) — *MM. Petit* et *Fouquier.*	XVI	288
VACCIN (Moyens de conserver le). — *MM. Bretonneau; Aubert; Perrot.*	XVI	341
VACCINE. — *MM. Aubert; Laffont* et *Auban; Laborde, Lapeyre* et *Ravelet; Hallé; le comité central de vaccine; MM. Labouisse; Berthollet, Percy* et *Hallé.*	XVI	343
VER (Tumeurs produites par la présence d'un). — *M. Larrey.*	XVI	465
VERS. (Leur classification.) — *M. Bréra.*	XVI	502
VERTÈBRES. (Luxation de leur corps.) — *M. Dupuytren.*	XVI	519
VISCÈRES (Transposition générale des). — *M. Béclard.*	XVI	634
VOIES ALIMENTAIRES (Conformation vicieuse des). — *M. Pied.*	XVI	638
VORACITÉ EXTRAORDINAIRE observée dans un homme. — *M. Percy.*	XVI	679

MÉDECINE OPÉRATOIRE.

	Tomes.	Pages.
Accouchemens (Art des). — *M. Beaudeloque.*	I	104
Amputation du bras a l'article. — *MM. Larrey; Lisfranc de St.-Martin* et *Champesme.*	I	287
Anévrisme de l'artère poplitée. — *M. Deschamps.*	I	306
Cataracte (Opération de la). — *M. Forlenze.*	II	442
Cerveau (Suites d'une blessure du). — *M. Larrey.*	II	486
Cuisse (Luxation de la). — *M. Larrey.*	IV	308
Cure extraordinaire. — *M. Dutertre.*	IV	332
Embaumement. (Méthode à l'aide de laquelle on a embaumé en Europe les corps de quelques guerriers morts au champ d'honneur.) — *M. Larrey.*	VI	54
Extension continuelle (Nouvel appareil propre à produire l'). — *M. Mordet.*	VI	500
Fractures des membres (Nouvel appareil pour le traitement des). — *M. Canin.*	VII	447
Hernies (Description et traitement de diverses). — *MM. Dessault; N***; Cloquet.*	IX	44
Métatarse (Amputation du). — *M. Lisfranc de St.-Martin.*	XI	347
Moxa. (Effets produits par son application sur des muets.) — *MM. N***; Paroisse; Canin.*	XII	19
Tumeurs cancéreuses (Opérations de). — *MM. Richerand; Larrey.*	XVI	263

THÉRAPEUTIQUE.

	Tomes.	Pages.
Affections rhumatismales. (Moyen de les guérir.) — *M. Double,*	I	193
Affections scorbutiques. (Moyen de les guérir.) — *M. Double.*	I	193
Alcali volatil. (Son application contre la morsure des vipères.) — *M. Chaussier.*	I	242
Arsenic considéré comme poison et comme remède. — *MM. Chaptal; Patrix.*	I	411
Asthme (Remède contre l'). — *M. Blanchard.*	I	469
Brulure (Remèdes contre la). — *MM. Cadet-Devaux; Rieg.*	II	209
Cancer (Remède contre le). — *M. Ruelle.*	II	358
Carreau (Moyen de guérir du). — *M. Dessault.*	II	411
Cerveau (Moyen de guérir les commotions du). — *M. Dessault.*	II	487
Champignons (Traitement contre les effets délétères des). — *M. Duchanoy; le conseil de salubrité publique.*	III	1
Charbon (Remède contre la maladie appelée le). — *M. Boulin.*	III	39

	Tomes.	Pages.
Charbon de bois. (Sa poussière employée dans la guérison des blessures, des plaies, et contre la contagion dans les hôpitaux.) — *M. Carros.*	III	40
Coliques (Liqueur contre les). — *M. Denys de Montfort.*	III	335
Concrétions urinaires. (Leur dissolution dans la vessie.) — *M. N***.*	III	415
Coqueluche (Moyen de guérir la). — *M. Double.*	III	449
Dents (Traitement du mal de). — *M. Huvé.*	IV	490
Électricité (Purgation par l'). — *M. Cadet.*	VI	1
Empoisonnemens (Secours à administrer dans les).— *M. Cadet* fils.	VI	88
Épilepsie. (Son traitement.) — *MM. Alphonse-Leroy; N***; Dumas.*	VI	159
Esquinancie membraneuse, ou angine polypeuse. (Sa guérison.) — *M. Pinel.*	VI	293
Fébrifuge (Indication d'un nouveau). — *M. Cadet.*	VI	533
Femmes enceintes. (Nouveau remède à leur usage.)— *M. Pajot-Laforêt.*	VI	551
Feu. (Son usage en médecine.) — *M. Gondret.*	VII	88
Fièvre d'hôpital. (Sa guérison par l'acétate d'ammoniaque.) — *M. Massuyer.*	VII	112
Fièvre rebelle. (Sa guérison par la vaccine.) — *M. Molas.*	VII	123
Fièvres. (Emploi de l'acide muriatique oxigéné dans leur traitement.) — *M. Guyton de Morveau.*	VII	125
Fièvres gastriques. (Moyen de les guérir.) — *M. Double.*	VII	126
Fièvres intermittentes. (Leur traitement.)— *M. Audouard.*	VII	127
Fracture. (Sa guérison par l'emploi de la limonade nitrique.) — *M. Penel.*	VII	444
Gale (Remèdes divers contre la). — *MM. Bagneries; Destouches; Rauque; Jadelot; Dupuytren; Helmerick; Vaidy.*	VII	549
Gaz acide muriatique oxigéné. (Son emploi pour sauver les asphyxiés.) — *M. Potel.*	VIII	133
Gélatine. (Son emploi comme fébrifuge.) — *M. Séguin.*	VIII	199
Goitre (Remèdes contre le). — *MM. Morand; Pelletier.*	VIII	353
Gonorrhée. (Sa guérison par l'acétate de zinc.)— *M. Planche.*	VIII	374
Goutte (Remèdes contre la). — *MM. Pradier; Villette.*	VIII	379
Huile d'anis. (Son emploi comme contrepoison de l'arsenic.) — *M. N***.*	IX	138
Humeur arthritique (Remède contre l'). — *M. Travade.*	IX	194
Hydropisie (Remède contre l'). — *M. N***.*	IX	232
Névralgie faciale, ou tic douloureux (Remède contre la). — *M. Méglin.*	XII	142
Opium. (Son usage comme auxiliaire du mercure dans les maladies vénériennes.) — *M. Couecou.*	XII	329

	Tomes.	Pages.
Or. (Son emploi en médecine.) — *MM. Duportal* et *Pelletier.*	XII	360
Oxigène. (Son emploi comme médicament.) — *M. Grille.*	XII	503
Phosphore considéré comme médicament. — *MM. Alphonse-Leroy ; Lauth.*	XIII	285
Quinquina. (Son emploi en frictions dans les fièvres intermittentes.) — *M. Chrétien.*	XIV	351
Sucre de canne (Nouvelle propriété du). — *M. Gallet.*	XV	353
Sulfate de fer. (Son emploi dans le traitement des fièvres intermittentes.) — *M. Marc.*	XV	387
Térébenthine. (Son emploi dans la névralgie fémoro-poplitée ou sciatique.) — *M. Récamier.*	XV	593
Tétanos. (Sa guérison par l'oxigène.) — *M. Sarasin.*	XV	646
Tétanos rabien. — *M. Girard.*	XV	649
Thérapeutique et matière médicale (Nouveaux élémens de). — *M. Alibert.*	XVI	27
Tic douloureux (Moyen de guérir le). — *M. Dessault.*	XVI	44
Urètre (Remède contre le rétrécissement de l'). — *M. Petit.*	XVI	327
Varices. (Moyens de les guérir.) — *M. Dessault.*	XVI	385
Ver solitaire. — *M. Bourdier.*	XVI	466
Voies urinaires (Usage du carbonate de potasse dans les maladies des). — *M. Guyton de Morveau.*	XVI	640
Yeux (Remède contre le mal d'). — *M. Lenormand.*	XVI	703

ANATOMIE COMPARÉE ET ZOOLOGIE.

Abeilles (Remarques et expériences sur les). — *MM. Huber ; Latreille ; Houton de Labillardière ; Savigny.*	I	90
Acères ou gastéropodes sans tentacules apparens. — *M. Cuvier.*	I	105
Acipensère plein de taches. — *M. Lesueur*	I	178
Amphibulime. — *M. de Lamarck.*	I	285
Anatomie comparée (Leçons d'). — *M. Cuvier.*	I	291
Anguille électrique, ou gymnote. — *MM. de Humboldt* et *Bonpland.*	I	308
Animaux. (Cause qui produit le refroidissement chez ceux exposés à une forte chaleur.) — *M. Delaroche.*	I	311
Animaux. (Sommeil de plusieurs espèces pendant l'hiver.) — *MM. Saissy* et *Prunelle.*	I	313
Animaux articulés. — *M. Marcel de Serres.*	I	316
Animaux à sang froid. — *M. Legallois.*	I	319
Animaux composés. — *M. Savigny.*	I	319
Animaux médecins d'eux-mêmes. — *M. Virey.*	I	321

	Tomes.	Pages.
Aplysies. — *M. Cuvier.*	I	342
Arachnides quadripulmonaires. — *M. Dufour.*	I	360
Araignée domestique. — *M. Audebert.*	I	361
Araignées. — *M. Cuvier.*	I	362
Argentine. — *M. Cuvier.*	I	384
Aspics d'Europe, ou aspics vipères. — *M. N****.	I	444
Atractoceros. — *M. Palisot de Beauvois.*	I	476
Aviculaire. (Araignée de l'Amérique.) — *M. Moreau de Jonnès.*	I	489
Babouin. (Singe.) — *M. Cuvier.*	I	495
Balanus ou glands de mer. — *M. Dufresne.*	I	519
Baleines (Nouveaux genres de). — *M. de Lacépède.*	I	522
Batrachoïde verneulle. — *M. Lesueur.*	II	19
Bembex. (Genre d'hyménoptère.) — *M. Latreille.*	II	28
Bichir, ou polyptère. — *M. Geoffroy Saint-Hilaire.*	II	62
Boa lisse. (Serpent.) — *M. de Lacépède.*	II	127
Botrylles étoilés. — *MM. Desmarets* et *Lesueur.*	II	164
Brosme jaune (Nouvelle espèce de). — *M. Lesueur.*	II	204
Buccin. (Genre de coquille testacée.) — *M. Cuvier.*	II	213
Bullæa. — *M. Cuvier.*	II	217
Callionyme nain. — *M. Delaroche.*	II	311
Caméléon. — *M. Prélong.*	II	330
Caméléon fourchu. — *M. Brongniart.*	II	331
Canard a bec courbe. — *M. Geoffroy Saint-Hilaire.*	II	353
Caracal, ou lynx de Barbarie. — *M. Cuvier.*	II	375
Cariama de Marcgrawe. — *M. Geoffroy Saint-Hilaire.*	II	395
Carnassiers. (Nouvelle méthode pour les reconnaître parmi les mammifères.) — *M. Cuvier.*	II	401
Casque. — *M. de Lamarck.*	II	424
Cassides. — *M. Latreille.*	II	438
Castor. — *M. Costaing.*	II	440
Cécidomye (Nouvelle espèce de). — *M. Bosc.*	II	447
Céphaloptère. — *M. Geoffroy Saint-Hilaire.*	II	454
Céphalotes. (Nouveau genre de la famille des chauves-souris.) — *M. Geoffroy Saint-Hilaire.*	II	455
Cerf de la Louisiane. — *M. Geoffroy Saint-Hilaire.*	II	459
Cerites. — *MM. Bruguière* et *de Lamarck.*	II	463
Cerveaux. (Leur différence dans les animaux à sang rouge.) — *M. Cuvier.*	II	488
Ceste de Vénus. (Ver marin.) — *MM. Péron* et *Lesueur.*	II	490
Cétacées (Narine des). — *M. Cuvier.*	II	491
Chalceus (Nouvelles espèces de). — *M. Cuvier.*	II	499
Chat cervier. — *M. Cuvier.*	III	66
Chaus. — *M. Cuvier.*	III	72
Chauve-souris. — *MM. Prunelle; Geoffroy Saint-Hilaire* et *Cuvier.*	III	76
Cheval (Dentition du). — *M. Tenon.*	III	115

	Tomes.	Pages.
Cheval sans poils (Description d'un). — *M. de Lasteyrie.*	III	117
Chien de la Nouvelle-Hollande. — *M. Cuvier.*	III	140
Chien domestique (Caractères ostéologiques qui distinguent les principales races du). — *M. Cuvier.*	III	142
Chien mulet. — *M. Geoffroy Saint-Hilaire.*	III	151
Chirocéphale. (Insecte aquatique.) — *M. Bénédict Prévost.*	III	179
Chironectes. — *M. Cuvier.*	III	180
Chiroscelis. — *M. de Lamarck.*	III	182
Chiton. — *M. de Lamarck.*	III	182
Chouette funèbre. — *M. Schauenburg.*	III	204
Cirrholombric. (Ver à sang rouge, de la classe des sétipodes.) — *M. de Blainville.*	III	236
Cirrhonéréide. (Ver à sang rouge, de la classe des sétipodes.) — *M. de Blainville.*	III	237
Cistène. (Ver à sang rouge, de la classe des sétipodes.) — *M. de Blainville.*	III	240
Clio borealis. — *M. Cuvier.*	III	261
Clotho. — *M. Faujas de Saint-Fond.*	III	268
Cobite anableps. (Organe de la vue de ce poisson.) — *M. de Lacépède.*	III	274
Conchoserpule. (Ver à sang rouge, de la classe des sétipodes.) — *M. de Blainville.*	III	410
Condor. (Vautour des Cordilières.) — *MM. de Humboldt et Bonpland.*	III	419
Condylure (Caractères du genre). — *M. Desmarest.*	III	420
Cones. (Mollusques céphalés.) — *M. de Lamarck.*	III	423
Coquillages bivalves. — *M. Cuvier.*	III	450
Coronatus. (Dauphin.) — *M. de Fréminville.*	III	476
Cortical osseux. — *M. Tenon.*	IV	47
Corvus (Deux espèces de). — *M. Geoffroy Saint-Hilaire.*	IV	47
Couguar, ou grand chat fauve. — *M. Cuvier.*	IV	104
Couleuvre couresse des Antilles. — *M. Moreau de Jonnès.*	IV	141
Crapaud accoucheur. — *M. Brongniart.*	IV	174
Crénatule. — *M. de Lamarck.*	IV	189
Crocodile du Nil. (Ses habitudes.) — *M. Geoffroy Saint-Hilaire.*	IV	236
Crocodile (Caractères distinctifs du). — *MM. Geoffroy Saint-Hilaire ; Cuvier.*	IV	241
Crocodile (Expériences sur la respiration du). — *M. de Humboldt.*	IV	265
Crotalus horridus. — *M. d'Andrada.*	IV	267
Cryptostome. (Nouveau genre de mollusques.) — *M. de Blainville.*	IV	272
Cyclops de Muller. — *M. d'Audebart de Férussac* fils.	IV	350
Cygne chanteur male. (Son accouplement avec une oie domestique femelle.) — *M. Cuvier.*	IV	353
Cygne domestique (Anatomie du). — *M. Magendie.*	IV	355

	Tomes.	Pages.
Cymbulée. — *M. Péron.*	IV	365
Cynocéphale. — *M. Geoffroy Saint-Hilaire.*	IV	367
Cypréa. (Formation de ces espèces de coquilles.)—*M. Bruguière.*	IV	372
Cypride réniforme. — *M. d'Audebart de Férussac* fils.	IV	372
Daim noir. — *M. Cuvier.*	IV	378
Daman. — *M. Cuvier.*	IV	379
Dasycère (Nouveau genre d'insecte.) — *M. Brongniart.*	IV	398
Dasyure (Espèce du genre). — *M. Geoffroy Saint-Hilaire.*	IV	400
Dauphin (Nouvelle espèce de). — *M. de Fréminville.*	IV	409
Dauphinule. — *M. de Lamarck.*	IV	410
Delphinus globiceps. — *M. Cuvier.*	IV	438
Dentale. (Ver à sang rouge, de la classe des sétipodes.) — *M. de Blainville.*	IV	455
Dents (Anatomie comparée des). — *M. Cuvier.*	IV	492
Dents de poissons. — *M. Cuvier.*	IV	504
Devin. (Espèce de Serpent.) — *M. Brongniart.*	IV	524
Diodons. (Différentes espèces de). — *M. Cuvier.*	V	33
Dipodion. (Genre nouveau dans la classe des vers intestinaux.) — *M. Bosc.*	V	49
Diptères. — *M. Marcel de Serres.*	V	52
Discosure. — *M. de Lacépède.*	V	55
Disteires. — *M. de Lacépède.*	V	60
Dix-raies, ou lézard scinque. — *M. de Lacépède.*	V	137
Dolichotis (Mammifère de l'ordre des rongeurs.) — *M. Desmarest.*	V	138
Donzelle imberbe. — *M. Cuvier.*	V	143
Dracon. — *M. Brongniart.*	V	156
Dugong. — *M. Cuvier.*	V	209
Écrevisses. (Dissertation critique sur les espèces connues des anciens et sur les noms qu'ils leur ont donnés.) — *M. Cuvier.*	V	445
Écureuil a bandes.— *M. de Blainville.*	V	463
Écureuil capistrate. — *M. Bosc.*	V	467
Éléphans. (Espèces vivantes et fossiles.) — *MM. Cuvier* et *Geoffroy Saint-Hilaire.*	VI	3
Émarginule. — *M. de Lamarck.*	VI	46
Émissoles (Deux espèces d'). — *M. Geoffroy Saint-Hilaire.*	VI	84
Émyde. — *M. Brongniart.*	VI	91
Entelles. (Nouvelle espèce de singes.) — *M. Dufresne.*	VI	131
Éntomozoaires hexapodes adultes (Concordance des anneaux du corps des). — *M. de Blainville.*	VI	131
Équorée (Méduses du genre). — *MM. Péron* et *Lesueur.*	VI	258
Erpéton tentaculé. (Nouveau genre de serpens.) — *M. de Lacépède.*	VI	276
Faucheurs (Remarques sur les). — *M. Latreille.*	VI	517

	Tomes.	Pages.
Firoles. — *MM. Péron* et *Lesueur.*	VII	171
Fourmi resserrée. — *M. Latreille.*	VII	379
Fourmiliers (Famille des). — *M. de Lacépède.*	VII	380
Galette. (Organe ainsi appelé dans les orthoptères.) — *M. de Blainville.*	VIII	6
Gastroplax. (Nouveau genre de mollusques.) — *M. de Blainville.*	VIII	82
Gerboises. — *M. Olivier.*	VIII	270
Glaucus. (Sa description.) — *M. Cuvier.*	VIII	306
Glossophage. (Nouvelle espèce chauve-souris.) — *M. Geoffroy Saint-Hilaire.*	VIII	342
Goélands (Espèces différentes de). — *M. Cuvier.*	VIII	350
Guèpe cartonnière (Nouvelle espèce de). — *M. Cuvier.*	VIII	476
Guèpes. (Remarques sur quelques espèces qui, quoiqu'à peu près semblables, produisent des nids tout-à-fait différens.) — *M. Latreille.*	VIII	476
Guèpier bicolor. — *M. Daudin.*	VIII	477
Hépatoxylon squali. (Nouveau genre de vers.) — *M. de Lamartinière.*	VIII	557
Hipponix. (Nouveau genre de coquillages.) — *M. Defrance.*	IX	61
Horloge de la mort. — *M. Houton de Labillardière.*	IX	120
Huître (Nouvelle espèce d'). — *M. de Lamarck.*	IX	188
Hyale. — *MM. Cuvier ; Lesueur.*	IX	199
Hydrachnes et entomostracés (Nouvelles espèces d'). — *M. d'Audebard de Férussac* fils.	IX	201
Hydromis. (Mammifères de l'ordre des rongeurs.) — *M. Geoffroy Saint-Hilaire.*	IX	227
Hydrophile (Ponte et métamorphose du grand) .— *M. Miger.*	IX	228
Hydrophiles et dytiques (Larves des). — *MM. Lancret* et *Miger.*	IX	229
Hyène d'Orient. — *M. Geoffroy Saint-Hilaire.*	IX	242
Hyménoptères. — *MM. Lepelletier ; Jurine.*	IX	258
Ibis des anciens Égyptiens. — *M. Cuvier.*	IX	266
Ichneumon. (Rat de Pharaon.) —*M. Geoffroy Saint-Hilaire.*	IX	267
Ichneumons. (Mouches ichneumones.) — *MM. Riché ; Latreille.*	IX	269
Insecte du genre brachine (Nouvelle espèce d').— *M. Dufour.*	IX	360
Insecte que les anciens réputaient fort venimeux et qu'ils nommaient *Bupreste.*— *M. Latreille.*	IX	365
Insectes coléoptères (Larves des). — *M. Desmarets* fils.	IX	366
Iule aplati (Organe de la génération de l').— *M. Latreille.*	IX	579
Jaguar. — *M. Geoffroy Saint-Hilaire.*	X	9
Janthine (Description de la) — *M. Cuvier.*	X	21

	Tomes.	Pages.
Kanguroos (Description du). — *M. Geoffroy Saint-Hilaire.*	X	64
Lamantins. — *M. Cuvier.*	X	177
Lamas. — *M. N***.*	X	178
Langoustes. — *M. Latreille.*	X	224
Langrayens (Genre des). — *M. Valenciennes.*	X	228
Laplysia. (Lièvre marin.) — *M. Cuvier.*	X	241
Larve apode. (Anatomie de celle trouvée dans l'abdomen d'un bourdon.) — *MM. Lachat* et *Audouin.*	X	250
Limace et limaçon. (Leur description.) — *M. Cuvier.*	X	296
Limnadia. (Nouveau genre de crustacées.) — *M. Brongniart.*	X	308
Lingule (Description de la). — *M. Cuvier.*	X	332
Lombrics. — *M. Cuvier.*	X	414
Lophote cépédien. — *M. Cuvier.*	X	417
Loris. — *M. Geoffroy Saint-Hilaire.*	X	420
Lucernaire campanulée. — *M. Lamouroux.*	X	428
Lymnée d'étang (Description du). — *M. Cuvier.*	X	515
Madrépores (Description d'une espèce de balanite qui se fixe dans les). — *M. Bosc.*	XI	2
Maigre, ou poisson royal. — *M. Cuvier.*	XI	20
Maki. — *M. Geoffroy Saint-Hilaire.*	XI	32
Mammifères (Nouvelle table méthodique des). — *M. de Lacépède.*	XI	44
Mammifères (Nouveaux caractères pour les genres des). — *M. Cuvier.*	XI	50
Mammouth des Russes. — *M. Cuvier..*	XI	94
Manchots. — *M. Geoffroy Saint-Hilaire.*	XI	94
Mantis oratoria. — *M. Draparnaud.*	XI	115
Marache, poisson inconnu en Europe. — *M. Bochet.*	XI	115
Marsouin (Rates du). — *M. Cuvier.*	XI	161
Marsupiaux ou didelphes. — *M. Geoffroy Saint-Hilaire.*	XI	161
Martin pêcheur d'Afrique. — *M. Daudin.*	XI	162
Méduses. — *MM. Péron* et *Lesueur.*	XI	230
Mégadermes. (Genre de la famille des chauves-souris.) — *M. Geoffroy Saint-Hilaire.*	XI	260
Melanocephala. — *MM. de Humboldt* et *Bonpland.*	XI	265
Meleagris ocellata. (Nouvelle espèce de dindon.) — *M. Cuvier.*	XI	266
Mélette. (Petit poisson du sous-genre des anchois.) — *M. Cuvier.*	XI	269
Mollossus. — *M. Geoffroy Saint-Hilaire.*	XI	475
Mollusques. (De ceux dits acéphales conchylifères.) — *M. de Lamarck.*	XI	477
Mollusques (Expériences sur les). — *M. Beudant.*	XI	478
Mollusques gastéropodes (Espèces nouvelles de). — *M. Beudant.*	XI	481

	Tomes.	Pages.
MOLVES. (Poissons de nouvelle espèce, trouvés dans les lacs du Haut-Canada.) — *M. Lesueur.*	XI	489
MONOCLE, ou puce d'eau. — *M. Jurine.*	XI	505
MONODACTYLE. (Nouvelle espèce de quadrupède ovipare.) — *M. de Lacépède.*	XI	507
MONTÉE (Note sur la). — *M. Lamouroux.*	XI	520
MULLE IMBERBE, ou apogon. — *M. Cuvier.*	XII	25
MUS TYPHLUS. — *M. Olivier.*	XII	49
MUSARAIGNE (Glandes odoriférantes de la). — *M. Geoffroy Saint-Hilair*	XII	50
MUSARAIGNE ET MYGALE (Espèces des genres). — *M. Geoffroy Saint-Hilaire.*	XII	51
NAUTILUS SPIRULA. — *M. Péron.*	XII	112
NYCTÈRES (Organisation et détermination des). — *M. Geoffroy Saint-Hilaire.*	XII	248
NYCTINOME D'ÉGYPTE. — *M. Geoffroy Saint-Hilaire.*	XII	251
ŒUFS DE LÉZARD GRIS. — *M. Faure Biguet.*	XII	274
OISEAU SAINT-MARTIN (Femelle de l'). — *M. Marchand.*	XII	277
OISEAUX (Existence de véritables ongles à l'aile de quelques espèces d'). — *M. de Blainville.*	XII	279
OISEAUX (Nouvelle table méthodique de la classe des). — *M. de Lacépède.*	XII	281
OISEAUX observés pendant la traversée de Timor au cap sud de la Terre de Van-Diémen. — *M. Péron.*	XII	287
OISEAUX DE PROIE DIURNES (Division méthodique des). — *M. Geoffroy Saint-Hilaire.*	XII	292
ONCHIDIE. (Genre de la famille des mollusques.) — *M. Cuvier.*	XII	298
OPHIDIENS. (Leur division en 23 genres.) — *M. Daudin.*	XII	310
OPHIURE A SIX RAYONS. — *M. Lamouroux.*	XII	315
ORANGS-OUTANGS. — *MM. Geoffroy Saint-Hilaire ; Cuvier.*	XII	362
OREILLARD VULGAIRE. — *M. Geoffroy Saint-Hilaire.*	XII	385
ORFRAIE. — *M. Cuvier.*	XII	389
ORYCTÉROPE. — *M. Geoffroy Saint-Hilaire.*	XII	417
OSCANE. — *M. Bosc.*	XII	433
PACAS. — *M. Cuvier.*	XII	505
PANOBS. (Nouveau genre d'insectes.) — *M. Baudin.*	XII	543
PARESSEUX (Ostéologie des). — *M. Cuvier.*	XII	607
PARESSEUX A CINQ DOIGTS. — *M. de Blainville.*	XII	612
PARMACELLE. (Mollusque à coquille cachée.) — *M. Cuvier.*	XIII	10
PATELLE (Description du genre). — *M. de Lamarck.*	XIII	63
PÉLÉCINE. (Nouveau genre d'insectes.) — *M. Latreille.*	XIII	131
PÉRAMÈLES. (Nouveau genre d'animaux à bourse.) — *M. Geoffroy Saint-Hilaire.*	XIII	159
PHASCOLOMIS. (Nouveau genre d'animaux à bourse.) — *M. Geoffroy Saint-Hilaire.*	XIII	204
PHASIANELLE. — *M. Cuvier.*	XIII	205

	Tomes.	Pages.
PHOENICOPTÈRE (Nouvelle espèce de). — *M. Geoffroy Saint-Hilaire.*	XIII	229
PHOLADES. (Nouveau genre de mollusques.) — *MM. Fleuriau; de Bellevue.*	XIII	231
PHOQUE. (Ses facultés physiques et intellectuelles.) — *M. Cuvier.*	XIII	236
PHYLLIDIA. (Nouveau genre de mollusques.) — *M. Cuvier.*	XIII	318
PHYLLOSTOMES. (Famille de chauves-souris.) — *M. Geoffroy Saint-Hilaire.*	XIII	319
PIC (Nouvelle espèce de). — *M. Daudin.*	XIII	341
PIERRES dites nummulaires ou lenticulaires. (Animaux auxquels elles appartenaient.) — *M. Cuvier.*	XIII	360
PIMELODES. (Poissons de nouvelle espèce trouvés dans les lacs du Haut-Canada.) — *M. Lesueur.*	XIII	380
PINICOLE DE JULES. (Nouvelle espèce d'insecte.) — *M. Brebisson.*	XIII	388
PLEURO-BRANCHE. (Genre de la famille des mollusques.) — *M. Cuvier.*	XIII	506
PNEUMODERME. — *M. Cuvier.*	XIII	524
POISSON DIT PESQ-BRAS, ou grand-poisson. — *M. de Lamorinière.*	XIII	562
POISSONS (Animaux vivans sur les branchies des). — *M. Delaroche.*	XIII	563
POISSONS. (Composition de leur mâchoire supérieure, de laquelle on peut tirer des caractères pour la distribution méthodique de ces animaux.) — *M. Cuvier.*	XIII	565
POISSONS (Histoire naturelle des). — *M. de Lacépède.*	XIII	572
POISSONS (Naturalisation de divers). — *M. Noël.*	XIII	577
POISSONS. (Procédé pour les empailler et les conserver). — *M. Dubuisson.*	XIII	579
POISSONS (Squelette ramené dans toutes ses parties à la charpente osseuse des autres animaux vertébrés, et surtout de l'opercule des). — *M. Geoffroy Saint-Hilaire.*	XIII	584
POISSONS de l'ordre des branchiostèges. — *M. de Fréminville.*	XIII	592
POISSONS du golfe de Gênes. (Sur celles des différentes espèces qui sont peu connues.) — *M. Spinola.*	XIII	596
POISSONS ÉLECTRIQUES. — *MM. Geoffroy Saint-Hilaire; de Humboldt.*	XIII	601
POLYODON-FEUILLE. — *M. de Lacépède.*	XIV	12
POLYPIERS CORRALLIGÈNES non entièrement pierreux. — *M. Lamouroux.*	XIV	14
POULPE, vulgairement appelé *polype de mer.* — *MM. de Lamarck; de Blainville.*	XIV	210
PROROCEPHALUS CROTALI, ou ver intestin. — *MM. de Humboldt et Bonpland.*	XIV	274

	Tomes.	Pages.
PROTÉE, ou salamandre tétradactyle. — *M. de Lacépède.*	XIV	274
PROTEUS ANGUINUS. — *M. Cuvier.*	XIV	276
PROTEUS PISCIFORMIS, ou axoloil. — *M. Cuvier.*	XIV	276
PTÉROPODES. — *MM. Péron* et *Lesueur.*	XIV	285
PUCE (Nouvelle espèce de). — *M. Bosc.*	XIV	285
PYROSOMES (Organisation des). — *M. Lesueur.*	XIV	309
QUADRUMANES d'un genre inconnu. — *M. Geoffroy Saint-Hilaire.*	XIV	327
QUADRUPÈDES (OEufs des). — *M. Cuvier.*	XIV	328
QUADRUPÈDES ONGULÉS. (Nouveau caractère ostéologique servant à les distinguer en deux sections.) — *M. de Blainville.*	XIV	336
RADIAIRES (Nouveau genre de). — *M. de Fréminville.*	XIV	360
RASON. — *M. Cuvier.*	XIV	391
RENARD ET LAPIN D'AMÉRIQUE. (Leur comparaison avec ceux d'Europe.) — *M. Beauvois.*	XIV	426
REQUIN. — *M. Geoffroy Saint-Hilaire.*	XIV	441
RHINOCÉROS (Différentes espèces de). — *M. Cuvier.*	XIV	456
RHINOPOME MICROPHYLLE. — *M. Geoffroy Saint-Hilaire.*	XIV	456
ROTIFÈRES (Recherches sur les). — *M. Dutrochet.*	XIV	492
RUT DES ANIMAUX. — *M. Cuvier.*	XIV	546
SALAMANDRES DE FRANCE. — *M. Latreille.*	XIV	569
SANGSUES (Vaisseaux sanguins des). — *M. Cuvier.*	XIV	592
SERPENS (Nouvelle espèce de). — *M. de Lacépède.*	XV	76
SERPENS A SONNETTES. — *MM. Thouin; Hall.*	XV	76
SERPULES. — *M. Cuvier.*	XV	79
SERRASALME CITHARINE. — *M. Geoffroy Saint-Hilaire.*	XV	80
SINGE VERT. — *M. Lordat.*	XV	108
SIREN LACERTINA. — *M. Cuvier.*	XV	110
SPHOEROMA DYDIMA. — *M. Tristan.*	XV	263
STEATORNIS. — *M. de Humboldt.*	XV	276
TANGARA (Description du). — *M. Daudin.*	XV	529
TAPHIEN PERFORÉ. — *M. Geoffroy Saint-Hilaire.*	XV	544
TAPIR (Description ostéologique du). — *M. Cuvier.*	XV	547
TAUPES (Accouchement et allaitement des). — *M. Breton.*	XV	559
TENTHRÈDE DU BOLET. — *M. Bosc.*	XV	591
TESTACELLE ET DOLABELLE. (Mollusques à coquille cachée.) — *M. Cuvier.*	XV	642
TÊTE OSSEUSE. (Composition de celle des animaux vertébrés.) — *M. Cuvier.*	XV	653
TÉTRADACTYLE. (Nouvelle espèce de quadrupède ovipare.) — *M. de Lacépède.*	XV	656
TÉTRAGULE. — *M. Bosc.*	XV	656
THÉOGONIE DES ANCIENS ÉGYPTIENS (Animaux du Nil, considérés dans leurs rapports avec la). — *M. Geoffroy Saint-Hilaire.*	XVI	23

	Tomes.	Pages.
TORTUES. (Manière dont elles respirent.) — *M. Duvernoy.*	XVI	116
TRITONIE. (Genre de la famille des mollusques.)— *M. Cuvier.*	XVI	235
TUBICINELLE. — *M. de Lamarck.*	XVI	250
TUBULAIRES D'EAU DOUCE. — *M. Vaucher.*	XVI	251
TUPINAMBIS ORNÉ. (Nouvelle espèce de lézard.)— *M. Daudin.*	XVI	265
TYRAN-ROI. (Oiseau du Brésil.) — *M. Geoffroy Saint-Hilaire.*	XVI	309
VAGINELLE. (Nouveau genre de ver à tube calcaire.) — *M. Daudin.*	XVI	354
VAUTOURS. — *MM. Daudin ; Geoffroy Saint-Hilaire.*	XVI	390
VER. (Sur celui trouvé dans l'intérieur des pepins de la pomme d'api.) — *M. Berger.*	XVI	464
VERS (Nouveaux genres de). — *M. Bosc.*	XVI	503
VERS INTESTINAUX (Nouveau genre de). — *M. Rhodes.*	XVI	513
VERS QUI ONT LE SANG ROUGE. — *M. Cuvier.*	XVI	513
VIPÈRE (OEuf de la). — *M. Dutrochet.*	XVI	622
VOLUTES (Espèces nouvelles de). — *M. de Lamarck.*	XVI	676
WAPITI. (Espèce de cerf de l'Amérique Septentrionale.) — *M. de Blainville.*	XVI	696
ZÈBRE. — *MM. N*** ; Geoffroy Saint-Hilaire ; Cuvier.*	XVI	705

MÉDECINE VÉTÉRINAIRE.

ART VÉTÉRINAIRE. — *MM. Grognier ; Lacour , Toggia , Dufils* et *Moussy.*	I	422
MÉDECINE VÉTÉRINAIRE. — *MM. Rodet ; Lacroix.*	XI	225

ANATOMIE VÉTÉRINAIRE.

CHATAIGNE. (Portion de corne qui se trouve sur les jambes de devant et de derrière des chevaux.) — *M. Lafosse.*	III	67

PATHOLOGIE VÉTÉRINAIRE.

BÊTES A LAINE (Maladies les plus fréquentes des). — *M. Morel de Vindé.*	II	34
BOEUFS (Calcul biliaire des). — *M. Brugnone.*	II	128
DARTRES chez les animaux. — *M. Chabert.*	IV	398
ÉGAGROPILES (Distinction des). — *M. Girard.*	V	478
FALÈRE (Maladie des bêtes à laine). — *M. Tessier.*	VI	504
FARCIN. — *M. Brieude.*	VI	508
FRACTURES DANS LES GRANDS ANIMAUX (Causes qui s'opposent à la guérison des). — *M. Huzard.*	VII	446
VERTIGE. (Maladie des chevaux.) — *MM. Huzard* et *Gilbert.*	XVI	520

THÉRAPEUTIQUE VÉTÉRINAIRE.

	Tomes.	Pages.
Cachexie des moutons. (Moyen de la traiter.) — *M. Lechenault de Latour.*	II	229
Claveau (Vaccination du). — *La Société d'agriculture de Seine-et-Oise.*	III	248
Épizooties endémiques. (Manière de les guérir.) — *M. N***.*	VI	165
Morve des chevaux (Son traitement). — *M. Collaine.*	XI	570
Moutons (Leur clavelisation.) — *M. Pessina.*	XII	8
Pilules canicures. — *M. Cadet.*	XIII	378

SCIENCES MORALES ET POLITIQUES.

IDÉOLOGIE.

Homme (Considérations sur l'). — *M. Lévesque.*	IX	91
Homme (Études générales de l'). — *M. Cabanis.*	IX	93
Idées (Considérations générales sur les). — *M. de Laromiguière.*	IX	273
Idéologie. (Motifs sur lesquels s'appuie la substitution de ce mot à celui de *Métaphysique.*) — *M. Destutt de Tracy.*	IX	276
Sensations (Histoire physiologique des). — *M. Cabanis.*	XV	67

DIALECTIQUE.

Arts du dessin (Remarques sur les). — *M. Ponce.*	I	426
Imprimerie. (Analyse des opinions diverses sur son origine.) — *M. Daunou.*	IX	292
Inscriptions (Réflexions générales sur les). — *M. Chaussard.*	IX	350
Pasigraphie. — *M. Destutt de Tracy.*	XIII	13
Peinture. (De son influence sur les arts d'industrie commerciale, et quels sont les moyens d'augmenter cette influence.) — *M. Amaury-Duval.*	XIII	109
Science sociale. — *Cambacérès*	XIV	629

LÉGISLATION.

Égypte (Droit de propriété en). — *M. Sylvestre de Sacy.*	V	488

ART ORATOIRE.

	Tomes.	Pages.
Tribunes et tribunaux. (Éloquence qui leur est propre, et considérations sur ses progrès en France depuis 1789.) — *M. Touchard-Lafosse.*	XVI	191

ÉCONOMIE POLITIQUE.

Assurances (Théorie analytique sur les). — *M. Fourier.*	I	460
Commerce (Balance du). — *M. Berthevin.*	III	395
Économie politique. — *M. Costaz.*	V	436
Industrie. (Considérations générales sur ses progrès en France dans la période qui s'est écoulée de 1789 à la fin de 1820.) — *M. Touchard-Lafosse.*	IX	322
Journaliers. (Bases de leur salaire.) — *M. Régnier.*	X	53
Navigation (Système intérieur de). — *M. Becquey.*	XII	124
Vues statistiques, ou aperçu des progrès de cette science depuis 1789.— *M. Peuchet.*	XVI	690

STATISTIQUE.

Bagnères-de-Luchon. (Ses bains et propriétés de ses eaux minérales.) — *MM. N***; Poumier.*	I	501
Vignobles. (Topographie de tous ceux connus jusqu'à ce jour.) — *M. Jullien.*	XVI	538

ART MILITAIRE.

Art militaire (Remarques sur l'). — *M. Guibert.*	I	414
Éloquence militaire. (Influence qu'elle exerce sur les corps armés.) — *M. Touchard-Lafosse.*	VI	28
Guerre (Essai sur le mécanisme de la). — *M. N***.*	VIII	478
Plan militaire concernant les attaques nocturnes.— *M. Leblanc.*	XIII	404
Tactique militaire. — *Napoléon.*	XV	505

INSTRUCTION PUBLIQUE.

Écriture (Nouvelle manière d'enseigner l').— *M. Brun.*	V	459
Éducation (Nouvelle méthode d'). — *M. Naff.*	V	477
Enseignement (Méthode amusante d'). — *M. Gaultier.*	VI	122
Instruction publique. (Considérations générales sur les changemens qu'elle a subis depuis 1789.) — *M. N***.*	IX	404
Langue latine (Nouvelle méthode pour apprendre la). — *M. Luneau de Boisjermain.*	X	235

	Tomes.	Pages.
Langues. (Art de les apprendre, ramené à ses principes naturels.) — *M. Weiss.*	X	236
Lecture (Méthode pratique de). — *M. François de Neufchâteau.*	X	264
Méthode nouvelle d'enseigner le français et l'anglais aux enfans. — *Mademoiselle Coppinger.*	XI	380

LITTÉRATURE.

Aboul-Hassan. (Traduction manuscrite de son ouvrage sur l'astronomie des Arabes.) — *M. Sédillot.*	I	99
Chrestomathie arabe (Traduction de la). — *M. Silvestre de Sacy.*	III	205
Littérature (Cours de). — *M. Laharpe.*	X	376
Romans. (Innovations admises dans ce genre). — *M. Touchard-Lafosse.*	XIV	486
Tableaux de moeurs, ou peinture des mœurs françaises au commencement du dix-neuvième siècle. (Examen de ce genre nouvellement admis parmi nous.) — *M. Touchard-Lafosse.*	XV	488

PHILOLOGIE.

Anciens (Nécessité et charme de l'étude des). — *M. Bitaubé.*	I	295
Cycle épique (Recherches sur le). — *M. N***.*	IV	346
Hésiode. (Dissertation sur ce poëte et sur ses ouvrages.) — *M. Lévesque.*	IX	51
Homère. (Dissertation sur ce poëte et sur ses ouvrages.) — *M. Lévesque.*	IX	85
Philologie. — *M. N***.*	XIII	219

HISTOIRE.

Généalogie de la maison de France. — *M. de Fortia-d'Urban.*	VIII	210
Histoire de France. (Moyens à employer pour la conduire à sa perfection.) — *M. Anquetil.*	IX	72
Monnaies chinoises (Remarques sur les). — *M. Hayer.*	XI	504

HISTOIRE ET GÉOGRAPHIE ANCIENNES.

Annibal. (Sa marche de Nîmes à Turin, l'an 218 avant notre ère.) — *M. de Fortia-d'Urban.*	I	323
Bestiaux servant à payer les impôts chez les premiers Romains. — *M. Pastoret.*	II	33
Bordeaux (Son origine présumée). — *M. Dulau.*	II	156

	Tomes.	Pages.
Bosphore de Thrace (Remarques sur le). — *M. Choiseul-Gouffier.*	II	159
Cambiovicences. (Position de ces peuples.) — *M. Barailon.*	II	327
Chien considéré chez les Chinois comme un des principaux moyens d'échange. — *M. Hayer.*	III	140
Chine (Ancien nom présumé de la). — *M. Hayer.*	III	178
Coquillages considérés comme ayant servi de monnaie à la Chine. — *M. Hayer.*	III	450
Égyptiens (Mesures agraires des anciens). — *M. Girard.*	V	512
Français. (Leur origine.) — *Latour-d'Auvergne-Corret.*	VII	448
France. (Son ancienne législation, comprenant la loi salique, la loi des Visigoths et la loi des Bourguignons.) — *M. Legrand d'Aussy.*	VII	473
France. (Son gouvernement sous les deux premières dynasties.) — *M. Lévesque.*	VII	482
Gaulois. (Leur retraite après s'être rendus maîtres de Rome, à l'exception du Capitole.) — *M. Lévesque.*	VIII	89
Habitans des îles du golfe Persique et des côtes méridionales de la Perse et de la Carmanie ou du Kerman, jusqu'à l'Indus. (Leur influence sur l'Europe et sur l'Asie-Mineure.) — *M. Dupuis.*	VIII	499
Hébreux. (Leur séjour en Égypte et leur fuite dans le désert.) — *M. Dubois-Aimé.*	VIII	535
Histoire critique de la république romaine. — *M. Lévesque.*	IX	71
Inde. (Expéditions militaires dans cette partie du monde, depuis Hercule jusqu'à l'an VI.) — *M. N***.*	IX	312
Pélasges (Considérations sur les). — *MM. Dupuis; Petit-Radel.*	XIII	126
Persépolis. — *M. Mongez.*	XIII	169
Sciences. (Recherches sur leur état en Égypte.) — *M. Fourier.*	XV	1
Slaves (Remarques sur les). *M.* — *Lanjuinais.*	XV	135
Syène. (Sa description et celle des cataractes du Nil.) — *M. Jomard.*	XV	419
Système préadamite. — *M. de Fortia-d'Urban.*	XV	464
Thébaïde. (Commerce qui se fit par la voie de ce pays, depuis Ptolémée Philadelphe jusqu'à la conquête des Arabes.) — *M. Rozier.*	XVI	8

HISTOIRE DU MOYEN AGE.

Assassins. (Origine de cette peuplade.) — *MM. Sylvestre de Sacy; N***.*	I	445
Baumier de la Mecque. — *M. Mongez.*	II	21
Boussole (Origine de la). — *M. Azuni.*	II	170

	Tomes.	Pages.
France (Anciennes relations extérieures de la). — *M. Anquetil.*	VII	450
France. (Ses anciennes relations avec la Russie.) — *M. Lévesque.*	VII	464
Gênes (Pièces secrètes tirées des archives du gouvernement de). — *M. Silvestre de Sacy.*	VIII	234
Histoire des républiques italiennes du moyen âge. — *M. Sismonde-Sismondi.*	IX	82
Histoire du Bas-Empire. — *M. Ameilhon.*	IX	83
Maladie vénérienne (Origine de la). — *M. Koch.*	XI	33
Notes de musique. (Origine de leur nom.) — *M. N***.*	XII	234
Oliphant, ou grand cornet trouvé dans le département de l'Ain. — *M. Riboud.*	XII	294
Tour ou fut enfermée Jeanne d'Arc. — *M. N***.*	XVI	126

HISTOIRE MODERNE.

Histoire de France pendant le XVIIIe. siècle. — *M. Lacretelle* jeune.	IX	76
Histoire de l'anarchie de Pologne. — *M. Rhulhière.*	IX	77
Histoire des principaux événemens du règne de Frédéric-Guillaume, roi de Prusse. — *M. de Ségur.*	IX	80
Livre rouge. — *M. N***.*	X	408
Médecine des Chinois. — *M. Lepage.*	XI	212
Poids des Chinois. — *M. Coquebert de Montbret.*	XIII	543

ARCHÉOLOGIE.

Caroubier. — *M. Petit-Radel.*	II	410
Citrum, ou citrus. — *M. Mongez.*	III	242
Costumes des anciens. — *M. Mongez.*	IV	49
Couleurs des anciens (Recherches sur les). — *MM. Ameilhon; Chaptal.*	IV	124
Égyptiens. (Réflexions sur leur couleur.) — *M. Walckenaer.*	V	516
Embaumemens des anciens Égyptiens. — *M. Rouyer.*	VI	56
Étoffes anciennes. — *MM. Lenoir et Desmarest.*	VI	410
Frênes connus des anciens. — *M. Dureau de Lamalle* fils.	VII	491
Gaulois. (Quelques uns de leurs ustensiles.) — *M. Mongez.*	VIII	94
Gladiateur combattant. — *MM. Quatremère de Quincy; Gibelin.*	VIII	295
Gladiateurs. — *M. Mongez.*	VIII	298
Grecs. (Leurs mœurs et leurs usages du temps d'Homère.) — *M. Lévesque.*	VIII	434
Hypogées de la ville de Thèbes. — *M. Jomard.*	IX	261
Inscriptions grecques. — *MM. Calvel; Fauvel.*	IX	354

	Tomes.	Pages.
INSCRIPTIONS RECUEILLIES EN ÉGYPTE (Dissertations sur les). — *M. Jomard.*	IX	356
INSTRUMENS DE MUSIQUE chez les Orientaux. — *M. Villoteau.*	IX	475
LANGUE GRECQUE (Ancienne prononciation de la). — *M. Lévesque.*	X	235
MIROIRS DES ANCIENS. — *M. Chevalier* aîné.	XI	453
MONT-LUÇON (Recherches sur la ville de). — *M. Barailon.*	XI	521
MONUMENS DE L'ÉGYPTE (Instrumens sculptés sur les). — *M. Villoteau.*	XI	536
NUMA POMPILIUS. (Remarques sur des écrits trouvés dans son tombeau.) — *M. Lévesque.*	XII	248
PEINTURE ENCAUSTIQUE DES ANCIENS (Recherches sur la). — *M. Chaptal.*	XIII	117
PHÉNIX (Recherches sur le). — *M. Larcher.*	XIII	230
POIDS ET MESURES DES ANCIENS. — *M. Mongez.*	XIII	545
POMPÉII (Disparition de la ville de). — *M. Dutheil.*	XIV	49
POURPRE. — *M. Chazot.*	XIV	211
SÉPULTURES ANCIENNES ET MODERNES de la France. — *M. Legrand d'Aussy.*	XV	71
SIGNAUX DES ANCIENS. — *M. Mongez.*	XV	103
TEMPLES. (Manière dont étaient éclairés ceux des Grecs et des Romains.) — *M. Quatremère de Quincy.*	XV	590
TOMBEAUX DIVERS trouvés en France. — *MM. Dutheil; Lenoir; Debart; N***; Roustaing.*	XVI	89
VASES ANTIQUES. — *MM. Mongez; N***.*	XVI	387
VERRE (Sur l'origine de la peinture sur le). — *M. Lenoir.*	XVI	487
VINS DES ANCIENS (Remarques sur les). — *M. Jullien.*	XVI	605

ARCHÉOGRAPHIE.

AMPHITHÉATRE ROMAIN de Poitiers. — *M. N***.*	I	287
ARLES (Objets antiques trouvés à). — *M. N***.*	I	399
BAGNÈRES-DE-LUCHON (Antiquités de). — *MM. Richard* et *Roger; N***.*	I	500
BOULOGNE (Antiquités trouvées à). — *M. N***.*	II	177
BRANTUS PANTIUM (Ville antique de). — *M. Héricart de Thury.*	II	189
BROU (Antiquités de). — *M. N****	II	206
BRUÈRE (Recherches sur des ruines de la ville de). — *M. Barailon.*	II	208
CITÉ ROMAINE, trouvée dans les environs d'Eu. — *MM. Étancelin* et *Trante*	III	241
CURIOSOLITES (Capitale des). — *M. N***.*	IV	333
DENDERAH (Antiquités du village de). — *MM. Jollois* et *Devilliers.*	IV	439

	Tomes.	Pages.
DENDERAH (Petit zodiaque de). — *M. Jomard.*	IV	447
DENDERAH (Zodiaque circulaire du temple de). — *MM. Jollois* et *Devilliers.*	IV	450
DENDERAH (Zodiaque du portique du temple de). — *MM. Jollois* et *Devilliers.*	IV	453
DRUIDES (Monumens rappelant le culte des). — *M. Coquebert de Montbret.*	V	206
EDFOU (Temple d'). — *M. Jomard.*	V	469
ÉGYPTE (Antiquités récemment découvertes en). — *M. Cailliaud.*	V	483
EL-KAB OU ELETHYIA (Ruines d'). — *M. de Saint-Genis.*	VI	16
ESNÉ (Antiquités de la ville d'). — *MM. Jollois* et *Devilliers.*	VI	286
ESNÉ (Zodiaque du portique d'). — *MM. Jollois* et *Devilliers.*	VI	289
GROTTE DES FÉES. — *M. Veau-Delaunay.*	VIII	460
GROTTES D'ELETHYIA. (Antiquités d'Égypte.) — *M. Costaz.*	VIII	460
HEPTANOMIDE (Antiquités de l'). — *M. Jomard.*	IX	1
HERMONTHIS OU ERMENT (Description du temple de). — *M. Jomard.*	IX	27
HERMOPOLIS MAGNA OU ACHMOUNEYN (Ruines de l'ancienne ville d'). — *M. Jomard.*	IX	34
INSCRIPTION GOTHIQUE. — *M. N***.*	IX	350
INSECTES. (De ceux peints ou sculptés sur les monumens antiques de l'Égypte.) — *M. Latreille.*	IX	370
ISIS. (Temple de cette déesse en Égypte.) — *MM. Jollois* et *Devilliers.*	IX	570
ITALICA (Antiquités d'). — *M. N***.*	IX	577
KARNAK (Ruines de). — *MM. Jollois* et *Devilliers.*	X	70
LAVERSINES (Souterrains de). — *M. Vialart Saint-Morys.*	X	256
LOUQSOR (Ruines de). — *MM. Jollois* et *Devilliers.*	X	426
MALAIN (Fouilles faites à). — *M. N***.*	XI	38
MANDEURE (Antiquités de). — *MM. Villiers du Terrage* et *Montrond.*	XI	95
MED-A-MOUD (Ruines de). — *MM. Jollois* et *Devilliers.*	XI	214
MÉDAILLES. — *M. N***.*	XI	217
MÉDYNET-ABOU (Description des édifices et de l'hypodrome de). — *MM. Jollois* et *Devilliers.*	XI	233
MEULES DE MOULIN ANTIQUES, trouvées près d'Abbeville. — *M. Mongez.*	XI	395
MONT-AUXOIS (Fouilles faites à). — *M. N***.*	XI	509
MOSAÏQUES ANTIQUES. — *MM. N***. ; Artaud.*	XI	572
NASIUM (Antiquités de). — *M. N***; Chazot.*	XII	105
NAZLET-EL-HARYDY (Antiquités de). — *M. Jomard.*	XII	130
NILOMÈTRES. — *MM. Marcel; Girard.*	XII	168
NOME ARSINOITE. (Description des antiquités de ce Nome, de celles de la ville d'Arsinoé, des environs de cette ville et de l'intérieur de la province.) — *M. Jomard.*	XII	208

	Tomes.	Pages.
NOME MARÉOTIQUE. (Province ancienne de l'Égypte.) — *M. Lepère.*	XII	214
OBÉLISQUE DE BEGYG (Description de l'). — *M. Caristie.*	XII	258
OSYMANDYAS (Description du tombeau d'). — *MM. Jollois* et *Devilliers.*	XII	438
PANOPOLIS OU CHEMMIS, aujourd'hui *Akhmym.* (Description de cette ville et de ses antiquités.) — *M. de St.-Genis.*	XII	534
PARIS (Recherches sur les antiquités de). — *M. Grivaud.*	XIII	6
PÉRIGUEUX (Antiquités de). — *M. N***.*	XIII	161
PHILÆ (Antiquités de l'île de). — *M. Lancret.*	XIII	214
PYRAMIDE D'EL-LAHOUN en Égypte (Description de la). — *MM. Jomard* et *Caristie.*	XIV	294
QAOU, anciennement *Antæopolis* (Antiquités de). — *M. Jomard.*	XIV	315
QASR-QEROUN (Description du temple égyptien connu sous le nom de). — *M. Jomard.*	XIV	321
QOURNAH (Ruines de). — *MM. Jollois* et *Devilliers.*	XIV	325
ROCHE AUX FÉES. — *M. de Nonal de Lahoussaye.*	XIV	475
RUYNES D'ABYDUS, ancienne ville de la Thébaïde. — *M. Jomard.*	XIV	516
RUINES D'ANTINOÉ. — *M. Jomard.*	XIV	526
RUINES D'ÉLÉPHANTINE. — *M. Jomard.*	XIV	532
RUINES DE KEFT ET DE QOUS. (Anciennement *Coptos* et *Apollinopolis parva.*) — *MM. Jollois* et *Devilliers.*	XIV	535
RUINES situées près de la pyramide d'Hâouarah, en Égypte, considérées comme les restes du labyrinthe, et comparaison de ces ruines avec les récits des anciens. — *MM. Jomard* et *Caristie.*	XIV	539
SYSTÈME MÉTRIQUE des anciens Égyptiens et recherches sur leurs connaissances géométriques. — *M. Jomard.*	XV	451
THÈBES (Coup d'œil général sur les antiquités de la ville de). — *MM. Jollois* et *Devilliers.*	XVI	13
TOULL (Antiquités du lieu appelé). — *M. Barailon.*	XVI	120
TRÊVES (Antiquités de la ville de). — *M. Peyre.*	XVI	187
VÉNUS ANADYOMÈNE. — *M. N***.*	XVI	463
VICIQUIN (Objets d'antiquité trouvés en fouillant à). — *M. N***.*	XVI	527
VIEIL-ÉVREUX (Ruines de). — *M. Rever.*	XVI	529
VOIES ROMAINES. — *M. de Vérigny.*	XVI	640
ZODIAQUE NOMINAL ET PRIMITIF des anciens Égyptiens. — *M. Raige.*	XVI	727

Tomes. Pages.

LITTÉRATURE DRAMATIQUE.

	Tomes.	Pages.
Comédie d'observation, ou sujets dramatiques puisés dans la société contemporaine. — *M. Picard.*	III	360
Littérature dramatique. (Considérations sur la situation où elle se trouvait avant 1789, et sur sa marche depuis cette époque.) — *M. Touchard-Lafosse.*	X	387
Mélodrame. — *MM. Guilbert de Pixérécourt* et *Cuvelier de Try* ; *N****.	XI	274
Théâtres du Grand-Opéra et de l'Opéra-Comique (Examen des deux genres représentés sur les). — *M. Touchard-Lafosse.*	XVI	1

MOEURS ET USAGES.

Géophages des Antilles. — *M. de Humboldt.*	VIII	265
Payaguas, nation sauvage. — *M. d'Azara.*	XIII	72
Peuples nomades. — *M. Dubois-Aimé.*	XIII	188

MYTHOLOGIE.

Arimaspes (Notice sur les). — *M. Millin.*	I	398

BIBLIOGRAPHIE.

Encyclopédies écrites dans toutes les langues (Nouveau système bibliographique appliqué à la connaissance des). — *M. de Fortia-d'Urban.*	VI	108
Horace (Édition inconnue d'). — *M. Payne.*	IX	118

ARTS LIBÉRAUX.

ART DU DESSIN.

Caricatures. — *M. N****.	II	398
Dessin (Enseignement mutuel du). — *M. Francœur.*	IV	510
Lithographie. — *MM. de Lasteyrie* ; *Cadet* ; *André* ; *Engelmann* ; *Cormont* et *Selves* ; *Haussemann* frères ; *de Lasteyrie* ; *Engelmann* ; *Paulmier.*	X	366
Mosaïques modernes. — *MM. Belloni* ; *Lagrenée* et *Noir* ; *Crovatto* ; *Straubhart* ; *Simard.*	XI	574
Perspective (Traité de). — *M. Lavit.*	XIII	173

	Tomes.	Pages.

PEINTURE.

DÉCORS SUR GLACES. — *M. Rascalon.*	IV	429
PANORAMA. — *MM. Robert Fulton; Thayer; Prevost.*	XII	545
PEINTURE. (Ses progrès depuis 1789.) — *MM. N***; Granet; Thévenin.*	XIII	102

SCULPTURE.

ART STATUAIRE chez les anciens et les modernes (Recherches sur l'). — *M. Émeric David.*	I	415
TRAVAUX DE L'ART STATUAIRE. — *M. Touchard-Lafosse.*	XVI	164

GRAVURE.

GRAVURE COLORIÉE. — *MM. Desray; Denné* jeune; *Michel.*	VIII	420
GRAVURE dite CHALCOGRAPHIE. — *MM. Piranesi* frères; *Masquilier; Robillard* et *Laurent; Baltard; Treuttel, Wurtz, Milling* et *Née; Landon* et *Filhol; Auber; Lavallée* et *Réville.*	VIII	421
GRAVURE EN MÉDAILLES ET EN PIERRES FINES. — *MM. Rambert-Dumarest* et *Galle; Andrieu; Dupré; Jeuffroy.*	VIII	423
GRAVURE EN TAILLE DE RELIEF. — *MM. Duplat; Besnard; Bougon* et *Bizemont-Prunellé; Duplat; Bougon; Duplat; Thomson; Bougon* fils.	VIII	425
GRAVURE EN TAILLE-DOUCE. — *MM. Bervic; Desnoyers; Tardieu; Girardet; Morel; Blot; Besson; Audouin; Bervic; Degrand.*	VIII	427
GRAVURE ET IMPRESSION sur pierres. — *M. André.*	VIII	430
GRAVURE SUR LE VERRE. — *MM. Bourdier* fils; *Landolle.*	VIII	433
PIERRE CALCAIRE (Procédé de gravure sur la). — *M. Duplat.*	XIII	353

ARCHITECTURE

ET ART DES CONSTRUCTION.

CHAUX DE CONSTRUCTION (Examen des). — *MM. Collet-Descotils; Vicat.*	III	88
CHEMINÉES. (Leurs vices de construction et moyens d'y remédier.) — *M. Guyton de Morveau.*	III	96
COUPOLE EN FER. — *M. Berenger.*	IV	143
ÉDIFICES TRANSPORTABLES. (Moyen de les construire.) — *M. Chabannes.*	V	474
MONUMENS PUBLICS. — *M. N***.*	XI	537
PONT D'UNE SEULE ARCHE. — *M. Moreau.*	XIV	92
PONTS EN BOIS ET EN FER. — *M. Poyet.*	XIV	93

	Tomes.	Pages.
POZZOLANES NATURELLES ET ARTIFICIELLES. — *MM. Lepère ; Delahaye-Duměny.*	XIV	220
TIBIA DE BOEUF. (Leur emploi dans le scellement des paremens en pierre de taille.) — *M. Vesion.*	XVI	43
TOITS. — *M. Cointereau.*	XVI	86

ARTS D'IMITATIONS.

AMUSEMENS COPTOGRAPHIQUES. — *M. N***.*	I	289
ANATOMIE ARTIFICIELLE. — *M. Laumonier.*	I	290

ART DRAMATIQUE.

DÉCLAMATION THÉATRALE. — *M. Touchard-Lafosse.*	IV	412

MUSIQUE.

CHANT (Nouvelle méthode propre à l'enseignement du). — *M. Choron.*	III	10
ENSEIGNEMENT (Nouvelle méthode d'). — *M. Choron.*	VI	130
MUSIQUE (Essais sur la). — *M. Grétry.*	XII	56
MUSIQUE (Histoire générale de la). — *M. Perne.*	XII	67
MUSIQUE DRAMATIQUE (Récompenses accordées pour la). — *MM. Spontini ; Catel ; Méhul ; Chérubini ; Catel ; Berton ; Méhul.*	XII	78
MUSIQUE VOCALE (Méthodes nouvelles pour l'enseignement de la). — *MM. Choron , Massimino , Galin , Chélard* et *Wilhem; Massimino ; Galin ; Vilhem.*	XII	81
SYSTÈME ACOUSTIQUE nouveau et universel de la théorie musicale, ou musique expliquée. — *M. Morel.*	XV	436

DANSE.

DANSE THÉATRALE. (Ses progrès de 1789 à la fin de 1820.) — *M. Touchard-Lafosse.*	IV	391

AGRICULTURE.

ACACIA-ROBINIER. — *MM. Tollard* aîné ; *Cambon.*	I	100
AGRICULTURE (Progrès de l'). — *MM. Descombes-Desmorelles; Thiville* et *de Barbançois; Ratier ; Perrin-Dulac; Paris ; Broussous ; Marc ; de Larochefoucault-Liancourt ; Ordinaire.*	I	213
ANIL. (Sa culture.) — *M. Parmentier.*	I	310
ARBRES. — *MM. Vauquelin ; N*** ; Mozard ; Calvel.*	I	363
ARBRES FRUITIERS. — *MM. Leberriays ; Cadet-Devaux ; Benon ; N***.*	I	367

	Tomes.	Pages.
ARBRES RÉSINEUX. (Leur semis et leur plantation.) — *M. Trochu.*	I	369
ASCLÉPIADE DE SYRIE. (Sa culture et sa naturalisation en France.) — *M. Sonnini.*	I	429
ASSOLEMENT DES TERRES. — *MM. Yvart; Mondez.*	I	449
CABANE DE BERGER. — *M. de Chaumontel.*	II	221
CAROTTE (Culture en grand de la). — *MM. Berthier; Gauvillier, Dugué, de Lagoutte* et *Jacquier; Berthier; Roussilhy.*	II	407
CERISIER ANGLAIS. (Sa culture en France.) — *M. Préaux.*	II	461
CHANVRE (Moyen de remédier aux ravages de la grêle sur les jeunes tiges du). — *M. Sonnini.*	III	15
CHARRUES DIVERSES. — *MM. Coquebert de Montbret; Brun, Berneval* et *Magnan; Guillaume; Lecouteux; N***; N***, Salme, Barbé de Luz, Guillaume, Yvart* et *Catelle; Goret; Delatre; Salme; Ganneron; Barbé de Luz; Fessard; Guillaume; de Barbançois; Levasseur; Maignen de Lacailletière* fils; *Rigaud, Degrand; Plaideux; Molard; Hugonet; Hanin.*	III	48
CHENILLES DES AVOINES. — *M. Fromage de Feugré.*	III	114
COLZA. (Sa culture en grand.) — *MM. Maudet de Penhouet; Gaujac; Carbonnet* et *Fournier; Dubreil de Landal.*	III	350
COMPAS propre à donner aux rigoles d'irrigation des prés, une pente déterminée. — *M. Bertrand.*	III	403
COTON. (Instructions sur la manière de le cultiver en France.) — *MM. Tessier; de Lasteyrie; N***; Parmentier; Vassalli; N***.*	IV	53
DÉFRICHEMENS (Abus des). — *M. Tessier.*	IV	430
DUNES du sud-ouest de la France (Plantation et fixation des). — *M. Bremontier.*	V	210
ÉPINE-VINETTE. (Son influence.) — *M. N***.*	VI	163
FORÊTS (Considérations sur les). — *MM. d'Ourches; Fanon.*	VII	345
FORÊTS ET BOIS (Aménagement des). — *M. Dralet.*	VII	347
GALES, ou vésicules des pistachiers. — *M. d'Audebart de Ferussac.*	VIII	4
GREFFE dite du Muséum (Nouvelle espèce de). — *M. Thouin.*	VIII	443
GREFFES. (Contrariétés qu'elles peuvent faire éprouver à l'organisation végétale.) — *M. Aubert du Petit-Thouars.*	VIII	444
GREFFES (Phénomènes de plusieurs). — *M. Calvel.*	VIII	445
INDIGOTIERS DIVERS. (Leur culture en France.) — *MM. Brulley; Icart.*	IX	321
JACHÈRES (Dissertation sur les). — *M. Yvart.*	X	1
MANDRIA DE CHIVAS (Formation de la Société pastorale de). — *M. N***.*	XI	96

	Tomes.	Pages.
Mérinos. (Naturalisation en France de cette espèce de bêtes à laine.) — *MM. Billard; Mac-Mahon; N***.; de Lasteyrie; Poyféré de Cère; Huzard; Tessier; N***.; Journu-Auber; Durand; Heurtaut-Lamerville; de Barbançois; Sommessons.*	XI	325
Noyer (Plantation et greffe du). — *MM. Muguet, Juge-Saint-Martin* et *Androdia-Moutonnier; Pénières; Pomiès.*	XII	244
Oliviers (Culture des). — *MM. Mari* et *Cauvin; de Gasquet; Bernardi.*	XII	296
Patates (Culture des). — *M. Thouin.*	XIII	58
Pins (Deux espèces de). — *MM. Batbedat; Thouin.*	XIII	390
Plantes oléagineuses (Culture des). — *MM. Maudet de Penhouet; Gaujac; d'Ourches.*	XIII	460
Plantes qui peuvent croître sur les sols les plus stériles. — *MM. Prévot; Marchais.*	XIII	463
Potasse (Plantes qui fournissent la). — *M. Boichoz.*	XIV	136
Prairies artificielles. — *MM. Gaujac; Martin; Poullain-Grandprey.*	XIV	224
Récoltes enlevées avant d'être venues en graines. — *M. Morel de Vindé.*	XIV	401
Ricin (Sa culture). — *M. Limousin-Lamotte.*	XIV	464
Riz. (Sa culture en France.) — *M. de Lasteyrie.*	XIV	467
Rutabaga, ou navet de Suède. — *MM. N***.; Cels* et *Correa de Serra; Girod-Chantran.*	XIV	549
Sarrasin. — *M. Claudio della Fosra.*	XIV	596
Sels employés comme engrais. — *M. Silvestre.*	XV	48
Sophora (Culture du). — *M. Guerrapain.*	XV	184
Stercorat. (Nouvelle espèce d'engrais.) — *M. Loques.*	XV	278
Terres (Assolement des). — *M. Yvart.*	XV	618
Thé. (Sa culture en France.) — *MM. Parmentier; N***.*	XV	661
Végétaux (Moyen de multiplier les). — *M. Thouin.*	XVI	423
Vigne (Culture de la). — *M. Cadet Devaux.*	XVI	530
Vigne (Maladies de la). — *MM. Pellereau* jeune; *Bosc.*	XVI	537

ÉCONOMIE RURALE.

Abeilles (Éducation et mœurs des). — *MM. Huber; Lombard; Beaunier; Lombard; Mayeur; Chambon de Montaud; Latreille; Houton de Labillardière; Schirat; Paltau; Guerrapain.*	I	94
Ajonc. (Procédé propre à le faire servir à la nourriture des chevaux.) — *M. Maudet de Penhouet.*	I	235
Animaux (Croisement des). — *M. Flandre-d'Espinay.*	I	315
Animaux domestiques. (Remède pour guérir promptement la colique qui leur survient lorsqu'ils ont trop mangé de trèfle, de luzerne ou d'herbe fraîche.) — *M. Sutière.*	I	320

	Tomes.	Pages.
ARACHIDE. — *MM. Poiteau; Saintourens; Bayle-Barelle; Cadet.*	I	359
ARBRE A PAIN CULTIVÉ. — *MM. Houton de Labillardière* et *Delahaye.*	I	363
ATELABES. (Leur destruction.) — *M. Bosc.*	I	470
BAIL A CHEPTEL pour l'exploitation des bêtes à laine. — *M. Jouvencel.*	I	506
BATATE D'AMÉRIQUE OU TOPINAMBOUR. — *M. Brulley.*	II	5
BERGERIES. (Leur désinfection.) — *M. N***.*	II	30
BESTIAUX. (Moyen de préserver de la mort ceux qui ont mangé trop de trèfle ou de luzerne verte.) — *M. Demaistre.*	II	33
BÊTES A LAINE. (Leur éducation.) — *M. Morise.*	II	34
BETTERAVE (Culture de la). — *MM. Isnard; Derosne; Calvel; Deyeux.*	II	36
BETTERAVES (Instrument propre à semer la graine de). — *M. Grillon-Villeclair.*	II	54
•BIENS COMMUNAUX. (Leur amélioration.)—*M. Cretté de Palluel.*	II	63
BLÉ. (Moyens divers de le préparer pour les semailles.)— *MM. Cadet-Devaux; Laborie* aîné; *Bénédict-Prévost.*	II	101
BLÉ semé au plantoir. — *M. Level.*	II	103
BLÉ. (Nécessité de le couper avant sa parfaite maturité.) — La Société d'agriculture de *Toulouse.*	II	103
BLÉ. (Sa conservation dans une fosse souterraine.)—*M. Ternaux* aîné.	II	104
BLÉ GERMÉ. — *M. Tessier.*	II	109
BLÉS AVARIÉS. (Moyen de les rétablir.) — *M. Peschier.*	II	111
BLÉS ÉTRANGERS. (Leur naturalisation en France.)—*MM. N***; Thomas; Goube.*	II	112
BLÉS MOUILLÉS. (Procédé pour les employer.) — *M. N***.*	II	113
CANAUX DE DESSÈCHEMENT. — *M. Mazel.*	II	357
CARTHAME, ou safranum. — *M. Brulley.*	II	414
CENDRES VÉGÉTATIVES. — *M. Chamberlain.*	II	451
CHARANÇONS (Procédés pour détruire les). — *MM. N***.; Larchier; Bosc.*	III	37
CHATAIGNIER (Usage du cautère actuel dans une maladie du). — *M. Chaptal.*	III	67
CHÈVRES D'ANGORA. (Possibilité de leur importation en France.) — *MM. N***.; Berville.*	III	128
CHÈVRES DE CACHEMIRE. — *MM. Ternaux* et *Jaubert.*	III	132
CHÈVRES INDIGÈNES. — *MM. N***; Serres; de Lorgeril; Lareillet.*	III	139
CITERNE pour garder le fumier. — *M. Da-Olmi.*	III	241
CLÉDOS. (Séchoirs pour les châtaignes.) — *M. d'Hombres-Firmas.*	III	251
COCHENILLE DE LA VIGNE — *M. Bosc.*	III	290

	Tomes.	Pages.
CYPERUS ESCULENTUS. (Souchet tuberculeux.) — *M. de Lasteyrie.*	IV	371
ÉCONOMIE RURALE. — *MM. Bonneau; Depétigny Dijon, Mallet; Yvart; de Barbançois.*	V	438
ÉCONOMIE RURALE ET DOMESTIQUE. — *Madame Gácon-Dufour.*	V	440
ENDUIT pour les couvertures en chaume. — *M. Truchet.*	VI	113
ENGRAIS (Nouvelles espèces d'). — *MM. N***.; Tschiffeli; Duvaure; N***.*	VI	118
FÈVES (Culture en grand des). — *M. Gaujac.*	VII	105
FROMAGES DIVERS. (Leur fabrication.) — *MM. Droz; Luttin; Lepelletier; Dumarais; Grognier.*	VII	502
FROMENT. (Procédé pour le préserver de la carie en Thiois-Branthauve.) — La Société d'agriculture de la *Lys.*	VII	509
GENÊT COMMUN, ou à balai. (Profit que l'agriculture peut en tirer.) — *M. François de Neufchâteau.*	VIII	235
GRAINS (Art de multiplier les). — *MM. Giobert* et *François de Neufchâteau.*	VIII	384
GRAINS récoltés dans un temps pluvieux. (Moyen de les garantir de l'humidité.) — *M. N***.*	VIII	389
HÉLIANTHE ANNUEL, ou tournesol. — *M. Deschamps.*	VIII	540
INONDATIONS. (Moyens de prévenir les inconvéniens qui en résultent dans les prairies, les champs et les plantations.) — *M. Calvel.*	IX	346
INSTRUMENS AGRICOLES. — *MM. Molard* jeune; *Leblanc.*	IX	466
IRRIGATION DES TERRES. — *M. N***.*	IX	568
JOLIENNE considérée comme plante oléagineuse. — *M. Sonnini.*	X	55
LAINES (Amélioration des). — *MM. Gilbert, Tessier* et *Huzard; Silvestre; Gauvilliers, Brodelet, Heurtaut-Lamerville* et *de Barbançois; Acrubach, Gaubert, Boisseau* et *Gaujac;* la ville d'*Aix; MM. de Barbançois* et *de Thiville; Huzard;* le *jury de l'exposition.*	X	145
LAIT BLEU. — *M. Chabert.*	X	170
LIMAÇONS. (Moyen de les détruire.) — *M. N***.*	X	300
LIN D'ÉGYPTE. — *M. Brulley.*	X	319
LIN DE SIBÉRIE. — *M. Brulley.*	X	320
LOUPS. (Moyen de les éloigner des bergeries.) — *M. Tessier.*	X	425
MACHEFER. (Son emploi dans le jardinage et les autres cultures.) — *M. Thouin.*	X	520
MAÏS D'AMÉRIQUE ET DE PHILADELPHIE. — *M. N***.*	XI	28
MAISONS-SOUS-ALFORT (Établissement rural situé à). — *M. Yvart.*	XI	30
MARAIS (Desséchement des). — *MM. Boncerf; Carbon de Fontaine; de Perthuis; Herwin* frères; les propriétaires des marais de la *Boëre.*	XI	117
MAUVE (Grande). — *M. Brulley.*	XI	195
MONTAGNES. (Leur fertilisation dans les Cévennes.) — *M. Chaptal.*	XI	511

	Tomes.	Pages.
Muriers. (Leur culture en France.) — *MM. Calvel; Duvaure ; Rattier.*	XII	48
Oiseaux, Souris et Chenilles. (Moyen de les éloigner d'un champ.) — *M. N***.*	XII	293
Onguent pour les arbres. — *M. d'Édelcrantz.*	XII	309
Os considérés comme engrais. — *M. Pajot Descharmes.*	XII	419
Oxigène. (Son absorption par les terres simples et son influence sur la culture du sol.) — *M. de Humboldt.*	XII	502
Phytolacca. (Raisin américain.) — *M. Brulley.*	XIII	331
Platre. (Son emploi comme engrais des terres et des prairies artificielles.) — *M. Parmentier.*	XIII	501
Pommes-de-terre (Culture des). — *MM. Sageret; Thouin; de Lasteyrie ; Ordinaire* et *Richard.*	XIV	32
Poudres végétatives. — *MM. Bridet; Nicolet; Madame Vibert-Duboul; M. Giraudy de Bouyon.*	XIV	203
Pseudo-acacia. — *M. Brulley.*	XIV	283
Puits artésiens. — *M. N***.*	XIV	285
Pyrale. (Notice sur cette chenille et sur d'autres insectes qui nuisent aux vignobles.) — *M. Bosc.*	XIV	293
Ramasse (Établissement dit la). — *M. Vaccassy de Grammont.*	XIV	387
Récoltes (Moyen de conserver les). — *M. Dessaux.*	XIV	400
Ruche écossaise. — *M. de Labourdonnaye.*	XIV	514
Silos. — *M. de Lasteyrie.*	XV	106
Sphinx de la vigne (Les deux). — *M. Bosc.*	XV	263
Taureaux et vaches suisses. — *M. N***.*	XV	560
Teigne de la vigne et du raisin. — *M. Bosc.*	XV	561
Terres et gravois. (Nouveau moyen de les transporter, pour la construction des digues, pour le remblai des fossés, etc.) — *M. N***.*	XV	641
Thé. (Plantes qui peuvent lui être substituées.) — *MM. Delunel ; Pesche ; Cadet.*	XV	659
Tournesol (Culture du). — La Société d'émulation du *Var.*	XVI	144
Truffes. — *M. Parmentier.*	XVI	242
Urate (Engrais connu sous le nom d'). — *MM. Donat* et compagnie.	XVI	318
Vaches laitières (Manière de conduire et de gouverner les). — *M. N***.*	XVI	354
Vers a soie. (Leur éducation et leurs produits.) — *MM. Paroletti; Solimani; N*** ; Nysten; Planta ; Bardel ; Rocheblane* et *Poidebard.*	XVI	504
Vins (Art de faire les). — *M. Chaptal.*	XVI	580
Voilier (Culture et propriété colorante du). — *M. Montresse.*	XVI	618

Tomes. Pages.

ÉCONOMIE DOMESTIQUE.

Arbaratscha. — *M. N***.* I 409
Blanchissage du linge par la vapeur. — *MM. Chaptal ; Cadet-Devaux ; Curaudau.* II 97
Blanchissage du linge au moyen des pommes-de-terre. — *M. Cadet-Devaux.* II 100
Blé germé. (Procédé pour en faire de bon pain.) — *M. de Lespinois.* II 110
Briquettes. — *MM. Matz* et *Quest ; Burette ; Lheulier.* II 200
Café. (Procédé pour le préparer.) — *M. Cadet.* II 264
Cafés indigènes. — *M. Legras ; Mesdames Legrand ; veuve Call ; MM. Déculeneer-Bosch ; François de Neufchateau ; Baretti ; Baumann.* II 271
Caves. (Dispositions qui constituent leur bonté, et moyens de remédier à quelques-uns des inconvéniens qu'elles présentent.) — *MM. Chaptal ; Jullien.* II 446
Chevaux (Moyens d'améliorer les races de). — *M. Ferry.* III 118
Confitures sans sucre. — *M. Desaux.* III 428
Crème. (Moyen de la conserver très-long-temps.) — *M. Lebas.* IV 187
Cylindre évaporateur. — *M. Vallée.* IV 360
Duvet. — *M. Parmentier.* V 212
Eau considérée relativement à ses propriétés économiques. — *M. Parmentier.* V 229
Eau propre à détruire les insectes. — *M. Tatin.* V 320
Fruits (Effet du gaz acide carbonique sur les). — *M. N***.* VII 512
Gruau d'avoine. — *M. Mathieu de Dombasle.* VIII 469
Hydromels vineux, simples et composés. (Leur préparation.) — *M. Parmentier.* IX 224
Iris pseudo-acorus. (Sa graine considérée comme pouvant être substituée au café.) — *M. Levrat.* IX 567
Lait (Liqueur pour faire cailler le). — *M. Tisserand.* X 168
Lait (Moyen de le conserver pendant l'été). — *M. N***.* X 169
Mais considéré sous le rapport du sucre qu'il fournit. — *MM. Pictet ; Cadet ; Lapanouse.* XI 26
Merises (Sirop de). — *M. Brun.* XI 340
Murier blanc (Sirop de). — *MM. Monier* et *Vergès.* XII 48
Oeufs. (Leur multiplication et leur conservation.) — *M. Parmentier.* XII 273
Orchis (Préparation des). — *M. Marsillac.* XII 383
Orge mondé. (Sa substitution au riz.) — *M. Parmentier.* XII 400
Pates sèches, ou préparations féculeuses de pommes-de-terre. — *Madame veuve Chauveau.* XIII 65
Poele-cuisine fumivore. — *M. Thilorier.* XIII 533

	Tomes.	Pages.
Pommes (Comparaison du sirop de raisin avec celui de). — *M. Boullay.*	XIV	27
Pommes-de-terre (Conservation des). — *MM. Costel; Grenet; Parmentier; de Lasteyrie; Bonnet.*	XIV	30
Pommes-de-terre (Gruau ou semoule de). — *M. Cadet de Gassicourt.*	XIV	36
Pommes-de-terre gelées. — *M. Bertrand.*	XIV	45
Puits en coffre. — *M. Dufour.*	XIV	286
Raisin (Fabrication du sirop et du sucre de). — *MM. Proust; Laroche; Destouches; Fouques; Mathieu de Dombasle; Perpère; Poutet; Garetet; Siret.*	XIV	362
Raisins. (Mutage du jus au sortir du pressoir.) — *M. Parmentier.*	XIV	383
Raisins secs. (Procédés pour dessécher ceux de Roquevaire et de la Calabre.) — *M. Parmentier.*	XIV	383
Réchaud. — *M. Thilorier.*	XIV	400
Rhum. (Son extraction de la pulpe des baies du café.) — *M. de Tussac.*	XIV	463
Souchet. (Comestible.) — *M. Thouin.*	XV	187
Soupes économiques. — *MM. N***; Soubielle.*	XV	234
Substances alimentaires. (Procédés propres à les conserver sans altération.) — *MM. Appert; Guersent; Appert; Salmon-Maugé* et compagnie; *Bobée; Appert; Quintoie.*	XV	316
Sucre. (Moyen de le suppléer dans les principaux usages qu'on en fait pour la médecine et l'économie domestique.) — *M. Parmentier.*	XV	350
Sucre concret. — *M. Privat* aîné.	XV	352
Sucres indigènes. — *MM. Mascleff; Privat* aîné; *Planche* aîné, *Pézénas, Laroche, Duclos* et *Rouchon; Fournier* et *Quinquandou; Bouyer; N***; Banon.*	XV	368
Tonneaux-filtres. — *MM. Smith, Cuchet* et *Denys de Montfort; Darbefeuille; Berthollet.*	XVI	103
Viandes. (Différens moyens de les conserver.) — *MM. Parmentier; Balguerie* jeune.	XVI	522
Vins. (Accidens et maladies qui leur surviennent après leur fermentation.) — *M. Parmentier.*	XVI	581
Vins (Moyen de remédier à la graisse des). — *M. Herpin.*	XVI	588
Vins (Moyen de clarifier les). — *M. N***.*	XVI	590
Vins (Poudres propres à la clarification des). — *M. Jullien.*	XVI	591
Vins. (Moyen de leur donner un parfum agréable.) — *M. N***.*	XVI	592
Vins (Remplissage, soutirage, soufrage, clarification et tirage des). — *MM. Parmentier; Reboul, Planche* aîné et *Martin* fils aîné.	XVI	593

COMMERCE ET INDUSTRIE.

FABRIQUES ET MANUFACTURES.

	Tomes.	Pages.
Anacotes ou acostines en noir. — *M. Debray-Valfresne.*	I	289
Basins et piqués. — *MM. Patureau, Cossard, Gattelier, Bassal* et *Samson; Liéwen-Bauwens* frères; *Richard* et *Noir-Dufresne; Vatinel; Patureau* et *Cossard; Huot; Richard* et *Noir-Dufresne; Vatinel; Liewen-Bauwens* frères; *Beaufour;* l'hospice de *Caen; MM. Richard; Tiberghien* frères et comp.; *Lehoult* de Versailles; *Lehoult* de Saint-Quentin; *Dupont* et *Vandermesch.*	II	1
Batistes. — *MM. Boniface* et compagnie; *Lenglet, Mestivier* et *Hamoir; Mestivier, Hamoir, Scribe-Brohon, Duquesne, Fizeau, Dubois-Fournier* et *Laplace.*	II	18
Beaucamps. (Étoffe commune en laine.) — *MM. de Mailly* frères.	II	21
Blicours simples. — *M. Brosser* aîné.	II	127
Blondes. — *M. Lecomte.*	II	127
Bonnets tissus en laine. — *MM. Mazzoni* et *Pacchiani; Vaysse.*	II	152
Bourre de soie (Schals et tissus de). — *MM. Ajac; Pascal Eymieu.*	II	178
Cachemires français. — *MM. Ternaux* frères; *Damien; Ternaux* frères; *Bauson; Ternaux* père et fils.	II	226
Cadis. — *MM. Vialètes d'Aignan* et *Martet;* les fabriques de *Saint-Geniez;* les fabriques de *Saint-Affrique;* les fabriques de *Camarès* et *du Fayet.*	II	259
Casimirs divers. — *MM. Ternaux* frères; *Peton* père et fils; *Leroy* et *Rouy; Ternaux* frères; *Peton* père et fils; *Gensse Duminy* et compagnie; *Baligot* père et fils; *Peyre* et compagnie; *Heuten* et *Hoselt* frères; *Gensse Duminy* et compagnie; *Poupart-de-Neuflise, Hombert, Bohmé, Stoltenhof* et compagnie, *Giscard* aîné, *Raimon-Sévenues* et fils, *Bronilhet; Ternaux* frères; *Peton* père et fils; *Ternaux* père et fils; *Guibal-Veaute* et *Guibal* jeune.	II	421
Casquets. — *MM. Benoît, Hanapier, Benoît, Mérat, Defranes, Gaudry* jeune et *Mingre-Bagueneau; Rottang, Vidal* et compagnie et *Clément; Deloyne; Benoît* et *Hailler* et compagnie.	II	425
Chapeaux de femme. — *MM. Gury; Thibaut; de Bernardière; Ravina; Mlle. Manceau; M. Milcent Scherckenbick.*	III	30
Cocons blancs de la Chine. — *M. Bonnard.*	III	294

	Tomes.	Pages.
Coton (Filature du). — *MM. Julien Denis; Richard-Lenoir; Deladerrière-Dubois* et *Linard; Julien Denis; Delaitre, Noël* et compagnie; *Liewen-Bauwens; Lemaître* et fils, *Guéroult* et *Lelièvre; Achard; Guéroult, Lelièvre* et *Lemaître* et fils; *Gombert; Dauphin, Chanteloup, Ménil, Legoupil* et *Raulin; Delaitre, Noël* et compagnie; *Ferray, Rossignol* et *Grasse; Pinel* père et fils; *Tiberghien* et comp.; *Leclerc* père et fils; *Raulin, Achard*, les filatures de *Gonneville, Rouen, Desvilles, Darnetal, Lescure, Houlme, Petit-Couronne, Lillebonne, Malaunay, Louviers, Évreux, Vernon, Pontaudemer, Andelys, Yvré, Fontaine-Guérard, Brosville, Incarville, Saint-Pierre-de-Vauvray, Brionne, Paris, Versailles, Saint-Quentin, Liancourt, Senlis, Beaupré, Toulouse, Roanne, Charlieu, Wesserling, Bolwiller, Arras, Avesne, Valenciennes, Roubaix, Turcoing, Douai, Houplines, Cambrai, Commines, Amiens* et *Saleux; MM. Mille; Arpin* et fils; *Chambert* et *Bourdillon; le jury de l'exposition.*	IV	83
Coton. (Moyen de le remplacer.) — *M. Lebrun.*	IV	103
Cotonnades. — L'hospice de *Caen; MM. Gallier* frères.	IV	103
Courtes-pointes en mérinos. — *MM. Ternaux* père et fils.	IV	158
Coutils. — *MM. Buzot-Dubourg; Visser; Thirouin, Gaulthier* et *Buzot-Dubourg.*	IV	160
Couvertures en laine, en coton et en soie. — *MM. Pujols; Levasseur; Gajon, Martin, Colas de Brouville* et *Vandebergue* et compagnie; *Véron; Pujols; Martin* et *Albinet; Gajon, Martin, Colas de Brouville* et *Vandebergue* et compagnie; *Denoirjean, Gilles* et *Fayard; Thibaut, Jouvanon, Bassecourt, Cazal, Toutin* père et fils, *Roguinot* et *Massel;* le dépôt de mendicité de *Bourges; MM. Valette; Bacot* fils.	IV	164
Couvre-pieds en cachemire façon de l'Inde. — *MM. Ternaux* père et fils.	IV	167
Crêpes. — *MM. Bourron; Berthier* et compagnie; *Ragey; Bans* et *Rast-Maupas; le jury de l'exposition.*	IV	190
Crin (Toiles de). — *Madame veuve Gosset.*	IV	195
Damas et étoffes brochées. — *M. Pavy.*	IV	385
Dentelles. — *MM. Guichard-Portal, Roland* père et *Asserat; Onfroy, Soudra, Asserat, Roland* père et *Guichard-Portal; Saint-Remy, Carette, Dufour* et *Ansart-Piéron; Vandessel* et compagnie et *Boulay; Vandessel, Clausse, Chevassut* et *Robert; Madame Manchon; MM. Saint-Jorre; Vandessel; Mercier* fils, *Galer-Liégeois, Asserat* et *Moreau; Saint-Remy, Carette* et *Ansart-Piéron;* de *Méantis* et *Madame Chevaux; MM. Houel; Champagnac; Madame veuve*		

	Tomes.	Pages.
Dulac; les fabriques de *Bayeux*, *Bruges*, *Ypres*, *Courtrai*, *Menin*; l'hospice de *Liége*, les fabriques de *Saint-Mandé*; *MM. Dufour*; *Lepers*; *Thomassin*; *Corbitt*, *Marc-Béthune* et *Languille*; les fabriques de *Bayeux*; *MM. Moreau* et fils; *Tardif* fils aîné et sœur, *Bonnaire* et *Docagne*; *Lecomte* et *Madame Carpentier*; *MM. Delamarre*, *Huvet*, *Leboulanger*, *Lepeton*, *Saint-Remy*, *Carette*, *Thomassin*, *Corbitt*, *Lequeux*, *Fourdrin*, les hospices de *Arras*, *Avranches*, *Cherbourg* et *Pontorson*; *MM. Asserat*; *Vandessel*.	IV	481
DENTELLES. (Fabrication de celles de fil d'or et d'argent.) — *M. Meeus-Vanderborght*.	IV	484
DENTELLES ET TULLES. (Leur fabrication en coton, en soie, en or et en argent.) — *M. Fromond*.	IV	485
DRAPS (Fabrication des). — *MM. Chanorier*; *Ternaux* frères; *Decretot*; *Lefèvre*; *Delarue*; *Grandin* aîné; *Martel* et fils; *Lefèvre*, *Flavigny* et fils; *Ternaux* frères; *Pascal*, *Thoron* et compagnie; *Guibal* jeune; *Mad. veuve de Recicourt*; *MM. Jobert*, *Lucas* et compagnie, *Lecamus* et *Frontin*; *Grandin* aîné; *Morez*; *Martel* et fils et *Vialètes d'Aignan*; *Lefèvre*, *Flavigny* et fils; *Peton* frères et fils; *Pamard*; *Decretot*; *Rochard*; *Labranche* et *Tison*; *Pelisson* fils et *Verny*; les ateliers des *Quinze-Vingts*; la maison de force de *Liége*; *MM. Aubry-de-Lanoé*; *Samuel-Paysant*; *N****.; *Laporte*; *Ternaux* frères; *Guibal* jeune; *Pamard*; les fabriques d'*Abbeville* et des *Andelys*; les fabriques de *Sedan*; *Mad. veuve de Recicourt*; *Jobert*, *Lucas* et compagnie; *Pelisson* fils et *Verny*; *Martel* et fils; *Rochard*; *Decretot*; *Delarue*, *Lecamus* et *Grandin*; *Flavigny*; les fabriques de *Saint-Omer*; les fabriques de *Lodève*, *Clermont*, *Saint-Chinian*, *Saint-Pons*, *Bédarieux*, *Châteauroux*, *Romorantin*, *Bischwillers*, *Beaulieu-lès-Loches*, *Pont-en-Royans*, *Altendoff*, *Oberwesel*, *Mayence*, *Esch*, *Wiltz* et *Clairvaux*; les fabriques de *Beauvais*, *Cormeilles*, *Hauvoile*, *Grandvillers*, *Quesnoy*, *Tricot*, *Desvres*, *Fruges*, *Foix*, *Mirepoix* et *St.-Girons*; *M. Arnaud-Pousset*; les fabriques de *Vire*; les fabriques de *Louviers*; le dépôt de mendicité de *Poitiers*; les fabriques d'*Aix-la-Chapelle* et de *Verviers*; les fabriques d'*Elbeuf*; les fabriques des départemens de *l'Ourthe* et de la *Roer*; *MM. Serres*, *Rachon* et *Albrezy* frères; *Jobert*, *Lucas* et compagnie; les fabriques de *Montolieu*; *MM. Ternaux* frères; *Ternaux* père et fils; *Poupart de Neuflize* et fils; *Gerdret* aîné; *Bacot* père et fils; *Riboulleau* et *Jourdain*; *Turgis*; *Aynard* et fils, *Friard*		

	Tomes.	Pages.
et *Marion; Tirel* fils; *Faulquier; Captier* et *Sainte-Marie-Frigard; Chauvet* et fils, *Merle, Pascal* fils et *Pascal; Guibal-Veaute* fils aîné; *Rose* frères; *Danet; Godard* père et fils; *Chayaux; Mad. veuve Lemaître; MM. Badin* frères et *Lambert; Flotte* frères, *Jalvi*, *Saisset*, *Guirault*, *Fagès* et *Olombel; Vivier; Patto; Dastis* et *Dumas; Garisson; Chausset*, *Averton* et *Loignon*; *Bourdon*, *Peton*, *Courbet-Poullard*, *Quesné*, *Muret* et *Martin; Rogues* et *Roger; Flavigny; Ansault, Chauvat* et compag., *Guillemet*, *Simon-Lachaume*, *Lefebvre* et *Maubon-Rupied; Tourengin; Grand* frères; *Demenou*, *Delambert* et *Seillères;* l'hospice de la miséricorde à *Perpignan; MM. Bridier* frères, *Denielle*, *Pley* et *Tartas-Boyaval; Bernard-Matillot*, *Boizot-Palot* et compagnie, *Compidor*, *Durand-Damieh*, *Didelot-Perrin*, *Didelot-Regnoult, Dolley; Doré* et *Maury* jeune; *Allouard, Jahan-Lhéritier*, *Renard-Lhéritier*, *Lhéritier-Texier, Bastide*, *Couret* fils aîné, *Giraut, Solanet, Thédenat, Muret*, *Cresseils*, *Cot*, *Recoulès*, *Salès*, *Boursin, Mad. veuve Cally-Grand-Vallée, MM. Carme* frères, *Tachart-Rey*, *Charmier*, *Flandry*, *Fouquet*, *Sennemand* et *Charpentier; Guibal* jeune; *le jury de l'exposition; MM. Gensse-Duminy* et compagnie.	V	187
DUVET DE CYGNE. — *MM. Ternaux* frères.	V	212
DUVET DE CACHEMIRE (Filature du). — *MM. Hindenlang* père et fils.	V	212
ÉTAMINES. — *M. Brosser;* les fabriques de *Rhodez*, *Saint-Geniez*, *Saint-Affrique* et *Nogent-le-Rotrou; MM. Desportes* et *Dubois* père et fils; *Brosser* aîné; *Vialètes d'Aignan;* les fabriques de *Rhodez*, *Saint-Geniez* et *Fayet;* les fabriques de *Vienne; MM. Levrault* et *Lepaysan; Serres; Baligot* père et fils; *Lemaître.*	VI	336
ÉTOFFES. (Leur fabrication à la navette volante.)—*MM. Sevenne* frères.	VI	397
ÉTOFFES. (Procédé pour en fabriquer ensemble plusieurs pièces sur un seul métier et par un seul ouvrier.)—*M. Couturier.*	VI	408
ÉTOFFES DE COTON. — *MM. Lehoult*, de Versailles; *Lehoult*, de Saint-Quentin; *Teissière* et compagnie; les fabriques de *Vannes; M. Petit-Jean; Madame veuve Pellier-Duverger* et *M. Lemoine.*	VI	411
ÉTOFFES DE CRIN. — *MM. Bardel; Guybert* et *Joliet.*	VI	412
ÉTOFFES DE LAINE. —*MM. Gauthier; Delhougne;* l'hospice de *Beauvais; MM. Andrieux; Gout* et *Simons;* la maison centrale de détention de *Clairvaux; MM. Cruvillier* et *Darboux.*	VI	415
ÉTOFFES DE SOIE. — Les fabriques de *Tours; MM. Cartier; Vacher; Mallié; Ferret; Serisiat* et *Aynar; Lagrive;*		

	Tomes.	Pages.
Terret; Madame veuve Jacob; MM. Heydweiller, Rigal et *Orbach; Privat; Deleutre* fils et *Mantel; Monterrat* et fils; *Pinocelli; Girard, Mallié* et fils; *Guérin-Philippon; Grand* et compagnie; *Monterrat* et fils; *le jury de l'exposition.*	VI	416
ÉTOFFES DE SOIE, OR ET ARGENT. — *MM. Pernon; Bissardon; Bellangé* et *Dumas-Descombes; Séguin* et *Poujol; Vanrisamburg; Pavy; Séguin* père et fils et *Yemenis; Grand* frères; *Chuard* et compagnie; *Bellangé* et *Dumas-Descombes; Madame veuve Bouvard* et compagnie.	VI	420
ÉTOFFES DIVERSES. — *MM. Bontems; Angrand; Chenavard; André* fils aîné; *Debarre, Théolcyre* et *Dutilleul; Beauvais;* les fabriques de *Reims; M. Bourquet;* les fabriques de *Rhodez; M. Kuetgens;* les fabriques de *Reims; MM. Ravinat; Mullet; Ternaux* père et fils; *Me. veuve Monterrat* et fils; *MM. Beauvais* et comp.; *Depouilly* et comp.; *Arpin* et comp.; *Julien Delarue; Saudrin; Baligot-Remi; Pillet* frères; *Julien Delarue; Gaydet* et *Destombes; Decresme;* l'hospice de *Cherbourg;* l'hospice de *Montebourg; MM. Parent; Duboc* fils; *Pinson.*	VI	422
FIL DE BOURRE DE SOIE. — *Le jury de l'exposition.*	VII	133
FILATURES. — *MM. Jullien* fils; *Trotty; Pouchet; Trotty; de Lamarck* et *de Candolle; Pobecheim; Mourgues; Lamberg; Schlumberger* et *Herzog; Sellier;* les fabriques de *Saint-Maurice; MM. Poittevin; Locard;* les fabriques de *Petit-Couronne; MM. Lemaître* et fils; *Lepelletier; Lebailly* fils; *Marmod* frères et *Marquet.*	VII	140
FILS DE LIN (Filature des). — *MM. Gouy; Adeline* fils.	VII	159
FINETTES. — Les fabriques de *Rhodez.*	VII	170
FLANELLES. — *MM. Caron-Crépin; David* et *Legrand;* les fabriques de *Saint-Côme; MM. Mathieu, Romanet* et *Alafort; Madame veuve Henriot* aîné; la maison centrale de *Melun; M. Godard-Menesson.*	VII	177
GAZES SOUFFLÉES. — *M. Deville.*	VIII	187
GLACES (Fabrication des). — La manufacture de *Saint-Gobin; M. Jumelin; le jury de l'exposition.*	VIII	289
IMPRESSION SUR ÉTOFFES. — *MM. Kœchlin* frères; *Heilmann* frères; *Hofer* et compagnie; *Pouchet* fils; *Kohler* et *Mantz; Kettinguer* et fils.	IX	291
LACETS. — La fabrique de *Detmar-Basse; MM. Dapres* et *Aumont; Blanchon* aîné.	X	104
LAINE (Filature de la). — *MM. Sagniel* et compagnie; *Carmentran; Ternaux; Poupart de Neuflize; Ternaux* et *Jobert-Lucas, Chardron, Godard; le jury de l'exposition.*	X	118

	Tomes.	Pages.
LAINE ET SOIE. (Procédé pour les blanchir avec l'acide sulfureux liquide.) — *M. N****.	X	144
LIN (Filature du). — *MM. Trotty*; *Benneville*; *Madame d'Argence*; *M. Lepers*; *le jury de l'exposition.*	X	315
LINGE uni, damassé et ouvré, en fil ou en coton. — *MM. Thomas* père et fils; *Acloque* aîné, *Delucheux* et *Lescureux*; *de Létoile*; *Tiberghien* frères et compagnie; *Pelletier*; *Despiau*; *Cary* frères; *Bégué*; *Dolé* fils; *Heussy* frères; *Piat*; *le jury de l'exposition.*	X	325
LINONS.—Les fabriques du département de l'*Aisne*; *MM. Suterre*; *Paulet*; les fabriques de *Cambray*; les fabriques de *Valenciennes*; les fabriques de *Saint-Quentin.*	X	335
MOLLETONS.— *MM. Pujol*; *Prunet*; *Jalaguier*; les fabriques d'*Anduse*; *MM. Albinet*; *Arnaud* frères; *Henriot* frères, sœurs et compagnie; *Demenou* et *Dalambert*; *Guillemet.*	XI	475
MOQUETTES ET VELOURS EN LAINE. — *MM. Hecquet d'Orval*; *Bellanger* et *Vayson.*	XI	560
MOUCHOIRS DIVERS. — *M. Jacquier*; les fabriques de *Chollet*; *MM. Chatbotté*; *Tharreau*; *Terrien-Cesbron*; *Mad. Delaunay*; *MM. Moreau* frères; *Plaichard-Dutertre* frères; *Holive*; *Gambu Delarue*; *Verdier*; *Mad. Ve. Delloye* et fils; *MM. Thomas*; *Valat*; *Vallée* jeune; *Cabannes*; *Chéruel* fils; *Tharreau-Labrosse*; *Hannotin-Geoffroy.*	XI	576
MOUSSELINES, PERCALES ET CALICOTS. — *MM. Simon*, *Verrière* et *Bigard*; *Pluvinage* et *Arpin*; *Matagrin* et comp.; *Samuel* et *Joly*; *Mariez-Bigard*; *Duport* et *Jourdain*; *Massey-Fleury*; *Gérard*; *Grégoire*; *Lemercier-Paillette*; *Duboscq-Rigaut*; *Defranc*; *Marmod* frères; *Duport*; *Veyden* et comp.; *Arpin* et fils; *Chatonay*, *Leutner* et comp.; *Chambert-Bourdillon*; *Clérembault* et *Lecoq*; *Ladrière*; *Malézieux*; *Cesbron* frères; *Caille*; *Desjardins-Renoult*; *Desurmont*; *Dulud* père; *Mellier-Ribaucourt*; *Calenge*; *Duchesne* et *Tieulen*; *Aubraye* frères; *Balbatre*; *Bleriot*; *Boulanger*; *le jury de l'exposition.*	XII	1
NANKINS ET NANKINETTES. — *MM. Decresme*; *Despeaux*; *Messiat* fils; *Nicolle*; *Mlle. Santonax-Vuarin*; *MM. Bucher*; *Lacoste*; *Halleim*; les fabriques de *Armentières*, *Cambray*, *Commines*, *Feuquerolles sur Orne*, *Lannoy*, *Louviers*, *Nantua*, *Neuss*, *Roubaix*, *Rouen*, *Turcoing*, *Valenciennes* et *Vaucelles*; *M. Anquetil-Desmarest.*	XII	95
NANKINS FRANÇAIS. (Procédés mécaniques pour leur donner le pli, la forme, l'odeur et l'apprêt du nankin des Indes.) — *M. Delarue* aîné.	XII	96

	Tomes.	Pages.
PANNES ET VELOURS DE LAINE. — *MM. Delahaye-Pisson; Debray, Valfresne* et comp.; *Delahaye-Pisson.*	XII	533
PAPIERS PEINTS. — *MM. Jacquemart, Besnard* et *Robert*; *Chenavard; Jacquemart* et *Besnard; Robert; Simon; Marguerie; Flaguais; Dufour; Jacquemart* et *Besnard; Prieur; Zuber; Jourdan* et *Villars; Albert; Simon; Dufour; Richoud; Velai; le jury de l'exposition.*	XII	588
PATENCORD. — *MM. Gensse-Duminy* et compagnie.	XIII	64
PELUCHES DE SOIE. — *MM. Dutilleul* et *Théoleyre; Roux, Ollat* et *Desverney.*	XIII	133
PIQUÉS. — *MM. Faverot; Anquetil; Thomas.*	XIII	396
PRUNELLES. — *M. Cuvru-Désurmont.*	XIV	282
RATINES. — *MM. Deheurle-Billy*; les fabriques de *Saint-Affrique; MM. Flavigny; Serres, Rachon, Albrespy* et les fabriques de *Vienne.*	XIV	394
REPS DE COTON. — *MM. Basin-Busson; Robline* jeune.	XIV	439
RUBANS DIVERS. — *MM. Bonnien; Herbelin; Saint-Riquier* jeune; *Dugas* frères et compagnie; *Sirvanton* et compagnie; *Napoly, Meynier* et compagnie; *Ramier* père et fils; les fabriques de *Crevelt*; les fabriques de *Saint-Étienne; MM. Bonnien; Heydweiller; Dugas* frères; *Bancel; Bouley-Fresnel;* les fabriques de *Saint-Étienne* et de *Saint-Chamond; M. Gombert.*	XIV	512
SATI-DRAPS. — *MM. Ternaux* frères.	XIV	596
SCHALS DIVERS. — *M. Pictet; Mad. veuve Récicourt, MM. Jobert, Lucas* et comp., *Lecamus* et *Frontin; Decretot; Jobert, Lucas* et comp.; *Bouquet* et *Gérard; Pépin; Ternaux* et fils; *Dolfus, Mieg* et comp.; *Bauson; Lagorce; Couchonnat* et compagnie; *Ziegler, Greuter* et compagnie; *Channebot; Hébert; Fournival* et *Legrand-Lemor; Gatine; Simons; Lallemant; Kœchlin.*	XIV	622
SERGES. — Les fabriques de *Rhodez; M. Brosser* aîné; les fabriques de *Saint-Lô*; les fabriques de *Rhodez; MM. Fouquet; Mély; Simon-Lachaume.*	XV	72
SIAMOISES. — *MM. Cousin* et compagnie; *Perrin* frères; l'Hospice de *Caen; M. Leclerc*; la maison centrale de *Rennes.*	XV	101
SOIES GRÈGES. — *MM. Jubié* frères; *Chabert; Faure* et *Laforêt; Deydier; Vagina-Demerese; Mathieu; Brandi; Viglietti; Giani; Charton* père et fils; *Bonnard; Poidebard; Bodin; Robert; Noailles* fils; *Noel-Champoiseau, Audibert; Brest* fils; *Delacour; Chambon; Michaud; le jury de l'exposition; MM. Beauvais* et compagnie et *Dugas* frères.	XV	151
TAFFETAS ET SATINS. — *MM. Pernon; Deleutre* fils et *Mentel.*	XV	523

	Tomes.	Pages.
TAPIS ET TAPISSERIES. — *MM Rogier, Sallendrouze-Lamornais*; la manufacture des *Gobelins*; la manufacture de *Beauvais*; *MM. Rogier* et *Sallendrouze*; *Lefèvre* et fils; les ateliers de bienfaisance d'*Anvers*; la manufacture établie par des Sociétaires à *Beauvais*; l'hospice de *Beauvais*; la manufacture de la *Savonnerie*; *MM. Chenavard*; *Jeannin*; *Armonville*.	XV	552
TIRETAINES. — *MM. Laporte*; *Didelot-Perrin* et *Didelot-Régnoult*.	XVI	47
TISSU POUR MEUBLES. — *MM. Ravina*, *Daguillon* et *Méhier*.	XVI	49
TISSUS EN COTON imitant la gaze. — *M. Belleville*.	XVI	62
TISSUS MÉRINOS. — *MM. Fagès*; *d'Autremont*; *Froment*.	XVI	63
TOILES. — *MM. Duplessier, Machin* et *Bouan*; *Gayard*; *Bérard* et *Vétillard*; *Yver*; *Dubois*; les fabriques d'*Évreux*; *MM. Clavreuil*; *Dupatis* frères; *Savary*; *Boutier*; *Hébert*; *Poussin*; *Segretain*; *Bénard*; *Tivolier*; les fabrique de *Saint-Rambert*; les fabriques de *Chateau-Gonthier*; les fabriques des *Échelles*; les fabriques de *Laval*; les fabriques de *Lisieux*; les fabriques d'*Alençon*; *M. Lempereur*; les fabriques de *Mayenne*, les fabriques de *Vitré*; les fabriques de *Saint-James*; les fabriques de *Vervins*; les fabriques du département de l'*Escaut*; *MM. Caron-Langlois*; *Quesnay*; les fabriques de *Fontevrault*; la maison centrale de *Rennes*; *MM. Laveille* frères; la maison de détention de *Rouen*; *MM. Thorel*; *Yver*; *Carme* frères; *Daguin*; *Segretain-Dupatis*; *Séguin*; *Toutain*; *Couture-Dubuisson*; *Ridel*; *Robert-Bénard*.	XVI	65
TOILES à employer sans coutures (Nouveaux procédés pour la fabrication des). — *M. Débézieux*.	XVI	69
TOILES A VOILES. — *MM. Sollier* fils et *Delarue*; *Saint-Marc*; *Gounon*; *Sollier* fils et *Delarue*; *Gounon*; *Saint-Marc*; *Quéval* et compagnie; *Joubert* et *Bonnaire*; *Gau*; *Forest* père et fils; *Leboucher-Villegaudin*; *Dulerain*.	XVI	71
TOILES DE LIN. — *MM. Mahieux*; *Ridel-Beaupré*; *Benoitte-Desvalettes*; *Bohain*; *Bodin*; *Gaulheur*; *Moulin*; *Lemeneur*; *Dulaurent*; *Delisle* fils; *Bordeaux-Fournet*.	XVI	75
TOILES PEINTES. — *MM. Grémont* et *Barré*; *Ébingre*; *Buck*; *Oberkampf*; *Dolfus*, *Mieg* et compagnie; *Hausmann* frères; *Perrier* et compagnie; *Petit-Pierre*; *Risler*; *Oberkampf*; *Oberkampf* fils; *Kœchlin*; *Gros-Davillier-Roman* et compagnie; *Widmer*; *Hausmann* frères; *Hofer*; *Schlumberger*; *Barbet*; *Bech-Fries* et compagnie.	XVI	81

	Tomes.	Pages.
TRICOTS DIVERS. — *MM. Gauthier; Coutan; Gauthier;* les fabriques de *Rhodez;* les fabriques de *Saint-Geniez; MM. Pelisson* fils; *Lamarque; Vanaop; Seels; Boiteux;* les fabriques de *Camarès* et de *Rhodez;* les fabriques de *Saint-Hippolyte; MM. Simon; Coquet-Valle; Ménard* cadet.	XVI	208
TULLES DIVERS. — *MM. Bonnard; Cochet; Berthier* et compagnie; *Bonnard; le jury de l'exposition.*	XVI	256
VELOURS (Teinture et impression sur). — *MM. Schutte; Martin; Lecaron.*	XVI	454
VELOURS DIVERS. — *MM. Mather; Morgan* et *Delahaye; Godet* et *Delépine; Sevennes* frères; *Pernon; Godet* et *Delépine; Morgan* et *Delahaye; Devillers* père et fils; *Delahaye-Pisson; Sevennes; Debray* et compagnie; *Morand; Laurent-Morand; Grondona; Urbach, Heydweiller* et *Rigol; Debard, Théoleyre* et *Dutilleul; Heydweiller; Charlier, Daber* et *Remy; Fesquet; Guérin-Philippon; Herbet de Saint-Hilaire; Laurent; Degen; Leprince* et *Massias.*	XVI	454
VELVENTINES. — *MM. Dupont; Roussel-Bloquet; Moinet.*	XVI	458
VOILE DE FIL DE DENTELLE. — *M. Gilet.*	XVI	641

MÉTALLURGIE.

ACIER. (Moyen de le souder avec la fonte.) — *M. Dupont.*	I	164
ACIER (Polissage des ouvrages d'). — *MM. Toussaint* père et fils.	I	165
ACIER. (Procédé pour le bleuir.) — *M. N***.*	I	165
ACIER. (Procédé pour l'empêcher de se rouiller.) — *M. Conté.*	I	166
ACIER. (Son emploi dans les ouvrages de la gravure.) — *M. Pein.*	I	167
ACIER FONDU. — *MM. Badin; Poncelet* frères; *Quinquandou, Badin* et *Mazandier; Schmolder; Groux; Etteler; Vandenbroeck; Hultemann; Peugeot; Salmon* et *Busine; Pasquier de Guerivière; Milleret de Labérardière; Jackson.*	I	168
ACIER POLI (Bijouterie d'). — *MM. Schey; Toussaint* père et fils; *Schey; Frichot* et *Janin; Schey.*	I	171
ACIER TRÉFILÉ pour aiguilles. — *MM. Mignard-Billinge; Benoît, David* et *Aubertot.*	I	72
ACIERS. — *MM. Dumas; Colin de Cancey* et *Sercilly; Sabatier; Gouvy* et *Guentz; Loup; Plantier; Georges, Cugnolet* et *Grasset; Girard, Tournier, Salomon* et *Navez; Gouvy* frères; *Badin, Quinquandou* et *Mazan-*		

	Tomes.	Pages.
dier ; Peugeot ; Milleret de Labérardière ; Beaunier ; Irroy ; Rivals-Gincla ; Peugeot.	I	173
Aciers cémentés. — *MM. Dalphonse ; Peugeot ; Garrigou ; Saint-Brys ; Dequenne* et *Montmouceau.*	I	176
Aiguilles.— Les fabriques d'*Aix-la-Chapelle* et de *Borcette.*	I	219
Alènes — *MM. Colchen ; Letixerand* et compagnie ; *Boilvin.*	I	253
Alliage d'or et de platine. — *M. Guyton de Morveau.*	I	256
Alliage de platine et d'argent. — *M. d'Arcet.*	I	257
Alliage du fer et de l'argent.— *M. Guyton de Morveau.*	I	258
Alliage métallique, ou similor. — *M. Tournu-Léonard.*	I	259
Alliage métallique imitant l'argent au titre.— *M. Tournu-Léonard.*	I	260
Alliage métallique propre à faire des jetons. — *M. Brun.*	I	260
Alliage métallique sans usage déterminé. — *M. N***.*	I	261
Alliage métallique pour la couverture des édifices et le doublage des vaisseaux. —*M. Tournu-Léonard.*	I	261
Blende. (Sa substitution à la calamine dans la fabrication du laiton, ou cuivre jaune.)—*MM. Berthier* et *Boucher.*	II	110
Boutons de métal. — *MM. Henri* et *Thirouin ; Christofle.*	II	180
Boutons de tombac (Fabrication des). — *M. Dumont.*	II	181
Chaînes de fil de fer. — *M. Naudin.*	II	498
Coins (Fabrication et trempe des). — *M. Droz.*	III	333
Cuivre (Moyen d'économiser le combustible, la main-d'œuvre et le temps dans les mines de). — *M. Duchamp.*	IV	311
Cuivre laminé et martelé. — *MM. Frèrejean* frères ; les entrepreneurs des mines de *Saint-Bel* et de *Chezy* ; les fabriques de *Namur* et de *Stolberg* ; *M. Capon* ; les fabriques de *Villedieu ; MM. de Contamines ; Worms de Romilly ; Boigues, Debladis* et *Guérin.*	IV	325
Cuivre rouge. (Procédé pour lui donner la couleur, le grain et la dureté de l'acier.) — *M. Sage.*	IV	327
Cylindre a laminer. — La manufacture de *Souppes ; MM. Gosselin ; Krey.*	IV	361
Fer. (Examen de celui forgé par les nègres de Fonta-Diallon (Haut-Sénégal), et des minerais desquels ils le retirent.) — *M. Berthier.*	VI	552
Fer. (Sa fabrication par le mélange du charbon de bois et de la houille.) — *M. Étienne.*	VII	22
Fer-blanc.—*M. Delloye,* les fabriques de *Dilling* et de *Vaucluse,* et *M. Fallatieu ; MM. Martian* frères ; *Fouque ; Saglio, Human* et compagnie, *Fallatieu ; Madame veuve Buyer ; MM. Rouyer* et compagnie ; *Despretz* fils.	VII	32
Fer cassant a froid. (Moyen de le purifier avec succès.) — *M. Baillet.*	VII	37

	Tomes.	Pages.
FER DOUX. (Sa conversion en acier fondu par le diamant.) — *M. Guyton de Morveau.*	VII	39
FER ET ZINC LAMINÉS. — La manufacture de *Frometenne.*	VII	43
FERS. — *MM. Clouet; Dietrich; Sabatier; Robin, Mathieux* et *Puichard; Jobez; Caillon; Dietrich; Grenouillet; Caron; Bosc; Pérardet* et *Vardel; Meiner* et *Bornèque; Lemire; Leblanc; Rochet* d'Audincourt; *Rochet* de Bez; *Madame Bruyère; MM. Loup; Levacher; Genin; Huart; Dufaud* fils; *Carnot* et *Riondel; Dufaud; Paillot* père et fils et *Labbé; Fouque; de Blumenstein* et *Frèrejean; Daquin* aîné; *Irroy; Jacot; Royer, Payan* et *Thériat; Poulain de Boutancourt; Chaufaille; Rambourg; Coulaux* frères; *Aubertot; Rochet* de Bez; *Lemire; Rivals-Gincla; le jury de l'exposition.*	VII	71
FERS, ACIERS ET FONTES (Procédés propres à corriger les défauts de certains). — *M. Levavasseur.*	VII	80
FIL MÉTALLIQUE, cylindrique dans toutes les proportions d'égalité et de finesse. — *M. Brokedon.*	VII	135
FILS DE FER ET D'ACIER. — *M. Mouret, Madame veuve Fleurs, MM. Bouchotte, Fleury* jeune et *Boucher* fils et compagnie; *Mouchel; Mignard-Billinge; Mouret de Bartenant; Madame veuve Fleurs; MM. Fallatieu; Mouchel* et fils; *Migeon* et *Dominé; Fallatieu;* les fabriques de *Romilly.*	VII	151
FILS DE LAITON. — *Madame veuve Fleurs, MM. Boucher* fils et compagnie, *Mouret, Bouchotte* et *Fleury* jeune; *Schleicher; Gardon; Saillard;* de *Contamines.*	VII	159
FONDERIE ET HAUT-FOURNEAU des établissemens du Creusot. — *MM. Chagot* père et fils.	VII	275
FONTES DE FER (Travaux relatifs aux). — *MM. N***; Dufaud; d'Arcet; Hassenfratz; de Wendel; Baradelle* et *Déodor;* la forge de *Creutzwald; M. Goupil.*	VII	281
FONTES DE FER (Affinage des). — *M. Gueymard.*	VII	287
FONTES DE FER. (Leur conversion en fer malléable.) — *MM. Desnoyers* et *Guérin.*	VII	294
HAUT-FOURNEAU (Caisse à eau adaptée aux soufflets d'un). — *M. N***.*	VIII	523
HAUTS-FOURNEAUX (Moyen d'employer utilement la flamme perdue des forges et). — *M. Aubertot.*	VIII	524
HAUTS-FOURNEAUX (Nouvelle disposition des étalages dans les). — *M. Dobson.*	VIII	530
HAUTS-FOURNEAUX SANS SOUFFLET. — *M. Guyton de Morveau.*	VIII	530
HOUILLE dite incombustible. — *M. N***.*	IX	136
LAITON BRUT. — *M. Boucher* fils; *le jury de l'exposition.*	X	173
LAMINAGE. — *Le jury de l'exposition.*	X	183
LIMES DIVERSES. — *MM. White; Raoul;* les fabriques de *Dilling; MM. Raoul, Ducrusel, Sabatier; la Société*		

	Tomes.	Pages.
d'encouragement ; l'école des arts et métiers de *Châlons* ; *MM. Bremont* aîné et *Gautier* ; *Saint-Bris* ; *Ruffié* ; *Rochet* ; *Rivals-Gincla* ; *Montmouceau* et *Dequenne* ; *le jury de l'exposition* ; *M. Musseau.*	X	300
LINGOTIÈRE (Nouvelle espèce de). — *M. Paroletti.*	X	328
MATIÈRES D'OR ET D'ARGENT (Emploi du bismuth dans la détermination du titre des). — *M. Chaudet.*	XI	184
MÉTAL DES CLOCHES. (Son affinage pour en séparer le cuivre.) — *MM. Pelletier* et *d'Arcet.*	XI	342
MÉTAL DIT ARTIMOMANTICO. — *MM. Chardin* ; *Grilli* et *Barbot.*	XI	343
MÉTAUX. (Phénomènes qu'ils présentent, soit seuls, soit à la coupellation.) — *M. Chaudet.*	XI	349
MÉTAUX DUCTILES (Ténacité des).—*M. Guyton de Morveau.*	XI	360
MINES DE CUIVRE (Procédé au moyen duquel on économise le combustible et la main d'œuvre dans les). — *M. Duchamp.*	XI	435
MORTIERS DE FONTE TOURNÉS. — *MM. d'Obson* fils ; *N***. Mentzer.*	XI	569
MOULAGE des bouches à feu et des projectiles (Nouveau procédé de). — *M. Lecour.*	XI	578
PLATINE (Travaux pour l'emploi du). — *MM. Lavoisier* ; *Janety*, *Necker* ; *Collet-Descostils* ; *Janety* ; *Janety* fils ; *Cadet* ; *Bréant* ; *Janety* père et fils ; *Cuoq* et *Couturier* ; *Bréant* ; *Janety* ; *le jury de l'exposition.*	XIII	484
PLOMB (Affinage en grand du). — *M. Duhamel.*	XIII	511
RAPES à l'usage des sculpteurs. — *M. Contamines.*	XIV	388
ROUES EN FONTE. — *M. Rochet.*	XIV	504
SABOTS EN FONTE DE FER pour empêcher les fourmis de monter sur les arbres encaissés. — *M. Salmon-Maugé.*	XIV	551
SABRES (Lames damassées de). — *Madame Degrand*, née *Curgey.*	XIV	551
SIDEROTECHNIE ou art de traiter les minerais de fer.—*M. Hassenfratz.*	XV	102
SOCS DE CHARRUE.. — *MM. de Musigny* ; *Rochet.*	XV	139
TOLES LAMINÉES.—*MM. Rochet* ; *Guérin* ; *Bastin* ; *Boigues*, *Débladis* et *Guérin* ; *Fouque* ; *Aubertot* ; *Saglio*, *Human* et compagnie ; *Rochet* ; *de Blumenstein* et *Frèrejean* ; *George.*	XVI	87
TRÉFILER IF. — *Le jury de l'exposition.*	XVI	177
TREMPE DU BRONZE. — *M. d'Arcet.*	XVI	178
TUILES EN FONTE DE FER. — *M. Derosne.*	XVI	256
VASES EN FONTE DE FER. — *M. Wurtz.*	XVI	390

ÉCONOMIE INDUSTRIELLE.

	Tomes.	Pages
ACAJOU. (Procédé pour le garantir des influences de la température). — *M. Callender.*	I	103
AIR. (Appareil pour le parfumer par irroration.) — *M. Brillat-Savarin.*	I	230
ALPISTE, dite *phalaris canariensis.* — *M. Marcel de Serres.*	I	265
AMBULANCES VOLANTES. — *M. Larrey.*	I	278
ARDOISES. — *M. de Paravey.*	I	372
ARDOISES préparées à la manière anglaise. — *M. Colibert.*	I	372
ARGILES. (Leur composition et leur emploi dans la construction des fours et la fabrication des pots de verreries.) — *M. Hassenfratz.*	I	386
AUGUSTINE. (Chauffe-pieds économique.) — *Mad. Chambon-de Montaud.*	I	478
AUNE CYLINDRIQUE. — *M. Sense.*	I	480
AUTOCLAVE. — *MM. Lemare; Grammaire.*	I	485
BADIGEON AU LAIT. — *M. N***.*	I	497
BADIGEON BACHELIER. — *M. Bachelier* fils.	I	497
BAIGNOIRES. — *M.* et *Mademoiselle Valette; M Bizet.*	I	506
BAINS A DOMICILE. — *MM. Valette* et compagnie.	I	507
BAINS DE VAPEUR. (Appareils propres à les administrer.) — *MM. Galès* et *d'Arcet; Lemaire.*	I	508
BALEINE (Instrumens propres à la pêche de la). — *M. Humbert.*	I	522
BANANIER. (Usage de ses trachées dans les arts.) — *M. Hapel-Lachenaye.*	I	525
BANDAGES HERNIAIRES DIVERS. — *MM. Oudet; Quinet; Salmon, Ody* et compagnie; *Lapeyrière; Hart; Jullade-Lafond; Gawan; Valérius; Bittleston.*	I	526
BANDES A PANSEMENS. — *M. Princeps.*	I	528
BAS-RELIEFS en porcelaine. — *M. Dodé-Enfrin.*	I	576
BATEAU INSUBMERGIBLE. — *MM. Desquinemare; Rouan.*	II	8
BATEAU-TRAINEAU pour retirer les noyés qui sont sous la glace. — *M. Marcel de Serres.*	II	10
BATEAU-VIVIER pour le transport du poisson de mer vivant. — *M. Crevel.*	II	11
BÉTON, ou mortier propre à être employé dans l'eau. — *M. Vicat.*	II	35
BETTERAVES (Sucre de). — *MM. Achard; Derosne; Deyeux; Barruel; Derosne; Bonmatin; Herbetz* et *Herstatt; Grenet-Pelé; Leray, André* et *Marmot; Mathieu de Dombasle.*	II	40
BETTERAVES (Fourneaux et chaudières pour la fabrication du sirop de). — *M. Bonmatin.*	II	50

	Tomes.	Pages.
Betteraves (Procédé pour conserver les). — *M. Bonmatin.*	II	54
Betteraves (Machine à séparer le suc du marc des). — *M. Lauvergnat.*	II	59
Bière. — *M. Rast-Maupas.*	II	64
Bitume minéral. (Son application à divers usages.) — *M. Rey.*	II	72
Blanc raffiné, dit blanc d'Espagne. (Sa fabrication). — *M. Thiria* fils.	II	82
Blanchiment par la vapeur.—*MM. Chaptal; O'Reilly; Bardel; Bosc.*	II	92
Blanchiment du lin, du chanvre et du coton. — *M. Pluchard-Brabant.*	II	96
Blanchiment des matières propres à fabriquer le papier. — *M. Cummings.*	II	97
Bleu (Boules de). — *M. Raymond.*	II	115
Bleu céleste. — *M. Story.*	II	116
Bleu français remplaçant l'indigo. —*MM. Caulle de Vaumorel, Marchais* et *Wuy.*	II	123
Bleu de tournesol. — *M. Damart-Vilet.*	II	123
Bleu pale, dit bleu-Hollande. —*MM. Vanderschelden-Raepsel* et compagnie.	II	124
Bleus divers. (Procédé pour les obtenir.) — *M. Bergersteigen.*	II	124
Bois de construction. (Procédés propres à les conserver.) — *MM. Acrel; N***.*	II	129
Bois. (Procédé pour les améliorer et pour leur donner les courbures nécessaires à leur destination dans diverses constructions.)—*Le conseil des bâtimens; M. Sargesit.*	II	130
Bois (Carbonisation du). — *MM. Brune; Liard.*	II	133
Bois. (Sa carbonisation par distillation.) — *MM. N***; Fremin; Mollerat; Bordier; Foucaud; Lebon; Roche* et *Millien; Joanis.*	II	134
Bois carbonisé. (Appareils destinés à l'abriter.) — *M. Foucaud.*	II	137
Bois indigènes (Coloration des). — *MM. Cadet de Gassicourt; Wagner.*	II	141
Bonnets et colbacks en crin. — *M. Cavaillon.*	II	152
Bordures métalliques. — *M. Descroizilles.*	II	159
Bouilloire s'adaptant aux bouches de chaleur. — *M. Guyton de Morveau.*	II	173
Brai tiré de l'asphalte. — *M. Lebel.*	II	184
Brais et goudrons. — *M. Badeigts-Laborde.*	II	185
Brancard mécanique. — *M. Daujon*	II	188
Bretelles élastiques.—*M. Walker* fils; *Madame Desquiros,* née *Saint-Laurent; M. Nalder.*	II	190

	Tomes	Pages
BRIQUES. (Leur fabrication par la compression.)— *MM. Bourdier ; Mollerat.*	II	194
BRIQUES (Machine à fabriquer les). — *M. Hattenberg.*	II	195
BRIQUET OXIGÉNÉ. — *M. Chevalier.*	II	196
BRIQUET à muriate sur-oxigéné. — *M. Renon.*	II	197
BRIQUETS PHOSPHORIQUES. — *MM. Derepas ; Cagniard ; Derosne.*	II	197
BROCHES pour rôtir de grosses pièces sans passer le fer au travers. — *MM. Henderson* et *Chabannes.*	II	200
BRODERIES.—*MM. Esnault ; Fleuri-Delorme ; Madame veuve Vitte ; MM. Bony ; Esnault ;* les ateliers de *Saint-Lazare ; MM. Fleuri-Delorme ; Conard ; Macquer.*	II	201
BRULOIR A CAFÉ en tôle. — *M. Cadet-Devaux.*	II	209
CAFETIÈRE pour la toilette. — *M. Régnier.*	II	273
CAMÉES. — *M. Ollivier.*	II	329
CANAL DE LANGUEDOC (Plan en relief du). — *MM. Guérin, Bidault, Lacoste* aîné et *Lacoste* jeune.	II	352
CANAUX (Procédé pour empêcher l'infiltration des eaux dans les murs des).— *M. Brion.*	II	355
CANNE UNIVERSELLE, ou parapluie français.—*M. Mignard-Billinge.*	II	360
CANNELLES AÉRIFÈRES. — *M. Jullien.*	II	360
CARCASSES A BONNETS. — *M. Bornefeld.*	II	390
CARTELLES. — *M. Adrien.*	II	413
CARTES GÉOGRAPHIQUES découpées sur bois. — *M. Gabory.*	II	413
CARTON-CUIR. — *M. Dufort.*	II	416
CARTON-PIERRE. — *M. Mézières*	II	416
CARTONS A PRESSER, laminés et lustrés.—*MM. Gentil ; Stembach* et *Doulzals ; Madame veuve Mathieu* et fils.	II	416
CARTONS LITHOGRAPHIQUES. — *M. Aloys Senefelder.*	II	417
CASSEROLES. — *MM. Pictet ; Bornèque* aîné.	II	437
CASSONADE BRUTE. (Procédé pour la clarifier et la décolorer.) — *M. Claudot-Bumont.*	II	440
CEINTURES HERNIAIRES. — *M. Bonis.*	II	448
CERISIER (Teinture du bois de). — *M. N***.*	II	461
CÉROMIMÈME. (Matière analogue à la cire.) — *MM. Simonin* et *Braconnot.*	II	466
CHANVRE ET LIN. (Leur préparation sans rouissage.) — *M. Molard.*	III	15
CHANVRE. (Sa préparation par le rosage.) — *N. Nicolas.*	III	17
CHANVRE. (Sa transmutation et celle de ses étoupes en coton, soie et bourre de soie.) — *MM. Roumieu* frères.	III	25
CHAPES DE BOUCLES. — *M. Camus.*	III	33
CHARBON DE BOIS. (Sa conversion en noir égalant le noir d'ivoire propre à l'impression en taille-douce.)— *M. Denys de Montfort.*	III	40
CHARBONNIÈRES. — *MM. Mollerat ; Aubertot.*	III	43

	Tomes.	Pages.
CHASSIS PORTATIFS à l'usage des jardins.— *M. Thouin.*	III	65
CHATAIGNE (Fabrication du sucre de). — *MM. Guerrazi; Alluand.*	III	66
CHAUDIÈRE EN BOIS. — *M. Migneron.*	III	70
CHAUFFERETTE-LANTERNE. — *M. Schwickardi.*	III	72
CHAUSSONS. — *M. Armonville.*	III	73
CHAUSSURES. (Moyen de les rendre impénétrables à l'humidité.) — *M. Christian.*	III	74
CHAUSSURES CORIOCLAVES. —*M. Barnet.*	III	75
CHAUSSURES faites à la mécanique.— *M. Brunel.*	III	76
CHAYE. (Sa culture, et manière de se servir de sa racine pour fixer les couleurs.)— *M. Legouy de Flaix.*	III	91
CHEMINÉES. (Appareil pour les ramoner et pour éteindre le feu qui s'y manifeste.) — *M. Cadet de Gassicourt.*	III	101
CHEMINÉES DE CUISINE. (Moyen d'empêcher leur odeur de pénétrer dans les appartemens.) — *M. N***.*	III	103
CHEVEUX. (Manière de les tresser sur taffetas.) — *M. Michalon.*	III	126
CHIFFONS (Blanchîment des). — *M. Potter.*	III	152
CHOCOLAT (Fabrication du). — *MM. Millerant; Debauve; Auger.*	III	196
CIDRE (Procédé pour clarifier le). — *M. d'Angerville.*	III	223
CIMENT CALCAIRE. (Sa combinaison.) — *M. Vicat.*	III	225
CIMENT IMPERMÉABLE. — *M. de Puymaurin.*	III	226
CIRAGE pour la chaussure. — *M. Bez.*	III	234
CIRE (Blanchissage de la). — *M. N***.*	III	234
CIRE A CACHETER. — *MM. Graffe* frères; *Thibault.*	III	235
CLAQUES pour garantir de l'humidité. — *M. Bainée.*	III	244
CLASSEUR. (Serre-papier.) — *M. Morel.*	III	246
CLOCHE DU PLONGEUR. — *M. Cachin.*	III	265
CLOCHES à FACETTES. — *M. Thouin.*	III	267
CLOCHES EN TERRE CUITE. — *MM. Rozier* et *Cadet-Devaux.*	III	268
COCHENILLE. (Son éducation.) — *M. Berthollet.*	III	275
COCONS (Appareils propres à l'étouffage des).— *MM. d'Hombres-Firmas; Bardel.*	III	295
COCONS. (Machine propre à dissoudre leur gomme et à faciliter le filage de la soie.) — *M. Gensoul.*	III	296
COING (Procédé pour extraire le sucre du). — *M. Astou.*	III	332
COLLE DE PATE. — *MM. Drury; N***.*	III	335
COLLE-FORTE. — *MM. Boby; Duchet; Goervic* et compagnie; *Séguin; Duchet; Estivaux; d'Arcet; Bertoux; Robert.*	III	336
COMBUSTIBLE. (Appareil propre à l'économiser.) — *M. Doschot.*	III	360
COMPAS à l'usage des statuaires. — *M. Gois* fils.	III	402
COMPAS A HUIT POINTES. — *M. Michalon.*	III	404

	Tomes.	Pages.
CONTRE-SOLS. — *M. Thouin.*	III	438
COQUILLE à rôtir les viandes. — *M. Harel.*	III	451
CORDES. (Remarques sur la qualité du chanvre qui les compose.) — *M. Gavoty.*	III	462
CORDES ET TOILES. (Procédé pour doubler leur durée.) — *M. Curaudau.*	III	464
CORNE. (Sa préparation primitive en feuilles.) — *M. N***.*	III	469
CORNE. (Procédé pour la teindre et pour lui donner l'apparence de l'écaille.) — *M. N***.*	III	470
CORNE (Procédé pour souder les feuilles de). — *M. Houlet.*	III	471
CORNE ARTIFICIELLE. (Moyen de la fabriquer.) — *M. Rochon.*	III	473
CORNES A LANTERNES (Fabrication des). — *MM. Gérentel; Tissot; Dumontier; Boivin.*	III	474
CORSETS A LA NINON. — *M. Brelet.*	IV	46
COTON (Huile extraite de la graine du). — *MM. Vallard* et *Bailly.*	IV	103
COULEURS (Table des). — *M. Grégoire.*	IV	122
COULEURS DIVERSES. — *MM. Dilh; Gohin* frères; *Delchambre; Madame Cosseron; MM. de Laboulaye-Marillac; Peytavin; Malaine; Doremieulx; Guibert; Desforges-Stevens.*	IV	128
COUVERTS EN FER BATTU ET POLI. — *M. Veyrat.*	IV	161
COUVERTS PLAQUÉS EN ARGENT. — *MM. Patoulet, Lebeau, Andry, Picoux* et *Lhuilier.*	IV	161
COUVERTURES EN CUIVRE LAMINÉ. — *M. Bonnot.*	IV	164
COUVEUSE pour faire éclore les vers à soie. — *M. Orsel-Desaprès.*	IV	166
COUVRE-PLAT, ou garde-manger ambulant. — *Madame Adhémar.*	IV	168
CRAYONS DIVERS. — *MM. Conté; Humblot-Conté; Lemoine; N***.; Humblot-Conté; Quesnel.*	IV	176
CREUSETS. — *MM. Briffault; Coignet; Russinger; Reymond* et *Revol; Vernet* et compagnie; *Laujorrois.*	IV	192
CRIBLE VENTILATEUR A CYLINDRE. — *M. Josse.*	IV	193
CRINS. (Leur teinture.) — *M. N***.*	IV	195
CRISTAUX-VERRES. — La manufacture du *Creuzot; MM. Zeiler, Walter* et compagnie; *Ladouèpe-Dufougerais* et *Veytard; Zeiler, Walter* et compagnie; *Vinchon* et *Walter; Ladouèpe-Dufougerais; Zeiler, Walter* et compagnie; la verrerie de la *Chiuza; MM. Perrier; Chagot* père et fils; *Madame veuve Desarnaud-Carpentier; le jury de l'exposition.*	IV	224
CUIRS. (Leur préparation pour l'incrustation des feuilles d'or et d'argent.) — *M. Prungniaud.*	IV	287
CUIRS A RASOIRS. — *MM. Sollern; Berghofer; Amand; de Heim; Cheneaux; Berghofer; Aubril.*	IV	287

	Tomes.	Pages.
Cuirs pour les schakos. — *M. Bercy* jeune.	IV	299
Cuirs sans couture pour couvrir les cylindres des filatures de coton. — *M. Delvau*	IV	299
Cuirs teints et vernissés. — *MM. Baumann, Hullot* et compagnie ; *Lebreton*, *Didier*, *Liégrois* et *Valentin* ; *N****. ; *Sonnini* ; *N****.	IV	299
Cuisine (Ustensiles de). — *MM. Chevreuse* ; *Harel.*	IV	302
Cuisines portatives et économiques. — *MM. Couteault* ; *Boreux* ; *Lelouis* ; *Jordan-Lecointe* ; *Garroz* ; *Davesne.*	IV	304
Cuivre. (Procédé pour l'empêcher de s'oxider.) — *M. Conté.*	IV	316
Cuivre verni. — *M. Fougère.*	IV	328
Cuves en plomb, pour conserver les grains. — *M. Dejean.*	IV	336
Cuvier a vapeur. — *M. Curaudau.*	IV	336
Cylindres pour chauffer les baignoires. — *M. Curaudau.*	IV	361
Cylindre a mastic résineux. — *M. Chaumette.*	IV	362
Cylindres réacteurs. — *M. Sauvage.*	IV	364
Dégoudronnoir. — *M. Jullien.*	IV	435
Dents artificielles (Nouveaux procédés pour la confection des). — *MM. Dubois-Foucou* ; *Fonzi* ; *Dubois* et *Dubois-Chemant* ; *Brousson.*	IV	500
Dés a coudre. — *MM. Marguerie* ; *Rouy* et *Berthier.*	IV	508
Dessins (Moyen facile de décalquer les.) — *M. de Lasteyrie.*	IV	511
Dessins de broderie (Gravure des). — *M. Bonneville.*	IV	512
Dessins sur les étoffes destinées à la broderie (Moyen de poncer les). — *MM. Revol* et *Rigondet.*	IV	513
Diligence hydropneumatique. — *MM. Chauveau*, *Renault* et *Tellier.*	V	27
Distillation (Application du calorique des usines à la). — *M. Bernavon.*	V	136
Doublé en or et en argent. — *MM. Pillioud* ; *Tourrot.*	V	150
Draps. (Procédé pour les rendre imperméables.) — *M. Mons.*	V	205
Duvet de chèvres. — *M. Mayeuvre de Champvieux.*	V	212
Eau (Appareils à filtrer l'). — *M. Smith*, *Cuchet* et *Denys de Montfort* ; *Vatrin* et *Mullier* ; *Ducommun* ; *Soller.*	V	222
Eau. (Moyen de la préserver de la corruption.) — *M. Périnet.*	V	237
Eau. (Son évaporation par l'air chaud.) — *MM. Curaudau* ; *Clément* ; *Curaudau* ; *les rédacteurs des Annales de chimie.*	V	253
Eau de mer. (Sa distillation.) *MM. N****. ; *Nicole.*	V	283
Eau-de-vie de baies de pommes-de-terre. (Fabrication de l'). — *MM. Mathieu de Dombasle* ; *Formey* ; *Virey.*	V	296
Eau oxigénée. (Son emploi pour la restauration des dessins.) — *M. Thenard.*	V	320

	Tomes.	Pages.
ÉCLAIRAGE (Appareils d'). — *MM. Vivien; Bordier; Bordier-Marcet.*	V	399
ÉCRANS PANORAMAS. — *M. Gaucheret.*	V	445
ÉCRITURES. (Procédés pour les multiplier.) — *MM. Coquebert de Montbret; Lhermite; Cubany.*	V	462
EMBOUCHOIRS. — *M. Dufort.*	VI	72
ÉMERI (Matières propres à remplacer l'). — *MM. Rochet; Sage.*	VI	76
EMPREINTES (Méthodes promptes et faciles de lever les). — *MM. Jomard; Marcel.*	VI	90
ENCAUSTIQUE pour conserver le tain des glaces. — *M. Lefèvre.*	VI	95
ENCRE (Compositions de l'). — *MM. Haldat; de Ribaucourt.*	VI	102
ENCRE D'IMPRIMERIE. — *M. de Ribaucourt.*	VI	104
ENCRE ROUGE. — *M. de Ribaucourt.*	VI	104
ENCRES INDÉLÉBILES. — *MM. Delunel; Cellier; N***.; Tarry.*	VI	106
ENTONNOIR A DOUILLE HORIZONTALE. — *M. Jullien.*	VI	139
ENTONNOIRS AÉRIFÈRES. — *M. Jullien.*	VI	140
ESSENCE D'HUILE DE PÉTROLLE. (Procédé pour l'obtenir.) — *M. Lefèvre.*	VI	296
ESSIEUX DIVERS. — *MM. Héron de Villefosse; Molard; Arthur; Knachfuss; Arnaud Haneisz; d'Oyen; de Furstenstein.*	VI	300
ÉTAMAGE des vases de cuivre. — *MM. Biberel; Duc.*	VI	328
ÉTAMPES pour découper des lames de métal. — *M. Pothiez.*	VI	337
ÉTIQUETTES INALTÉRABLES. — *M. Luton.*	VI	393
ÉTOFFES (Impressions sur les). — *MM. Tournon; Vauchelet; Rigondet; Bonvallet; Delahaye* et *Williot; Loffet; Demenou* et *Dalambert; le jury de l'exposition.*	VI	393
ÉTOFFES. (Moyen de les rendre imperméables.) — *MM. Beyermann; Lenssen* et *Brinck.*	VI	403
ÉTOUPE. (Sa conversion en charpie vierge et en ouate.) — *M. Vallon.*	VI	447
ÉTRIERS A LANTERNES. — *M. Schwickardi.*	VI	450
EXPÉDITIVE FRANÇAISE (Instrument pour tracer sur une planche métallique les caractères d'une écriture appelée). — *M. Barbier.*	VI	495
FAITIÈRES (Procédé pour faire les). — *M. Fougerolle.*	VI	502
FARINES. (Leur extraction des pommes-de-terres, patates, carottes, panais, navets, radis noirs, etc.) — *M. Forest.*	VI	515
FAYENCE (Impression sur la). — *MM. Stevinson; de Puibusque; Stone, Coquerel* et *Legros d'Anizy; Paillart* frères.	VI	525

	Tomes.	Pages.
Fer. (Meilleure méthode de le sceller.) — *M. Gillet de Laumont.*	VI	555
Fer. (Nouveau procédé pour le revêtir d'émail.) — *M. Schweighauser.*	VI	555
Fer (Nouvelle méthode pour dorer le). — *M. N***.*	VI	557
Fer (Nouveaux procédés relatifs au laminage du). — *MM. Jamain* père et fils et *Poncelet.*	VII	1
Fer-blanc. (Moyen de l'empêcher de se rouiller par l'action de l'eau.) — *M. N***.*	VII	33
Fer-blanc vernissé. — *M. Bordier.*	VII	34
Fers a friser (Appareil propre à chauffer les). — *M. Caron.*	VII	83
Fers a repasser nouveaux. — *M. Gendarme.*	VII	84
Feuilles. (Procédé pour les rendre avec une ressemblance parfaite, et les transporter en quelque sorte matériellement sur le papier.) — *MM. Bonnet* père et fils.	VII	94
Feuilles a doublage. — La fabrique de *Romilly.*	VII	95
Feuilles de plomb. — *M. N***.*	VII	96
Feuilles d'or et d'argent. (Leur incrustation sur des peaux corroyées.) — *M. Prungniaud.*	VII	96
Feutre (Étoffes de). — *M. Altairac* fils.	VII	103
Feutre pour le doublage des navires. — *M. Dobrée.*	VII	104
Filigrane. (Sa fabrication en cuivre, argent ou or.) — *M. Michel.*	VII	146
Fils de chanvre et de lin. (Procédé pour les blanchir.) — *M. Cléland.*	VII	150
Filtre pour clarifier l'eau. — *M. Paul.*	VII	160
Filtre bordelais. — *M. Alexandre.*	VII	161
Filtre marin. — *MM. Smith, Cuchet* et *Denys de Montfort.*	VII	161
Filtre portatif. — *MM. Smith, Cuchet* et *Denys de Montfort.*	VII	162
Filtres de charbon. — *MM. Smith, Cuchet* et *Denys de Montfort; N***; Smith* et *Cuchet.*	VII	162
Filtres forcés. — *M. Réal.*	VII	166
Flintglass. — *MM. Lançon; Kruines* et *Lançon; Cazalès; Ladouèpe-Dufougerais; Dartigues.*	VII	181
Fluides et les corps qui peuvent être rendus fluides par le feu (Appareils propres à purifier et à clarifier les). — *M. Matilda Tone.*	VII	226
Fontaine domestique. — *MM. Smith, Cuchet* et *Denys de Montfort.*		276
Fontaine pour conserver l'eau chaude pendant long-temps. — *M. N***.*	VII	278
Futailles. (Moyen de leur enlever le goût de moisi.) — *M. Lenormand.*	VII	53
Gadoue artificielle. — *M. N***.*	VII	54

	Tomes.	Pages.
GALACTOPHORE, ou moyen mécanique pour l'allaitement artificiel des enfans. — *M. Desgranges.*	VII	548
GALOCHES A BASCULE. — *M. Déloyauté.*	VIII	10
GARDE-NOTE. — *M. Robert.*	VIII	78
GARDE-ROBES. — *M. Leignadier.*	VIII	78
GARDE-VUES (Dépolissage des). — *MM. Dupieu ; Vernert.*	VIII	80
GAZ HYDROGÈNE (Appareil destiné à la condensation du). — *MM. Déodor* et *Baradelle*, père et fils.	VIII	146
GAZ HYDROGÈNE (Éclairage par le). — *MM. Ryss-Poncelet ; Lenormand ; Winsor ; Preuss ; N*** ; Gengembre*, père et fils ; *Clément.*	VIII	146
GAZES MÉTALLIQUES (Emploi divers des). — *MM. Roswag* et *Rochon.*	VIII	186
GÉLATINE TANNÉE. — *MM. Bosc* et *Cadet.*	VIII	205
GLACES (Étamage des). — *MM. Bernardin - Verea ; Vallet ; Lefèvre ; le jury de l'exposition.*	VIII	290
GLACES (Soudure des). — *M. Pajot-Descharmes.*	VIII	294
GLACES avec ou sans tain (Procédé pour fixer des gravures noires ou coloriées, des découpures et vignettes en or ou argent sur les). — *M. Mogin de Guérivière.*	VIII	295
GLOBES DE MÉTAL pour être adaptés aux essieux de voitures. — *M. Jordis.*	VIII	341
GOMME ARABIQUE (Substances propres à remplacer la). — *M. Roger.*	VIII	358
GOMME COMPOSÉE pour blanchir le linge, la soie et le coton. — *M. Brilhac.*	VIII	358
GOMME ÉLASTIQUE. (Moyen de la rendre propre à faire des instrumens.) — *M. Grossart.*	VIII	365
GOMME ÉLASTIQUE. (Moyens divers de l'employer.) — *M. Nalder.*	VIII	366
GOUDRON (Four pour la fabrication du). — *MM. Imer, Gawey, Kessel* et *Florer.*	VIII	376
GOUDRON. (Sa fabrication.) — *M. Lhomond.*	VIII	378
GOUDRON (Préparation du). — *MM. Dérodé* et *Guille ; Darracq.*	VIII	378
GOUDRON MINÉRAL. — *MM. Montassier* et *Reine.*	VIII	378
GOUGES. — *M. Tarlay.*	VIII	378
GRAISSE ET SUIF. (Procédé pour les convertir en une matière qui a toutes les propriétés de la cire.) — *M. Manjot.*	VIII	394
GRAISSE pour adoucir le frottement des essieux de voitures, des engrenages et autres parties des machines. — *M. de Lasteyrie.*	VIII	394
GRAISSE pour enduire les agrès des vaisseaux, les rouages, ect. — *M. Hardacre.*	VIII	395

	Tomes.	Pages.
GRAVURE EN TAILLE-DOUCE. (Procédé pour en transporter l'impression sur le verre, sur une baudruche ou sur du papier.) — *M. Robertson.*	VIII	429
GREFFOIR de nouvelle forme. — *M. Madiot.*	VIII	447
GRIL AÉRIEN. — *M. Schmidt.*	VIII	454
HABILLEMENT NAUTIQUE. — *M. de Montfleury.*	VIII	498
HABIT SANS COUTURE. — *M. Coupat.*	VIII	499
HALAGE MOBILE. (Procédés destinés à faciliter la navigation sur la Loire.) — *MM. Tourasse* et *Courtaut.*	VIII	508
HAMEÇONS. — *MM. Pothier* frères.	VIII	509
HOUE A CHEVAL, ou charrue fouilleuse. — *M. Molard* jeune.	IX	130
HOUILLE (Carbanisation de la). — *MM. Janson* et *Bardel.*	IX	131
HOUILLE substituée au charbon de bois dans la fabrication du fer. — *M. Dufaud.*	IX	133
HUILE A BRULER. (Appareils pour l'empêcher de se figer par l'effet de la gelée.) — *M. Bordier-Marcet.*	IX	137
HUILE DE GRAINE DE COTONNIER. — *MM. Wallard* et *Bailly.*	IX	143
HUILE DE LAMPE. (Moyen de la préparer.) — *M. Cochrane.*	IX	143
HUILE destinée à l'horlogerie et à adoucir les frottemens des machines délicates. — *M. Maurin.*	IX	154
HUILES ANIMALES. (Leur usage dans les manufactures.) — *M. N***.*	IX	181
HUILES ET DEGRAS propres à la préparation des peaux et cuirs (Fabrication et préparation des). — *M. Duras.*	IX	182
HUILES VÉGÉTALES. (Moyen de les rendre propres à remplacer les huiles de morue et de baleine employées dans la tannerie.) — *M. Pont.*	IX	184
HUÎTRES DE MARENNES. (Moyen de les conserver et de les conduire fraiches à Paris.) — *M. Dauberte.*	IX	191
HYDRAULIQUES autoclaves et non autoclaves, chlamidés et non chlamidés. — *MM. Lemare ; Fortin.*	IX	206
ICONOGRAPHIE, ou manière d'imprimer en couleur avec une seule planche. — *M. Redouté.*	IX	271
IMMERSION (Blanchîment des toiles par l'acide muriatique oxigéné au moyen des cuves d'). — *M. N***.*	IX	288
IMPRESSION LITHOGRAPHIQUE sur papier, toile ou étoffe. — *MM. Marcel de Serres ; Seib.*	IX	289
INCENDIES (Emploi de l'eau saturée de sel marin pour les). — *M. Six.*	IX	306
INDIGO (Cuves d'). — *M. Garriga.*	IX	315
INSCRIPTIONS. (Moyen de les conserver.) — *M. N***.*	IX	353
INSECTES. (Moyens de les détruire.) — *M. Bosc.*	IX	374
JAYET. — *MM. Antié ; Thouzas* et *Viviés* et fils.	X	29
JEU DES COUREURS. — *M. Naudin.*	X	31
KERMÈS (Récolte du). — Les habitans de *Fonvielle ; MM. Tessier, Bosc* et *Olivier.*	X	80
LAINES. (Leur désuintage.) — *MM. Vauquelin ; Roard.*	X	149

	Tomes	Pages.
LANTERNES. — *MM. Ami-Argand ; Michiels* aîné et *Fraiture* frères ; *Laporte*, *Lefroy* et *Baillet*.	X	238
LAQUES FRANÇAIS. — *MM. Montcloux-Lavilleneuve* et *Jauvris*.	X	245
LATRINES INODORES. — *MM. Duplat ; Dufour*.	X	254
LAVIS LITHOGRAPHIQUE (Procédé de). — *M. Engelmann*.	X	264
LIEUX A L'ANGLAISE. — *M. Decœur*.	X	285
LIN COTONISÉ. — *M. Mather*.	X	318
LIN ET CHANVRE. (Leur rouissage.) — *MM. Bralle, d'Hondt, d'Arcy*.	X	320
LIN ET CHANVRE. (Moyen de leur donner l'apparence du coton.) — *M. Berthollet*.	X	323
LIQUIDES (Expériences sur le collage et la clarification de plusieurs). — *M. Parmentier*.	X	358
LIT ÉCONOMIQUE. — *M. de Rumfort*.	X	362
LIVRES ET ESTAMPES. (Procédé pour les nettoyer.) — *M. Pelletier*.	X	407
MAILLAGE de fil de fer et de laiton. — *MM. Stammler* frères.	XI	23
MAISONS ET ÉDIFICES (Nouvelle manière de construire les). — *MM. Henderson* et *Chabannes*.	XI	28
MARC DE RAISIN (Distillation du). — *M. Bontoux*.	XI	132
MARMORILIO. — *M. Sage*.	XI	138
MAROQUIN (Procédés relatifs à la teinture et à l'impression des peaux de). — *M. Dolfus*.	XI	150
MAROQUINS (Préparation des). — *MM. Broussonnet ; Fauler, Kempff* et *Muntzer ; Matler ; Madame veuve Baliste, MM. Mille, Cadet* et compagnie, *Jullien* et *Giraud ; Maler ; Schurnck ; Desclaux ; Gleizer ; Oury ; le jury de l'exposition*.	XI	153
MARQUETERIE DE MÉTAL. — *M. Jouvet*.	XI	157
MASTIC DE BITUME MINÉRAL. — *M. Garroz*.	XI	163
MASTIC ET ORNEMENS. — *M. Smith*.	XI	164
MASTIC LITHOCOLLE. — *MM. Péron* et *Lesueur*.	XI	165
MASTIC OU GOUDRON pour les bouteilles. — *M. Cadet*.	XI	166
MASTIC POUR LES CONDUITS D'EAU. — *M. N****.	XI	167
MASTIC POUR LES DÉCORS EN RELIEF. — *M. Beunat*.	XI	167
MASTIC qui résiste à l'action du feu et de l'eau. — *M. N****.	XI	168
MASTICS DE DIHL. — *M. Dihl*.	XI	169
MATIÈRE PLASTIQUE. — *M. Souillard*.	XI	178
MATIÈRE SAVONNEUSE pour faciliter la fabrique des mousselines, siamoises, etc. — *M. Bourlier*.	XI	179
MATIÈRES ANIMALES. (Blanchîment du lin, du chanvre, du coton, et de tous les fils et tissus fabriqués au moyen de ces substances.) — *MM. Paisant* et *Lamothe*.	XI	179
MÉCHANOGRAPHE. (Machine pour écrire sans avoir appris et sans plume. — *M. Donnant*.	XI	205

	Tomes.	Pages.
Mèches à soufrer les vins. — *M. Lieber.*	XI	207
Mèches défuliginées. — *M. Marie.*	XI	207
Mèches indigènes. — *M. Duffour.*	XI	208
Mélasse. (Procédé pour lui ôter son goût âcre, et pour pouvoir l'employer au lieu de sucre.) — *M. Cadet-de-Vaux.*	XI	266
Mer (Écume de). — *M. Marcel de Serres.*	XI	285
Mérinos (Lavoirs pour les laines des). — *M. Poyféré de Cère.*	XI	337
Mesures linéaires. — *M. Champion.*	XI	340
Métal fusible de M. d'Arcet (Nouvel emploi du). — *M. Cadet de Gassicourt.*	XI	345
Métal verni (Moyens de dorer à l'huile, en or bruni, toutes sortes d'objets fabriqués en). — *M. Montcloux-Lavilleneuve.*	XI	345
Miel (Procédés pour obtenir le sucre de). — *MM. Braconnot; Sivet; Dive.*	XI	404
Miroir odontotechnique. — *M. Marmont.*	XI	452
Mitraille. (Fourneau destiné à la faire suer en masse.) — *M. Denisart.*	XI	457
Mitres. — *MM. Ravelet; Maréchal; Fougerolle; Chedebois; Maréchal.*	XI	457
Moiré métallique. — *MM. Allard; Baget; Berry; Bayoul* et *Dubourjal; Allard; Vallet; Allard.*	XI	470
Monnaies (Essai des). — *M. Bréant*	XI	504
Monogamme, ou moyen d'exécuter toutes sortes de gammes sur les claviers. — *M. Decrugy.*	XI	508
Montagnes artificielles dites de santé. — *MM. Populus; Chatelin; Castille* père et fils.	XI	517
Mortier de pouzzolane artificielle. — *M. Delahaye-Duménÿ.*	XI	568
Mortier hydrofuge. — *MM. Ekermans* et compagnie.	XI	568
Mortier ordinaire. — *M. Vicat.*	XI	568
Mosaïques. (Moyen de les conserver.) — *M. N***.*	XI	572
Mosaïques en terre cuite. — *M. Pérès.*	XI	574
Mouture économique. — *M. Cadet-de-Vaux.*	XII	9
Moyeux en métal. — *M. d'Oyen de Furstenstein.*	XII	21
Musique. (Sa gravure et son impression par divers moyens.) — *MM. Bouvier; Duplat* et *Georges; Olivier; Grassal.*	XII	58
Nacre de perle. — *M. Pradier.*	XII	95
Navigation (Nouveau système de). — *M. Ducret.*	XII	117
Noir d'impression pour la gravure en taille douce. — *M. Jouglas.*	XII	184
Noir d'os. — *M. de Puymaurin.*	XII	184
Noir double incorruptible. — *M. Colmant.*	XII	187
Noctographie, ou art d'écrire sans y voir. — *M. Julien-Leroy.*	XII	245
Okygraphie, ou art de fixer par écrit tous les sons de la		

	Tomes.	Pages.
parole, avec autant de facilité et de promptitude que la bouche les exprime. — *M. Blanc.*	XII	294
Ornemens dorés. — *M. Rascalon.*	XII	410
Orseille. — *MM. Bourget* frères.	XII	413
Ostéocolle. — *M. Dupasquier.*	XII	438
Outils. — *M. Tournoux*; les fabriques de *Saint-Étienne*; *MM. Gauthier*; *Dherbecourt.*	XII	446
Ouvrages imprimés. (Leur restauration.) — *MM. Vialard* et *Heudier.*	XII	447
Paille, jonc et bois. (Manière de les teindre.) — *M. N***.*	XII	506
Pailles indigènes. (Moyen de les rendre propres à remplacer celles d'Italie dans la fabrication des chapeaux.) — *M. de Bernardière.*	XII	508
Pains a cacheter transparens et de toutes couleurs. — *Madame Bouche.*	XII	508
Panneaux de tenture. — *M. Chenevard.*	XII	532
Papier (Blanchîment de la pate du). — *M. Loysel.*	XII	554
Papier de sureté. — *M. Maugard.*	XII	569
Papier écrit et imprimé. (Moyens de refondre le). — *Madame Masson*; *M. N***.*	XII	570
Papier syrien. — *MM. Couder*; *Hirigoyen* fils.	XII	573
Papiers. (Leur teinture.) — *M. N***.*	XII	580
Papiers. (Procédé pour les rendre imperméables.) — *M. Mons.*	XII	581
Papiers maroquinés. — *MM. Roederer* et *Boehm*; *Forget.*	XII	581
Papiers, parchemins, livres, etc. (Moyen de les préserver de la moisissure, des rats, des mites et des vers.) — *M. Pajot-Laforêt.*	XII	587
Papirographie. (Procédé propre à la fabrication des planches artificielles à imprimer.) — *M. Aloys-Senefelder.*	XII	594
Parafumée. (Appareil propre à empêcher les cheminées de fumer.) — *M. Gardet.*	XII	596
Pastel (Culture et extraction de l'indigo du). — *MM. N***; Rouques.*	XIII	21
Pastel (Nouveau procédé pour teindre en bleu par la cuve montée à chaud au moyen du). — *M. Pavie.*	XIII	42
Pate de carton. — *M. Hirsch.*	XIII	60
Pate minérale destinée à aiguiser les rasoirs. — *M. Pradier.*	XIII	61
Pate propre à recevoir des ornemens de sculpture. — *M. Gardeur.*	XIII	.
Pates colorées pour poêles, vases, etc. — *M. N***.*	XIII	64
Patin brisé. — *M. Matran* aîné.	XIII	65
Patins-souliers. — *M. Bozon.*	XIII	66
Pavés en mosaïque. — *M. Baudry* fils.	XIII	66
Peaux. (Leur teinture.) — *M. Lenormand.*	XIII	76
Peaux (Préparations diverses des). — *MM. Boudet*; *N***.*; *Perlucet*; *Crispin* aîné, *Brière*, *Brillouet* et *Main* frè-		

	Tomes.	Pages.
res ; *Perducet*, *Lancot* et *Main* frères ; *Castelnaud* ; *Main* frères ; *Royer* ; *Paillard-Vaillant* ; *Main* frères ; *Giraud* ; *Guérineau* ; *Galhot* ; *Larguèze* cadet ; *Lapaine* ; *Escomel*.	XIII	79
Peignes (Dents de). — *M. Culhat*.	XIII	93
Peignes pour le tour (Outil propre à tailler les). — *M. Borel*.	XIII	97
Peinture a la pomme-de-terre. — *M. Cadet-de-Vaux*.	XIII	110
Peintures au ciment sur la pierre et sur la terre cuite. (Leur composition et manière de les employer.) — *MM. Janti* père et fils.	XIII	111
Peintures au lait. — *MM. Cadet-Devaux* ; *de Puymaurin*.	XIII	115
Peintures sur velours de soie et sur velours de coton. — *M. Vauchelet*.	XIII	124
Pellicule formée par le lait et le vinaigre. (Son emploi pour l'écriture et l'impression.) — *M. N****.	XIII	132
Perles artificielles (Fabrication des). — *M. de Lasteyrie*.	XIII	163
Pétrin mobile. — *M. Lambert*.	XIII	186
Phormium tenax. (Force de ses filamens comparée à celle des filamens du chanvre, de l'aloës-pitte, du lin et de la soie.) — *M. Houton de Labillardière*.	XIII	252
Pierres a fusil. (Leur nature et art de les tailler.) — *M. Dolomieu*.	XIII	357
Pierres a rasoirs. — Les habitans de *Viel-Salm*.	XIII	359
Pierres de couleur imitant la mosaïque. — *M. Nasarzewski*.	XIII	359
Pierres factices. — *MM. Fleuret* ; *Hélix*.	XIII	362
Pierres taillées. — Les fabriques d'*Oberstein*.	XIII	368
Pince pour timbrer les toiles de coton et autres étoffes. — *M. Pradier*.	XIII	387
Pipes en acier poli. — *M. Murat*.	XIII	392
Pipes en terre. — *MM. Wingerter* ; *Noerders-Haenser* ; *Lenssen*.	XIII	393
Placage du cuivre et de l'acier. — *M. Christian*.	XIII	401
Planches gravées diverses. — *MM. Molard* ; *Thomas* et *Uhlborn* ; *Straubharth*.	XIII	405
Plaqué d'or et d'argent. — *MM. Patoulet*, *Aubry* et *Lebeau* ; *Levrat* et *Papinaud* ; *Saillant* ; *Levrat* et compagnie ; *Pillioud* ; *Christofle* ; *Tourrot* ; *Chatelain* et compagnie.	XIII	468
Plaqué en platine. — *MM. Michaud* et *Labonté*.	XIII	469
Plaques de propreté. — *M. Leignardier*.	XIII	470
Platre (Procédé employé dans le département du Bas-Rhin pour la pulvérisation du). — *M. N****.	XIII	499
Plomb de chasse. — *MM. Martin* et *Akermann* ; *Yver*.	XIII	515
Plomb, étain et métaux aisés à fondre (Nouvelle méthode de travailler les). — *M. Devillers*.	XIII	517

	Tomes.	Pages.
Plumes métalliques. — *MM. Barthelot ; de Lasteyrie ; Bouvier ; Dejernon.*	XIII	522
Poils et cheveux. (Leur teinture.) — *M. N***.*	XIII	550
Poire a poudre. — *M. Lepage.*	XIII	557
Poisson (Procédé pour obtenir et épurer les huiles de). — *M. Combes.*	XIII	561
Poissons de mer. (Moyen de les transporter frais dans les lieux éloignés des ports.) — *M. Lebas.*	XIII	596
Poivre de France. (Manière de le confectionner.) — *MM. Bonneau ; Bodard.*	III	610
Polyèdre a lampe. — *M. Duval.*	XIV	3
Polymètre Bouvier. — *M. Bouvier.*	XIV	12
Pommade mexicaine. — *MM. Lange* et *Michel.*	XIV	25
Pommes-de-terre (Machine propre à extraire la farine des). — *M. Grouvel.*	XIV	36
Pommes-de-terre (Nouvelle propriété des). — *M. Clouet.*	XIV	44
Pommes et poires (Sucre des). — *M. Dubuc.*	XIV	46
Pompes a sein. — *M. Coutouly.*	XIV	54
Pompe a feu (Moyen de chauffer économiquement les chaudières destinées au service des). — *M. Frogier.*	XIV	66
Ponts en fer. — *MM. Gaston-Rosnay ; Dillon ; N***.*	XIV	94
Porcelaine (Bordures et ornemens en relief sur). — *M. Nast.*	XIV	98
Porcelaine (Impression et gravure sur la). — *MM. Potter* père et fils ; *Gonord ; Legros d'Anisy ; Hurford ; Stone* et *Coquerel ; Neppel ; Legros d'Anisy.*	XIV	100
Pots et coquemars en fonte de fer. — *M. Rouchon.*	XIV	164
Poulies (Nouveau système de). — *M. Carlier.*	XIV	208
Procédé propre à chauffer les habitations, ateliers et autres bâtimens, à chauffer ou sécher diverses substances, et à faire bouillir et évaporer les liquides, à l'aide d'appareils purgés d'air atmosphérique. — *MM. Hague* et *Crosley.*	XIV	259
Prunelle artificielle. — *M. Demours.*	XIV	281
Pulvérisation. (Déchet qu'elle fait éprouver aux substances qui lui sont soumises.) — *M. Henry.*	XIV	286
Pupitre pour donner aux aveugles la facilité d'écrire droit et avec assurance. — *M. Dejernon.*	XIV	287
Raffinerie. — *M. Delessert.*	XIV	361
Raisin (Sirop acide de). — *M. Poutet.*	XIV	380
Raisin noir. (Propriété tinctoriale de sa pellicule.) — *M. Deschamps* aîné.	XIV	383
Rasoirs (Nouvelle matière à appliquer sur les). — *M. Mérimée.*	XIV	391
Rasoirs (Pommade propre à repasser les). — *M. Guibert.*	XIV	391
Rateliers artificiels. — *MM. Lemaître ; Ricci Audibran.*	XIV	393

	Tomes.	Pages.
RÉCHAUDS ET SURTOUTS pour le service de la table. — *M. Schwickardi.*	XIV	400
RÉFRIGÉRANT pour les liquides. — *M. Abellard.*	XIV	416
RÉGULATEUR DU FEU. — *M. Bonnemain.*	XIV	423
RESSORTS ÉLASTIQUES. — *M. Nalder.*	XIV	447
RHODES (Remarques sur le bois de). — *M. Broussenet.*	XIV	462
RHUM. (Son extraction du sirop de betteraves). — *M. Amtman.*	XIV	463
ROBINETS A PISTON en fonte de fer. — *M. Dubois.*	XIV	471
ROBINETS propres aux conduits d'eau. — *M. Vachette* jeune.	XIV	471
ROCOU (Préparation du). — *M. Leblond.*	XIV	481
ROUGE A POLIR. — *M. Cuvier.*	XIV	504
ROUGE DE TURQUIE, d'Andrinople ou des Indes (Préparation de la couleur dite). — *M. Weber.*	XIV	507
ROUGE VÉGÉTAL LIQUIDE. — *Mlle. Goubet.*	XIV	507
ROUISSAGE DU CHANVRE. — *M. Guys.*	XIV	508
ROULETTES. — *M. Dumas* fils.	XIV	511
RUBANS DE FER. — *MM. Nerand* frères et *Thiolier.*	XIV	511
SABOTS. — *M. Guérin.*	XIV	551
SALAISON DU SAUMON. — *M. Corneille-Vanderteen.*	XIV	568
SANGLES. — *MM. Pihan* père et *Pihan* fils; *Grimpard; Pihan* père, et *Pihan* fils; *Furey-Laboulaye.*	XIV	591
SANGSUES MÉCANIQUES. — *M. Salandière.*	XIV	592
SAUMON. (Moyen de le transporter frais à Paris.) — *M. Dauberte.*	XIV	603
SAVON DE TOILETTE. — *M. Demarson.*	XIV	606
SAVON ORIENTAL. — *MM. Laugier* père et fils.	XIV	609
SAVON préservatif de la syphilis (Composition d'un). — *M. Leclercq.*	XIV	609
SAVONS DE GRAISSE. — *M. Marcel de Serres.*	XIV	618
SAVONS DIVERS, gâteaux, viandes, liqueur lixivielle, colle. (Leur fabrication.) — *M. Fouques.*	XIV	618
SCIES. (Leur emploi préférablement à celui de la hache pour débiter les bois de chauffage.) — *M. N***.*	XV	19
SCIES DIVERSES. — *MM. Albert; Touroude; Brunet* et *Cochet; Lefèbvre; Peugeot* frères et *Maillard-Salin; Hacks; Jourjon; le jury de l'exposition.*	XV	21
SELLE ÉLASTIQUE. — *MM. Marchais* et *Raymond.*	XV	46
SEMELLES DE CRIN IMPERMÉABLES. — *M. Burette.*	XV	59
SIROPS (Clarification des). — *M. Guillon.*	XV	127
SIROPS ET SUCRES (Nouveau moyen de clarification des). — *M. Dorion.*	XV	135
SOIES (Décreusage des). — *M. Roard.*	XV	141
SOIES. (Procédés propres à conditionner les). — *MM. Rast-Maupas; Brun.*	XV	142
SOIES BLANCHES. (Leur récolte en France.) — *M. Ratier.*	XV	150

	Tomes.	Pages.
Soudure pour l'or et l'argent. — *M. Bingant.*	XV	208
Soufflet hydrostatique. — *M. Thilorier.*	XV	212
Soufre. (Sa fleur considérée comme moyen contre l'incendie.) — *M. Cadet-Devaux.*	XV	216
Souliers sans couture. — *MM. Lemaistre ; Fauche-Borel.*	XV	233
Soupape hydraulique, ou syphon propre à augmenter la qualité des vins. — *M. Lavocat.*	XV	233
Source perpétuelle de lumière. (Briquet à muriate sur-oxigéné.) — *M. Renou.*	XV	235
Sous-courans d'une rivière. (Moyen de connaître leur profondeur.) — *M. Lesage.*	XV	243
Strass. (Sa fabrication et celle des pierres colorées artificielles.) — *M. Douault-Wieland ; Cadet de Gassicourt ; Lançon.*	XV	283
Sucre (Moyen de juger la cuite du). — *M. Guyton de Morveau.*	XV	349
Sucre de miel (Fabrication du). — *M. Dive.*	XV	353
Sucres (Procédés pour raffiner les). — *MM. Boucherie* frères ; *Huard ; Guillon ; Piniaux* fils ; *Benoist ; Derosne* frères ; *Cadet* et *Boudet ; Guillon ; Crosley ; Derosne.*	XV	353
Sucres (Terrage des) — *MM. Happel-Lachenaye ; Foucaud* et *Blanc.*	XV	365
Suifs. (Moyens de les fondre en grand.) — *MM. Delunel ; Bonmatin.*	XV	377
Suifs et graisses. (Appareil propre à convertir ces substances en une matière qui a tous les caractères et les propriétés de la cire.) — *M. Manjot.*	XV	378
Surveillant. (Instrument propre à faire connaître la déperdition des liquides dans les tonneaux.) — *M. Ladouèpe-Dufougerais.*	XV	418
Syphon aérifère. — *M. Jullien.*	XV	429
Syphon destiné à augmenter la qualité des vins. — *M. Lavocat.*	XV	431
Tableaux (Procédé pour restaurer les). — *M. Hacquin.*	XV	484
Tableaux a l'huile (Procédé pour faire mécaniquement des.)—*M. Gerhard-Boninger.*	XV	485
Tablettes pour les écoles. — *M. Quesnel.*	XV	501
Taffetas gommés et cirés. — *M. Lafontaine.*	XV	524
Tapis de table. — *M. Delaloge.*	XV	551
Teinture. (De celle qui donne au noyer une couleur imitant parfaitement l'acajou.) — *M. Cadet.*	XV	579
Térébenthine superfine. (Procédé pour l'extraire des matières résineuses qui la contiennent.) — *M. Fleury.*	XV	594
Terrasses (Moyen de construire les). — *M. Gilet.*	XV	594
Terres. (Moyen de les rendre plus propres à la manipulation.) — *MM. Potter* père et fils.	XV	629

	Tomes.	Pages.
TÉTERELLE MAMMIFORME destinée à l'allaitement artificiel des enfans. — *M. Petit.*	XV	655
THÉATRE (Décorations, machines et accessoires qui contribuent à la vérité de l'imitation au). — *M. Touchard-Lafosse.*	XV	662
THERMOLAMPE PORTATIF au moyen du gaz hydrogène, appliqué à l'éclairage. — *MM. Gengembre* fils et *Forest.*	XVI	29
TIRE-LIGNE, ou plume pour le dessin. — *M. Baradelle* fils.	XVI	46
TISSERANDS (Sur les ateliers, les encollages et les paremens des). — *M. Descroizilles* aîné.	XVI	47
TISSUS DE SOIE. — *M. Cuvillier.*	XVI	62
TISSUS EN BOIS COLORÉ. — *M. Calla.*	XVI	62
TOILES ABSORBANTES. — *M. Rey.*	XVI	74
TOILES ET TAFFETAS CIRÉS ET VERNIS. — *MM. Seghers; Didier.*	XVI	76
TOILES ET TAFFETAS GOMMÉS IMPERMÉABLES. — *M. Collet.*	XVI	77
TOILES IMPERMÉABLES. — *MM. Desquinemare; Mons.*	XVI	78
TOILES INCOMBUSTIBLES. — *MM. Douillard* et *Mary; Gay-Lussac; Vieilh de Varennes* et *Levasseur.*	XVI	78
TOILES MÉTALLIQUES. — *MM. Perrin; Saint-Paul; Rochon; Roswag* père et fils; *Gaillard; Stammler; Saint-Paul; Gaillard.*	XVI	78
TÔLES VERNIES. — *MM. Deharme; Finck; Demarne; Finck* et compagnie; *Girard* frères; *Tavernier.*	XVI	88
TONNEAUX (Fabrication des). — *M. Thomas.*	XVI	100
TONNEAUX CARRÉS. — *M. Kock.*	XVI	103
TOURBE (Carbonisation de la). — *MM. Poullain Sainte-Foix, Massard* et *Vibert; N***.; Dorigny; Thillaye-Platel; Blavier.*	XVI	126
TOURBE (Appareil pour mettre à profit les vapeurs qui, pendant la carbonisation, se dégagent de la). — *M. Marguerie.*	XVI	131
TOURBE (Nouveaux moyens de fabriquer la). — *MM. Dyon* et compagnie.	XVI	131
TOURBE. (Sa préparation par compression.) — *MM. Potter* père et fils; *Oyon; Grignet.*	XVI	133
TUYAUX EN TERRE CUITE pour la construction des cheminées. — *M. Brullée.*	XVI	273
TUYAUX SANS COUTURE. — *MM. Baumuler; Despian; Quétier.*	XVI	274
TYPOGRAPHIE. (Son emploi pour l'impression de la musique.) — *MM. Reinhard* et *Mertian.*	XVI	301
URINES ET ISSUES DE VIDANGES (Procédé propre à la dessication subite des). — *M. Donat.*	XVI	337

	Tomes.	Pages.
VAISSEAUX. (Moyen de les garantir de la piqûre des vers.) — *M. Ducrest.*	XVI	356
VANILLE. (Moyen de la remplacer par l'avoine.) — *M. Journet.*	XVI	372
VASE ÉPURATEUR. — *M. Ami-Argand.*	XVI	385
VEILLEUSE. — *M. Dumonceau.*	XVI	445
VELOURS (Tableaux en). — *M. Grégoire.*	XVI	453
VERNIS (Art de faire et d'appliquer les). — *M. Tingry.*	XVI	469
VERNIS. (Leur emploi dans la peinture à l'huile.) — *M. N***.*	XVI	474
VERNIS. (Moyen de l'enlever de dessus les tableaux.) — *M. N***.*	XVI	475
VERNIS DIVERS. — *MM. Demougé* et *Kreutzer*; *Meullersten*; *Lebreton* et *Didier*; *Liégrois* et *Valentin*; *Fourmy*; *Parmentier*; *Laurent*; *Schweighaeuser*; *Smith*; *Lenormand.*	XVI	475
VERNIS MÉTALLIQUES préservant de la rouille le fer et le cuivre. — *Madame Guyonne-Leroi.*	XVI	482
VERNIS pour métaux. — *M. Chaumette.*	XVI	484
VERRE (Incrustation dans le). — *M. Paris.*	XVI	485
VERRE (Procédé pour dorer, peindre et graver le cristal et le). — *M. Desvignes.*	XVI	487.
VERRE. (Procédés pour le fabriquer avec les sulfate et muriate de soude, sans le secours des alcalis). — Les administrateurs de la manufacture de *Saint-Gobin.*	XVI	487
VERRE, BAUDRUCHE OU PAPIER HUILÉ (Procédé pour transporter l'impression d'une gravure en taille douce sur). — *M. Robertson.*	XVI	488
VERROU A PISTOLET. — *M. Cadet.*	XVI	501
VIGNE. (Instrumens et procédés pour l'empêcher de couler et pour hâter la maturité du raisin.) — *MM. Lambry*; *Ducrocq*; *Bardel*; *Régnier*; *de Lorimier*; *Bettinguer*; *Pradier.*	XVI	531
VINIFICATION. — *Mademoiselle Gervais.*	XVI	578
VOITURE pour le transport des blessés. — *M. Daujon.*	XVI	648
VOITURES (Moyen de chauffer et de rafraîchir à volonté les). — *M. Allaire.*	XVI	649
YEUX ARTIFICIELS. — *MM. Hazard-Mirault*; *Desjardins.*	XVI	704
ZINC (Moyen d'employer dans la peinture le blanc de). — *M. Guyton de Morveau.*	XVI	712
ZINC (Emplois divers du). — *MM. Vauquelin* et *Deyeux*; *Migneron*; *Saillard* aîné.	XVI	712

Tomes. Pages.

ART DE L'ARMURIER.

ARMES DIVERSES. — *MM. Boutet ; Brunon* aîné ; les fabriques d'armes de *Saint-Étienne* ; les armuriers de *Paris* ; *MM. Feuillet ; Coulaux* frères ; *Duval* ; *Cessier*, *Coolidge ; Deboubert ; Gosset ; Pottet.* I 399
BASSINET DE SURETÉ. — *M. Régnier.* II 4
CANONS DE FUSIL (Soudure des). — *M. Lucas.* II 369
CARABINE. — *M. Gosset.* II 375
DAMAS (Lames de). — *Madame Degrand* née *Curgey* ; *M. Degrand.* IV 385
FLEURETS. — *M. Boggio.* VII 178
FUSILS DIVERS. — *MM. Henry ; Lucas ; Pauly ; Pottet ; Roux ; Prélat ; Lepage* ; la manufacture de *Tulle* ; *Delamotte.* VII 532
FUSILS (Platines de). — *MM. Lepage ; Delétang.* VII 536
PISTOLET A RÉVEIL. — *M. Régnier.* XIII 397
PISTOLETS A PERCUSSION. — *M. Roux.* XIII 398
PLATINES DE FUSILS. — Les ouvriers de *Vimeux* ; *MM. Feuillet ; Lepage ; Prélat ; Delétang ; Deboubert ; Delétang ; Brunel ; Collins ; Renette ; Pottet.* XIII 494
PLATINES DE FUSILS (Instrument à éprouver les). — *M. Régnier.* XIII 498

Voyez ART DU FOURBISSEUR.

ART DE L'ÉBÉNISTE.

BILLARD d'une nouvelle construction. — *M. Jean.* II 65
BOIS INDIGÈNES. (Leur emploi dans la fabrication des meubles.) — *MM. Burette ; Frichot ; Lorillard ; Papst ; Gravier ; Faure ; Wagner ; Marc ; Maigret ; Haumont ; Werner.* II 145
MEUBLES. — *MM. Jabob , Desmalter* et *Lignereux* ; *Jacob* ; *Bauson-Goubau ; Keckel ; Papst* ; l'école royale des arts et métiers de *Châlons* ; *M. Puteaux.* XI 394

ART DE L'ÉMAILLEUR.

ÉMAUX. (Leur application sur porcelaine, nacre, albâtre, acier, etc.) — *M. Bodson.* VI 46
ÉMAUX. (Leur composition.) — *MM. Brongniart ; Clouet ; Schweighaeuser ; Baruch - Weil* frères. VI 46
ÉMAUX COLORIÉS EN RELIEF. — *M. Lelong.* VI 52
ÉMAUX EN BAS-RELIEF. — *MM. Faisan , Maaden* et *Subit.* VI 52

Tomes. Pages.

ART DE L'ÉPINGLIER.

ÉPINGLES. (Nouveaux procédés pour leur fabrication.) — *MM. Jecker*; *Metton* frères et compagnie; *Jecker*; *Boucher* fils; *Migeon* et *Schervier* frères; *Spooner*. VI 164

ART DE L'ESSAYEUR.

PIÈCES D'OR (Instrument propre à indiquer le titre des). — *M. Vincent*. XIII 344

ART DU BALANCIER.

BALANCE NOUVELLE. — *M. Fortin*. I 512
CONDROMÈTRE. (Instrument pour connaître au poids le titre des grains et farines.) — *M. Ratton*. III 202
POIDS HYDRAULIQUE. — *M. Dalmas*. XIII 547

ART DU BRIQUETIER.

BRIQUES DE DIVERSES ESPÈCES. — *MM. Regnault*; *Laujorrois*; *Legressier*; *Lavocat*. II 193
CARREAUX DIVERS. — *MM. Ollivier*; *Boudier*; *Denière*, *Matelin* et *Mariotte*. II 411
Voyez ART DU TUILIER.

ART DU BRONZIER.

LUSTRES. — *Madame Boisrichard*, *veuve Raymond*. X 510
Voyez ART DU FONDEUR EN BRONZE.

ART DU BROSSIER.

BROSSES A DENTS. — *M. Naudin*. II 206

ART DU CARROSSIER.

CABRIOLETS dits *mercures ailés*. — *M. Deberkem*. II 223
CARROSSE NOUVEAU. — *M. Arnaud-Haneisz*. II 412
CÉLÉRIFÈRES. — *M. Sievrac*. II 448
GONDOLE (Voiture appelée). — *M. Hèbre*. VIII 373
MALLE-POSTE. — *M. Déloyauté*. XI 41
PARISIENNE. (Voiture à quatre roues, à dix-huit places, avec encliquetage, sans ressort ni recul.) — *M. Deberkem*. XIII 10

	Tomes.	Pages.
PATACHE VOLANTE. — *M. Berlioz.*	XIII	57
VÉLOCIFÈRES. — *MM. Chabannes ; de Sabardin.*	XVI	449
VOITURE NOMADE. — *M. Fanconi* père.	XVI	647
VOITURES (Nouvelles manières de construire les). — *MM. Chabannes ; Billion-Durivoire.*	XVI	652
VOITURES (Nouvelle manière de suspendre les). — *M. Garroz.*	XVI	657
VOITURES (Procédés pour adapter des châssis mobiles aux portières des). — *M. Vidal.*	XVI	662
VOITURES DIVERSES. — *MM. Focard-Chateau ; Bremond ; Simon* fils ; *Leona-Calderon ; Poisnel ; Toulouse ; Luines* et *Derry-Scully ; Plant ; Thilorier ; Arnaud-Haneisz ; Madame Dering ; MM. Testu ; N***. ; Gaillard.*		

Voyez ART DU CHARRON.

ART DU CARTIER.

CARTES A JOUER. — *M. Houbigant.*	II	414

ART DU CHANDELIER ET DU CIRIER.

BOUGIES. — *M. Mérijot.*	II	173
CHANDELLES. — *MM. Netto ; N***.*	III	6
CHANDELLES-BOUGIES. — *MM. White ; Bonmatin ; Hamel ; Monier ; Deglos.*	III	7
CHANDELLES ÉCONOMIQUES. — *MM. Audifred ; Rochon.*	III	9

ART DU CHAPELIER.

CHAPEAUX D'HOMMES. — *MM. Baumann ; Wilcox ; Paschal* aîné ; *Perrin ; Miroglio ; Didier ; Guichardière ; Lebrec ; Moissard ; Dunnage ; Dumery ; Malartre ; Colladon ; Guichardière ; Anceaume.*	III	25
CHAPEAUX (Emploi du pyrolignite de fer dans la fabrication des). — *M. Guichardière.*	III	29
CHAPEAUX (Nouveau moyen de fouler les). — *M. Guichardière.*	III	29
CHAPEAUX (Procédés nouveaux employés dans le secretage des). — *MM. Guichardière ; Defossés* et *Malard.*	III	30
CHAPEAUX ET SCHAKOS. — *MM. Collet* et *Bonjour ; Lousteau.*	III	31
JARRE. (Son extraction des peaux dont le duvet sert à la fabrication des chapeaux.) — *M. Malartre.*	X	24

	Tomes.	Pages.
Peaux de lièvre (Procédé pour éjarrer les). — *M. Malartre.*	XIII	87
Schakos a deux feutres. — *M. Delpont.*	XIV	621
Schakos en tissu de matières filamenteuses. —*M. Lousteau.*	XIV	621
Schakos en soie-feutre. — *MM. Maugey* frères, *Vignau* et *Tabourier.*	XIV	621

ART DU CHARRON.

Binots a trois socs. — *MM. Dessaux* frères.	II	65
Chariot pour le transport des pierres. — *M. Giraud.*	III	45
Chariot a rouleaux. — *M. Mathieu.*	III	46
Charrette-brouette. —*M. Chaillot.*	III	47
Charrette-tombereau. — *M. Moiria.*	III	48
Roues a jantes larges. —*MM. Reynier; Dupuis.*	XIV	502
Roues a voussoirs. — *M. d'Aboville.*	XIV	504
Roulage (Nouveaux systèmes de). —*MM. Pouchet; de Thiville.*	XIV	508
Traineau tranchant a conversion centrale.—*MM. Roquette de Kerguidu* père et fils.	XVI	154
Voiture économique. — *M. Guillon.*	XVI	644
Voiture sans essieu. — *M. Weber.*	XVI	648

Voyez Art du carrossier.

ART DU CHAUDRONNIER.

Bassinoire. — *M. Schuldres.*	II	4
Chaudière a vapeur. — *MM. Lemare* et *Brulée.*	III	70
Chaudière carrée. — *M. Reiser.*	III	70
Chaudière propre à économiser le combustible. —*M. de Rumfort.*	III	71
Liquides (Appareil pour chauffer les). — *MM. Monnel* et *Jayt.*	X	349
Marmite Delboeuf. — *M. Delbœuf.*	XI	137
Marmite économique propre à la cuisson des substances alimentaires. — *M. Pauwels* fils.	XI	138

ART DU CISELEUR.

Ornemens de voiture et harnais en cuivre ou en argent ciselé. —*M. Burn.*	XII	410

Tomes. Pages.

ART DU CLOUTIER.

CLOUS fabriqués à froid. — *M. Lemire.* III 268
CLOUS (Machines à fabriquer les). — *MM. Degrand ; Learenwert ; Degrand.* III 269

ART DU COIFFEUR.

PERRUQUES DIVERSES. — *MM. Leguay ; Caron ; Tellier ; Alix ; Vallon.* XIII 164
PERRUQUES ET FAUX TOUPETS. (Moyen de les faire tenir sur la tête.) — *M. Palette.* XIII 167
TISSU-TULLE. — *M. Richard.* XVI 50
TOTCAP (Nouvelle perruque appellée). — *M. Delalande.* XVI 120
TOUPETS A CHASSES. — *M. Charrier.* XVI 123

ART DU CORDIER.

CABLES EN CHAÎNE pour la marine. — *M. Grierson.* II 223
CORDAGES. — *MM. Vignolet* frères et *Leroy ; Ruel* et *Hortiez ; Lair* et *Hubert.* III 459
CORDES PLATES. — *M. Landaner.* III 464

ART DU CORDONNIER-BOTTIER.

BOTTES SANS COUTURE. — *MM. Delvau ; Sakoski.* II 167
CHAUSSURES (Nouvelle confection de). — *MM. Vivion ; Ollivier ; Gengembre* et *Solichère ; Héricart ; Auguste ; Chatel.* III 73

ART DU CORROYEUR-HONGROYEUR-MÉGISSIER.

CUIRS CORROYÉS. — *MM. Prungniaud ; Salleron* père et fils ; les fabricans de *Pontaudemer, MM. Salleron* père et fils, *Lecomte, Madame Veuve Honnette* et fils et *MM. Oursin-Caze* frères. IV 289
CUIRS IMPERMÉABLES. — *MM. Potot ; Smith* et *Thomas ; Hénory ; Potot ; Nebel-Crépus ; Kusel* et *Thomas ; Nebel-Crépus ; Thomas.* IV 289
HONGROIERIE ET MÉGISSERIE. — *M. Curaudau.* IX 116
MÉGISSERIE. — *MM. Malgontier* et *Perrier.* XI 263

Tomes. Pages.

ART DU COUTELIER.

CANIF. — *M. Danois.* II 359
CISEAUX. — *M. Pein.* III 240
COUTEAUX A REVERS. — *M. Frérot* jeune. IV 159
COUTELLERIE. — *M. Petit-Walle*; les fabriques de *Saint-Étienne*, *Thiers*, *Paris*, *Langres*, *Moulins* et *Chatellerault*; *MM. Bernaud-Gloutier* et *Gavet*; *Gillet*; *Petit-Walle* et *Bataille*; *Mougeot*; *Jullien*; les fabriques de *Chatellerault*. IV 159
INSTRUMENS DE CHIRURGIE. — *M. Bataille.* IX 467
RASOIRS. — *MM. Petit-Walle*; *Bataille*; *Bataille* fils; *Petit-Walle*; *Brasset-Lhérault* père et fils; *Matel*; *Charles*; *Pradier.* XIV 389

ART DU DÉGRAISSEUR.

ÉTOFFES (Procédé pour dégraisser les). — *M. Chaptal.* VI 405
TACHES. (Moyen de les enlever sur les habits de drap blanc.) — *M. Colin.* XV 504

ART DU DISTILLATEUR.

EAU COSMÉTIQUE. — *MM. Laugier* père et fils. V 265
EAU DE COLOGNE. — *MM. Cadet*; *Suireau-Durochereau*; *Laugier* père et fils; *Vauquelin*; *Pléney*; *Suireau-Durochereau*; *Laugier* père et fils. V 265
EAU DE COLOGNE BALSAMÉE. — *M. Fabré.* V 269
EAU-DE-VIE. (Procédé pour l'extraire des raisins secs.) — *M. Nazo.* V 292
EAU-DE-VIE d'arbouse et de ronce. (Procédés pour l'obtenir.) — *MM. Mojon*; *Relivi.* V 293
EAU-DE-VIE de marc de raisin.—*MM. Lenormand*; *Aubergier.* V 298
EAU-DE-VIE de pommes-de-terre. — *MM. Mozart*; *Résat*; *Cadet*; *Clément.* V 305
EAU D'ISPAHAN. — *MM. Laugier* père et fils. V 308
EAU DITE DES ALPES. — *M. Liautaud.* V 308
EAU DITE DES ROSIÈRES. — *M. Briard.* V 308
EAUX-DE-VIE (Distillation des). — *MM. Nazo*; *Fabre* frères; *Mendès*; *Trégan.* V 367
ESPRIT DE VIN (Appareil pour le rectifier.) — *M. Barré.* VI 292
ESPRITS. (Procédé pour les convertir en eau-de-vie de bonne qualité.) — *M. Gilly* père. VI 292
SIROPS (Évaporation des). — *M. Bertin.* XV 127
VINAIGRE. — *MM. Parmentier*; *Degouvenain*; *Cadet*; *N****.; *Figuier.* XVI 560

Tomes. Pages.

ART DU DOREUR.

Bronze. (Moyens de le dorer et de garantir les ouvriers de l'insalubrité des émanations du mercure.) — *M. d'Arcet.* II 202

Dorure a l'huile, en or bruni, sur toutes sortes d'objets de métal verni. — *M. Montcloux-Lavilleneuve.* V 145

Dorure sur bois. (Procédé pour la rendre plus solide.) — *M. Janin.* V 147

Dorure sur cristaux. — *MM. Perdu, Patoin* et *Luton; Perdu.* V 149

Métaux (Procédés pour dorer et argenter les). — *M. N***.* XI 353

ART DU FABRICANT DE COULEURS.

Peinture a la gouache (Couleur indestructible pour la). — *M. N***.* XIII 109

Peinture sur verre (Couleurs nouvelles pour la). — *MM. Dihl; Devilly, Mortelecque* et *Gallet.* XIII 123

ART DU FABRICANT DE PAPIER.

Papier (Application d'un principe colorant sur le). — *MM. Canson; Canson* frères. XII 553

Papier a gargousses. — *M. Delisle.* XII 567

Papier de paille. — *MM. Séguin; Harel.* XII 568

Papiers (Fabrication des). — *MM. Johannot; Odent; Johannot; Montgolfier; Villarmain; Rochebrune; Malménaide* aîné; *Léorier* et *Delisle; Rabouin; Lacroix; Koesné; Henri* aîné; *Brocard; Sette; Serves* de Chamalières; *Monier de Sirod; Morel; Laroche* puîné; *Lechartier; Poupelet; Désétables; Léorier, Delisle* et *Guillot; Mad. Veuve Mathieux; MM. Beretta; Laroche* aîné; *Delagarde; Désétables* aîné; *Lacourade* et *Georgeon; Serves* d'Auvernet; *Gaudin; Court; Brieu; Lacroix* jeune; *le jury de l'exposition.* XII 574

ART DU FABRICANT DE PORCELAINE.

Cafetières. — *M. Nast.* II 275

Magnésie. (Son emploi dans la fabrication de la porcelaine.) — *M. Giobert.* XI 7

Porcelaine. (Moyen de la guillocher.) — *MM. Chaiot* et *Bougon.* XIV 107

	Tomes.	Pages.
PORCELAINE (Nouvelle pâte à l'usage de la). — *M. Desprez* fils.	XIV	108
PORCELAINES DIVERSES. — *MM. Dihl* et *Guérard* : la manufacture de *Sèvres* ; la manufacture de *Valognes* ; *MM. Montcloux - Lavilleneuve* et compagnie ; *Dihl* et *Guérard* ; *Nast* ; *Caron* et *Lefèvre* ; *Darte* frères ; *Desprez* ; la manufacture de *Sèvres* ; *MM. Bertrand* ; *Pouyat* et *Russinger* ; *Neppel* ; la manufact. de *Valognes* ; *Alluaud* ; *Guillaume* ; *Bourden de Saint - Amans* ; *Gonord* ; *Nast* frères ; *Schœlcher* ; *Darte* frères ; *Dagoty* ; *Cadet - de - Vaux* et *Denuelles* ; *Alluaud* ; *Langlois* ; la manufacture de *Sèvres*.	XIV	110

ART DU FABRICANT DE TOLE VERNIE.

PLATEAUX en tôle, à bords droits, estampés d'un seul coup de marteau. — *M. Reliacq*.	XIII	474

ART DU FACTEUR D'INSTRUMENS A CORDES.

CLAVI-CYLINDRE. — *M. Chladni*.	III	249
CLAVI-HARPE. — *MM. Dietz* et *Second*.	III	250
CORDES MÉTALLIQUES. — *M. Pleyel*.	III	463
HARMONICA. — *M. Renaudin*.	VIII	511
HARPES (Nouveaux mécanismes de). — *MM. Ruelle* et *Cousineau* père et fils ; *Ruelle* ; *Érard* frères ; *Cousineau* père et fils ; *Érard* frères ; *Piane* ; *Gilles* ; *Brimmeyer* ; *Mérimée*.	VIII	512
HARPE D'HARMONIE. — *M. Thory*.	VIII	520
HARPES à pédales et à renforcement. — *MM. Érard* frères.	VIII	521
INSTRUMENT dit *harpe - harmonico - forté*. — *M. Keyser-Delisle*	IX	447
LYRE ORGANISÉE. — *M. Led'huy*.	X	519
MÉLODION. — *M. Dietz*.	XI	273
ORCHESTRINO. — *M. Poulleau*.	XII	375
ORGUE rendu expressif par le moyen d'un plus ou moins grand volume d'air comprimé dans le sommier. — *M. Grenié*.	XII	401
ORGUE SANS SOUFFLET. — *M. Luxeul*.	XII	402
ORGUES. (Moyens d'enfler ou de diminuer leurs sons à volonté, sans changer leur nature.) — *MM. Girard* frères.	XII	403
PIANOS DIVERS. — *MM. Schmitt* ; *Dupoirier* ; *Schmitt* ; *Pfeiffer* et compagnie ; *Érard* frères ; *Pfeiffer* ; *Wagner* ; *Roller*.	XIII	334
TRANSPOSITEUR. (Mécanisme destiné à aplanir les difficultés du changement de ton dans les forté-piano.) — *M. Roller*.	XVI	163

	Tomes.	Pages.
TROCHLÉON. — *M. Dietz.*	XVI	236
Voyez ART DU LUTHIER.		

ART DU FACTEUR D'INSTRUMENS A VENT.

BASSE GUERRIÈRE. — *M. Dumas.*	II	3
BASSE-ORGUE. — *M. Sautermeister.*	II	3
BASSON. — *M. Simiot.*	II	5
CLARINETTE. — *M. Janssen.*	III	245
CONTRE-BASSE GUERRIÈRE. — *M. Dumas.*	III	438
CORS. — *MM. Lebrun ; Dupont ; Boilleau* fils.	III	451
FLÛTE A CYLINDRE. — *M. Davrainville.*	VII	232
FLÛTES TRAVERSIÈRES. — *MM. Laurent ; Holtzapffel.*	VII	232
TROMBE. — *M. Frichot.*	XVI	236

ART DU FERBLANTIER.

BIDON. — *M. Huzard.*	II	62
BIDON-FILTRE pour la troupe. — *MM. Smith, Cuchet* et *Denys de Montfort.*	II	62
CAFETIÈRES. — *MM. Hadrot; Desroches, Henrion* et *Rouch ; Senée ; Laurens ; Morize ; Gaudet.*	II	274

ART DU FLEURISTE.

FLEURS ARTIFICIELLES. — *M. Venzel.*	VII	180

ART DU FONDEUR DE CARACTÈRES.

CARACTÈRES D'IMPRIMERIE. — *MM. Gillet ; Vinçard ; Didot ; Bodoni ; Pinard ; Bournot ; Poterat, Delalain ; Didot ; Mollé.*	II	376
CARACTÈRES pour l'impression des cartes géographiques. — *MM. Poterat ; Périaux.*	II	379
FONDERIE POLYAMATYPE. — *M. Didot.*	VII	276
FONTE ET GRAVURE DE CARACTÈRES. — *MM. Bournot ; Didot ; Mollé ; Léger.*	VII	279
FORMATS SOLIDES (Méthode de fondre en). — *M. Herhan.*	VII	356
FORMATS STÉRÉOTYPÉS (Manière de fondre les). — *M. Didot.*	VII	364
GARNITURES pour séparer les pages et former les marges. — *M. Didot.*	VIII	80
MONOTYPAGE. — *M. Gatteaux.*	XI	508
MOULES A FONDRE LES CARACTÈRES d'imprimerie. — *MM. Didot ; Didot* et *Vibert.*	XI	580

	Tomes.	Pages.
PLANCHES FONDUES. — *M. Bouvier.*	XIII	405
PLANCHES SOLIDES (Procédé relatif à l'art d'imprimer en). — *M. Hoffmann.*	XIII	406
STÉRÉOTYPIE. — *MM. N***.*; *Herhan.*	XV	280

ART DU FONDEUR EN BRONZE.

BRONZES (Travaux en). — *MM. Thomyre; Denière* et *Matelin; Galle; Lenoir; Ledure; Feuchère.*	II	204
MÉDAILLES COULÉES. (Sur leur fabrication.) — *M. Chaudet.*	XI	218

Voyez ART DU BRONZIER.

ART DU FONDEUR EN FONTE DE FER.

BAS-RELIEFS en fonte de fer. — *M. Delaunay.*	I	575
FERS DE CHAPELIERS. — *M. Badin.*	VII	84
FILIGRANES. — *M. Bouvier.*	VII	147

ART DU FOURBISSEUR.

ÉPÉE (Coquille d'). — *M. Manceaux.*	VI	149

Voyez ART DE L'ARMURIER.

ART DU FOURNALISTE.

FOURNEAUX D'ESSAI. — *MM. Gillet de Laumont; Amfrye* et *d'Arcet.*	VII	390

ART DU GANTIER.

CHAMOISERIE ET GANTERIE. — *MM. Ducray* aîné, *Massu* cadet, *Durand*, *Dumoulin*, *Mesdames Chalvet*, *Veuve Romand*, *M. Thibaut*, les fabriques de *Niort*, *MM. Aubry* et *Gennuys.*	II	542
GANTERIE. — *MM. Boudart* fils aîné, *Christin* aîné; *Brière* aîné, *Brillouet*, *Christin* aîné et *Ducruy* aîné; *Walker*; *Boudart* fils; *Christin* aîné; *Deglesne-Cousin*; *Texier* et *Bouchon.*	VIII	58

ART DU LAMPISTE.

CHAPITEAU DE LAMPE (Nouveau genre de). — *M. de Lorimier.*	III	33
COUVRE-LAMPE. — *M. Connain.*	IV	167
FANAL TÉLÉGRAPHIQUE. — *M. Ami-Argand.*	VI	518

	Tomes.	Pages.
Fanaux. — *M. Bordier-Marcet.*	VI	50
Force-lumière. — *Madame veuve Adhémar.*	VII	299
Globes en cristal, ou en verre dépoli. — *M. Vernant.*	VIII	341
Lampe a coupole. — *M. Vivien.*	X	188
Lampe a mèche plate, à simple courant d'air, et à cheminée de verre ovale. — *M. Piault.*	X	189
Lampe a niveau alternatif. — *M. Hadrot.*	X	190
Lampe a niveau intermittent — *M. Gotten.*	X	192
Lampe a triple courant d'air et à pompe foulante. — *M. Brochant.*	X	194
Lampe a tuyaux et à courant d'air. — *M. Henrion.*	X	195
Lampe docimastique. — *M. Bertin.*	X	196
Lampe éolipyle. — *M. Brochant.*	X	198
Lampe ignifère. — *M. Loque.*	X	199
Lampe indépendante de l'atmosphère. — *M. de Humboldt.*	X	199
Lampe lycnomena. — *MM. Carcel* et *Carreau.*	X	199
Lampe pneumatique à régulateur flottant et à hauteur variable. — *M. Andrew Spooner.*	X	203
Lampes a courant d'air. — *MM. Lange ; Bordier-Marcet.*	X	205
Lampes a couronne. — *M. Chopin.*	X	206
Lampes a double courant d'air. — *MM. Joly; Ami-Argand; Bordier-Marcet; Lenormand; Robert-Lessard; Garnier.*	X	207
Lampes a niveau constant. — *M. Caron.*	X	210
Lampes astrales. — *M. Bordier-Marcet.*	X	211
Lampes diverses. — *MM. Séguin*; *Girard* frères; *Dubourjal* et *Lelu*; *Leroy*; *Brunet* et *Gagneau*; *Vaillant*; *Robertson*; *Lerebours*, *Lahaussage*, *Brion* et *Jaime.*	X	212
Lampes économiques. — *MM. Nicolas*; *Bordier-Marcet*; et *Malpas.*	X	213
Lampes hydrostatiques. — *MM. Girard* frères; *Passé.*	X	215
Lampes mécaniques. — *M. Gagneau.*	X	217
Lampes propres à brûler des huiles et des graisses. — *MM. Lambertin* et *Debais.*	X	220
Lampes sidérales d'applique. — *M. Bordier-Marcet.*	X	220
Lampes verzyennes. — *M. Verzy.*	X	222
Lampes verzyennes phariques ou titanes. — *M. Verzy.*	X	223
Monophloge. — *M. Bordier-Marcet.*	XI	508
Phare a réflecteurs paraboliques. — *M. Lenoir.*	XIII	201
Phare maritime. — *M. Bordier-Marcet.*	XIII	202
Photopériphore-cato-dioptrique. — *MM. Michiels* aîné et *Fraiture* frères.	XIII	306
Photophore, ou porte-lumière. — *M. Bérard.*	XIII	308
Réflecteurs divers. — *MM. Bois; Bordier-Marcet; Lhomond.*	XIV	402
Réverbères. — *MM. Ami-Argand; Bordier-Marcet*; *Vivien*; *Michiels* et *Fraiture* frères.	XIV	451
Sinombre. (Nouvelle lampe astrale.) — *M. Phillips.*	XV	109

	Tomes.	Pages.
Sydus naval. (Fanal à courant d'air.) — *M. Bordier-Marcet.*	XV	418
Syphon a soupape. — *M. Ami-Argand.*	XV	430

ART DU LAPIDAIRE.

Stéatites. (Leur emploi par le graveur en pierres fines.) — *M. Vilcot.*	XV	275

ART DU LUTHIER.

Guitare-lyre. — *M. Mougnet.*	VIII	481
Instrumens de Musique (Appareil destiné à obtenir des sons continus des). — *MM. Mott* frères.	IX	475
Violons. — *MM. Didier; Baud; Chanot; le jury de l'exposition.*	XVI	619

Voyez Art du fabricant d'instrumens a cordes.

ART DU MARBRIER.

Granits des Vosges. — *M. Declerck.*	VIII	408

ART DU MENUISIER.

Escalier a double limon. — *M. Deplaye.*	VI	282
Portes (Moyen de remédier aux ouvertures qui existent sous les). — *M. Cauchois.*	XIV	123

ART DU MOULEUR.

Clichés avec des moules en plâtre, en soufre et en cire à cacheter (Moyens d'obtenir des). — *M. d'Arcet.*	III	253
Sculptures en bois (Art de mouler les). — *M. Lenormand.*	XV	28

ART DU PARCHEMINIER.

Parcheminerie. — *M. Lansot.*	XII	607

ART DU PARFUMEUR.

Crème du Cathay. — *M. Farina.*	IV	187
Essence de rose. (Méthode des Indiens pour la préparer.) — *M. Boullet.*	VI	297

	Tomes.	Pages.
Huile de Célèbes. — *Madame Léa-Nacquet.*	IX	142
Huile de Macassar. (Sa préparation.) — *MM. Léa-Naquet* et *Mayer.*	IX	144
Pastilles ou Perles turques. (Leur composition.) — *M. Cadet.*	XIII	56
Pate divine de Vénus. — *M. Bourdel.*	XIII	60
Philocome (Huile dite). — *M. Aubril.*	XIII	219
Poudre de Ceylan pour les dents. — *M. Despiau* fils.	XIV	200
Poudre dite de la Mer Rouge. — *M. Cambon.*	XIV	200
Poudre favorite des Sultanes. — *MM. Dissey* et *Piver.*	XIV	201
Topique labial. — *Madame Delacour.*	XVI	110

ART DU PASSEMENTIER.

Passementerie. — *M. Gobert.*	XIII	18

ART DU PEINTRE EN BATIMENS.

Peinture a chaux. — *M. Bernard.*	XIII	109

ART DU PLAQUEUR.

Galons en soie (Garnitures en cuivre plaquées or et argent propres à remplacer les). — *M. Chrétien.*	VIII	10
Tabatières plaquées en or sur argent ou sur cuivre. — *MM. Lécouffé* et *Baudin*; *Saillant.*	XV	483

ART DU PLOMBIER.

Plomb (Ouvrages en). — *MM. Huigh*; *Boucher*; *Verhelst.*	XIII	514
Tuyaux sans soudure. — *MM. Lebaillif*; *Cavallier.*	XVI	279

ART DU POÊLIER-FUMISTE.

Cheminées. (Moyens divers pour les empêcher de fumer.) — *MM. Piault*; *Lenormand*; *Benoît-Vincent*; *Canolle-Beynac*; *Couturier* et *Labbey.*	III	99
Fumée (Procédés divers contre la). — *MM. N****.; *Caunes* et *Lanaspèze*; *Dessigner-Maillard*; *Bertrand.*	VII	517
Terre cuite (Lanterne de Démosthène exécutée en). — *MM. Trabuchi* frères.	XV	615

Tomes. Pages.

ART DU POLISSEUR D'ACIER.

Fermoirs en acier. — *M. Dumery*. VII 68

ART DU POTIER DE TERRE.

Alcarazas, ou vases pour faire rafraîchir l'eau par évaporation. — *M. Fourmy*. I 241

Assiettes en terre blanche. — *MM. Paillard* frères. I 449

Brûloir a café en terre cuite. — *M. Schuldres*. II 98

Couverte imitant le bronze antique. — *M. Ollivier*. IV 160

Faïence et Poterie. — *MM. Potter; Utzschneider* et *Merlin-Hall; Révol; Laffineur; Utzschneider* et compag.; *Wouters; Sauze; Utzschneider* et compagnie; *Saint-Cricq-Caseaux*. VI 528

Hygiocérames. (Poteries salubres). — *M. Fourmy*. IX 243

Pate rouge non émaillée. — *MM. Utzschneider* et compagnie. XIII 61

Poterie (Substances terreuses contenant du fer, et qui s'emploient dans la fabrication de la). — *M. Fourmy*. XIV 153

Poteries. — *MM. Merlin-Hall; Fourmy; Révol; Ménard; Potter*; la manufacture de *Chantilly; MM. Villeroy; Hœner*; la faïencerie du faubourg *Nimi; MM. Laffineur; Mittenhoff* et *Mourot; Piranesi* frères; *Utzschneider* et compag.; *Lambert; Bock; Mad. Veuve Arnoux; MM. Bonnet; Keller; Mitthenhoff* et *Mourot; Beck* père et fils; *Openheim; Utzschneider* et comp.; *Baudet*; *de Paroy; Langlois; Barrat de Guelle; Keller* et *Fouques; Laujorois; Mique* et compagnie; *le jury de l'exposition*. XIV 154

Sucre (Machine employée à la fabrication de la cuisson des formes à). — *M. Tourasse*. XV 349

Tables planes en terre, propres à recevoir des inscriptions ou ornemens quelconques, et qui, fabriquées sans colombin jusqu'à une dimension excédant huit pouces, ne sont susceptibles ni de *cossiner* ni de *truiter*. — *M. Ollivier*. XV 498

Terres a pates de couleurs. — *M. Chanou*. XV 629

ART DU RELIEUR.

Reliures diverses. — *MM. Delaville; Bertin; Clément; Sastre* dit *Horace Brunet; Lesné; Simier; Purgold; Thouvenin; Astruc*. XIV 425

Tomes. Pages.

ART DU SELLIER.

Selle ombrifère. — *M. Jeunesse.* XV 47

ART DU SERRURIER.

Entrées de serrures. — *M. Rivery-Lejoille.* VI 144

Espagnolettes. — *MM. Coquet-Delalain; Carlin.* VI 290

Fermeture de secrétaire. — *M. Regnier.* VII 68

Serrures diverses. — *MM. Sabatier; Régnier; Koch; Régnier; Olive; Macquenheim* frères; *Frérin*; les fabriques de *Saint-Étienne*; *MM. Edgeworth; Rousseau; Sivart; Olive; Rivery* père et fils; *Georget; Pons; Mathé; Lesage; Régnier; Tocquet; Nantes; Régnier; Georget; Rivals-Lejoille; Régnier; Biver; Huret.* XV 81

ART DU TABLETIER.

Jeu du berger. *M. Moreau-Vinçard.* X 34

Nécessaires. — *M. Maire*; la maison de correction de *Dourdan.* XII 133

Tabatières écossaises. — *MM. Colletta* frères. XV 483

Végétaux artificiels. — *M. Demillière.* XVI 438

ART DU TAILLANDIER.

Bèches et pelles en fer. — *MM. Engelvin* frères. II 22

Cisaille d'établi. — *M. Teillard.* III 238

Cisaille pour tailler les arbustes. — *M. Régnier.* III 238

Coupe-cep. — *M. Ruffet.* IV 142

Échenilloir. — *M. Bellenoue-Chartier.* V 396

Faux et faucilles. — *MM. Lemire; Bornèque* aîné; les fabriques de *Dilling*; *MM. Irroy* père et fils; *Vincis; Girard; Durand; Nicod* fils; *Grosjean; Guérin; Bornèque* aîné; *Remi-Lamotte; Savoye* et compagnie; *Garrigou* et compagnie; *Garrigou, Sans* et comp.; *Bobilliers* et *Nicod; Biron; Ruffié; Delanos; le jury de l'exposition.* VI 521

Hache-pailles. — *M. Hoyau; Marcel de Serres; Bougreau.* VIII 504

Ratissoire. — *M. Deroy.* XIV 395

Sarcleur à trois coupans mobiles. — *M. Molard* jeune. XIV 594

Sarcloir a cheval. — *M. Hayot.* XIV 594

Tomes. Pages.

ART DU TAILLEUR.

Costumomètre. — *M. Beck.* IV 52
Longimètre. — *M. Beck.* X 416

ART DU TANNEUR.

Cuirs (Tannage des). — *MM. Séguin; Plummer, Donnet* et *Vannier; Vermont* frères; *Donnet, Loisel* et *Plummer; Salleron, Bunel, Cornisset,* les tanneries de *Malmédy* et *M. Darrond; MM. Favier; Barthélemy; Leuchsenring; Ashmore; Paillard-Vaillant.* IV 284
Cuirs dits vaches lissées. — *MM. Monière* et *Ray.* IV 289
Tannage. — *MM. Gettiffe* père et fils; *Berry; Cornisset.* XV 532

ART DU TAPISSIER.

Siéges et sommiers élastiques. — *M. Darrac.* XV 102

ART DU TEINTURIER.

Cachemires. (Procédé pour les teindre sans endommager les palmes.) — *M. Chappé.* II 226
Couleur tirée d'un champignon. — *M. de Lasteyrie.* IV 105
Couleur jaune minérale. (Procédé pour la fixer sur la laine, la soie, le coton et le chanvre.) — *M. Braconnot.* IV 106
Couleur jaune végétale. — *M. Chaptal.* IV 108
Écarlate. (Emploi de la laque dans la composition de cette couleur.) — *MM. Beauvisage* et compagnie. V 388
Fils de lin. (Leur teinture.) — *M. Desmarest.* VII 160
Garançage, rouge du Levant ou d'Andrinople. (Moyen d'obtenir le plus beau et le plus solide.) — *M. Haussmann.* VIII 59
Garance (Couleurs qu'on peut obtenir de la). — *M. Roard.* VIII 64
Indigo. (Sa préparation pour obtenir des couleurs bleues dans l'impression des indiennes.) — *M. Haussmann.* IX 318
Pourpre violet et les différentes nuances que l'on peut en faire arriver. — *M. Haussmann.* XIV 212
Rouge d'Andrinople. — *MM. Heilmann* frères et compagnie. XIV 507
Soies (Teinture des). — *MM. Story; Raymond; Perdreau; Renard; Brunel.* XV 146
Teinture. — *MM. Pavie; Lerebours; Deloge; Berthollet; Chaptal; Husson* frères; *Michel; Viart; Gonin* aîné; *Vitalis; Gonin* aîné; *Dietz; Palfrène; Augrand* frères; *Gain; Lefranc-Thirois; le jury de l'exposition.* XV 561

Tomes. Pages

ART DU TOURNEUR.

CHAMP-LEVER. — *M. Poterat.* II 542

ART DU TUILIER.

TUILES. — *MM. Huguet; Chaumette; Lorgnier; Legros d'Anisy; Lemaitre.* XVI 253
Voyez ART DU BRIQUETIER.

ART DU VERRIER.

BOUTEILLES DE VERRE. — *M. Saget.* II 180
CRISTAL (Médailles et camées incrustés dans la masse du). — *MM. Ladouépe-Dufougerais; Bourdon de Saint-Amans.* IV 195
CRISTAUX ET VERRES. (Leur dépolissage.) — *MM. Dupieu; Girard* frères. IV 226
VERRES A VITRE ET AUTRES. — *MM. Rousseau; Vinchon; Valter; Madame Libaude; MM. Dartigues; Grimblon;* la verrerie de *Monthermé; M. Pajot-Descharmes;* les manufactures de *Saint-Quirin, Monthermé* et *Cirey.* XVI 491

BONNETERIE.

BAS A MAILLES FIXES. — *M. Chevrier.* I 551
BAS COUPÉS A LA PIÈCE (Procédé pour fabriquer des). — *M. Decroix.* I 552
BAS DE COTON. — *MM. Lenfumey-Camusat; Payen* fils; la manufacture de *Grillon; MM. Lenfumey-Camusat; Longuet* aîné; *Guérinau.* I 553
BAS DE FIL. — *M. Détrey; Madame Veuve Legrand; M. Détrey.* I 554
BAS DE SOIE. — *MM. Méjan; Gervais.* I 555
BONNETERIE. — *MM. Cahours* père et fils; *Bellami; Godefroy; Coutan* et *Couture, Énos, Égoin, Forcht, Judson* et les fabriques de *Chalons-sur-Marne* et de *Liancourt; MM. Reine; Lefevre-Millet.* II 151

HORLOGERIE.

BALANCIER à compensation, pour les pendules. — *M. Noriet.* I 515
CADRAN NOCTURE. — *M. Griébel.* II 260
CADRANS CARRÉS, pour montres et pendules. — *M. de Ryot.* II 262

	Tomes.	Pages.
Compensateur. — *M. Destigny.*	III	408
Compteur des secondes, des dixièmes de seconde et des centièmes de seconde par approximation. — *M. Bréguet.*	III	409
Cylindrimètre. — *M. Faveret.*	IV	365
Échappemens divers. — *MM. Bréguet; Tavan; Lory; Deribaucourt; Tavernier.*	V	389
Fusée (Moyen de la supprimer dans les montres.) — *M. Lenormand.*	VII	522
Horlogerie. — *MM. Bréguet* de Paris; *Robert; Lemaire; Sandoz; Jappy; Lepaute*; les horlogers de *Saint-Nicolas d'Aliermont*; *MM. Pons; Desblanc; Bréguet* de Besançon; *Racine; Blanchard; Whitte; Jacquet; Bréguet* père; *Bréguet* fils; *Jappy; Lepaute* fils; *Bourdier; Wagner; Lory; Berthoud* frères; *Duchemin; Beurnier* frères; *le jury de l'exposition.*	IX	121
Horlogerie (Instrumens d').—*MM. Gautier; Abraham* père et fils; *Blondeau* frères.	IX	130
Montres. — *MM. Corancez; Bréguet; Auzière; Isabel*; la manufacture de *Bezançon*; *MM. Oudin; Berolla; Faverger; Hernais; Poterat; Destigny; Berguiller; Beurnier* frères; *Oudin; Mathey-Doré.*	XI	530
Montres marines. — *MM. Berthoud; Bréguet.*	XI	535
Pendule a cadran carré. — *M. N***.*	XIII	143
Pendule a calendrier perpétuel. — *M. Schwilgué.*	XIII	143
Pendule a huit cadrans. — *M. Faveret.*	XIII	143
Pendule a mouvement perpétuel. — *MM. Geyser* frères.	XIII	144
Pendule a musique. — *M. Bourdier.*	XIII	145
Pendule a sphère mouvante.—*M. Raingo* aîné.	XIII	147
Pendule veilleuse. — *M. Griebel.*	XIII	152
Pendules compensateurs. — *MM. Piault; Noriet.*	XIII	154
Pendules diverses. — *MM. Bréan; Janvier; Hartmann; Robin* frères; *Lory; Pons; Pecqueur; Destigny.*	XIII	156
Quadrature de montre a répétition et machine à réveil. — *M. Laresche.*	XIV	327
Régulateur a tourbillons. — *M. Bréguet.*	XIV	420

INSTRUMENS DE CHIMIE.

Alambic propre à l'essai du vin. — *MM. Descroizilles* et *Chevalier.*	I	237
Alambic ambulant. — *M. Bordier-Marcet.*	I	237
Cagnardelle. — *M. Cagnard de Latour.*	II	276
Chalumeau des émailleurs (Moyen de remplacer le). — *M. Brook.*	II	536

	Tomes	Pages.
CHARBON. (Appareil propre à l'extraire des matières animales et des résidus du bleu de Prusse.) — *MM. Payen, Bourlier* et *Pluvinet* frères.	III	38
CHIMIE (Instrumens de).— *MM. Lepésant* et *Méteil.*	III	177
CREMNOMÈTRE. — *M. Cadet.*	IV	188
DIAMANT (Appareil propre à la combustion du). — *MM. Guyton de Morveau* et *Hachette.*	IV	550
DIGESTEUR DISTILLATOIRE pour analyser le liége et les matières végétales. — *M. Chevreul.*	V	10
DISTILLATION (Appareils divers de). — *MM. Lebon; O'Reilly; Stone; E. Adam; Édelcrantz; Barne* neveu; *Barre; Solimani; Bérard; Chassary; Flickwier; Ménard; Brugnière; Guy; Brougnières; Fournier; Mlle. Bascou; MM. Reboul* de Calvisson; *Reboul* de Pezenas; *Curaudau; Sizaire; Lelouis; Carbonel; Z. Adam; Derivaz; Bascou;* les rédacteurs des *Annales de Chimie; F. Adam; Bailleul; Duroselle* fils; *Baglioni; Alègre; Cellier-Blumenthal; Dérivès; N***.; Tachouzin* et *Gounon; Mathieu de Dombasle; Magnan; Alleau; Adam; Brouquières; Cellier-Blumenthal; Lenormand; Cellier-Blumenthal; Thuillière* jeune; *Privat* aîné; *Privat; Delachaise* et *Marsan; Jullien; Varnod-Osvald; Caumette* et *Aliez; Pastré; Barnabé; Garlepied; Cellier-Blumenthal; Derosne; Adam; Caron; Derode.*	V	60
EAU (Appareil propre à la décomposition de l').— *MM. Silvestre* et *Chappe.*	V	227
EAU DE MER (Appareil propre à la distillation de l'). — *M. Clément.*	V	280
EAUX MINÉRALES ACIDULES. (Appareil de compression pour leur préparation.) — *M. Planche.*	V	373
ENTONNOIR A DOUBLE ROBINET. — *M. Fortin.*	VI	138
ÉTHER SULFURIQUE. (Appareils propres à l'obtenir.) — *MM. Boullay; Guilliermont; Destouches.*	VI	384
ÉTHERS SIMPLES OU COMPOSÉS (Appareils propres à respirer les). — *M. Boudet.*	VI	391
ÉVAPORATION PERMANENTE (Procédé pour obtenir l').—*M. Paris.*	VI	477
GAZ OXIDE DE CARBONE (Instrument pour obtenir le). — *M. Baruel.*	VIII	183
INSTRUMENS DE CHIMIE. — *MM. Lepésant* et *Meteil.*	IX	467
LABORATOIRE ÉCONOMIQUE. — *M. Guyton de Morveau.*	X	90
LENTILLE PARABOLIQUE de Rospini. — *M. Coutelle.*	X	270
LUT. (Appareil propre à le remplacer pour l'extraction des acides.) — *M. Baget.*	X	510
LUTS (Préparations de divers). — *MM. Paysse; Cadet; Boullay.*	X	511
MAGNÉSIE (Appareil pour la calcination de la).— *M. Planche.*	XI	6

	Tomes.	Pages.
Pèse-huiles. — *M. Chevalier.*	XIII	175
Pèse-liqueur pour les sucres. — *M. Guyton de Morveau.*	XIII	175
Phosphore. (Appareils pour sa fabrication.) — *MM. Destouches; Baget; Boudet; Dulong.*	XIII	272
Précipitomètre. — *M. Cadet.*	XIV	227
Retardateur des fermentations. — *M. Focard-Chateau.*	XIV	447
Soude (Appareils pour les manufactures de). — *MM. Descroizilles* aîné; *Pelletan* fils.	XV	188
Tube d'aspiration. — *M. Brizé-Fradin.*	XVI	249
Vin (Appareil propre à retirer tout l'acohol contenu dans le). — *MM. E. Adam; Adam* frères.	XVI	544
Vins (Nouvel appareil pour la distillation des). — *M. Julia.*	XVI	592

INSTRUMENS DE CHIRURGIE.

Aiguilles pour les sutures et l'anévrisme. — *M. Larrey.*	I	220
Cataracte (Instrumens nouveaux pour l'opération de la). — *MM. Chaussier; Bataille.*	II	443
Col de fémur (Appareil propre à produire l'extension perpétuelle pour la fracture du). — *M. Mordet.*	III	333
Lithotome (Nouvelle espèce de). — *M. Bataille.*	X	372
Parturateur. — *M. Lamarque.*	XIII	12
Taille par l'appareil latéral (Instrument pour l'opération de la). — *M. Guérin.*	XV	526
Trépan. — *M. Sir-Henry.*	XVI	185

INSTRUMENS DE PHYSIQUE, MATHÉMATIQUES, OPTIQUE, MARINE, GÉODÉSIE, ETC.

Acétimètre. — *M. Descroizilles* aîné.	I	113
Alcalimètres. — *MM. Fouque; Descroizilles* aîné.	I	242
Alcoholimètre. — *M. Garroz.*	I	251
Alcohomètre. — *M. Fournier.*	I	251
Alidade a niveau. — *M. Clément.*	I	255
Alidographe. — *M. de Saint-Phar.*	I	256
Anémomètres. — *MM. Régnier; Desquinemare.*	I	303
Aphanéidoscope. — *M. Chevalier* aîné.	I	342
Appareil physique propre à établir une circulation alternative d'eau chaude et d'eau froide dans la même capacité. — *M. Bonnemain.*	I	354
Aréomètre centigrade. — *M. Bordier-Marcet.*	I	377
Aréomètres. — *MM. Vincent; Bories; Barthélemy; Chevalier; Lavigne; N***.*	I	378

	Tomes.	Pages.
Aréométritype. — *M. Descroizilles* aîné.	I	381
Aréo-thermomètre. (Pèse-liqueur). — *M. Hervieux.*	I	382
Arithmographe. — *MM. Gattey ; Hoyau.*	I	398
Arithmomètre. — *M. Thomas.*	I	399
Arpentage (Appareil propre à l'). — *M. Simon.*	I	405
Balance hydrostatique. — *M. Barré.*	I	511
Baromètres propres à mesurer la hauteur du sol. — *MM. Conté ; Jecker.*	I	542
Bertholimètre. — *M. Descroizilles* aîné.	II	31
Besicles périscopiques. — *M. Cauchoix.*	II	32
Cadrans solaires. — *MM. Chevalier ; Morel-Lecerf ; Champion ; Luzarche ; Desimencourt.*	II	262
Caféomètre. — *M. Chevalier.*	II	270
Calculateur marin. — *M. Fitch-John.*	II	302
Calculateur mécanique. — *M. Guesnal.*	II	303
Canne a lunettes. — *M. Jecker.*	II	359
Cercle mural. — *M. Fortin.*	II	458
Cercle répétiteur. — *MM. Borda ; Lenoir.*	II	458
Cercles de réflexion. — *MM. Pictet ; Gambey.*	II	459
Chambre claire. — *M. Chevalier* aîné.	II	537
Chambre obscure à prisme convexe. — *M. Chevalier* aîné.	II	537
Chasses de lunettes. — *MM. Jecker* frères.	III	64
Colorigrade. — *M. Biot.*	III	345
Compas. — *M. Baradelle* fils.	III	401
Compas à tracer des spirales. — *M. Huret.*	III	403
Compas a quatre pointes. — *M. Leguin.*	III	404
Compas a verge. — *M. Legey.*	III	405
Compas azimutal à réflexion. — *M. Jecker.*	III	405
Compas d'alliage. — *M. Gonault de Mouchaux.*	III	406
Compas profileur. — *M. Lemoine.*	III	408
Cosmorama. — *M. N***.*	IV	48
Curvigraphe. — *M. Hannapier.*	IV	333
Cuves (Instrument pour connaître le degré de fermentation des). — *M. Chevalier.*	IV	335
Cyanomètres. — *MM. de Saussure ; Arago.*	IV	342
Devahk (Remarques sur le). — *M. Dillon.*	IV	515
Doubleur d'électricité. — *MM. Hachette* et *Desormes.*	V	151
Échelle comparative de la pesanteur des métaux. — *M. Lenoir.*	V	394
Échelle-paratonnerre. — *M. Brizé-Fradin.*	V	394
Élaiomètre, ou pèse-huile. — *M. Duquesne.*	V	522
Ellipsographes (Instrumens propres à tracer les ellipses.) — *M. N***.*	VI	23
Eudiomètre atmosphérique. — *M. Reboul.*	VI	455
Eudiomètre pour les gaz. — *M. Guyton de Morveau.*	VI	459
Eugraphe. — *M. Cayeux.*	VI	465
Evaporatoires divers. — *MM. Montgolfier ; Clément* et *Desormes ; Bertin.*	VI	479

	Tomes.	Pages.
Foyers de forges (Instrumens pour la construction des). — *M. Gallois.*	VII	438
Galvanomètre, ou mesure du galvanisme. — *M. Robertson.*	VIII	54
Gazomètre. — *M. Séguin.*	VIII	187
Géodésie (Appareil complet et portatif de). — *M. Pictet.*	VIII	246
Géodésigraphe. — *M. Sokolnicky.*	VIII	251
Globes célestes et terrestres. — *MM. Leguin ; Langlois ; Poirson ; Delamarche* et *Dien.*	VIII	340
Gravimètre. — *M. Guyton de Morveau.*	VIII	418
Héliostats. — *MM. Berthollet* et *Malus ; Hachette.*	VIII	542
Horizon artificiel. — *M. Odiorne.*	IX	118
Hydromètre universel. — *M. Lanier.*	IX	226
Hygromètres. — *MM. Guyton de Morveau ; Baudot.*	IX	249
Iconostrophe. — *M. Bachelier.*	IX	272
Instrumens de mathématiques, physique, astronomie, optique, marine, etc., etc. — *MM. Lenoir ; Kutsch ; Cassini ; Lenoir ; Jecker ; Lenoir ; Jecker ; Cengembre ; Lerebours ; Jecker* frères ; *Lerebours ; Haring ; Kutsch ; Kruines ; Rochon ; Assier-Perricat ; Lenoir ; Lerebours ; Fortin ; Gambey ; Cauchoix ; Soleil ; Richer* père et fils ; *Jecker* frères ; *Alizeau ; Champion ; Haring ; Richer* fils aîné ; *Chevalier* aîné.	IX	468
Jauge logarithmique. — *M. Gatley.*	X	24
Jauge métrique. — *M. Caston.*	X	26
Jauges pour les tonneaux, ou autres vases. — *M. Bazaine.*	X	28
Lait. (Instrument propre à reconnaître sa pesanteur spécifique.) — *M. Chevalier.*	X	168
Lorgnettes de théâtre dites *à bascules.* — *M. Derepas* fils.	X	419
Lunettes de spectacle et de campagne (Procédés de fabrication pour la monture des). — *M. Baron* fils.	X	506
Lunettes diverses — *MM. Cauchoix ; Biette ; Biot* et *Cauchoix ; Cauchoix ; Lerebours.*	X	506
Manomètre. — *M. Berthollet.*	XI	114
Mégascope. — *M. Charles.*	XI	262
Méridien. — *M. Régnier.*	XI	315
Micromètres. — *MM. Rochon ; Gélinsky.*	XI	402
Minudomètre. (Instrument destiné à faciliter la réduction des plans des mines.) — *M. de Lachabeaussière.*	XI	442
Miroir parabolique. — *M. Lenoir* fils.	XI	452
Miroirs parallèles. — *M. Richer* fils aîné.	XI	455
Niveau à lunette et à bulle d'air. — *M. Émy.*	XII	181
Niveau à planchette. — *M. Lespinasse.*	XII	181
Niveau-cercle. — *M. Lenoir.*	XII	182
Niveau-Chezy. — *M. Chezy.*	XII	182
Niveau d'eau. — *M. Villard.*	XII	182
Objectifs achromatiques — *M. Lerebours.*	XII	260

	Tomes.	Pages.
OPTICONOGRAPTE. — *M. Soleil.*	XII	334
ORIENTEUR. — *M. Champion.*	XII	404
PANTOGRAPHES. — *MM. Charpentier; Baradelle* fils ; *Lafond.*	XII	550
PARALLÈLE UNIVERSEL. — *M. Werly.*	XII	597
PERSPECTIVE. (Instrument propre à l'indiquer.) — *M. Pictet.*	XIII	172
PÈSE-SOLIDES. — *M. Hassenfratz.*	XIII	176
PHANTASCOPE — *M. Robertson.*	XIII	199
PHOTOMÈTRES. — *MM. Burckhardt; Bordier-Marcet.*	XIII	305
PIQUET A THERMOMÈTRE. — *M. Régnier.*	XIII	396
PRISMES DIVERS. — *MM. Rochon ; Chevalier* aîné.	XIV	252
PRONOPIOGRAPHE. — *M. Soleil.*	XIV	268
PYROMÈTRE DE PLATINE. — *M. Guyton de Morveau.*	XIV	305
PYROMÈTRE EN TERRE CUITE. — *M. Fourmy.*	XIV	307
RAPPORTEUR COMPLÉMENTAIRE. — *M. Mayssiat.*	XIV	388
RAPPORTEUR pour la perspective linéaire. — *M. Luzarche.*	XIV	389
RÉAUMUR. (Comparaison de son échelle avec celle de Fahrenheit.) — *M. Famin.*	XIV	398
RÉTICULES A SOMMETS ALTERNES. — *M. Valz.*	XIV	448
SEXTANT A RÉFLEXION. — *M. Lenoir.*	XV	99
SONDE DES MINES (Origine de la). — *M. Héricart de Thury.*	XV	181
SYMPIÉSOMÈTRE, ou mesure de compression. — *M. Adie.*	XV	426
TABLEAUX ET BAS-RELIEFS reproduits par l'optique. — *M. Dusaulchoy.*	XV	495
TÉLESCOPES DIOPTRIQUES à plusieurs objectifs. — *M. Cazalet.*	XV	584
THÉODOLITE. — *MM. Pictet ; Richer* père et fils.	XVI	21
THERMOMÈTRES DIVERS. — *MM. Régnier ; de Lalande ; Goubert ; Cotte ; Chevalier* aîné ; *Bréguet ; Fortin.*	XVI	31
TONNEAUX DE TOUTES DIMENSIONS (Jauge pour les). — *M. Champion.*	XVI	100
TRANSFIGURATEUR OU KALÉIDOSCOPE. — *M. Windsor* fils.	XVI	158
TUBES-LUNETTES. — *M. Rigolet.*	XVI	250
VERRES MÉNISQUES. — *M. Baradelle* père.	XVI	499
VERRES PLANS — *M. Lerebours.*	XVI	500

ORFÉVRERIE.

BAS-RELIEFS en argent. — *M. Kirstein.*	I	573
ORFÉVRERIE. — *MM. Odiot ; Auguste ; Biennais ; Bouillier ; Guyon ; Cahier.*	XII	387

PYROTECHNIE.

	Tomes	Pages
Appareils fumifuges. — *M. Désarnod.*	I	356
Bains (Appareil fumivore pour prendre des).—*M. Payard.*	I	507
Boite a feu. — *M. Thilorier.*	II	149
Calorifères. — *MM. Désarnod ; Olivier ; Désarnod ; Curaudau ; Désarnod ; Curaudau ; Desarnod ; Roger.*	II	313
Chaleur (Moyens artificiels de l'augmenter et de l'entretenir.) — *MM. de Rumfort ; Chambon de Montaud.*	II	526
Chauffage (Appareils divers de). — *MM. Marguerite ; Leroy ; Hugue* et *Grosley.*	III	72
Cheminées diverses. — *MM. Hisette ; Voyenne ; Grassot ; Brochet ; Millet ; Mella ; Borgnis-Desbordes* et *Cotte ; Guidi ; de Lachabeaussière ; Bruynes ; Lotz* et *Simon ; Jacquinet ; Bigel.*	III	103
Cheminées économiques. — *MM. Mozzanino ; Harel ; Debret ; Hainault ; Simon ; Hesselat-du-Héré ; Curaudau ; Désarnod ; Vasse ; Gilbert.*	III	110
Cuisine-poêle. — *M. Mella.*	IV	303
Dessiccateur, ou séchoir pour les draps.— *M. Désarnod.*	IV	509
Feu (Diverses machines à). — *M. Manoury d'Ectot.*	VII	87
Forges ordinaires (Moyen d'appliquer la méthode fumivore aux). — *M. Thilorier.*	VII	356
Fourneau hydraulique et digesteur de Papin. — *M. Fortin.*	VII	384
Fourneaux a chaudière. — *MM. Barlow ; Christian ; Hérisson.*	VII	385
Fourneaux connus sous le nom de *Galères.* — *M. Curaudau.*	VII	389
Fourneaux d'évaporation. (Des causes de leur imperfection et nouvelle manière de les construire pour y brûler économiquement toute espèce de combustible) — *M. Curaudau.*	VII	392
Fourneaux économiques divers.—*MM. Désarnod ; Voyenne ; Siauve ; Baudour ; Voyenne ; Cadet-Devaux ; Bouriat ; Ravelet ; Billet* et *Vieille ; Remy* et compagnie ; *Williamson ; Soudan.*	VII	396
Fourneaux fumivores. — *M. d'Arcet.*	VII	405
Fourneaux portatifs propres à divers usages. — *M. Gohier.*	VII	407
Fourneaux pour la conversion de la tourbe en charbon. — *MM. Thorin ; Poullain Sainte-Foix ; Saulzais ; Poullain Sainte-Foix, Massare* et *Vibert.*	VII	408
Fourneaux propres à fondre les métaux. — *MM. Bourry ; Beghein.*	VII	413

	Tomes.	Pages.
Fours à carboniser la tourbe. — *MM. Callias* frères et compagnie.	VII	213
Fours à briques, à tuiles, à carreaux et à chaux. — *MM. Singer; Bagot; Deblinne* et *Donop; Bonnet; Hulsemann.*	VII	418
Fours de boulangerie. — *MM. Legros-d'Anizy; Pujol-Dupuy.*	VII	427
Fours à étendre les manchons de verre à vitre et à sécher les billettes. — *M. Malherbe.*	VII	429
Fours a platre rectangulaires.—*M. Pluvinet.*	VII	433
Fours a réverbère — *MM. Aubertot; Pajot-Descharmes.*	VII	433
Fours pour l'affinage du fer. — *M. Dufaud.*	VII	436
Fours propres à cuire la faïence avec du charbon-de-terre. — *M. Révol* neveu.	VII	437
Foyers économiques.—*MM. Potter* et *Mourlat.*	VII	444
Hydroplogose. — *M. Thilorier.*	IX	233
Mèche combustible. — *M. Rathelot.*	XI	205
Phloscope. — *M. Thilorier.*	XIII	228
Poêle (Moyen d'augmenter la chaleur du). — *M. Conté.*	XIII	525
Poêle à fourneau et à four. — *M. Picard.*	XIII	526
Poêle construit sur les principes des cheminées suédoises. — *M. Guyton de Morveau.*	XIII	527
Poêle en fonte. — *M. Derosne.*	XIII	531
Poêle-fourneau. — *M. Harel.*	XIII	532
Poêle ventilateur. — *M. Curaudau.*	XIII	534
Poêles. (Nouvelle manière de les construire.) — *M. Debret.*	XIII	534
Poêles économiques.—*MM. Bruynes; Vallois.*	XIII	535
Poêles, fours et cheminées. — *M. Curaudau.*	XIII	537
Poêles fumivores. — *M. Thilorier.*	XIII	538
Poêles Voyenne. — *M. Voyenne.*	XIII	540
Pyropane. — *M. Thilorier.*	XIV	308
Thermolampe. — *M. Lebon.*	XVI	28
Thermophilax, ou conservateur de la chaleur.—*M. Chaussier.*	XVI	40
Usine a feu. — *M. Thilorier.*	XVI	337
Ventilateurs. — *MM. Pochon; Curaudau; Couturier* et *Labbey.*	XVI	460

QUINCAILLERIE.

Quincaillerie. — *MM. Sotter, Guentz* et *Goury* et compagnie; les fabriques de *Saint-Étienne; MM. Stamm* et *Loch; Coulaux* frères; *Deharme.*	XIV	340

Tomes. Pages.

TYPOGRAPHIE.

Éditions prototypes. — *MM. Guillaume* et *Lemare*. V 475

Typographie. — *MM. Guiraut; P.* et *F. Didot* et *Herhan*; *P.* et *F. Didot; Levrault; l'imprimerie du gouvernement; MM. Bodoni; P., F.* et *H. Didot*. XVI 298

FIN DE LA TABLE DES MATIÈRES.

TABLE DES AUTEURS.

A.

	Tomes.	Pages.
ABBEVILLE (*Les fabriques d'*). — Draps.	V	193
ABEL-RÉMUSAT, *de l'Institut*. — Volcans.	XVI	675
ABELLARD. — Réfrigérant pour les liquides.	XIV	416
ABOVILLE (D'). — Roues à voussoirs.	XIV	504
ABRAHAM *père et fils*. — Horlogerie.	IX	130
ACHARD, *de l'Académie de Berlin*. — Betteraves.	II	40
ACHARD, *de Valence*. — Coton.	IV	84
		85
ACLOQUE *aîné*. — Linge uni, damassé et ouvré, en fil ou en coton.	X	325
ACREL. — Bois de construction.	II	129
ACRUBACH. — Laines.	X	145
ADAM (E.). — Distillation.	V	68
Vin.	XVI	544
ADAM (Z.). — Distillation.	V	112
ADAM (F.). — Distillation.	V	118
ADAM. — Distillation.	V	134
		136
ADAM *frères*. — Vin.	XVI	556
ADELINE *fils*. — Fils de lin.	VII	160
ADELMANN. — Cuir.	IV	282
ADET. — Muriate fumant d'étain, ou liqueur fumante de Libavius.	XII	37
ADHÉMAR (*Madame*). — Couvre-plat, ou garde-manger ambulant.	IV	168
Force-lumière.	VII	299
ADIE. — Sympiésomètre, ou mesure de compression.	XV	426
ADRIEN (F.). — Cartelles.	II	413
AGNEIS. — Genièvre.	VIII	245
AIGNAN (D'). — *Voyez* VIALÈTES D'AIGNAN.		
AIMÉ. — *Voyez* DUBOIS-AIMÉ.		

	Tomes.	Pages.
AISNE (*Les fabriques du département de l'*). — Linons.	X	335
AITKEN. — Machines à feu.	X	561
Machines hydrauliques.	X	572
AIX (*Les fabriques d'*). — Laines.	X	146
AIX-LA-CHAPELLE (*Les fabriques d'*). — Aiguilles.	I	219
Draps.	V	195
AJAC. — Bourre de soie.	II	178
Étoffes diverses.	VI	444
AKERMAN. — Plomb de chasse.	XIII	515
ALAFORT. — Flanelles.	VII	178
ALARD. — Système lymphatique.	XV	445
ALBERT (C.), *de Paris.* — Coton.	IV	73
Machines à feu.	X	552
Moulins à farine divers.	XI	598
Roue à double force.	XIV	496
Vapeur.	XVI	372
ALBERT (A.), *de Paris.* — Papiers peints.	XII	592
ALBERT (L. C. A.). — Scies diverses.	XV	21
ALBINET. — Couvertures en laine, en coton et en soie.	IV	165
Molletons.	XI	475
ALBRESPY *frères.* — Draps.	V	195
Ratines.	XIV	394
ALDINI. — Galvanisme.	VIII	42
ALÈGRE. — Distillation.	V	127
ALENÇON (*Les fabriques d'*). — Toiles.	XVI	67
ALEXANDRE. — Filtre bordelais.	VII	161
ALIBERT (J. L.). — Cancer.	II	357
Coignassier.	III	329
Dartres..	IV	396
Fièvres pernicieuses, ou ataxiques intermittentes.	VII	128
Peau.	XIII	73
Pian.	XIII	334
Thérapeutique et matière médicale.	XVI	27
ALIEZ. — Distillation.	V	135
ALIZEAU. — Instrumens de mathématiques, de physique, d'astronomie, d'optique, de marine, etc.	IX	475
Pile de Volta.	XIII	370
ALLAIRE. — Voitures.	XVI	649
ALLAIS (B.). — Mécanisme applicable au métier ordinaire de filoche.	XI	202
Tulles divers.	XVI	262
ALLARD. — Moiré métallique.	XI	470
		473
		474
ALLEAU. — Distillation.	V	134
ALLEAUME. — Cartes en relief.	II	414
ALLIX. — Perruques diverses.	XIII	167

	Tomes.	Pages.
ALLOUARD. — Draps.	V	202
ALLUAND. — Châtaignes.	III	67
ALLUARD. — Presse à double pression pour dégraisser et décolorer les sucres bruts.	XIV	232
ALLUAUD *frères*. — Porcelaines diverses.	XIV	113
		116
Substance charbonneuse trouvée dans un four à porcelaine.	XV	308
ALMERAS *fils aîné*. — Peignes pour les fabriques.	XIII	101
Rots à tisser.	XIV	495
ALOYS-SENEFELDER. — Cartons lithographiques.	II	417
Papirographie.	XII	594
ALPHONSE-LEROY. — Épilepsie.	VI	159
Isolateurs du calorique.	IX	575
Médecine maternelle.	XI	223
Phosphore considéré comme médicament.	XIII	285
Quinquina français,	XIV	354
ALPHONSE-LEROY *fils*. — Chanvre et lin.	III	23
Vis d'Archimède.	XVI	623
ALTAIRAC *fils*. — Feutre.	VII	103
ALTENDOFF (*Les fabriques d'*). — Draps.	V	194
AMAND. — Cuirs à rasoirs.	IV	287
AMAURY-DUVAL, *de l'Institut*. — Peinture.	XIII	109
AMAVET *père et fils*. — Fardeaux.	VI	511
Roues à aubes.	XIV	501
Voitures.	XVI	649
AMEILHON, *de l'Institut*. — Couleurs des anciens.	IV	124
Histoire du Bas-Empire.	IX	84
AMELINE. — Modèle anatomique représentant particulièrement la myologie humaine.	XI	462
AMFRYE. — Carbonates de strontiane et de baryte.	II	389
Cuivre.	IV	314
Etain.	VI	311
Fourneaux d'essai.	VII	391
Produits chimiques.	XIV	261
AMI-ARGAND. — Fanal télégraphique.	VI	508
Lampes à double courant d'air.	X	208
Lanternes.	X	238
Réverbères.	XIV	451
Syphon à soupape.	XV	430
Vase épurateur.	XVI	385
AMIENS (*Les fabriques d'*). — Coton.	IV	85
AMPÈRE, *de l'Institut*. — Courans électriques.	IV	148
		150
Fils conjonctifs	VII	148
Gaz.	VIII	113
Réfraction ordinaire et extraordinaire.	XIV	406

	Tomes.	Pages.
Amstein de Léchelle. — Laifour.	X	114
Amtman. — Rhum.	XIV	463
Anceaume. — Chapeaux d'hommes.	III	29
Andelys (*Les fabriques des*). — Coton.	IV	85
Draps.	V	193
Anderson (J.). — Étoffes.	VI	401
Andrada (d'). — Crotalus horridus.	IV	267
Diamans.	IV	552
André. — Betteraves.	II	49
André, *d'Havré*. — Coton.	IV	73
André *fils aîné, de la Canourgue*. — Étoffes diverses.	VI	425
André, *de Paris*. — Gravure et impression sur pierres.	VIII	430
Lithographie	X	369
Andréossi. — Géographie.	VIII	253
Lac du fleuve sans eau	X	96
Lac Menzaleh.	X	98
Lacs de Natroun et du fleuve sans eau.	X	108
Andrew-Spooner. — Lampe pneumatique à régulateur flottant et à hauteur variable.	X	203
Andriel *et compagnie*. — Vapeur.	XVI	382
Andrieu. — Gravure en médaille et en pierres fines.	VIII	423
Andrieux (J.), *de Paris*. — Chaînes de fil de fer.	II	498
Coton.	IV	71
Trameuse anglaise.	XVI	155
Tricots divers.	XVI	231
Andrieux. — Étoffes de laine.	VI	416
Androdia-Moutonnier. — Noyer.	XII	241
Andry. — Couverts plaqués en argent.	IV	161
Anduse (*Les fabriques d'*). — Molletons.	XI	175
Angerville (d'). — Cidre.	III	223
Angrand. — Étoffes diverses.	VI	422
Anisy (d'). — *Voyez* Legros d'Anisy.		
Annales de chimie (*Les rédacteurs des*). — Distillation.	V	116
Eau.	V	260
Soude.	XV	204
Annales des arts et manufactures (*Les rédacteurs des*). — Pompes à feu.	XIV	56
Annesley. — Architecture navale.	I	370
Anquetil, *de l'Institut*. — France.	VII	450
Histoire de France.	IX	72
Anquetil, *de Paris*. — Piqués.	XIII	396
Anquetil-Desmarest. — Nanquins et Narkinettes.	XII	96
Ansaldo (A.). — Produits chimiques.	XIV	260
Sel cathartique amer.	XV	32
Sel d'epsom.	XV	39
Ansart-Pieron. — Dentelles.	IV	482
		483

	Tomes.	Pages.
ANSAULT. — Draps.	V	201
ANTIÉ. — Jayet.	X	29
ANVERS (*Les ateliers de bienfaisance d'*). — Tapis et tapisseries.	XV	553
APPERT. — Substances alimentaires.	XV	316
		321
		ibid.
APPLEGATH. — Presse à imprimer le papier des deux côtés à la fois.	XIV	232
ARAGO, *de l'Institut.* — Acier.	I	166
Affinité des corps avec la lumière.	I	194
Couransélectriques.	IV	150
Cyanomètres.	IV	342
Diffraction.	V	9
Fibre musculaire.	VII	110
Gaz.	VIII	110
Liquides.	X	351
Manne.	XI	112
Méridienne.	XI	315
Rayons de lumière polarisée.	XIV	395
ARBOGAST (L.-F.), *de l'Institut.* — Calcul des dérivations.	II	292
ARCET (D'), *de l'Institut.* — Alliage de platine et d'argent.	I	257
Bains de vapeur.	I	508
Bronze.	II	202
Carbonates de strontiane et de baryte.	II	389
Clichés avec des moules en plâtre, en soufre, et en cire à cacheter.	III	253
Colle-forte.	III	338
Épée de bronze trouvée dans une tourbière.	VI	149
Fontes de fer.	VII	284
Fourneaux d'essai.	VII	391
Fourneaux fumivores.	VII	405
Fusées incendiaires de Congrève.	VII	523
Gélatine.	VIII	202
Mancenilier.	XI	94
Métal des cloches	XI	342
Nitrate de soude.	XII	177
Produits chimiques.	XIV	261
		ibid.
Savons.	XIV	610
Soude.	XV	197
Soudes lessivées.	XV	207
Trempe du bronze.	XVI	178
ARCY (D'). — *Voyez* HONDT-D'ARCY.		
ARGAND. — *Voyez* AMI-ARGAND.		
ARGENCE (*Madame* D'). — Lin.	X	315
ARIMONT (D'). — *Voy.* SCHONENDALL-D'ARIMONT, *père et fils.*		

	Tomes.	Pages.
ARMAND (P.). — Muriate de soude.	XII	33
Soudes artificielles.	XV	207
ARMENTIÈRES (*Les fabriques d'*). — Nankins et nankinettes.	XII	96
ARMITAGE (G.). — Bas.	I	559
ARMONVILLE. — Chaussons.	III	73
Tapis et tapisseries.	XV	554
ARNAUD *frères*. — Molletons.	XI	475
ARNAUD-HANEISZ. — Carrosse nouveau.	II	412
Essieux divers.	VI	304
Roues de voitures.	XIV	504
Voitures diverses.	XVI	664
ARNAUD-POUSSET. — Draps.	V	194
ARNOLLET. — Pompes diverses.	XIV	72
ARNOULT. — Crayons.	IV	185
ARNOULT. — Manéges et mécanismes s'y adaptant et en tenant lieu.	XI	99
ARNOUX (*Madame Veuve*). — Poteries.	XIV	156
AROD-DUBOIS (*Mademoiselle*). — Verdet fabriqué par le moyen des acides.	XVI	467
ARPIN *et compagnie*. — Coton.	IV	85
Étoffes diverses.	VI	429
Mousselines, percales et calicots.	XII	1 2
Tendeur perpétuel.	XV	591
ARRAS (*Les fabriques d'*). — Coton.	IV	85
ARRAS (*L'hospice d'*). — Dentelles.	IV	484
ARTAUD. — Mosaïques antiques.	XI	573
ARTHUR. — Essieux divers.	VI	302
ASHMORE. — Cuirs.	IV	286
ASSERAT. — Dentelles.	IV	482 *ibid.* 483 484
ASSIER-PERRICAT. — Instrumens de mathématiques, de physique, d'astronomie, d'optique, de marine, etc.	IX	472
ASTIER. — Instrument pour régler une feuille de papier des deux côtés à la fois.	IX	448
ASTOU. — Coing.	III	332
ASTRUC. — Reliures diverses.	XIV	426
ATHÉNAS. — Étain.	VI	320
Mines d'étain.	XI	438
AUBAN. — Vaccine.	XVI	347
AUBER. — Gravure dite *chalcographie*.	VIII	422
AUBER. — *Voyez* JOURNU-AUBER.		
AUBERGIER. — Eau-de-vie de marc de raisin.	V	303

	Tomes.	Pages.
Aubert, *de Lyon*. — Étoffes diverses.	VI	440
Tricots divers.	XVI	213
		231
Aubert, *de Pont-l'Évêque*. — Vaccin.	XVI	342
Vaccine.	XVI	343
Aubert du Petit-Thouars. — Cachou.	II	230
Campanulacées.	II	343
Cycas.	IV	343
Cytise des Indes.	IV	376
Danais.	IV	390
Dicoryphe.	V	2
Didymèle.	V	8
Dracœnas.	V	155
Épiderme des arbres.	VI	153
Étamines.	VI	330
———	VI	333
Feuilles.	VII	94
Frêne dont un anneau d'écorce avait été enlevé.	VII	487
Gelée.	VIII	206
Greffes.	VIII	444
Hécatea.	VIII	540
Hélianthe annuel.	VIII	541
Maïs.	XI	25
Monimia.	XI	497
Pandanus.	XII	526
Plantes des îles de France, de Bourbon et de Madagascar.	XIII	446
Ptélidium.	XIV	284
Aubertot. — Acier tréfilé, pour aiguilles.	I	172
Charbonnières.	III	43
Fers.	VII	76
Fours à réverbère.	VII	433
Hauts-fourneaux.	VIII	524
Tôles laminées.	XVI	87
Aubraye *frères*. — Mousselines, percales et calicots.	XII	4
Aubril. — Cuirs à rasoirs.	IV	288
Philocome.	XIII	219
Aubry, *de Chaumont*. — Chamoiserie et ganterie.	II	542
Aubry, *de Champelan*. — Plaqué d'or et d'argent.	XIII	468
Aubry de Lanoë. — Draps.	V	190
Audebart de Férussac (d'), *fils*. — Cyclops de Müller.	IV	350
Cypride réniforme.	IV	372
Gales, ou vésicules des pistachiers.	VIII	4
Hydracnes et entomostracés.	IX	201
Audebert. — Araignée domestique.	I	361
Audibert. — Incendie.	IX	294
Audibert, *de Tonilles*. — Soies grèges.	XV	153

	Tomes.	Pages.
Audibran. — Râteliers artificiels.	XIV	394
Audifred. — Chandelles économiques.	III	9
Audouard. — Fièvres intermittentes.	VII	127
Audouin. — Gravure en taille douce.	VIII	439
Audouin. — Larve apode.	X	250
Auger, *de Caen.* — Alcali fixe.	I	241
Auger, *de Paris.* — Bocard volatilisateur.	II	128
Passementerie.	XIII	18
Tuyaux sans soudure.	XVI	283
Auger, *de Paris.* — Chocolat.	III	197
———	III	197
Augrand (G.), *frères.* — Teinture.	XV	576
Auguste. — Chaussures.	III	74
Auguste. — Cuivre.	IV	312
Auguste, *de Paris.* — Orfévrerie.	XII	387
Aumont. — Lacets.	X	104
Aussy (d'). — *Voyez* Legrand d'Aussy.		
Autenrieth. — Pommade contre la coqueluche.	XIV	23
Autremont (d'). — Tissus mérinos.	XVI	63
Auvergne-Corret (d'). — *Voyez* Latour d'Auvergne-Corret.		
Auzière. — Montres.	XI	531
Auzilly. — Savons.	XIV	617
Auzoux. — *Voyez* Dubois-Auzoux.		
Aynard *et compagnie.* — Draps.	V	198
Étoffes de soie.	VI	417
Averton. — Draps.	V	200
Avesne (*Les fabriques d'*). — Coton.	IV	85
Avranches (*L'hospice d'*). — Dentelles.	IV	484
Azara (F. d'). — Payaguas, nation sauvage.	XIII	72
Azir (d'). — *Voyez* Vicq-d'Azir.		
Azuni. — Boussole.	II	179

B.

Bachelier *fils.* — Badigeon-Bachelier.	I	497
Bachelier. — Iconostrophe.	IX	272
Bacot *fils*, *de Paris.* — Couvertures en laine, en coton et en soie.	IV	166
Bacot *père et fils*, *de Sedan.* — Draps.	V	197
Badeigts-Laborde. — Brais et goudrons.	II	185
Badin. — Acier fondu.	I	168
		ibid.
Aciers.	I	175
Badin *frères*, *de Vienne.* — Draps.	V	199
Badin, *de Paris.* — Fers de chapelier.	VII	84
Badollier. — Acide acétique.		118

	Tomes.	Pages.
Baget. — Lut.	X	510
Moiré métallique.	XI	470
Phosphore.	XIII	273
Baglioni. — Distillation.	V	127
Bagneries. — Gale.	VII	549
Bagneris. — Bateaux à vapeur.	II	15
Bagot. — Fours à briques, à tuiles, à carreaux et à chaux.	VII	421
Bagueneau. — *Voyez* Mingre-Bagueneau.		
Baillet. — Fer cassant à froid.	VII	37
Lanternes.	X	238
Bailleul. — Distillation.	V	122
Bailly, *de Lille*. — Coton.	IV	103
Bailly (V.). — Fièvre jaune.	VII	116
Bainée. — Claques pour garantir de l'humidité.	III	244
Balbatre. — Mousselines, percales et calicots.	XII	4
Baldwin. — Chanvre et lin.	III	25
Balguerie *jeune*. — Viandes.	XVI	527
Baligot *père et fils*. — Casimirs divers.	II	421
Étamines.	VI	337
Baligot-Remy. — Étoffes diverses.	VI	429
Baliste (*Madame Veuve*). — Maroquins.	XI	155
Baltard. — Gravure dite *chalcographie*.	VIII	421
Balthasar (S.-F.). — Succin.	XV	345
Bancel. — Rubans divers.	XIV	513
Bandiery. — Grues.	VIII	471
Banon, *de Limoges*. — Pompes foulantes et aspirantes.	XIV	91
Banon, *d'Orléans*. — Presse à double pression pour dégraisser et décolorer les sucres bruts.	XIV	232
Banon, *de Toulon*. — Sucres indigènes.	XV	372
Banse. — Crêpes.	IV	190
Métiers à tisser.	XI	387
Baradelle *fils*. — Compas.	III	401
Pantographes.	XII	551
Tire-ligne, ou plume pour le dessin.	XVI	46
Baradelle. — Fer fondu.	VII	43
Fontes de fer.	VII	287
Baradelle *père et fils*. — Gaz hydrogène.	VIII	146
Baradelle *père*. — Verres ménisques.	XVI	500
Barailon (J.-F.). — Bruère.	II	208
Cambiovicences.	II	327
Mont-Luçon.	XI	521
Toull.	XVI	120
Barbançois (de). — Agriculture.	I	213
Charrues diverses.	III	58
Économie rurale.	V	439
Laines.	X	145
		146

	Tomes.	Pages.
Mérinos.	XI	337
BARBÉ-DE-LUZ. — Charrues diverses.	III	53
		58
Fil de caret de toute grosseur et longueur.	VII	134
BARBET. — Toiles peintes.	XVI	86
BARBIER. — Expéditive française.	VI	495
BARBIER, *de Grenoble*. — Marbre.	XI	129
BARBIER, *de Rennes*. — Soufflets de forge.	XV	215
BARBOT. — Métal dit *artimomantico*.	XI	344
BARDEL. — Blanchîment par la vapeur.	II	94
Cocons.	III	295
Coton.	IV	65
		75
Cylindres en papier.	IV	363
Houille.	IX	131
Vers à soie.	XVI	510
Vigne.	XVI	534
BARDEL, *de Paris*. — Étoffes de crin.	VI	412
BARELLE. — *Voyez* BAYLE-BARELLE.		
BARETTI. — Cafés indigènes.	II	272
BARLOW. — Bateaux à vapeur.	II	15
Fourneaux à chaudières.	VII	385
BARNABÉ. — Distillation.	V	135
BARNE (F.), *neveu*. — Distillation.	V	71
BARNET. — Chaussures corioclaves.	III	75
Presses d'imprimerie.	XIV	239
Vapeur.	XVI	383
BARON *fils*. — Lunettes de spectacle et de campagne.	X	506
BARRAT DE GUELLE. — Poteries.	XIV	159
BARRÉ. — Balance hydrostatique.	I	511
BARRE (A.). — Distillation.	V	72
BARRÉ. — Esprit-de-vin.	VI	292
BARRÉ, *de Bercy*. — Toiles peintes.	XVI	81
BARREBA. — Produits chimiques.	XIV	261
BARRIER. — Opium.	XII	327
BARRUEL (J.). — Betteraves.	II	42
Élasticité.	V	523
Gaz oxide de carbone.	VIII	183
Raisin.	XIV	361
Raisins secs d'Espagne et de Corinthe.	XIV	386
BARTERAND (DE). — *Voyez* MOURET DE BARTERAND.		
BARTHÉLEMY, *de Montpellier*. — Aréomètres.	I	379
BARTHÉLEMY, *de Paris*. — Cuirs.	IV	286
BARTHELOT. — Plumes métalliques.	XIII	522
BARUCH-WEIL *frères*. — Émaux.	VI	52
BASCOU (*Mademoiselle*). — Distillation.	V	99
BASCOU (J.-D.). — Distillation.	V	113

	Tomes.	Pages.
Basin-Busson. — Reps de coton.	XIV	439
Basquies (A.). — Magnolia grandiflora.	XI	19
Bassal. — Basins et piqués.	II	1
Bassecourt. — Couvertures en laine, en coton et en soie.	IV	166
Bastide (A.). — Draps.	V	202
Bastin. — Tôles laminées.	XVI	87
Bataille, *de Bordeaux*. — Cataracte.	II	443
Coutellerie.	IV	159
Instrumens de chirurgie.	IX	467
Lithotome.	X	372
Rasoirs.	XIV	389
Bataille *fils*, *de Bordeaux*. — Rasoirs.	XIV	389
Bataille, *de Paris*. — Mécanisme susceptible d'être adapté à tous les mull-jennys pour le renvidage du coton.	XI	204
Batbedat. — Pins.	XIII	390
Baud. — Violons.	XVI	619
Baudelocque (J.-L.). — Accouchemens.	I	104
Matrice.	XI	193
Baudet. — Poteries.	XIV	158
Baudin. — Baie du géographe.	I	504
Baudin. — Panops.	XII	543
Baudin, *de Paris*. — Tabatières plaquées en or, sur argent ou sur cuivre.	XV	483
Baudot. — Hygromètres.	IX	250
Baudour (A.). — Fourneaux économiques divers.	VII	400
Baudry *fils*. — Pavés en mosaïque.	XIII	66
Baumann. — Cafés indigènes.	II	273
Baumann. — Chapeaux d'hommes.	III	25
Cuirs teints et vernissés.	IV	299
Baumé, *de l'Institut*. — Sels marins calcaires.	XV	50
Baumuler. — Tuyaux sans couture.	XVI	274
Baunier. — Aciers.	I	176
Manganèses oxidés, susceptibles d'être employés dans les arts.	XI	102
Bauny. — Cordages.	III	461
Bauson. — Cachemires français.	II	228
Schals divers.	XIV	628
Bauson-Goubau. — Meubles.	XI	395
Bauwens. — *Voyez* Liewen-Bauwens.		
Bayeux (*Les fabriques de*). — Dentelles.	IV	483
		ibid.
Bayle-Barelle. — Arachide.	I	359
Bayoul. — Moiré métallique.	XI	472
Bazaine. — Jauges pour les tonneaux, ou autres vases.	X	28
Beaufour. — Basins et piqués.	II	2
Beaulieu-lès-Loches (*Les fabriques de*). — Draps.	V	194
Beaunier. — Abeilles.	I	97

	Tomes.	Pages.
BEAUPRÉ (*Les fabriques de*). — Coton.	IV	85
BEAUPRÉ. — *Voyez* RIDEL-BEAUPRÉ.		
BEAUVAIS (*Les fabriques de*). — Draps.	V	194
Tapis et tapisseries.	XV	552
BEAUVAIS (*L'hospice de*). — Étoffes de laine.	VI	416
Tapis et tapisseries.	XV	553
BEAUVAIS (*La manufacture établie par des sociétaires à*). — Tapis et tapisseries.	XV	553
BEAUVAIS *et compagnie*. — Étoffes diverses.	VI	426
		428
Soies grèges.	XV	156
BEAUVISAGE *et compagnie*. — Écarlate.	V	389
BEAUVOIS. — Renard et lapin d'Amérique.	XIV	426
BEAUVOIS (DE). — *Voyez* PALISOT DE BEAUVOIS.		
BÉCLARD. — Viscères.	XVI	634
BECK (C.) — Costumomètre.	IV	52
Longimètre.	X	416
BECH *père et fils*, — Poteries.	XIV	157
BECQUEREL. — Électricité.	V	579
BECQUEY. — Navigation.	XII	124
BÉDARIEUX (*Les fabriques de*). — Draps.	V	194
BEGHEIN. — Fourneaux propres à fondre les métaux.	VII	413
BÉGUÉ. — Linge uni, damassé et ouvré, en fil ou en coton.	X	326
BELLAMI. — Bonneterie.	II	151
BELLANGÉ. — Étoffes de soie, or et argent.	VI	421
		422
BELLANGER, *de Saint-Léger*. — Coton.	IV	65
Laine.	X	143
		ibid.
BELLANGER, *de Paris*. — Moquettes et velours en laine.	XI	560
BELLARD. — Régulateur universel des poids et mesures.	XIV	423
BELLARDI. — Suffrénia.	XV	376
BELLEMÈRE. — Bas.	I	561
BELLENOUE-CHARTIER. — Échenilloir.	V	396
BELLEVILLE. — Roues à aubes.	XIV	511
BELLEVILLE, *de Paris*.—Tissus en coton imitant la gaze de soie.	XVI	62
BELLEVUE (DE). — *Voyez* FLEURIAU DE BELLEVUE.		
BELLONI. — Mosaïques modernes.	XI	574
BELLY. — Dévidoir pour les soies cuites, teintes, grasses et autres, ainsi que pour les fils de coton, laine, etc	IV	521
Métiers à tisser.	XI	387
BELOT. — Laine.	X	143
BÉNARD. — Toiles.	XVI	66
BÉNARD. — *Voyez* ROBERT-BÉNARD.		
BENÉDICT PRÉVOST.— Blé.	II	102
Chirocephale, insecte aquatique.	III	179
Concrétions calculeuses trouvées dans les viscères de		

	Tomes.	Pages.
divers animaux.	III	414
Concrétions vésicales d'oxalate de chaux.	III	416
Corps colorés	IV	1
Corps légers.	IV	21
Corps odorans.	IV	27
Yeux d'une organisation particulière, et moyen de suppléer, au moins momentanément, aux lunettes des presbytes.	XVI	704
Benneville. — Lin.	X	315
Benoist. — Sucre.	XV	359
Benoit, *de Vierzon*. — Acier tréfilé, pour aiguilles.	I	172
Benoit, *d'Orléans*. — Casquets.	II	425
		ibid.
Benoit-Vincent. — Cheminées.	III	101
Benoitte-Desvalettes. — Toiles de lin.	XVI	75
Benon. — Arbres fruitiers.	I	368
Bequet. — Blanc de céruse, ou blanc de plomb.	II	77
Bérard (J.-E.), *de Montpellier*. — Alun artificiel.	I	270
Amidon.	I	281
Chaleur.	II	502
Gaz.	VIII	97
——	VIII	110
Oxalates et suroxalates.	XII	453
Produits chimiques.	XIV	261
Rayons lumineux.	XIV	306
Sulfate de fer.	XV	383
Sulfate de magnésie.	XV	393
Terres de nouvelles espèces.	XV	631
Bérard (J). — Distillation.	V	76
Bérard. — Photophore, ou porte-lumière.	XIII	308
Bérard, *du Mans*. — Toiles.	XVI	66
Bercy *jeune*. — Cuirs pour les schakos.	IV	209
Bérenger. — Coupole en fer.	IV	143
Beretta. — Papiers.	XII	577
Bergeaud. — Eaux.	V	333
Berger. — Pompes foulantes et aspirantes.	XIV	73
Berger (F.), *de Genève*. — Ver.	XVI	464
Bergeron. — Sulfate de zinc.	XV	404
Bergersteigen. — Bleus divers.	II	124
Berghofer. — Cuirs à rasoirs.	IV	287
		288
Bergmann. — Basaltes.	I	570
Berguiller. — Montres.	XI	534
Berlioz. — Patache volante.	XIII	57
Bernard (S.). — Peinture à chaux.	XIII	109
Bernard. — Tricots divers.	XVI	218
Tulles divers.	XVI	259
Bernard-Matillot — Draps.	V	201

	Tomes.	Pages.
BERNARDI. — Oliviers.	XII	297
BERNARDIÈRE (DE). — Chapeaux de femme.	III	31
Pailles indigènes.	XII	508
BERNARDIN DE SAINT-PIERRE, *de l'Instit.*—Courans de l'Océan.	IV	146
Régime diététique et moral des marins.	XIV	416
BERNARDIN VEREA. — Glaces.	VIII	290
BERNAUD-GLOUTIER. — Coutellerie.	IV	159
BERNAVON. — Distillation.	V	136
BERNEAUX. — Chara.	III	34
BERNEVAL. — Charrues diverses.	III	49
BERNIS (DE). — Belier hydraulique.	II	26
BERNISET *père et fils*. — Machines.	X	536
BEROLLA. — Montres.	XI	531
BERRY , *de la Rochelle*. — Moiré métallique.	XI	471
BERRY. — Tannage.	XV	533
BERTE (A.-F.). — Parapluies.	XII	601
BERTHAULT. —Sonnettes mécaniques.	XV	183
BERTHE. — Papier.	XII	564
		565
BERTHEVIN. — Commerce.	III	395
BERTHIER. — Blende.	II	111
Chaudesaigues.	III	69
Fer.	VI	552
Fer carbonaté fibreux pseudo-morphique.	VII	35
Fer phosphaté bleu.	VII	63
Minerai de fer d'alluvion.	XI	422
Minerai de fer des houillères de France.	XI	423
Zinc oxidé manganésifère.	XVI	721
BERTHIER , *de Roville*.—Carotte.	II	407
		408
BERTHIER *et compagnie* , *de Lyon*.—Crêpes.	IV	190
Tulles divers.	XVI	257
BERTHIER , *de Paris*.—Dés à coudre.	IV	508
BERTHOLLET (C.-L.), *de l'Instit.* —Acide muriatique oxigéné.	I	138
Acide zoonique.	I	158
Affinités chimiques.	I	195
	I	206
Azote.	I	493
Bezoards.	II	61
Blanchîment par l'acide muriatique oxigéné.	II	82
Cactes de diverses espèces.	II	231
Chaleur.	II	517
Chlore , ou chlorine.	III	188
Cochenille.	III	275
————	III	282
Coton.	IV	93
Eudiométrie.	VI	460

	Tomes.	Pages.
Gaz hydrogène carboné.	VIII	161
Héliostats.	VIII	542
Hydrogène sulfuré.	IX	220
Lin et chanvre.	X	323
Lumière.	X	482
Manomètre.	XI	114
Mercure.	XI	303
Mercure fulminant.	XI	311
Muriate de mercure, ou mercure doux.	XII	29
Oxides métalliques.	XII	494
Phosphore.	XIII	292
Prussiates.	XIV	282
Respiration.	XIV	444
Soufre.	XV	228
Statique chimique.	XV	265
Sulfate de fer.	XV	386
Teinture.	XV	571
Tonneaux-filtres.	XVI	105
Topase.	XVI	110
Vaccine.	XVI	351
BERTHOLLET *fils*. — Ammoniaque.	I	283
Soufre.	XV	231
BERTHOUD *frères*. — Horlogerie.	IX	126
BERTHOUD. — Montres marines.	XI	535
BERTIN. — Évaporatoires divers.	VI	484
Sirops.	XV	127
BERTIN (T.-P.), *de Paris*. — Lampe docimastique.	X	196
BERTIN, *de Paris*. — Reliures diverses.	XIV	425
BERTON, *de l'Institut*. — Musique dramatique.	XII	79
BERTOUX. — Colle-forte.	III	338
BERTRAND, *de Lyon*. — Bascule à réverbération applicable aux cheminées.	I	576
Fumée.	VII	519
BERTRAND (J.), *d'Orbe*. — Compas propre à donner aux rigoles d'irrigation des prés, une pente déterminée.	III	404
BERTRAND, *de Clermont-Ferrand*. — Mont-d'Or.	XI	510
BERTRAND. — Pommes-de-terre gelées.	XIV	45
BERTRAND, *de Paris*. — Porcelaines diverses.	XIV	113
BERVIC, *de l'Institut*. — Gravure en taille douce.	VIII	427 429
BERVILLE. — Chèvres d'Angora.	III	131
BESANÇON (*Les fabriques de*). — Montres.	XI	531
BESNARD. — Gravure en taille de relief.	VIII	425
BESNARD, *de Paris*. — Papiers peints.	XII	588 *ibid.* 591
BESSEL. — Comètes principales observées dans la période.	III	378

	Tomes.	Pages.
Besson. — Gravure en taille douce.	VIII	429
Bethune. — *Voyez* Marc-Bethune.		
Bettancourt (de). — Écluse à flotteur.	V	400
Presses hydrauliques.	XIV	239
Télégraphes.	XV	581
Bettinguer. — Vigne.	XVI	537
Beudan. — Équations numériques d'un degré quelconque.	VI	249
Beudant (F.-S.). — Bélemnites.	II	22
Espèces minérales.	VI	291
Mollusques.	XI	478
Mollusques gastéropodes.	XI	481
Mollusques radiaires et zoophites.	XI	483
Pierre d'alun.	XIII	351
Substance minérale.	XV	310
Beunat. — Mastic pour les décors en relief.	XI	167
Beurnier *frères*. — Horlogerie.	IX	126
Montres.	XI	534
Beyer. — Paratonnerres.	XII	606
Beyermann. — Étoffes.	VI	403
Beynac. — *Voyez* Canolle Beynac.		
Bez. — Cirage pour la chaussure.	III	234
Bezu. — Bourbonne.	II	177
Vins.	XVI	602
Biallez. — Vis d'Archimède.	XVI	627
Biard. — Métiers à tisser.	XI	381
		384
		idid.
Biberel. — Étamage des vases de cuivre.	VI	328
Bidault. — Canal du Languedoc.	II	352
Bidault de Villiers. — Chlore, ou chlorine.	III	186
Fluides élastiques.	VII	216
Gomme résine indigène.	VIII	370
Bidot. — Pompe de vaisseau.	XIV	55
Biémont. — *Voyez* Derodé-Biémont.		
Biennais. — Orfévrerie.	XII	387
Biette. — Lunettes diverses.	X	507
Bigard (J.). — Mousselines, percales et calicots.	XII	1
Bigard. — *Voyez* Mariez-Bigard.		
Bigel. — Cheminées diverses.	III	110
Bigeon (L.-F.). — Dinan.	V	30
Bigot de Morogues. — Orléans.	XII	404
Biguet. — *Voyez* Faure-Biguet.		
Bilbille. — Papier.	XII	567
Billard. — Mérinos.	XI	325
Billet. — Fourneaux économiques divers.	VII	402
Billiaux. — Garde-montre.	VIII	66
Paratonnerres.	XII	607

	Tomes.	Pages.
Podomètre.	XIII	525
Poulie pour tirer l'eau des puits.	XIV	208
BILLINGE. — *Voyez* MIGNARD-BILLINGE.		
BILLION-DURIVOIRE. — Voitures.	XVI	656
BILLY. — *Voyez* DEHFURLE-BILLY.		
BINET. — Bateaux à vapeur.	II	15
Cric hydraulique.	IV	193
BINET (J.). — Corps.	III	480
Formules analytiques.	VII	368
Planètes.	XIII	431
BINGANT. — Soudure pour l'or et l'argent.	XV	208
BIOT, *de l'Institut.* — Acide muriatique.	I	135
Aérolithes.	I	181
Aéronautes.	I	188
Affinité des corps avec la lumière.	I	194
Bitterspath, ou chaux carbonatée magnésifère.	II	70
Bolides, ou globe de feu.	II	151
Chaleur.	II	502
———	II	517
Chaux carbonatée magnésifère.	III	87
Colorigrade.	III	345
Corps.	III	498
Corps régulièrement cristallisés.	IV	31
Courbes tautochrones.	IV	154
Eau.	V	247
Electricité.	V	575
Équations aux différences mêlées.	VI	202
Équations aux différences partielles.	VI	208
Euclase.	VI	452
Fer natif.	VII	57
Fluides.	VII	210
Forces.	VII	309
Forces polarisantes de certains cristaux.	VII	321
Galvanisme.	VIII	33
Gaz.	VIII	110
Insectes tenus dans le vide pendant plusieurs jours.	IX	378
Kannelstein.	X	68
Lames de verres.	X	179
Larmes bataviques.	X	248
Lépidolithe.	X	274
Lumière.	X	431
———	X	433
———	X	446
———	X	464
———	X	468
Lunettes diverses.	X	508
Magnétisme terrestre.	XI	17

	Tomes.	Pages.
Méridienne.	XI	315
Métaux.	XI	350
Mica.	XI	397
Minéraux.	XI	430
Mirage.	XI	446
Oxidation.	XII	454
Pendule.	XIII	140
Pile de Volta.	XIII	369
Pile galvanique.	XIII	372
Poissons.	XIII	586
Réfraction.	XIV	404
Réfractions.	XIV	415
Son.	XV	166
		172
Sphéroïdes.	XV	256
Biron. — Faux et faucilles.	VI	524
Bischwillers (*Les fabriques de*). — Draps.	V	194
Bissardon. — Étoffes de soie, or et argent.	VI	421
Bitaubé, *de l'Institut*. — Anciens.	I	295
Bittleston. — Bandages herniaires divers.	I	528
Biver. — Serrures diverses.	XV	96
Bizemont-Prunellé. — Gravure en taille de relief.	VIII	426
Bizet. — Baignoires.	I	506
Blacks. — Dentelle.	IV	481
Tulles divers.	XVI	262
Blainville (H. Ducrotat de). — Cirrholombrie.	III	236
Cirrhonéréïde.	III	237
Cistène.	III	240
Conchoserpule.	III	410
Cryptostome.	IV	273
Dentale.	IV	455
Écureuil à bandes.	V	463
Entomozoaires hexapodes adultes.	VI	131
Femme hottentote.	VI	543
Fœtus des animaux didelphes.	VII	247
Galette.	VIII	6
Gastroplax.	VIII	82
Génération.	VIII	222
Oiseaux.	XII	279
Paresseux à cinq doigts.	XII	612
Poulpe vulgairement appelé *polype de mer*.	XIV	210
Quadrupèdes ongulés.	XIV	337
Wapiti.	XVI	696
Blanc (H.). — Okygraphie, ou art de fixer par écrit tous les sons de la parole, avec autant de facilité et de promptitude que la bouche les exprime.	XII	294
Blanc, *de Paris*. — Sucres.	XV	366

	Tomes.	Pages.
Blanchard. — Asthme.	I	469
Blanchard (C.), *de Porentruy*. — Horlogerie.	IX	123
Blanchet. — Bateaux à vapeur.	II	15
Cric hydraulique.	IV	193
Blanchon *aîné*. — Lacets.	X	104
Blanpain. — Comètes principales, observées dans la période.	III	386
Blavier. — Tourbe.	XVI	131
Blech-Fries *et compagnie*. — Toiles peintes.	XVI	86
Bleriot. — Mousselines, percales et calicots.	XII	4
Blondeau, *de Paris*. — Musc tonquin.	XII	54
Blondeau *frères, de Saint-Hyppolite*. — Horlogerie.	IX	130
Bloquet. — *Voyez* Roussel-Bloquet.		
Blot. — Gravure en taille douce.	VIII	429
Blumenstein (de). — Fers.	VII	75
Tôles laminées.	XVI	88
Blumenthal. — *Voyez* Cellier-Blumenthal.		
Bobée. — Acide acétique.	I	124
Produits chimiques.	XIV	262
Substances alimentaires.	XV	321
Bobilliers. — Faux et faucilles.	VI	524
Boby (J.-F.). — Colle-forte.	III	336
Bochet. — Marache, poisson inconnu en Europe.	XI	116
Bock. — Poteries.	XIV	156
Bodard. — Poivre de France.	XIII	611
Bodin (C.), *de Saint-Donat*. — Soies grèges.	XV	153
Bodin, *de Quintin*. — Toiles de lin.	XVI	75
Bodmer. — Coton.	IV	77
Bodoni. — Caractères d'imprimerie.	II	376
Typographie.	XVI	301
Bodson. — Émaux.	VI	46
Boehm. — Papiers maroquinés.	XII	581
Boffe. — Soufre.	XV	221
Boggio. — Fleurets.	VII	178
Bohain. — Toiles de lin.	XVI	75
Bohmé (C.). — Casimirs divers.	II	422
Boicervoise. — Seringues diverses.	XV	74
Boichoz. — Potasse.	XIV	136
Boigues. — Cuivre laminé et martelé.	IV	327
Tôles laminées.	XVI	87
Boileau. — Stéréo-calli-typographie.	XV	279
Boilleau *fils*. — Cor.	III	454
Boilvin. — Alènes.	I	254
Boirot. — Néris.	XII	142
Bois. — Réflecteurs divers.	XIV	402
Boischoz. — Fil de caret de toute grosseur et longueur.	VII	133
Boisjermain (de). — *Voyez* Luneau de Boisjermain.		

	Tomes.	Pages.
Boisrichard, *Veuve* Raymond (*Madame*). — Lustres.	X	510
Boisrouvray (de). — *Voyez* Paris de Boisrouvray.		
Boisseau. — Laines.	X	145
Boiteux. — Tricots divers.	XVI	209
Boitias. — Pendule hydraulique.	XIII	151
Pompe à deux corps accolés.	XIV	50
Pompe à double piston.	XIV	53
Boivin. — Cornes à lanternes.	III	474
Boixot-Palot *et compagnie*. — Draps.	V	201
Boizard. — *Voyez* Leger-Boizard.		
Bolwiller (*Les filatures de*). — Coton.	IV	85
Boncerf. — Marais.	XI	117
Bond. — Chanvre.	III	18
Bonhomme. — Rachitis.	XIV	357
Boniface *et compagnie*. — Batistes.	II	18
Boninger. — *Voyez* Gerhard-Boninger (J.).		
Bonis. — Ceintures herniaires.	II	418
Bonjour. — Chapeaux et schakos.	III	31
Bonmatin, *de Paris*. — Betteraves.	II	46
————	II	50
————	II	54
Bonmatin, *de Paris*. — Chandelles-bougies.	III	8
Suifs.	XV	377
Bonnafox de Malet. — Croup.	IV	270
Phthisie pulmonaire.	XIII	310
Bonnaire. — Dentelles.	IV	483
Bonnaire, *d'Agen*. — Toiles à voiles.	XVI	71
Bonnard. — Bas.	I	569
Cocons blancs de la Chine.	III	294
Soies grèges.	XV	153
Tricots divers.	XVI	220
Tulles divers.	XVI	256
		257
————	XVI	258
Bonnard (de). — Erzribge.	VI	281
Pistons divers.	XIII	398
Bonne. — Pied équatorial.	XIII	348
Bonneau. — Économie rurale.	V	438
Poivre de France.	XIII	610
Bonnemain. — Appareil physique propre à établir une circulation alternative d'eau chaude et d'eau froide dans la même capacité.	I	354
Régulateur du feu.	XIV	423
Bonnet, *d'Apt*. — Fours à briques, à tuiles, à carreaux et à chaux.	VII	424
Poteries.	XIV	156
Bonnet *père et fils*. — Feuilles.	VII	94

	Tomes.	Pages.
Bonnet, *de Dijon*. — Pommes-de-terre.	XIV	32
Bonnet, *de Conty*. — Rivières et fleuves.	XIV	467
Bonnet-Maison-rouge. — Pompes diverses.	XIV	67
Bonneville. — Dessins de broderies.	IV	512
Bonnien. — Rubans divers.	XIV	512
		ibid.
Bonnot. — Couvertures en cuivre laminé.	IV	164
Bonpland. — Anguille électrique.	I	308
Bonplandia angustura.	II	153
Céroxylon.	II	467
Condor, ou vautour des Cordilières.	III	419
Matisia.	XI	191
Melanocephala.	XI	265
Prorocephalus crotali, ou vers intestins.	XIV	274
Quinquina du Pérou.	XIV	353
Bontems. — Étoffes diverses.	VI	422
Bontoux. — Marc de raisin.	XI	132
Bonval (de). — *Voyez* Brista de Bonval.		
Bonvallet, *de Paris*. — Étoffes.	VI	396
Bonvallet, *d'Amiens*. — Étoffes diverses.	VI	435
Bonvoisin. — Seigle ergoté.	XV	31
Bony. — Broderies.	II	202
Borcette (*Les fabriques de*). — Aiguilles.	I	219
Borda, *de l'Institut*. — Cercle répétiteur.	II	458
Borde. — Artillerie.	I	425
Borde, *de Paris*. — Miel.	XI	408
Bordeaux-Fournet. — Toiles de lin.	XVI	76
Bordier (J.). — Bois.	II	135
Bordier-Marcet (J.-A.). — Alambic ambulant.	I	237
Aéromètre centigrade.	I	377
Éclairage.	V	399
		ibid.
Fanaux.	VI	508
Fer-blanc vernissé.	VII	34
Huile à brûler.	IX	137
Lampes à courant d'air.	X	206
Lampes à double courant d'air.	X	209
Lampes astrales.	X	211
Lampes économiques.	X	214
Lampes sidérales d'applique.	X	220
Monophloge.	XI	508
Phare maritime.	XIII	202
Photomètres.	XIII	306
Plastron nautique, nautile, ou scaphandre complet.	XIII	473
Réflecteurs divers.	XIV	402
Réverbères.	XIV	453
Sydus naval.	XV	418

	Tomes.	Pages.
Borel (C. M.). — Peignes pour le tour.	XIII	98
Borel. — *Voyez* Fauche-Borel.		
Boreux. — Cuisines portatives et économiques.	IV	305
Borgnis-Desbordes. — Cheminées diverses.	III	105
Bories. — Aréomètres.	I	379
Bornefeld. — Carcasses à bonnets.	II	390
Bornèque *aîné*, *de Bischwiller*. — Casseroles.	II	437
Faux et faucilles.	VI	522
		523
Bornèque, *de Bellefontaine*. — Fers.	VII	72
Bory-de-Saint-Vincent. — Aréca de plusieurs espèces.	I	373
Aubertia.	I	477
Aurores boréales.	I	482
Draparnaldes.	V	156
Lémanes.	X	268
Sommea calcitrapa.	XV	165
Thorea.	XVI	40
Bosc. (J.), *de l'Institut*. — Atelabes.	I	470
Blanchîment par la vapeur.	II	95
Bourbonne.	II	177
Cecidomye.	II	447
Charançons.	III	38
Clava.	III	248
Cochenille de la vigne.	III	290
Dipodion.	V	49
Écureuil capistrate.	V	467
Fers.	VII	72
Frênes.	VII	488
Gélatine tannée.	VIII	205
Heritieria.	IX	26
Hydres.	IX	208
Insectes.	IX	374
Kermès.	X	80
Madrépores.	XI	2
Manne, ou sucre concret provenant du rosage pontitique.	XI	113
Morène à éponge.	XI	562
Oscane.	XII	433
Puce.	XIV	285
Pyrale.	XIV	293
Sphinx de la vigne.	XV	263
Teigne de la vigne et du raisin.	XV	561
Tentaculaire.	XV	591
Tenthrède du bolet.	XV	591
Terres de nouvelles espèces.	XV	635
Tétragule.	XV	656
Vers.	XVI	503

	Tomes.	Pages.
Vigne.	XVI	537
BOSCH, *fils*. — Corps.	III	494
BOSCH. — *Voyez* DÉCULENEER-BOSCH.		
BOSSU, *de l'Institut*. — Machines hydrauliques.	X	568
Moulin sans roues.	XI	589
Plan incliné.	XIII	403
Voûte hémisphérique.	XVI	681
BOTCH. — Gravures et monnaies.	VIII	434
BOTTÉE. — Poudre.	XIV	170
BOUAN. — Toiles.	XVI	65
BOUCHE (*Madame*.) — Pains à cacheter transparens et de toutes couleurs.	XII	508
BOUCHER *fils*, *de Rouen*. — Blende.	II	111
Laiton brut.	X	173
BOUCHER *oncle et neveu*, *de Paris*. — Coton.	IV	74
BOUCHER *fils*, *de l'Aigle*. — Épingles.	VI	164
Fils de fer et d'acier.	VII	151
Fils de laiton.	VII	159
BOUCHER. — Ormes.	XII	407
BOUCHER, *de Paris*. — Plomb.	XIII	514
BOUCHERIE *frères*. — Sucres.	XV	353
BOUCHET. — Machines.	X	536
BOUCHON. — Ganterie.	VIII	58
BOUCHOTTE. — Fils de fer et d'acier.	VII	151
Fils de laiton.	VII	159
BOUDART *fils aîné*, *de Paris*. — Ganterie.	VIII	58
BOUDART *fils*, *de Chaumont*. — Ganterie.	VIII	58
BOUDET (J. P.). — Ache.	I	116
Essence de rose.	VI	297
Éthers simples ou composés.	VI	391
Peaux.	XIII	79
Petit lait susceptible d'une longue conservation.	XIII	180
Phosphore.	XIII	277
Savon sulfuré de soude.	XIV	610
Sirops de limaçon, de mou de veau et de chou rouge.	XV	131
Sirops de sucre de canne, de miel et de betterave.	XV	133
Sucres.	XV	359
BOUDET *oncle*. — Raisin.	XIV	381
BOUDT. — Gaz hydrogène carboné, retiré de l'éther et de l'alcohol.	VIII	158
BOUESNEL. — Minerai.	XI	419
BOUGON, *de Beauvais*. — Gravure en taille de relief.	VIII	426
		427
BOUGON *fils*, *de Paris*. — Gravure en taille de relief.	VIII	427
BOUGON (T.), *de Paris*. — Porcelaine.	XIV	107
BOUGREAU. — Hache-pailles.	VIII	507
BOUILLIER. — Orfévrerie.	XII	388

	Tomes.	Pages.
BOUILLON. — Étoffes diverses.	VI	441
BOUILLON-LAGRANGE. — Acide oxalique.	I	144
Ail.	I	220
Aloès succotrin et hépathique.	I	265
Eaux des mers qui baignent les côtes de France.	V	367
Éther nitrique.	VI	376
Gésier de volailles blanches.	VIII	283
Glu.	VIII	345
Graisse.	VIII	391
Lait.	X	163
——	X	167
Liége.	X	283
Manne.	XI	111
Méconium des enfans et des agneaux.	XI	213
Muriates de baryte et de strontiane.	XII	45
Physique.	XIII	330
Potasse fondue.	XIV	148
Safran.	XIV	555
Saule blanc.	XIV	601
Scammonées d'Alep et de Smyrne.	XIV	619
Sirop mercuriel dit *de Belet*.	XV	126
Styrax liquide.	XV	307
Sucre.	XV	348
Tannin.	XV	538
Truffes.	XVI	248
Turquoise.	XVI	268
BOULANGER. — Mousselines, percales et calicots.	XII	4
BOULAY. — Dentelles.	IV	482
BOULEY-FRESNEL. — Rubans divers.	XIV	513
BOULIN. — Charbon.	III	39
BOULLANGER (C.-M.). — Blanchîment par l'acide muriatique oxigéné.	II	92
BOULLAY (P.-F.-G.). — Coque du Levant.	III	448
Eau de fleurs d'oranger.	V	269
Élixir vitriolique de Minzicht.	VI	14
Éther arsenique.	VI	345
Éther muriatique.	VI	367
Éther nitreux.	VI	374
Éther phosphorique.	VI	377
Éther sulfurique.	VI	385
Éthers en général.	VI	390
Graisses.	VIII	396
Liqueurs pour préparer les bains d'eaux sulfureuses artificielles.	X	343
Luts.	X	512
Muriates de mercure.	XII	46
Or.	XII	359

	Tomes.	Pages.
Phosphore.	XIII	296
Pommes.	XIV	27
Bouquet. — Schals divers.	XIV	627
Bourdel. — Pâte divine de Vénus.	XIII	60
Bourdenx. — Scierie portative.	XV	14
Boudier. — Briques.	II	194
Carreaux divers.	II	412
Bourdier *aîné*. — Croup.	IV	269
Ver solitaire.	XVI	466
Bourdier, *de Paris*. — Cylindres des instrumens de musique.	IV	362
Horlogerie.	IX	125
Pendule à musique.	XIII	145
Bourdier *fils*. — Gravure sur le verre.	VIII	433
Bourdillon. — Coton.	IV	85
Mousselines, percales et calicots.	XII	3
Bourdon (N.). — Draps.	V	200
Bourdon de Saint-Amans. — Cristal.	IV	195
Porcelaines diverses.	XIV	114
Bourgeois. — Bleu d'azur.	II	119
Bourgeois. — Cardes.	II	391
Bourges (*Le dépôt de mendicité de*). — Couvertures en laine, en coton et en soie.	IV	166
Bourget *frères*. — Orseille.	XII	413
Bourgogne. — Café moka.	II	269
Bouriat. — Fourneaux économiques.	VII	401
Bourla. — Fosses mobiles inodores.	VII	374
Bourlier. — Charbon.	III	38
Matière savonneuse, pour faciliter la fabrique des mousselines, siamoises, etc.	XI	179
Matières animales.	XI	179
Produits chimiques.	XIV	259
Bournot. — Caractères d'imprimerie.	II	377
Fonte et gravure de caractères.	VII	279
Bourquet. — Étoffes diverses.	VI	426
Bourron — Crêpes.	IV	190
Bourry (A.). — Fourneaux propres à fondre les métaux.	VII	413
Machines à feu.	X	543
Boursin. — Draps.	V	202
Boutancourt (de). — *Voyez* Poulain-de-Boutancourt.		
Boutarel. — Étoffes diverses.	VI	414
Boutet, *de Paris*. — Armes.	I	399
Boutet. — Galvanisme.	VIII	28
Boutier. — Toiles.	XVI	66
Bouvard, *de l'Institut*. — Comètes principales observées dans la période.	III	371 373 384

	Tomes.	Pages.
Lune.	X	501
Bouvard *et compagnie* (*Madame Veuve*), *de Lyon*. — Étoffes de soie, or et argent.	VI	422
Bouvier. — Coralline.	III	457
Oxides noirs de manganèse.	XII	478
Bouvier, *de Paris*. —Filigranes.	VII	147
Musique.	XII	58
Planches fondues.	XIII	405
Plumes métalliques.	XIII	523
Polymètre-Bouvier.	XIV	12
Règle à branches mobiles.	XIV	417
Bouyer. — Sucres indigènes.	XV	371
Bouyon (de). — *Voyez* Giraudy de Bouyon.		
Boyaval. — *Voyez* Tartas-Boyaval.		
Boyer. — Plique.	XIII	508
Boze. — Voiture dont on peut détacher le cheval en cas de danger.	XVI	643
Bozon. — Patins-souliers.	XIII	66
Brabant. — *Voyez* Pluchard-Brabant.		
Braconnot (H.). — Acide ellagique.	I	130
Acide nancéique.	I	139
Acide pyrosorbique.	I	152
Acides végétaux.	I	162
Brou de noix.	II	206
Céromimême.	II	466
Champignons.	II	546 553
Corps ligneux.	IV	22
Couleur jaune minérale.	IV	106
Datisque, ou cannabine.	IV	405
Foie de bœuf.	VII	256
Gesse tubéreuse.	VIII	285
Gommes résines.	VIII	371
Matières animales.	XI	180
Miel.	XI	405
Noix vomique.	XII	190
Phytolacca, ou raisin d'Amérique.	XIII	331
Piment.	XIII	386
Principe extractif.	XIV	250
Végétaux.	XVI	415
Bralle. — Lin et chanvre.	X	320
Bramwels. — Coton.	IV	68
Brandi. — Soies grèges.	XV	152
Brannuger. (J.). — Tricots divers.	XVI	224
Brard. — Natrolithe.	XII	108
Brasset-Lherault *père et fils*. — Rasoirs.	XIV	389
Bréan. — Pendules diverses.	XIII	156

	Tomes.	Pages.
Bréant. — Monnaies.	XI	504
Platine.	XIII	491 492
Brebisson. — Pinicole de Jules.	XIII	388
Brechot. — Blanc de céruse, ou blanc de plomb.	II	76
Bréguet (A.-L.), *de l'Institut.*— Échappemens divers.	V	389
Horlogerie.	IX	121
Montres.	XI	531
Montres marines.	XI	535
Régulateur à tourbillons.	XIV	420
Télégraphes.	XV	581
Thermomètres divers.	XVI	36
Bréguet *père et fils.* — Chronomètre de poche à tourbillon.	III	212
Compteur des secondes, des dixièmes de seconde et des centièmes de seconde par approximation.	III	409
Horlogerie.	IX	124
Bréguet, *de Besançon.* — Horlogerie.	IX	123
Brelet. — Corsets à la Ninon.	IV	46
Bremond. — Voitures diverses.	XVI	662
Brémont *aîné.* — Limes diverses.	X	304
Bremontier. — Dunes du sud-ouest de la France.	V	210
Bréra (V.-L.). — Vers.	XVI	502
Bresson. — Machines à feu.	X	560
Bressy (J.). — Contagion.	III	436
Brest *fils.* — Soies grèges.	XV	153
Breton (J.-A.), *de Lyon.* — Étoffes diverses.	VI	444
Lacs.	X	105
Métiers à tisser.	XI	388
Breton, *de Grenoble.* — Taupes.	XV	559
Bretonneau. — Vaccin.	XVI	341
Brewster. — Larmes bataviques.	X	248
Brezé (de). — Eau minérale de Lu en Montferrat.	X	423
Briard. — Eau dite *des rosières.*	V	308
Bridet. — Poudres végétatives.	XIV	203
Bridier *frères.* — Draps.	V	201
Brière *aîné.* — Ganterie.	VIII	58
Peaux.	XIII	85
Brieu. — Papiers.	XII	578
Brieude. — Farcin.	VI	508
Phthisie pulmonaire.	XIII	311
Briffault. — Creusets.	IV	192
Brilhac. — Gomme composée pour blanchir le linge, la soie et le coton.	VIII	358

	Tomes.	Pages
Brillat de Savarin. — Air.	I	230
Brillouet (J.-B.). — Ganterie.	VIII	58
Peaux.	XIII	85
Brimmeyer. — Harpes.	VIII	520
Brinck. — Étoffes.	VI	404
Brion. — Canaux.	II	355
Brion, *de Paris.* — Lampes diverses.	X	213
Brionne (*Les filatures de*). — Coton.	IV	85
Brista de Bonval. — Bateaux.	II	14
Brizé-Fradin. — Asphyxiés.	I	443
Barque pour sauver les naufragés sous la glace.	I	517
Doreurs.	V	144
Échelle-paratonnerre.	V	394
Gaz hydrogène des mines.	VIII	164
Tube d'aspiration.	XVI	249
Brocard. — Papiers.	XII	574
Brochant. — Lampe à triple courant d'air et à pompe foulante.	X	194
Lampe éolipyle.	X	198
Brochant de Villiers. — Gypse de transition des Alpes.	VIII	490
Minéralogie.	XI	426
Brochet. — Cheminées diverses.	III	104
Brodelet. — Laines.	X	145
Brodie (M.-C.). — Baryte.	I	549
Cerveau.	II	487
Brohon. — *Voyez* Scribe-Brohon.		
Brokedon. — Fil métallique, cylindrique dans toutes les proportions d'égalité et de finesse.	VII	135
Brongniart (A.), *de l'Institut.* — Calcaire grossier et siliceux.	II	288
Caméléon fourchu.	II	331
Couleurs tirées des oxides métalliques et fixées sur le verre.	IV	120
Craie.	IV	168
Crapaud accoucheur.	IV	174
Dasycère.	IV	398
Devin.	IV	524
Dracon.	V	156
Émaux.	VI	46
Émyde.	VI	91
Glauberite.	VIII	305
Limnadia.	X	308
Minéralogie.	XI	426
Paris.	XIII	1
Roches.	XIV	474
Bronilhet. — Casimirs divers.	II	422
Brook. — Chalumeau des émailleurs.	II	536

	Tomes.	Pages.
Brosser *aîné*. — Blicours simples.	II	127
Étamines.	VI	336
———		337
Serges.	XV	73
Brosville (*Les filatures de*). — Coton.	IV	85
Brougnières. — Distillation.	V	94
Brouquières. — Distillation.	V	134
Broussais. — Phlegmasies, ou inflammations chroniques.	XIII	226
Brousson. — Dents artificielles.	IV	504
Broussonnet. — Maroquins.	XI	153
Rhodes.	XIV	461
Broussous. — Agriculture.	I	214
Brouville (de). — *Voyez* Colas de Brouville.		
Brown *et compagnie*. — Coton.	IV	63
Bruan (A.-J.). — Pierres lithographiques.	XIII	364
Bruges (*Les fabriques de*). — Dentelles.	IV	483
Brugnière — Distillation.	V	90
Brugnone. — Bœufs.	II	128
Bruguières — Cérites.	II	463
Cypréa.	IV	372
Bruine. — Cheminées diverses.	III	107
Poêles économiques.	XIII	535
Brulée. — Chaudière à vapeur.	III	70
Brullée. — Tuyaux en terre cuite, pour la construction des cheminées.	XVI	273
Brulley. — Batate d'Amérique, ou topinambour.	II	5
Carthame, ou safranum.	II	414
Indigotiers divers.	IX	321
Lin d'Égypte.	X	319
Lin de Sibérie.	X	320
Mauve.	XI	195
Phytolacca.	XIII	331
Pseudo-acacia.	XIV	283
Brun, *de Paris*. — Alliage métallique, propre à faire des jetons.	I	260
Brun (A.-M.), *de Paris*. — Battoirs à grains.	II	19
Charrues diverses.	III	49
Brun, *de Paris*. — Écriture.	V	459
Brun, *de Voiron*. — Merises.	XI	340
Brun (F.), *de Lyon*. — Métiers pour la fabrication des étoffes de soie.	XI	388
Soies.	XV	145
Brune. — Bois.	II	133
Brunel. — Autographe.	I	487
Brunel. — Bateaux à vapeur.	II	15
Brunel. — Chaussures faites à la mécanique.	III	76
Brunel, *de Lyon*. — Platines de fusils.	XIII	497
Brunel, *d'Avignon*. — Soies.	XV	150

	Tomes.	Pages.
Brunet. — Lampes diverses.	X	212
Brunet. — Scies diverses.	XV	23
Brunet (H.). — *Voyez* Sastre dit Horace Brunet.		
Brunon *aîné*. — Armes.	I	400
Bruyère (*Madame*).— Fers.	VII	73
Buache (J.-N.), *de l'Institut*. — Amérique.	I	279
Juan de Lisboa.	X	54
Terres dont la découverte est due à Lapeyrouse.	XV	639
Bucher (X.). — Coton.	IV	98
Métiers à tisser.	XI	386
Nankins et nankinettes.	XII	95
Buck. — Toiles peintes.	XVI	82
Bumont. — *Voyez* Claudot Bumont.		
Bundy. — Lin et chanvre.	X	323
Bunel. — Cuirs.	IV	286
Buniva. — Eau de l'amnios de femme et de vache.	V	275
Burckhardt, *de l'Institut*. — Comètes principales observées dans la période.	III	373
———		376
Lune.	X	491
Photomètres.	XIII	305
Planètes.	XIII	420
Triangles.	XVI	188
Uranus.	XVI	315
Vesta.	XVI	521
Burel. — Noria simplifiée.	XII	224
Burette, *de Paris*. — Bois indigènes.	II	145
Burette, *de Paris*. — Briquettes.	II	200
Burette, *de Paris*. — Pommes-de-terre.	XIV	42
———		44
Presse à cylindre.	XIV	231
Burette, *de Paris*. — Semelles de crin imperméables.	XV	59
Burges-Missiessy (E.). — Vaisseaux.	XVI	357
Burgin. — Jeu à la serinette.	X	30
Burus. — Presses d'imprimerie.	XIV	239
Burn (J.). — Ornemens de voiture et harnais en cuivre ou en argent ciselé.	XII	410
Buron. — Filets pour la pêche.	VII	145
Busby. — Laine.	X	143
Buscarlet. — Peaux.	XIII	77
Busine. — Acier fondu.	I	170
Busson. — *Voyez* Basin-Busson.		
Buyer (*Madame Veuve*). — Fer-blanc.	VII	33
Buzot-Dubourg. — Coutils.	IV	160

C.

	Tomes.	Pages.
CABALLE. — Urine humaine.	XVI	329
CABANIS (J.-G.). — Affections catarrhales.	I	191
CABANIS. — Homme.	IX	93
Sensations.	XV	67
CABANNES. — Mouchoirs divers.	XI	577
CABANY. — Écritures.	V	463
CACHIN. — Cloche du plongeur.	III	265
CADET DE GASSICOURT (C.-L.). — Air.	I	229
Albumine.	I	240
Alcohol.	I	248
Alcornoque.	I	52
———		*ibid.*
Amidon.	I	282
Arachide.	I	360
Artillerie.	I	425
Bois de corail.	II	138
Bois indigènes.	II	141
Café.	II	264
Charbon animal.	III	39
Chaux.	III	82
Cheminées.	III	101
Cremnomètre.	IV	188
Cytise des Alpes.	IV	375
Doradille d'Espagne.	V	144
Eau anti-apoplectique.	V	263
Eau cordiale.	V	265
Eau de Cologne.	V	265
Eau de fleurs d'oranger.	V	273
Eau de Seltz artificielle.	V	291
Eau-de-vie de pommes-de-terre.	V	306
Électricité.	VI	1
Fébrifuge.	VI	533
Gaz des puits et des fosses méphitisées.	VIII	142
Gélatine tannée.	VIII	205
Glace.	VIII	288
Gluten.	VIII	348
Huile de carapat.	IX	138
Jalap.	X	13
La Chapelle-Godefroy.	X	104
Leviers hydrauliques.	X	277
Lichen de Ténériffe.	X	281
Limonade faite à chaud ou à froid.	X	313
Liqueurs alcoholiques.	X	342
Lithographie.	X	368

	Tomes.	Pages.
Luts.	X	512
Lycopode.	X	513
Maïs.	XI	27
Mastic, ou goudron pour les bouteilles.	XI	166
Métal fusible de M. d'Arcet.	XI	345
Opiat persan.	XII	316
Oppodeldoch.	XII	334
Osmazôme.	XII	433
Oxide blanc de bismuth.	XII	459
Pastilles, ou perles turques.	XIII	56
Phthisie pulmonaire.	XIII	317
Pilules canicures.	XIII	378
Platine.	XIII	490
Pommade de Dessault.	XIV	23
Pommade soluble.	XIV	25
Pommes-de-terre.	XIV	36
Poudre anglaise dite *de Gyms*.	XIV	197
Poudre anti-dartreuse.	XIV	199
Précipitomètre.	XIV	227
Presses hydrauliques.	XIV	241
Propolis.	XIV	271
Quinquina.	XIV	346
Species prothea.	XV	245
Sternutatoire.	XV	281
Strass.	XV	290
Sucres.	XV	359
Sulfate de cadmium.	XV	379
Sulfate de zinc.	XV	404
Tabacs.	XV	475
Teinture.	XV	579
Thé.	XV	660
Tournebroche à mouvement vertical.	XVI	140
Val.	XVI	371
Végétaux astringens, propres au tannage des cuirs.	XVI	438
Verrou à pistolet.	XVI	501
Vinaigre.	XVI	568
CADET DE GASSICOURT (F.), *fils*. — Empoisonnemens.	VI	88
CADET *et compagnie*. — Maroquins.	XI	155
CADET *père*. — Petit lait en poudre.	XIII	179
CADET-DEVAUX (A.-A.). — Arbres fruitiers.	I	367
Blanchissage du linge par la vapeur.	II	98
Blanchissage du linge au moyen des pommes-de-terre.	II	100
Blé.	II	101
Brûloir à café en tôle.	II	209
Brûlure.	II	209
Cloches en terre cuite.	III	268
Eaux.	V	322

	Tomes.	Pages.
Fourneaux économiques divers.	VII	400
Graisse retirée des os du cheval.	VIII	395
Mélasse.	XI	266
Méphitisme.	XI	284
Mouture économique.	XII	9
Peinture à la pomme-de-terre.	XIII	110
Peinture au lait.	XIII	115
Porcelaines diverses.	XIV	116
Soufre.	XV	216
Vigne.	XVI	530
CAEN (*L'hospice de*) — Basins et piqués.	II	2
Cotonnades.	IV	103
Siamoises.	XV	101
CAGNIARD. — Briquets phosphoriques.	II	197
CAGNIARD DE LATOUR. — Cagnardelle.	II	276
Eaux.	V	334
Machines.	X	536
Machines à feu.	X	549
Sirène.	XV	111
CAHIER. — Orfévrerie.	XII	388
CAHOURS *père et fils*. — Bonneterie.	II	151
CAILLE. — Mousselines, percales et calicots.	XII	3
CAILLIAUD. — Égypte.	V	483
CAILLON. — Betteraves.	II	56
Cylindres employés dans les machines à filer le coton.	IV	363
Fer.	VI	554
Fers.	VII	72
CALDERON. — *Voyez* LONA-CALDERON.		
CALENGE. — Mousselines, percales et calicots.	XII	3
CALERO. — *Voyez* VILLALON-CALERO.		
CALL (*Madame Veuve*). — Cafés indigènes.	II	271
CALLA. — Cardes.	II	390
		391
		393
Coton.	IV	78
Fardeaux.	VI	509
Tissus en bois coloré.	XVI	62
CALLENDER. — Acajou.	I	103
CALLIAS *frères et compagnie*. — Fours à carboniser la tourbe.	VII	413
CALLY-GRAND-VALLÉE (*Madame Veuve*). — Draps.	V	202
CALVEL, *de l'Institut*. — Arbres.	I	365
Betterave.	II	39
Greffes.	VIII	445
Inondations.	IX	346
Mûriers.	XII	48
Ormes.	XII	408
CALVEL, *d'Avignon*. — Inscriptions grecques.	IX	354

	Tomes.	Pages.
Camarès (*Les fabriques de*). — Cadis.	II	260
Tricots divers.	XVI	209
Cambacérès, *de l'Institut.* — Science sociale.	XIV	629
Cambon, *de Bordeaux.* — Acacia robinier.	I	100
Cambon, *de Paris.* — Poudre dite *de la mer Rouge.*	XIV	200
Cambrai (*Les fabriques de*). — Coton.	IV	85
Linons.	X	335
Nankins et nankinettes.	XII	96
Camus (M.-V.). — Chapes de boucles.	III	33
Camusat. — *Voyez* Lenfumey-Camusat.		
Cancey (de). — *Voyez* Colin de Cancey.		
Candolle (de). — Carlowizia.	II	400
Chabrœa.	II	497
Chailletia.	II	498
Champignons.	II	543
———		545
Conferves.	III	423
Cuviera.	IV	338
Diasia.	IV	555
Drusa.	V	208
Écorce.	V	441
Ergots des céréales.	VI	270
Filatures.	VII	140
Guy.	VIII	481
Ipécacuanha.	IX	547
Joubarbes.	X	37
Montbretia.	XI	520
Nymphæa.	XII	254
Plantes.	XIII	435
Reticularia rosea.	XIV	447
Rhizoctones.	XIV	458
Rhizomorpha.	XIV	460
Strophantus.	XV	296
Végétaux.	XVI	416
Vieusseuxia.	XVI	529
Canin (J.-J.-J.). — Fractures de membres.	VII	447
Moxa.	XII	20
Symphyse.	XV	425
Canolle-Beynac. — Cheminées.	III	101
Canson (B.-B.), *de Vidalon-lès-Annonay.* — Papiers.	XII	553
Canson *frères*, *d'Annonay.* — Papiers.	XII	553
Canuel. — Projectiles.	XIV	267
Capon. — Cuivre laminé et martelé.	IV	326
Capron. — Hydrobascule.	IX	213
Norpac.	XII	225
Captier. — Draps.	V	198
Carbon de Fontaine. — Marais.	XI	117

	Tomes.	Pages.
CARBONEL. — Distillation.	V	111
CARBONNET. — Colza.	III	353
CARCEL. — Lampe lycnomena.	X	199
CARDINET. — Blé.	II	104
CARDINET. — Jeu de bagues, où les chevaux sont mis en mouvement au moyen de pédales qui servent d'étriers.	X	30
CARDINET, *de Paris*. — Lits à ressorts.	X	372
CARELLE (DE). — *Voyez* MAZARD DE CARELLE.		
CARETTE. — Dentelles.	IV	482 483 484
CARISTIE. — Obélisque de Begyg.	XII	258
Pyramide D'el-Lahoun en Égypte.	XIV	295
Ruines situées près de la pyramide d'Hâouarah, en Égypte, considérées comme les restes du labyrinthe, et comparaison de ces ruines avec les récits des anciens.	XIV	539
CARLIER. — Poulies.	XIV	208
CARLIN. — Espagnolettes.	VI	290
CARME *frères*. — Draps.	V	202
Toiles.	XVI	68
CARMENTRAN. — Laine.	X	118
CARNOT, *de l'Institut*. — Eau de la Seine.	V	278
CARNOT, *de Nevers*. — Fers.	VII	74
CARNY. — Produits chimiques.	XIV	260
Soudes artificielles.	XV	205
CARON (J.-C.). — Croup.	IV	268
CARON. — Distillation.	V	136
CARON. — Fer.	VII	72
CARON, *de Paris*. — Fers à friser.	VII	83
Perruques diverses.	XIII	165
CARON, *de Paris*. — Lampes à niveau constant.	X	210
CARON, *de Paris*. — Porcelaines diverses.	XIV	112
CARON-CRÉPIN. — Flanelles.	VII	177
CARON-LANGLOIS. — Toiles.	XVI	67
CARPENTIER (*Madame*). — Dentelles.	IV	483
CARREAU. — Lampe lycnomena.	X	199
CARRÈRE. — Cylindre à battoirs.	IV	356
CARROS. — Charbon de bois.	III	40
CARTELLI. — Pompes à incendies.	XIV	67
CARTIER. — Chevaux.	III	123
CARTIER, *de Tours*. — Étoffes de soie.	VI	417
CARTIER (J.-A), *de Paris*. — Tricots divers.	XVI	224
CARY *frères*. — Linge uni, damassé et ouvré, en fil et en coton.	X	326
CASAURANE DE SAINT-PAUL. — Blanc de céruse, ou blanc de de plomb.	II	77

	Tomes.	Pages.
CASEAUX. — *Voyez* SAINT-CRICQ-CASEAUX.		
CASSINI (H.). — Carduacées.	II	394
Chryseis.	III	215
Cirsium tricephaloïdes.	III	237
Coleosanthus.	III	334
Cuspidia castrata.	IV	334
Diglossus variabilis.	V	20
Dimerostemma Brasiliana.	V	29
Ditrichum macrophyllum.	V	136
Échenais.	V	395
Énalcida.	VI	92
Endoleuca.	VI	112
Enhydra cæruleoïdes.	VI	148
Erpenema.	VI	274
Étamines.	VI	331
———	VI	335
Facelis.	VI	501
Faujasia.	VI	519
Filago pygmæa.	VII	135
Fimbrillaria.	VII	169
Fornicium.	VII	370
Garuleum.	VIII	80
Gnephosis tenuissima.	VIII	349
Goniocaulon glabrum.	VIII	373
Hamulium.	VIII	509
Henricia agathæides.	VIII	556
Hirnellia.	IX	71
Hymenatherum *tenuifolium*.	IX	257
Myosurus minimus.	XII	93
Phagnalon.	XIII	192
Phallus impudicus.	XIII	196
Piqueria.	XIII	394
Synanthérées.	XV	406
Tarchonantus camphoratus.	XV	554
CASSINI (J.-D.), *de l'Inst.* — Instrumens de mathématiques, de physique, d'astronomie, d'optique, de marine, etc.	IX	468
CASTELLANE. — Air.	I	231
CASTELNAUD. — Peaux.	XIII	86
CASTERA, *de la Rochelle.* — Bateau dit *nouvelle embarcation.*	II	6
Bateau plongeur.	II	8
CASTERA (DE), *de Paris.* — Incendie.	IX	304
CASTILLE *père et fils.* — Montagnes artificielles dites *de santé.*	XI	517
CASTON. — Jauge métrique.	X	26
CATEL, *de l'Institut.* — Musique dramatique.	XII	79
		ibid.
CATELLE (J.-B.). — Charrues diverses.	III	53

	Tomes	Pages.
Cauchois. — Portes.	XIV	123
Cauchoix, *de Paris.* — Besicles périscopiques.	II	32
Instrumens de mathématiques, de physique, d'astronomie, d'optique, de marine, etc.	IX	474
Lunettes diverses.	X	506
		508
		509
Cauchoix. — Moteurs divers.	XI	575
Cauchy (A.-L.), *de l'Institut.* — Équations.	VI	184
Équations algébriques.	VI	205
Équations différentielles.	VI	235
Fonctions réciproques.	VII	265
Fonctions symétriques.	VII	274
Intégrales définies.	IX	500
Polyèdres.	XIV	4
Caulle-de-Vaumorel. — Bleu français remplaçant l'indigo.	II	123
Caumette. — Distillation.	V	135
Caumont-Lasuze. — Mouton à cabestan.	XII	7
Caunes. — Fumée.	VII	518
Cauthion. — Étain.	VI	310
Cauvin. — Oliviers.	XII	296
Cavaillon, *de Paris.* — Bonnets et colbacks en crin.	II	152
Cavaillon, *de Paris.* — Noir animal et noir végétal.	XII	184
Cavallier. — Tuyaux sans soudure.	XVI	280
Cavanilles. — Asclépias.	I	436
Caventou. — Ambre gris.	I	277
Brucine.	II	207
Carbonate de strychnine.	II	389
Carmin.	II	400
Cinchorin, ou cinchonine.	III	229
Cochenille.	III	283
————	III	289
Ellébore blanc.	VI	19
Feuilles.	VII	90
Fève de St.-Ignace.	VII	104
Médicinier cathartique.	XI	229
Strychnine.	XV	297
Cateux. — Cuirasse marine, ou cuirasse flottante.	IV	283
Eugraphe.	VI	465
Cazal. — Couvertures en laine, en coton et en soie.	IV	166
Cazalet. — Flingt-glass.	VII	182
Télescopes dioptriques à plusieurs objectifs.	XV	584
Cazalis. — Machines à feu.	X	556
Cazals. — Olivier.	XII	295
Caze. — *Voyez* Oursin-Caze.		
Cazeneuve (J.-M.). — Fosses mobiles inodores.	VII	372

	Tomes.	Pages.
Cellier. — Encre indélébile.	VI	106
Cellier-Blumenthal. — Distillation.	V	129
		134
		135
		136
Cels. — Rutabaga, ou navet de Suède.	XIV	549
Céré. — Andropogon.	I	303
Cère (de). — *Voyez* Poyféré de Cère.		
Cesbron *frères*. — Mousselines, percales et calicots.	XII	3
Cesbron. — *Voyez* Terrien-Cesbron.		
Cessier. — Armes.	I	401
Ceugnot. — Chariot à vapeur.	III	47
Chabannes. — Broches pour rôtir de grosses pièces sans passer le fer au travers.	II	200
Édifices transportables.	V	471
Maisons et édifices.	XI	28
Vélocifères.	XVI	449
Voitures.	XVI	652
Chabert, *d'Alfort*. — Dartres chez les animaux.	IV	398
Lait bleu.	X	170
Chabert, *de Saint-Donat*. — Soies grèges.	XV	152
Chabrier. — Homme et animaux.	IX	108
Chagot *père et fils*. — Cristaux-verres.	IV	225
Fonderie et haut-fourneau des établissemens du Creuzot.	VII	275
Chaillot, *de Paris*. — Blanc de céruse, ou blanc de plomb.	II	73
Chaillot. — Charette-brouette.	III	47
Chalons (*Les fabriques de*). — Bonneterie.	II	151
Chalons (*L'école des arts et métiers de*). — Limes diverses.	X	304
Meubles.	XI	395
Chalot. — Porcelaine.	XIV	107
Chalvet (*Madame*). — Chamoiserie et ganterie.	II	542
Chamberlain. — Acide sulfurique.	I	156
Cendres végétatives.	II	451
Chambert. — Coton.	IV	85
Mousselines, percales et calicots.	XII	3
Chamblant. — Optique achromatique.	XII	341
Chambon. — Soies grèges.	XV	154
Chambon de Montaud. — Abeilles.	I	98
Eupatoires.	VI	466
Chambon de Montaud (*Madame A.*), *de Paris*. — Augustine.	I	478
Chaleur.	II	527
Champagnac. — Dentelles.	IV	483
Champeaux. — Émeraudes trouvées en France.	VI	75
Mine de plomb.	XI	415
Urane trouvé en France.	XVI	314

	Tomes.	Pages.
CHAMPESME (J.). — Amputation du bras à l'article.	I	287
CHAMPION, *de Paris*. — Cadrans solaires.	II	262
CHAMPION, *de Paris*. — Instrumens de mathématiques, de physique, d'astronomie, d'optique, de marine, etc.	IX	475
Mesures linéaires.	XI	340
Tonneaux de toutes dimensions.	XVI	100
CHAMPION, *de Paris*. — Orienteur.	XII	404
CHAMPION. — Pompes foulantes et aspirantes.	XIV	83
CHAMPOISEAU. — *Voyez* NOEL-CHAMPOISEAU.		
CHAMPVIEUX (DE). — *Voyez* MAYEUVRE-DE-CHAMPVIEUX.		
CHAMPY. — Machines à feu.	X	547
CHAMSERU. — *Voyez* ROUSSILLE-CHAMSERU.		
CHANDEAU. — Bateaux.	II	13
CHANNEBOT. — Schals divers.	XIV	628
CHANORIER. — Draps.	V	187
CHANOT. — Violons.	XVI	621
CHANOU. — Terres à pâtes de couleurs.	XV	629
CHANTELOUP. — Coton.	IV	84
CHANTILLY (*La manufacture de*). — Poteries.	XIV	154
CHANTRAN. — *Voyez* GIROD-CHANTRAN.		
CHAPPE. — Eau.	V	227
Pointes.	XIII	552
CHAPPE. — Télégraphes.	XV	580
CHAPPÉE. — Cachemires.	II	226
CHAPTAL (J.-A.), *de l'Institut*. — Acétite de cuivre.	I	113
Arsenic considéré comme poison et comme remède.	I	411
Blanchîment par la vapeur.	II	92
Blanchissage du linge par la vapeur.	II	97
Caves.	II	446
Châtaignier.	III	68
Chimie appliquée aux arts.	III	154
Coton.	IV	88
———		96
Couleur jaune végétale.	IV	108
Couleurs des anciens.	IV	126
Épiderme.	VI	152
Étoffes.	VI	405
Laines.	X	155
Montagnes.	XI	511
Navettes volantes.	XII	113
Peinture encaustique des anciens.	XIII	117
Sable qui se trouve dans les mines d'or.	XIV	551
Salpêtre.	XIV	575
Savon de laine.	XIV	605
Teinture.	XV	572
Vins.	XVI	580
CHAPTAL *fils*. — Produits chimiques.	XIV	261

	Tomes.	Pages.
CHARDIN. — Métal dit *artimomantico*.	XI	343
CHARDRON. — Laine.	X	121
CHARLARD. — Huile de palma-christi, ou ricin.	IX	150
CHARLES, *de l'Institut*. — Mégascope.	XI	262
CHARLES, *de Paris*. — Rasoirs.	XIV	392
CHARLIER. — Velours divers.	XVI	458
CHARLIEU (*Les filatures de*). — Coton.	IV	85
CHARMIER. — Draps.	V	202
CHAROY. — Mécanisme susceptible d'être adapté à tous les mull-jennys pour le renvidage du coton.	XI	204
CHARPENTIER, *de Paris*. — Bois de placage.	II	140
Eau.	V	235
Machines hydrauliques.	X	565
CHARPENTIER, *de Valenciennes*. — Eau de Saint-Romain.	V	288
Sel de Descroizilles.	XV	33
CHARPENTIER (V.), *de Saint-Aubin du Thennay*. — Draps.	V	202
CHARPENTIER. — Pantographes.	XII	550
CHARPENTIER. — Pyrénées.	XIV	301
Pyroxène en roche.	XIV	313
CHARPENTIER. — *Voyez* DESARNAUD-CHARPENTIER (*Madame Veuve*).		
CHARTIER. — Toupets à chasses.	XVI	123
CHARTIER. — Velours.	XVI	452
CHARTIER. — *Voyez* BELLENOUE-CHARTIER.		
CHARTON *père et fils*. — Soies grèges.	XV	152
CHASSAIGNE. — Coton.	IV	77
CHASSARY. — Distillation.	V	88
CHASSEBAU. — Soufre.	XV	222
CHATBOTTÉ. — Mouchoirs divers.	XI	576
CHATEAU. — *Voyez* FOCARD-CHATEAU.		
CHATEAU-GONTHIER (*Les fabriques de*). — Toiles.	XVI	67
CHATEAUNEUF. — Phthisie pulmonaire.	XIII	315
CHATEAUROUX (*Les fabriques de*). — Draps.	V	194
CHATEL. — Chaussures.	III	71
CHATEL. — Porte-cylindre.	XIV	123
CHATELAIN *et compagnie*. — Plaqué d'or et d'argent.	XIII	419
CHATELIN. — Montagnes artificielles dites *de santé*.	XI	517
CHATELLERAULT (*Les fabriques de*). — Coutellerie.	IV	159
		160
CHATONAY *et compagnie*. — Mousselines, percales et calicots.	XII	3
CHAUDET. — Bismuth.	II	68
Cuivre jaune.	IV	333
Lingots contenant de l'or, du platine, de l'argent et du cuivre.	X	329
Matières d'or et d'argent.	XI	184
Médailles coulées.	XI	218
Métaux.	XI	349

	Tomes.	Pages.
Chauffaille. — Fers.	VII	75
Chaumette (A.). — Cylindres à mastic résineux.	IV	362
Chaumette. — Tuiles.	XVI	255
Chaumette. — Vernis pour métaux.	XVI	484
Chaumontel (de). — Cabane de berger.	II	221
Chaussard. — Inscriptions.	IX	350
Chaussat. — OEil de bœuf.	XII	269
Chausset. — Draps.	V	200
Chaussier (B.-F.-H.), *de l'Institut*. — Alcali volatil.	I	242
Cataracte.	II	443
Fièvre puerpérale.	VII	123
Fœtus monstrueux.	VII	249
Gaz carboneux.	VIII	139
Liqueur anticontagieuse.	X	336
OEil	XII	268
Porcs ladres.	XIV	116
Putréfaction.	XIV	289
Sirop de ményanthe composé.	XV	120
Sirop de vanille.	XV	124
Soufre.	XV	216
Thermophilax, ou conservateur de la chaleur.	XVI	40
Vaisseaux omphalos ou ombilico-mésentériques.	XVI	368
Chauvat *et compagnie*. — Draps.	V	201
Chauveau. — Diligence hydropneumatique.	V	27
Chauveau (*Madame Veuve*), *de la Miltière, près Tours*. — Pâtes sèches, ou préparations féculeuses de pommes-de-terre.	XIII	65
Chauvelot. — Laine.	X	143
Chauvet *et fils*. — Draps.	V	198
Chauvin. — Machines hydrauliques.	X	568
Chayaux. — Draps.	V	199
Chazot. — Nasium.	XII	106
Pourpre.	XIV	211
Chedebois. — Mîtres.	XI	458
Chélard. — Musique vocale.	XII	81
Chemant. — Dents artificielles.	IV	502
Chemin, *de Paris*. — Balance-brouette pour la pesée des grains.	I	510
Chemin. — Seringues diverses.	XV	75
Chenavard, *de Lyon*. — Étoffes diverses.	VI	422
Panneaux de tenture.	XII	532
Papiers peints.	XII	588
Chenevard, *de Paris*. — Tapis et tapisseries.	XV	554
Cheneaux. — Cuirs à rasoirs.	IV	288
Cherbourg (*L'hospice de*). — Dentelles.	IV	484
Étoffes diverses.	VI	430
Cherubini, *de l'Institut*. — Musique dramatique.	XII	79

	Tomes.	Pages.
CHÉRUEL *fils*. — Mouchoirs divers.	XI	577
CHERVEAU. — Produits chimiques.	XIV	262
CHEVALIER (A.). — Acide pyro-urique.	I	153
Alambic propre à l'essai du vin.	I	237
Baies de sureau.	I	505
Chara commun.	III	35
Craie.	IV	171
Cytisine.	IV	376
Dartres.	IV	397
Émanations.	VI	45
If.	IX	287
Serpentaire de Virginie.	XV	78
Telephora cærulea.	XV	584
CHEVALIER (V.) *aîné, de Paris*. — Alphanéidoscope.	I	342
Aréomètres.	I	379
Chambre noire.	II	537
Chambre obscure à prisme convexe.	II	537
Instrumens de mathématiques, de physique, d'astronomie, d'optique, de marine, etc.	IX	475
Pèse-huiles.	XIII	175
Prismes divers.	XIV	252
Thermomètres divers.	XVI	35
CHEVALIER. — Besicels	II	32
Briquet oxigéné.	II	196
Cadrans solaires.	II	262
Caféomètre.	II	270
Cuves.	IV	335
Lait.	X	168
Miroirs des anciens.	XI	453
CHEVASSUT. — Dentelles.	IV	482
CHEVAUX (*Madame*). — Dentelles.	IV	483
CHEVILLOT. — Argent.	I	383
Caméléon minéral.	II	338
CHEVREMONT. — Blanc de céruse, ou blanc de plomb.	II	79
CHEVREUL. — Acide ellagique.	I	131
Acide subérique, ou de liége.	I	156
Caméléon minéral.	II	332
Campèche.	II	345
Chameau.	II	538
Cheval.	III	118
Corps gras.	IV	13
Diabètes.	IV	530
Digesteur distillatoire pour analyser le liége et les matières végétales.	V	10
Gaz intestinaux de l'homme sain.	VIII	168
Gaz muriatique.	VIII	171
Graisse de porc.	VIII	392

	Tomes.	Pages.
Hydrochlorates.	IX	214
Indigo Guatimala.	IX	319
Liége.	X	284
Mispikel.	XI	456
Oxide brun de plomb.	XII	462
Oxide d'arsenic.	XII	463
Oxide de plomb jaune.	XII	468
Oxide d'étain, avec le campêche.	XII	473
Pastel.	XIII	34
Tannins artificiels.	XV	542
Tournesol.	XVI	142
Zircon.	XVI	723
CHEVREUSE — Cuisine.	IV	302
CHEVRIER, *de Paris*. — Bas à mailles fixes.	I	551
CHEVRIER *fils*. — Tricots divers.	XVI	227
CHEZY (*Les entrepreneurs des mines de*). — Cuivre laminé et martelé.	IV	325
CHEZY. — Niveau-Chezy.	XII	182
CHIUZA (*La verrerie de la*). — Cristaux-verres.	IV	225
CHLADNI (E.). — Clavi-cylindre.	III	249
Son.	XV	175
CHOISEUL-GOUFFIER, *de l'Institut*. — Bosphore de Thrace.	II	159
CHOLLET (*Les fabriques de*). — Mouchoirs divers.	XI	575
CHOMEL. — Camphre artificiel.	II	352
Produits chimiques.	XIV	260
CHOMPRÉ. — Galvanisme.	VIII	53
CHOPIN. — Lampes à couronne.	X	206
CHORON (A.). — Chant.	III	10
Enseignement.	VI	130
Musique vocale.	XII	81
CHORTET (J.-F.). — Théorie de Brown.	XVI	25
CHOULOT. — Air.	I	231
CHRÉTIEN. — Galons en soie.	VIII	10
CHRÉTIEN, *de Montpellier*. — Or.	XII	350
Quinquina.	XIV	351
CHRÉTIEN — Physionotrace.	XIII	323
CHRISTIAN DE SAINTE-ANNE. — Chanvre.	III	19
Chaussures.	III	74
Fourneaux à chaudières.	VII	385
Placage du cuivre et de l'acier.	XIII	401
CHRISTOFLE. — Boutons de métal.	II	181
Plaqué d'or et d'argent.	XIII	469
CHUARD *et compagnie*. — Étoffes de soie, or et argent.	VI	422
CHURCH. — Bateaux à vapeur.	II	15
CIRET (*La manufacture de*). — Verres à vitre et autres.	XVI	494
CLAIRVAUX (*Les fabriques de*). — Draps.	V	194

	Tomes.	Pages.
CLAIRVAUX (*La maison centrale de détention de*). — Étoffes de laine.	VI	416
CLARION. — Phaca	XIII	192
CLAUBRY (DE). — *Voyez* GAULTIER DE CLAUBRY (H.).		
CLAUDIO DELLA FOSRA. — Sarrasin.	XIV	596
CLAUDOT-BUMONT. — Cassonade brute.	II	440
CLAUSSE. — Dentelles.	IV	482
CLAVELIN. — Statique de l'air et du feu.	XV	271
CLAVREUIL. — Toiles.	XVI	66
CLÉLAND. — Fils de chanvre et de lin.	VII	150
CLÉMENT, *de Verberie*. — Acide sulfurique	I	157
Corps.	III	485
Eau.	V	256
Eau de mer.	V	280
Eau-de-vie de pommes-de-terre.	V	307
Évaporation.	VI	474
Évaporatoires.	VI	482
Gaz.	VIII	104
Gaz hydrogène.	VIII	149
Machines à feu.	X	547
———		557
Matière ligneuse.	XI	176
Outremer.	XII	447
Oxide blanc de zinc.	XII	460
Produits chimiques.	XIV	260
Sulfate de fer.	XV	383
Tuyaux.	XVI	272
CLÉMENT, *de Rousses*. — Alidade à niveau.	I	255
CLÉMENT, *de Prades*. — Casquets.	II	425
CLÉMENT. — Reliures diverses.	XIV	426
CLÉMENT LOSSEN. — Bateau roulant, ou bateau-char.	II	9
Bleu de Prusse.	II	122
Vis divers.	XVI	629
CLERMONT (*Les fabriques de*). — Draps.	V	194
CLÉREMBAULT. — Mousselines, percales et calicots	XII	3
CLOQUET (H.). — Hernies.	IX	45
Membrane pupillaire.	XI	283
CLOUET. — Acier fondu.	I	170
Bleu de Prusse.	II	119
Émaux.	VI	47
Fer.	VII	19
Fers.	VII	71
CLOUET. — Pommes-de-terre.	XIV	44
CLUZEL *jeune*. — Kermès minéral.	X	85
COCHET. — Tricots divers.	XVI	210
Tulles divers.	XVI	257
———	XVI	260

	Tomes.	Pages.
Cochot. — Bois de placage.	II	141
Scies diverses.	XV	23
Cochrane. — Huile de lampe.	IX	143
Cocq. — Orseille.	XII	414
Coessin *frères*. — Nautile, bateau sous-marin.	XII	110
Coignet. — Creusets.	IV	192
Coillot. — Grossesse extraordinaire, observée dans un animal.	VIII	455
Cointereaux. — Crécise.	IV	186
Toits.	XVI	86
Colas de Brouville. — Couvertures en laine, en coton et en soie.	IV	165
		ibid.
Laine.	X	128
Colchen. — Alènes.	I	253
Coldefy. — Ipécacuanha.	IX	564
Quinquina.	XIV	352
Colibert. — Ardoises préparées à la manière anglaise.	I	372
Colin. — Acide pyroligneux.	I	149
Iode.	IX	543
Succin.	XV	340
Taches.	XV	504
Colin de Cancey. — Aciers.	I	174
Huiles.	IX	168
Colladon. — Chapeaux d'hommes.	III	28
Collaine. — Morve des chevaux.	XI	570
Collet. — Chapeaux et schakos.	III	31
Toiles et taffetas gommés imperméables.	XVI	77
Collet-Descostils (C.-H.-V.). — Ceylanite.	II	496
Chaux de construction.	III	88
Fer.	VII	18
Fer spathique.	VII	65
Manganèse carbonatée ferrifère.	XI	101
Mine de fer spathique.	XI	414
Minerai de fer argileux.	XI	420
Platine	XIII	477
———	XIII	488
Sulfate de plomb.	XV	396
Colletta *frères*. — Tabatières écossaises.	XV	483
Collier (J.). — Cachemire.	II	226
Coton.	IV	79
Cylindres de cardes, en stuc.	IV	362
Laine.	X	141
Tondeuses, ou machines à tondre les draps et autres étoffes.	XVI	95
		ibid.
Collins. — Platines de fusils.	XIII	497
Colmant. — Noir double, incorruptible.	XII	187

	Tomes.	Pages.
COLON. — Laminoirs.	X	185
COLSON. — Monnaie.	XI	499
COMBES. — Poisson.	XIII	561
COMITÉ DE VACCINE (*Plusieurs correspondans du*). — Cowpox, ou vaccine originelle.	IV	168
Vaccine.	XVI	350
COMMINES (*Les fabriques de*). — Coton.	IV	85
Nankins et Nankinettes.	XII	96
COMPIDOR (L.). — Draps.	V	201
CONARD. — Broderies.	II	202
CONNAIN. — Couvre-Lampe.	IV	167
CONSEIL DE SALUBRITÉ DE PARIS (*Le*). — Champignons.	II	534
———	III	3
CONSEIL DES BATIMENS (*Le*). — Bois.	II	130
CONTAMINES (DE). — Cuivre laminé et martelé.	IV	326
Fils de laiton.	VII	159
CONTAMINES, *de Paris*. — Râpes à l'usage des sculpteurs.	XIV	388
CONTÉ (N.-J.), *de l'Institut*. — Acier.	I	166
Baromètres propres à mesurer la hauteur du sol.	I	543
Coton.	IV	65
Crayons divers.	IV	176
Cuivre.	IV	316
Poêle.	XIII	525
Terres.	XV	624
CONTÉ — *Voyez* HUMBLOT-CONTÉ.		
COOLIDGE. — Armes.	I	401
COPPINGER (*Mademoiselle*). — Méthode nouvelle d'enseigner le français et l'anglais aux enfans.	XI	380
COQUEBERT DE MONTBRET (C.), *de l'Inst*. — Charrues diverses.	III	48
Druides.	V	206
Écritures.	V	462
Marées.	XI	134
Mellite, pierre de miel, ou honigstein.	XI	270
Nouvelle-Hollande.	XII	241
Plantes vénéneuses qui servaient aux Anciens à empoisonner leurs flèches.	XIII	464
Poids des Chinois.	XIII	543
Upas.	XVI	311
COQUEREL (M.-M.-A.). — Faïence.	VI	527
Porcelaine.	XIV	102
COQUET-DELALAIN. — Espagnolettes.	VI	290
COQUET-VALLE. — Tricots divers.	XVI	209
CORANCEZ. — Montres.	XI	530
CORBET. — Régulateur, ou fuseau de machines à filer.	XIV	423
CORBILLEZ (A.). — Coton.	IV	73
CORBITT. — Dentelle.	IV	481

	Tomes.	Pages.
Dentelles.	IV	483
———		484
Tulles divers.	XVI	262
CORDIER (L.), *de l'Institut.* — Dichroïte.	V	3
Dusodile, espèce de combustible composé.	V	211
Fer titané.	VII	67
Manganèses oxidés, susceptibles d'être employés dans les arts.	XI	102
Mont-d'or.	XI	509
Mont-Mezin.	XI	523
Saphir d u.	XIV	594
Sel gemme.	XV	40
CORDIER. — Machines à feu.	X	556
Vis d'Archimède.	XVI	626
CORMEILLES (*Les fabriques de*). — Draps.	V	194
CORMONT. — Lithographie.	X	370
CORNAC. — Sourds-muets.	XV	239
CORNEILLE-VANDERTEEN. — Salaison du saumon.	XIV	569
CORNISSET. — Cuirs.	IV	286
Tannage.	XV	533
CORREA DE SERRA. — Rutabaga, ou navet de Suède.	XIV	549
CORRET. — *Voyez* LATOUR D'AUVERGNE CORRET.		
CORVISART, *de l'Institut.* — Cœur.	III	318
Fistules de l'estomac.	VII	174
COSSARD. — Basins et piqués.	II	1
		ibid.
COSSERON (*Madame*). — Couleurs diverses.	IV	129
COSTAING. — Castor.	II	440
COSTAZ. (C.-A.) — Économie politique.	V	436
Grottes d'Éléthyia.	VIII	461
COSTEL (M.), *de Paris.* — Pommes-de-terre.	XIV	30
Produits chimiques.	XIV	260
Sulfate de fer.	XV	383
COT. — Draps.	V	202
COTTE. — Aurores boréales.	I	483
Évaporation.	VI	473
Thermomètres divers.	XVI	34
COTTE. — Cheminées diverses.	III	105
COUCHONNAT *et compagnie.* — Schals divers.	XIV	628
COUDER. — Papier syrien.	XII	573
COUECOU. — Opium.	XII	329
COULAUX *frères.* — Armes.	I	400
Fers.	VII	75
Quincaillerie.	XIV	340
COULET. — Tricots divers.	XVI	231
COULOMB, *de l'Institut.* — Barreaux aimantés.	I	547
Électricité.	V	53

	Tomes.	Pages.
Fluides.	VII	184
Hommes.	IX	113
Magnétisme.	XI	8
Séve.	XV	98
Coupat. — Habit sans couture.	VIII	499
Courbet-Poullard. — Draps.	V	200
Couret *fils aîné*. — Draps.	V	202
Court. — Papiers.	XII	578
Courtant. — Bateau à palettes.	II	7
Halage mobile.	VIII	508
Courteaut. — Bateaux mécaniques.	II	16
Rames brisées, mues par un balancier-pendule.	XIV	387
Courtois. — Iode.	IX	536
Courtrai (*Les fabriques de*). — Dentelles.	IV	483
Cousin *et compagnie*. — Siamoises.	XV	101
Cousin. — *Voyez* Deglesne-Cousin.		
Cousineau *père et fils*. — Harpes.	VIII	512
		520
Coutan (P.), *de Paris*. — Bas.	I	568
Bonneterie.	II	151
Tricots divers.	XVI	208
———	XVI	219
———		230
Coutan, *de Paris*. — Marbre.	XI	130
Couteault. — Cuisines portatives et économiques.	IV	304
Coutelle — Lentille parabolique de Rospini	X	270
Coutouly — Pompe à sein.	XIV	54
Couture. — Bonneterie.	II	151
Couture-Dubuisson. — Toiles.	XVI	68
Couturier, *de Paris*. — Cheminées.	III	101
Ventilateurs.	XVI	461
Couturier, *de Paris*.— Compte-pas, ou machine propre à mesurer les distances.	III	408
Couturier, *de Lyon*. — Étoffes.	VI	408
Couturier, *de Paris*. — Platine.	XIII	492
Crépin. — *Voyez* Caron-Crépin.		
Crépu. — Gaz hydrogène.	VIII	145
Pompes à feu.	XIV	61
Crépus. — *Voyez* Nebel-Crépus.		
Cressac (de). — Étain.	VI	319
Mines d'étain.	XI	438
Cresseils. — Draps.	V	202
Cretté de Palluel. Biens communaux.	II	63
Creutzwald (*La forge de*). — Fontes de fer.	VII	287
Creuzot (*La manufacture du*). — Cristaux-verres.	IV	224
Crevel. — Bateau-vivier, pour le transport du poisson de mer vivant.	II	11

	Tomes.	Pages
CREVELT (*Les fabriques de*). — Rubans divers.	XIV	512
CRISTIN *aîné*. — Ganterie.	VIII	58
		ibid.
		ibid.
Peaux.	XIII	85
CROCHARD. — Tonneaux.	XVI	100
CROSLEY. — Chauffage	III	72
Machines à feu.	X	562
Procédé propre à chauffer les habitations, ateliers, et autres bâtimens, à chauffer ou sécher diverses substances, et faire bouillir et évaporer les liquides, à l'aide d'appareils purgés d'air atmosphérique.	XIV	259
Sucres.	XV	363
CROVATTO. — Mosaïques modernes.	XI	574
CRUVILLIER. — Étoffes de laine.	VI	416
CUCHET. — Bidon-filtre, pour la troupe.	II	62
Eau.	V	222
Eaux.	V	330
Filtre marin.	VII	161
Filtre portatif.	VII	162
Filtres de charbon.	VII	163
— ———		165
Fontaine domestique.	VII	276
Tonneaux-filtres.	XVI	103
CUGNOLET. — Aciers.	I	175
CULHAT — Battant à bras à navettes changeantes, pour le tissage des étoffes.	II	19
Peignes.	XIII	92
CUMMINGS. — Blanchîment des matières propres à fabriquer le papier.	II	97
CUOQ. — Platine.	XIII	492
CURAUDAU. — Alambics.	I	238
Alun artificiel.	I	267
————		269
Blanchissage du linge par la vapeur.	II	98
Bleu de Prusse.	II	121
Calorifères.	II	316
————		319
Cheminées économiques.	III	113
Cordes et toiles.	III	464
Cuvier à vapeur.	IV	336
Cylindre, pour chauffer les baignoires.	IV	361
Distillation.	V	102
Eau.	V	253
————		259
Fourneaux connus sous le nom de *galères*.	VII	389
Fourneaux d'évaporation.	VII	392

	Tomes.	Pages.
Gaz.	VIII	112
Hongroierie et mégisserie.	IX	116
Phosphore.	XIII	290
Poêle ventilateur.	XIII	534
Poêles, fours et cheminées.	XIII	537
Potasse.	XIV	135
———	XIV	138
Substance pierreuse, artificielle.	XV	315
Sulfates d'alumine et de potasse.	XV	408
Ventilateurs.	XVI	461
CORGEY. — *Voyez* DEGRAND *née* CORGEY (*Madame*).		
CUTTING. — *Voyez* NATHANIEL CUTTING.		
COTTS. — Dentelles.	IV	481
Tulles divers.	XVI	262
CUVELIER DE TRY. — Mélodrame.	XI	274
CUVIER (G.), *de l'Institut.* — Acères, ou gastéropodes.	I	105
Anatomie comparée.	I	291
Animaux.	I	311
Aplysies.	I	342
Araignées.	I	363
Argentine.	I	384
Baboin.	I	495
Brèches osseuses.	II	189
Buccin.	II	213
Bullœa.	II	217
Calcaire grossier et siliceux.	II	288
Caracal, ou lynx de Barbarie.	II	375
Carnassiers.	II	401
Cerveaux.	II	488
Cétacés.	II	491
Chalceus.	II	499
Chat cervier.	III	66
Chaus.	III	72
Chauve-souris.	III	78
Chien domestique.	III	142
Chironectes.	III	180
Clio boréalis.	III	261
Coquillages bivalves.	III	450
Corps.	III	501
Couguar, ou grand chat fauve.	IV	104
Craie.	IV	168
Crocodile fossile.	IV	239
Crocodiles.	IV	249
Cygne chanteur mâle.	IV	353
Daman.	IV	379
Delphinus globiceps.	IV	438
Dents.	IV	492

	Tomes.	Pages.
Dents de poissons.	IV	504
Diodons.	V	34
Donzelle imberbe.	V	143
Dugong.	V	209
Écrevisses.	V	445
Éléphans.	VI	3
———		4
Équinoxes et solstices.	VI	257
Glaucus.	VIII	306
Goélands.	VIII	350
Guêpe cartonnière.	VIII	476
Gypse trouvé à Pantin, et dans lequel il existe des fragmens d'os fossiles.	VIII	489
Hippopotame.	IX	62
Hyale.	IX	199
Hyènes.	IX	242
Ibis des anciens Égyptiens.	IX	266
Insectes.	IX	372
Janthine.	X	21
Kanguroos, rat et géant.	X	66
Lamantins.	X	177
Laplysia.	X	241
Limace et limaçon.	X	296
Lingule.	X	332
Lombrics.	X	414
Lophote cépédien.	X	417
Lymnée d'étang.	X	515
Maigre, ou poisson royal.	XI	20
Mammouth des russes.	XI	94
Marsouin.	XI	161
Mastodonte.	XI	170
Mégalonix.	XI	261
Mégatérium.	XI	262
Méléagris ocellata.	XI	266
Mélette, petit poisson du sous-genre des anchois.	XI	269
Mulle imberbe, ou apogon.	XII	25
Oiseaux.	XII	284
Onchidie.	XII	298
Ornitholithes de Montmartre.	XII	410
Os fossiles.	XII	424
Palœothérium.	XII	516
Paresseux.	XII	607
Paris.	XIII	1
Parmacelle.	XIII	10
Pennatula cynomorium.	XIII	158
Phasianelle.	XIII	205
Phyllidia.	XIII	318

	Tomes.	Pages.
Pierres dites *nummulaires* ou *lenticulaires*.	XIII	360
Pleuro-branche.	XIII	506
Pneumoderme.	XIII	524
Poissons.	XIII	565
Proteus anguinus.	XIV	276
Proteus pisciformis, ou axoloil.	XIV	276
Quadrupèdes.	XIV	328
Rason.	XIV	392
Réaumuria.	XIV	399
Rhinocéros.	XIV	456
Sangsues.	XIV	592
Serpules.	XV	79
Siren lacertina.	XV	110
Tablier des hottentottes.	XV	502
Tapir.	XV	547
Tapirs fossiles de France.	XV	550
Testacelle et dolabelle.	XV	642
Tête osseuse.	XV	653
Tortues fossiles.	XVI	117
Tritonie.	XVI	235
Vivipare d'eau douce.	XVI	636
CUVIER (F.). — Chien de la Nouvelle-Hollande.	III	140
Daim noir.	IV	378
Mammifères.	XI	50
Orang-outangs.	XII	362
Orfraie.	XII	389
Pacas.	XII	505
Papion.	XII	593
Phoque.	XIII	236
Pile galvanique.	XIII	372
Rouge à polir.	XIV	504
Rut des animaux.	XIV	546
Vers qui ont le sang rouge.	XVI	513
Zèbre.	XVI	707
CUVILLIER. — Tissus de soie.	XVI	62
CUVRU-DESURMONT. — Prunelles.	XIV	282

D.

DABER. — Velours divers.	XVI	458
DAGOTY. — Poêle à carboniser.	XIII	526
Porcelaines diverses.	XIV	116
Vapeur.	XVI	382
DAGUET. — Clous d'épingles.	III	271
DAGUILLON. — Tissu pour meubles.	XVI	50
DAGUIN, *d'Angers*. — Sulfate de soude.	XV	397
DAGUIN, *de Vimoutier*. — Toiles.	XVI	68

	Tomes.	Pages.
DALLERY. — Mobile perfectionné.	XI	458
DALMAS. — Canaux.	II	355
Grains.	VIII	388
Poids hydraulique.	XIII	547
DALMAS, *de Paris*. — Fièvre jaune.	VII	114
DALPHONSE. — *Aciers cémentés.*	I	176
DAMART-VILET. — Bleu de tournesol.	II	123
Huiles.	IX	167
DAMIEN. — *Voyez* DURAND-DAMIEN.		
DAMIEN. — Cachemires français.	II	227
DANDREZ. — Châsse *mécanique* à bascule.	III	64
DANET. — Draps.	V	199
DANGOS. — Comètes principales, observées dans la période.	III	369
Mirage.	XI	414
DANOIS. — Canif.	II	359
DA-OLMI. — Citerne pour garder le fumier.	III	211
DAPRES. — Lacets.	X	104
DAQUIN *aîné*. — Fers.	VII	75
DARBEFEUILLE. — Tonneaux-filtres.	XVI	103
DARBOUX. — Étoffes de laine.	VI	416
DARET. — Chocolat.	III	199
Jambes artificielles.	X	18
DARNAL. — Moulins à farine divers.	XI	591
DARNAUD. — Phosphate de plomb.	XIII	260
DARNETAL (*Les filatures de*). — Coton.	IV	85
DARRAC. — Siéges et sommiers élastiques.	XV	102
DARRACQ. — Goudron.	VIII	378
DARROND. — Cuirs.	IV	286
DARTE, *frères*. — Porcelaines diverses.	XIV	112
		115
DARTIGUES, *de Paris*. — Balancier hydraulique.	I	516
DARTIGUES, *de Paris*. — Flintglass.	VII	183
Glaces.	VIII	294
Minium.	XI	441
Produits chimiques.	XIV	267
Verre.	XVI	484
Verres à vitre et autres.	XVI	491
DASTIS. — Draps.	V	200
DAUBANCOURT. — Liquides animaux soumis à l'action galvanique.	X	360
DAUBENTON, *de l'Institut*. — Histoire naturelle.	IX	84
Palmiers.	XII	517
Pétrification trouvée au Mont de Terre noire.	XIII	184
DAUBERTE. — Huîtres de Marennes.	IX	191
Saumon.	XIV	603
DAUBUISSON. — Ardoise.	I	371
Baromètre.	I	542

	Tomes.	Pages.
Basaltes.	I	570
Fer hydraté, considéré comme espèce minéralogique.	VII	53
DAUDIN. — Ciment.	III	224
Moulin à broyer les mortiers et les cimens.	XI	581
DAUDIN (F.-M.). — Cyrtodaires.	IV	375
Guêpier bicolor.	VIII	477
Martin pêcheur d'Afrique.	XI	162
Ophidiens.	XII	310
Pic.	XIII	341
Tangara.	XV	529
Tubinambis orné.	XVI	265
Vaginelle.	XVI	354
Vautours.	XVI	390
DAUJON. — Brancard mécanique.	II	188
Fauteuil mécanique.	VI	519
Incendie.	IX	302
Lit pour les femmes en couche.	X	364
Lit pour les malades.	X	372
———		376
Voiture pour le transport des blessés.	XVI	648
DAUNOU, *de l'Institut.* — Imprimerie.	IX	292
DAUPHIN. — Coton.	IV	84
DAUTRY. — Bas.	I	567
DAVID. — Acier tréfilé, pour aiguilles.	I	172
DAVID, *de Reims.* — Flanelles.	VII	178
DAVID. — *Voyez* ÉMERIC DAVID.		
DAVESNE. — Cuisines portatives et économiques.	IV	307
DAVILLIER. — *Voyez* GROS-DAVILLIER, ROMAN *et compagnie.*		
DAVRAINVILLE. — Flûte à cylindre.	VII	232
DAVY. — *Voyez* HUMPHRY-DAVY.		
DAYME. — Bâteaux.	II	14
DEBAIS. — Lampes propres à brûler des huiles et des graisses	X	220
DEBARD. — Étoffes diverses.	VI	426
Velours divers.	XVI	456
DÉBART (J.). — Tombeaux divers trouvés en France.	XVI	93
DEBAUVES. — Chocolat.	III	196
DEBERKEM. (P.-J). — Cabriolets dits *Mercures ailés*.	II	223
Parisienne.	XIII	10
DEBÉZIEUX. — Chanvre et lin.	III	25
Toiles à employer sans coutures.	XVI	69
DEBÉZIS. — Fosses d'aisances.	VII	371
DEBLADIS. — Cuivre laminé et martelé.	IV	327
Tôles laminées.	XVI	87
DEFLINNE. — Fours à briques, à tuiles, à carreaux et à chaux.	VII	422
DEBOUBERT. — Armes.	I	401
Platines de fusils.	XIII	496
DEBRAY (F.) *et compagnie.* — Velours divers.	XVI	456

	Tomes.	Pages.
Debray-Valfresne. — Anacotes, ou anacostines en noir.	I	289
Pannes et velours de laine.	XII	533
Debret. — Cheminées économiques.	III	111
Poêles	XIII	534
Dechoix (H.-P.). — Tricots divers.	XVI	210
Declanlieux. — Peignes pour les fabriques.	XIII	102
Declerck. — Granit des Vosges.	VIII	408
Decoeur (J.-B.). — Lieux à l'anglaise.	X	285
Urines.	XVI	334
Decresme. — Étoffes diverses.	VI	430
Nankins et nankinettes.	XII	95
Decrétot. — Draps.	V	187
		190
		194
Schals divers.	XIV	626
Decroix (P.). — Bas coupés à la pièce.	I	552
Decroos. — Savon de Windsor.	XIV	606
Decrugy. — Monogamme, ou moyen d'exécuter toutes sortes de gammes sur les claviers.	XI	508
Décolenler-Bosch. — Cafés indigènes.	II	271
Defay. — Anguilles venimeuses.	I	309
Deflers. — Intégrales définies.	IX	505
Defranc. — Mousselines, percales et calicots.	XII	2
Defrance. — Énothère à fleurs blanches.	VI	120
Hipponix.	IX	61
Trombes.	XVI	241
Defrance. — Voitures.	XVI	650
Defranes. — Casquets.	II	425
Degen. — Velours divers.	XVI	458
Deglesne-Cousin. — Ganterie.	VIII	58
Deglos. — Chandelles-bougies.	III	9
Degouvenain. — Vinaigre.	XVI	567
Degrand. — Charrues diverses.	III	58
Degrand (E.), *de Marseille*. — Clous.	III	269
		ibid.
Cuir.	IV	282
Machines à feu.	X	561
Papier.	XII	563
———	XII	567
Peaux.	XIII	77
———	XIII	77
Degrand, *de Marseille*. — Damas.	IV	385
Degrand, *née* Curgey (*Mme.*), *de Marseille*. — Damas.	IV	385
Sabres.	XIV	552
Degrand. — Gravure en taille-douce.	VIII	429
Deharme, *de Paris*. — Quincaillerie.	XIV	341
Tôles vernies.	XVI	88

	Tomes.	Pages.
DEHARME, *de Bercy*. — Tôles vernies.	XVI	88
DEHEURLE-BILLY. — Ratines.	XIV	394
DEIMAN. — Gaz hydrogène carboné, retiré de l'éther et de l'alcohol.	VIII	159
DEJEAN. — Cuves en plomb, pour conserver les grains.	IV	336
DEJERNON. — Nyctographe.	XII	254
Plumes métalliques.	XIII	523
Pupitre pour donner aux aveugles la facilité d'écrire droit et avec assurance.	XIV	287
DELACHAISE. — Distillation.	V	135
DELACOUR, *de Tain*. — Soies grèges.	XV	153
DELACOUR (*Mme*.), *de Paris*. — Topique labial.	XVI	110
DELADERRIÈRE-DUBOIS. — Coton.	IV	83
DELAFONTAINE. — Coton.	IV	74
DELAFORGE (C.-B.). — Soufflets de forge.	XV	214
DELAGARDE. — Papiers.	XII	577
DELAHAYE. — Arbre à pain cultivé.	I	363
DELAHAYE, *de Bolbec*. — Étoffes.	VI	397
DELAHAYE *et compagnie*. — Tricots divers.	XVI	227
DELAHAYE, *d'Amiens*. — Velours divers.	XVI	455
		ibid.
DELAHAYE-DUMÉNY. — Mortier de pouzzolane artificielle.	XI	568
Pouzzolanes naturelles et artificielles.	XIV	223
DELAHAYE-PISSON. — Pannes et velours de laine.	XII	533
		ibid.
Velours divers.	XVI	455
DELAITRE *et compagnie*. — Coton.	IV	83
		84
DELALAIN (A.). — Caractères d'imprimerie.	II	377
DELALAIN. — *Voyez* COQUET-DELALAIN.		
DELALANDE. — Toteap.	XVI	120
DELALOGE. — Tapis de table.	XV	551
DELAMARCHE. — Globes célestes et terrestres.	VIII	341
DELAMARRE. — Dentelles.	IV	483
DELAMARRE, *de Paris*. — Métiers à tisser.	XI	384
DELAMBERT. — Draps.	V	201
Étoffes.	VI	397
Molletons.	XI	475
DELAMBRE, *de l'Institut*. — Comètes.	III	366
Méridienne.	XI	315
Tables solaires.	XV	501
DELAMOTTE. — Fusils divers.	VII	536
DELAMOTTE, *de Paris*. — Laminoirs.	X	186
Machines à feu.	X	544
DELANOS. — Faux et faucilles.	VI	524
DELARCHES. — Draps.	V	163
DELAROCHE (F.). — Animaux.	I	312

	Tomes.	Pages.
Calliouyme nain.	II	311
Gaz.	VIII	97
——	VIII	110
Poissons.	XIII	563
————	XIII	575
————	XIII	587
Respiration.	XIV	445
DELARUE, *de Louviers.* — Draps.	V	188
		194
DELARUE *aîné*, *de Rouen.* — Nankins français.	XII	96
DELARUE, *de Rennes.* — Toiles à voiles.	XVI	71
		ibid.
DELARUE. — *Voyez* GAMBU-DELARUE; JULLIEN-DELARUE.		
DELASALLE. — Navettes volantes.	XII	115
DELATRE. — Acide muriatique.	I	135
DELATRE. — Charrues diverses.	III	57
DELAUNAY, *de Paris.* — Bas-reliefs, en fonte de fer.	I	575
DELAUNAY (*Madame*), *d'Angers.* — Mouchoirs divers.	XI	576
DELAUNAY. — Tonneau hydraulique.	XVI	98
DELAUNAY. — *Voyez* VEAU DELAUNAY.		
DELAVILLE. — Reliures diverses.	XIV	425
DELBOEUF. — Marmite Delbœuf.	XI	137
DELCHAMBRE. — Couleurs diverses.	IV	128
DELCROS. — Genève.	VIII	244
DELÉPINE. — Velours divers.	XVI	455
		ibid.
DELESSERT (B.), *de l'Institut.* — Raffinerie.	XIV	361
DÉLÉTANG. — Fusils.	VII	537
Platines de fusils.	XIII	496
		497
DELEUTRE *fils.* — Étoffes de soie.	VI	418
Taffetas et satins.	XV	524
DELFAU *dit* LAMOTTE. — Machines.	X	537
DELHOUGNE. — Étoffes de laine.	VI	415
DELILLE. — Machine propre à perfectionner la fabrication des huiles.	X	534
DELILLE. — *Voyez* RAFFENEAU-DELILLE.		
DELISLE. — Papier à gargousses.	XII	567
Papiers.	XII	574
DELISLE *fils*, *de Vimoutiers.* — Toiles de lin.	XVI	76
DELISLE. — *Voyez* KEYSER DELISLE.		
DELLOYE, *de Huy.* — Fer-blanc.	VII	32
DELLOYE *et fils.* (*Madame Veuve*), *de Cambrai.* — Mouchoirs divers.	XI	577
DELOGE (P.). — Teinture.	XV	561
DELON. — Cardes.	II	393
DELORME. — *Voyez* FLEURI-DELORME.		

	Tomes.	Pages.
Deloyauté *aîné*. — Galoches à bascule.	VIII	10
Malle-Poste.	XI	42
Deloyne. — Casquets.	II	425
Delpech, *de Maz d'Azil*. — Alun artificiel.	I	270
Produits chimiques.	XIV	262
Delpech, *de Montpellier*. — Pouriture d'hôpital.	XIV	214
Delpont. — Schakos à deux feutres.	XIV	621
Deluc. — Air.	I	224
Delucheux. — Linge uni, damassé et ouvré, en fil ou en coton.	X	325
Delunel. — Encre indélébile.	VI	106
Delunel, *de Paris*. — Plantes inodores.	XIII	459
Thé.	XV	659
Delunel. — Suifs.	XV	377
Delvau. — Bottes sans couture.	II	167
Cuirs sans couture pour couvrir le cylindre des filatures de coton.	IV	299
Demaistre. — Bestiaux.	II	33
Demandres. — Levier moteur.	X	277
Demarquet. — Tissus.	XVI	61
Demarson. — Savon de toilette.	XIV	606
Demaurey. — Draps.	V	162
Laine.	X	141
Demenou. — Draps.	V	201
Étoffes.	VI	397
Molletons.	XI	475
Demerèse. — *Voyez* Vagina-Demerèse.		
Demillière. — Végétaux artificiels.	XVI	438
Demougé. — Vernis divers.	XVI	475
Demours. — Prunelle artificielle.	XIV	281
Denielle. — Draps.	V	201
Denière. — Bronzes.	II	2[illegible]4
Carreaux divers.	II	412
Denis. — *Voyez* Julien Denis.		
Denisart. — Mitraille.	XI	4[illegible]7
Denné *jeune*. — Gravure coloriée.	VIII	420
Denoirjean. — Couvertures en laine, en coton et en soie.	IV	165
Denuelles. — Porcelaines diverses.	XIV	116
Denys de Montford. — Bidon filtre, pour la troupe.	II	62
Charbon de bois.	III	40
Coliques.	III	335
Eau.	V	222
Filtre marin.	VII	161
Filtre portatif.	VII	162
Filtres de charbon.	VII	163
Fontaine domestique.	VII	276
Huile de goudron, ou de longévité.	IX	142

	Tomes.	Pages.
Moulin hydraulique et perpétuel, à double piston.	XI	588
Tonneaux-filtres.	XVI	103
Déodor. — Fontes de fer.	VII	287
Gaz hydrogène.	VIII	146
Depétigny. — Économie rurale.	V	438
Depillon. — Télégraphes.	XV	582
Deplaye. — Escalier à double limon.	VI	282
Dépouilly *et compagnie*. — Étoffes diverses.	VI	428
Dequenne. — Aciers cémentés.	I	178
Limes diverses.	X	315
Derepas. — Briquets phosphoriques.	II	197
Lorgnettes de théâtre, dites *à bascule*.	X	419
Deribaucourt. — Échappemens divers.	V	394
Dering (*Madame* E.) — Voitures diverses.	XVI	664
Derivaz. — Distillation.	V	113
Sel commun, ou muriate de soude.	XV	33
Dérivès. — Distillation.	V	131
Dermet. — Machines.	X	536
Derode. — Distillation.	V	136
Derodé. — Goudron.	VIII	378
Derodé-Biémont. — Laine.	X	133
Dérosne *frères*. — Acétate de cuivre.	I	109
Sucres.	XV	359
Dérosne (C.). — Betterave.	II	38
Betteraves.	II	41
———		44
Briquets phosphoriques.	II	197
Distillation.	V	136
Éther acétique.	VI	345
Opium.	XII	326
Sucres.	XV	363
Dérosne (B.), *de la Grâce de Dieu*. — Poêle en fonte.	XIII	531
Tuiles en fonte de fer.	XVI	256
Deroy. — Rôtissoire.	XIV	395
Derry-Scully. — Voitures diverses.	XVI	663
Dervieu. — Dentelle.	IV	455
Desaprès. — *Voyez* Orsel-Desaprès.		
Désarnaud-Charpentier (*Mme. Ve.*). — Cristaux-verres.	IV	226
Désarnod. — Appareils fumifuges.	I	356
Calorifères.	II	313
———		316
———		318
———		319
Cheminées économiques.	III	113
Dessiccateur, ou séchoir pour les draps.	IV	509
Fourneaux économiques divers.	VII	396

	Tomes.	Pages.
Desaudray. — Incendie.	IX	293
Desaux. — Confitures sans sucre.	III	428
Desblancs. — Coches, ou diligences.	III	290
Desblancs, *de Trévoux*. — Horlogerie.	IX	122
Desbordes. — *Voyez* Borgnis-Desbordes.		
Deschamps. — Anévrisme de l'artère poplitée.	I	306
Deschamps *aîné, de Lyon*.—Hélianthe annuel, ou tournesol.	VIII	540
Raisin noir.	XIV	383
Vinaigre de petit-lait.	XVI	577
Deschamps (N.), *de Marseille*. — Muriate de soude.	XII	33
Soudes artificielles.	XV	207
Descharmes. — *Voyez* Pajot-Descharmes.		
Desclaux. — Maroquins.	XI	156
Descombes. — *Voyez* Dumas-Descombes.		
Descombes Desmorelles. — Agriculture.	I	213
Descostils. — *Voyez* Collet-Descostils (C. H. V.).		
Descroizilles *aîné, de Paris*. — Acétimètre.	I	113
Alambic propre à l'essai du vin	I	237
Alcalimètres.	I	243
Aréométritype.	I	381
Bordures métalliques.	II	159
Soude.	XV	188
Tisserands.	XVI	47
Végétaux.	XVI	431
Descroizilles *frères, de Rouen*. — Bertholimètre.	II	31
Blanchîment par l'acide muriatique oxigéné.	II	91
		ibid.
Muriate d'étain.	XII	36
Désessarts. — Croup.	IV	268
Sirop contre la toux.	XV	116
Désétables *aîné*. — Papiers.	XII	575
		577
Desfontaines, *de l'Institut* — Amaiova de diverses espèces.	I	272
Ancylanthes rubiginosa.	I	300
Andropogon.	I	302
Astéranthos brasiliensis.	I	468
Bunias épineux.	II	218
Bunium ferulæfolium.	II	219
Cachrys cretica.		231
Campanules.	II	344
Centaurées de deux espèces.		453
Chamelaucium de diverses espèces.	II	539
Chardinia xeranthemoïdes.	III	44
Cheiranthus farsetia.	III	96
Cierges.	III	223
Clitoria.	III	264
Cnicus cyranoides.	III	271

	Tomes.	Pages.
Cobea scandens.	III	274
Convallaria.	III	445
Conyza candida.	III	447
Cordia macrophylla.	III	466
Correa alba.	IV	46
Cotylédon parviflora.	IV	104
Crassula crenata.	IV	176
Cucubalus spergulifolius.	IV	276
Cynoglossum.	IV	367
Dattiers.	IV	408
Diptophractum auriculatum.	V	53
Échytes.	V	397
Érables à fruit cotonneux et à fleurs rouges.	VI	267
Euphorbes.	VI	469
Géranium pubescent.	VIII	269
Gesse pourpre.	VIII	285
Glossostemon.	VIII	344
Gymnarrhena.	VIII	483
Gyrostemon.	VIII	497
Hétérodendrum.	IX	58
Hétérostémon.	IX	59
Jalap.	X	10
Laitron.	X	174
Malpighia à feuilles de kermès.	XI	43
Micrantheum ericoïdes.	XI	401
Pogostemon.	XIII	542
Polyphragmon sericeum.	XIV	13
Ricinocarpos.	XIV	466
Scorsonère.	XV	27
Tithonia.	XVI	64
DESFORGES STEVENS. — Couleurs diverses.	IV	130
DESFOSSÉS. — Chapeaux.	III	30
DESFOSSES, *de Besançon*. — Solanée.	XV	156
DESGRANGES. — Galactophore, ou moyen mécanique par l'allaitement artificiel des enfans.	VII	548
DESIMENCOURT. — Cadrans solaires.	II	263
DESJARDINS. — Yeux artificiels.	XVI	704
DESJARDINS RENOULT. — Mousselines, percales et calicots.	XII	3
DESLAURIERS. — Val.	XVI	371
DESLONGCHAMPS. — *Voyez* LOISELEUR DESLONGCHAMPS.		
DESMALTER (J.), — Meubles.	XI	394
DESMARETS, *de l'Institut* (A. G.). — Botrylles étoilés.	II	154
Condylure.	III	420
Dolichotis.	V	138
Flustres et cellepores fossiles.	VII	229
Fossiles inconnus.	VII	374
Gyrogonite.	VIII	491

	Tomes	Pages.
Volcans.	XVI	672
DESMAREST *fils*. — Cypris.	IV	373
Insectes coléoptères.	IX	366
DESMAREST. — Étoffes anciennes.	VI	410
DESMAREST, *de Bapaume* — Fils de lin.	VII	160
DESMAREST. — Machines hydrauliques.	X	563
DESMAREST. — *Voyez* ANQUETIL-DESMAREST.		
DESMORELLES. — *Voyez* DESCOMBES-DESMORELLES.		
DESMOULINS, *de Paris*. — Cinabre, ou vermillon.	III	229
DESMOULINS. — Système nerveux.	XV	460
DESNOYERS. — Fontes de fer.	VII	294
DESNOYERS, *de l'Institut*. — Gravure en taille douce.	VIII	428
DÉSORMES. — Corps.	III	484
Doubleur d'électricité.	V	151
Évaporation.	VI	474
Évaporatoires divers.	VI	482
Gaz.	VIII	104
Machines à feu.	X	547
———		557
Outremer.	XII	417
Oxide blanc de zinc.	XII	460
Produits chimiques.	XIV	260
Sulfate de fer.	XV	383
Tuyaux.	XVI	272
DESOUCHES. — Lit pliant, portatif.	X	363
DESPEAUX. — Nankins et nankinettes.	XII	95
DESPIAU, *de Laval*. — Linge uni, damassé et ouvré, en fil ou en coton.	X	326
DESPIAU, *de Condom*. — Métiers à tisser.	XI	382
———		388
Tuyaux sans couture.	XVI	274
DESPIAU *fils*, *de Laval*. — Poudre de Ceylan, pour les dents.	XIV	200
DESPORTES (J.-B.), *du Mans*. — Étamines.	VI	336
DESPORTES (H.). — Noix vomique.	XII	195
DESPRÉAUX. — Chronomètre appliqué à la musique.	III	211
DESPRETS (J.-B.). — Vapeur.	XVI	372
DESPRETZ *fils*. — Fer-blanc.	VII	33
DESPRETZ *fils*. — Porcelaine.	XIV	108
Porcelaines diverses.	XIV	112
DESQUINEMARE. — Anémomètres.	I	304
Bateau insubmergible.	II	8
Moulins à farine divers.	XI	602
Oiseau de proie factice, propre à lancer, à une grande distance, un objet déposé dans une circonférence donnée.	XII	276
Panémore.	XII	529

	Tomes.	Pages.
Toiles imperméables.	XVI	78
Desquiros, *née* St.-Laurent (*Mme.*). — Bretelles élastiques.	II	191
Desray. — Gravure coloriée.	VIII	420
Desroches. — Cafetières.	II	274
Dessaignes (J.-P.). — Air.	I	225
Corps.	III	502
Courans électriques.	IV	147
Eau.	V	250
Électricité.	V	564
Gaz comprimés.	VIII	140
Phosphorescence.	XIII	296
Pointes.	XIII	553
Répulsion et attraction.	XIV	439
Dessault (P.-J.). — Carreau.	II	441
Cerveau.	II	487
Hernies.	IX	44
Tic douloureux.	XVI	44
Varices.	XVI	385
Dessaux *frères*. — Binot à trois socs.	II	65
Récoltes.	XIV	400
Dessigner-Maillard. — Fumée.	VII	519
Destaigne. — Bateau à palettes.	II	7
Destigny. — Compensateur.	III	408
Montres.	XI	533
Pendules diverses.	XIII	158
Destouches (P.-R.). — Acétate d'ammoniaque.	I	108
Acidule tartareux.	I	164
Alcohol.	I	247
Digitale pourprée.	V	17
Étain.	VI	304
Éther sulfurique.	VI	388
Gale.	VII	549
Phosphore.	XIII	272
Raisin.	XIV	370
Sulfure noir de mercure.	XV	411
Vert-de-gris.	XVI	516
Destutt de Tracy, *de l'Institut*. — Idéologie.	IX	276
Pasigraphie.	XIII	13
Desurmont. — Mousselines, percales et calicots.	XII	3
Desurmont. — *Voyez* Cuvru-Desurmont; Fournier-Desurmont.		
Desvalettes. — *Voyez* Benoitte-Desvalettes.		
Desvaux. — Aigrette.	I	216
Algues marines.	I	255
Bananier, ou figuier d'Adam.	I	523
Lycopodiacées.	X	514
Mesembrianthemums.	XI	340

	Tomes.	Pages.
Rosiers.	XIV	192
DESVERNEY. — Peluches de soie.	XIII	134
DESVIGNES. — Verre.	XVI	487
DESVILLES (*Les filatures de*). — Coton.	IV	85
DESVRES (*Les fabriques de*). — Draps.	V	194
DETMAR-BASSE (*Les fabriques de*). — Lacets.	X	104
DÉTOMBES. — Étoffes diverses.	VI	430
DÉTREY. — Bas de fil.	I	554
		ibid.
DEVAUX. — *Voyez* CADET-DEVAUX.		
DEVEZE (J.). — Fièvre jaune.	VII	114
DEVILLE. — Gazes soufflées.	VIII	187
DEVILLERS (J.-J.). — Plomb, étain et métaux aisés à fondre.	XIII	517
DEVILLERS. — Denderah.	IV	439
———	IV	450
———	IV	453
Esné.	VI	286
———	VI	289
Isis.	IX	570
Karnak.	X	70
Louqsor.	X	426
Med-a-Moud.	XI	214
Médynet-Abou.	XI	233
Osymandyas.	XII	438
Qournah.	XIV	325
Ruines de Keft et de Qous, anciennement *Coptos* et *Apollinis parva*.	XIV	535
Thèbes.	XVI	13
DEVILLERS *père et fils, d'Amiens.* — Velours divers.	XVI	455
DEVILLY. — Peinture sur verre.	XIII	123
DEVISMES. — Moulins à farine divers.	XI	593
DEVRINE. — Balances d'essai.	I	514
DEWAL. — Hydro-Économique.	IX	216
DEYDIER. — Soies grèges.	XV	152
DEYEUX, *de l'Institut.* — Betterave.	II	40
Betteraves.	II	41
Emplâtres.	VI	86
Éther nitreux.	VI	373
Filets, ou poils des pois chiches.	VII	146
Huile de palma christi, ou de ricin.	IX	149
Lait.	X	156
Noix de galle.	XII	188
Passy.	XIII	20
Plantes inodores.	XIII	460
Sang bilieux.	XIV	587
Sève.	XV	97
Zinc.	XVI	712

	Tomes.	Pages.
DEZARMEAUX (J.-C.). — Poignet.	XIII	547
DHERBECOURT. — Outils.	XII	446
DIDELOT-PERRIN. — Draps.	V	201
Tiretaines.	XVI	47
DIDELOT-REGNOULT. — Draps.	V	201
Tiretaines.	XVI	47
DIDIER, *de Paris*. — Chapeaux d'hommes.	III	27
Cuirs teints et vernissés.	IV	299
Toiles et taffetas cirés et vernis.	XVI	76
Vernis divers.	XVI	478
DIDIER, *de Mirecour*. — Violons.	XVI	619
DIDOT (F.). — Caractères d'imprimerie.	II	376
———		377
Formats stéréotypés.	VII	364
Typographie.	XVI	299
		300
		301
DIDOT (F.-A.), *père*. — Garnitures, pour séparer les pages et former les marges.	VIII	80
Presses d'imprimerie.	XIV	236
DIDOT (H.). — Caractères d'imprimerie.	II	378
Fonderie polyamatype.	VII	276
Moules à fondre les caractères d'imprimerie.	XI	580
		ibid.
Typographie.	XVI	301
DIDOT (P.). — Fonte et gravure de caractères.	VII	279
Typographie.	XVI	299
		300
		301
DIDOT SAINT-LÉGER. — Caractères d'imprimerie.	II	378
Papier.	XII	565
		ibid.
DIEN. — Globes célestes et terrestres.	VIII	341
DIETRICH. — Fers.	VII	71
———		72
Manganèse.	XI	99
DIETZ, *de Paris*. — Canaux.	II	354
Clavi-harpe.	III	250
Mélodion.	XI	273
Moteurs divers.	XI	575
Trochélon.	XV	236
DIETZ, *de Bar*. — Teinture.	XV	576
DIHL. — Couleurs diverses.	IV	128
Mastics de Dihl.	XI	169
Peinture sur verre.	XIII	123

	Tomes.	Pages.
Porcelaines diverses.	XIV	110
———		112
DIJON. — Économie rurale.	V	438
DILHING (*Les fabriques de*). — Faux et faucilles.	VI	522
Fer-blanc.	VII	32
Limes diverses.	X	301
DILLON. — Devalik.	IV	515
DILLON. — Ponts en fer.	XIV	94
DISJONVAL. — *Voyez* QUATREMÈRE-DISJONVAL.		
DISPAN (P.). — Acide cicérique, ou de pois chiches.	I	129
Gaz oxide d'azote.	VIII	179
DESSEY. — Poudre favorite des sultanes.	XIV	201
DITHURBIDE. — Latitude.	X	253
DIVE. — Miel.	XI	406
Sucre de miel.	XV	353
DIZÉ. — Étain.	VI	310
DOBO. — Encliquetage particulier.	VI	99
Laine.	X	143
		ibid.
DOBRÉE. — Feutre.	VII	104
DOBSON. — Hauts-fourneaux.	VIII	530
DOCAGNE. — Dentelles.	IV	483
DODÉ. — Seringues diverses.	XV	74
DODÉ-ENFRIN. — Bas-reliefs en porcelaine.	I	576
DODILLET. — Laminoirs.	X	186
DOLÉ *fils*. — Linge uni, damassé et ouvré, en fil ou en coton.	X	326
DOLFUS. — Acide muriatique oxigéné.	I	139
Maroquin.	XI	150
DOLFUS *et compagnie*, *de Mulhausen*. — Schals divers.	XIV	628
Toiles peintes.	XVI	82
DOLLEY. — Draps.	V	201
DOLOMIEU, *de l'Institut*. — Basaltes.	I	570
Leucite.	X	274
Pierres à fusil.	XIII	357
Tourmalines diverses.	XVI	136
Vésuve.	XVI	522
DOMBASLE (DE). — *Voyez* MATHIEU DE DOMBASLE (C. J. A.).		
DOMINÉ. — Fils de fer et d'acier.	VII	158
DONADEI. — Phosphate calcaire.	XIII	255
DONAT *et compagnie*. — Urate.	XVI	318
Urines et issues de vidange.	XVI	337
DONNANT. — Méchanographe.	XI	205
DONNAVY. — Donnavy.	V	141
DONNET. — Cuirs.	IV	285
		ibid.
DONOP. — Fours à briques, à tuiles, à carreaux et à chaux.	VII	422

	Tomes.	Pages.
Donovan. — Acide sorbique.	I	154
Dony. — Calamine, ou oxide de zinc.	II	288
Zinc.	XVI	711
Doré. — Draps.	V	201
Doré. — *Voyez* Mathey-Doré.		
Doremieulx. — Couleurs diverses.	IV	130
Dorigny. — Tourbe.	XVI	128
Dorion. — Sirops et sucres.	XV	135
Dorthes. — Lumière.	X	483
Doschot. — Combustible.	III	360
Douai (*Les filatures de*). — Coton.	IV	85
Duault-Wiéland. — Strass.	XV	283
Double (F.-J.) — Affections rhumatismales.	I	193
Affections scorbutiques.	I	193
Coqueluche.	III	449
Fièvre ortiée.	VII	123
Fièvre scarlatine.	VII	124
Fièvres gastriques.	VII	126
Rougeole.	XIV	508
Douglas (J.). — Diable.	IV	531
Draps.	V	164
———	V	178
Laine.	X	115
———	X	124
Machines à broyer l'indigo, ou toute autre matière.	X	524
Machines.	X	535
Machines à feu.	X	554
Pompes à feu.	XIV	64
Presses hydrauliques.	XIV	243
Douillard. — Toiles incombustibles.	XVI	78
Doulzals. — Cartons à presser laminés et lustrés.	II	417
Dourdan (*La maison de correction de*). — Nécessaires.	XII	133
Doussin-Dubreuil. — Glaires.	VIII	300
Dralet. — Forêts et bois.	VII	347
Draparnaud (J.). — Fluides.	VII	207
Mantis oratoria.	XI	115
Drapiez (J.-J.). — Anthracite.	I	326
Machine pour couper la betterave, la réduire en pulpe et en exprimer le suc.	X	533
Mine de fer spathique.	XI	414
Végétaux contenant le plus de matière sucrée.	XVI	442
Drée (de). — Cuivre.	IV	315
Laves lithoïdes	X	259
Dirèberg. — Triton.	XVI	235
Dronsart. — Moulins à farine divers.	XI	602
Drouet. — Bleu de Prusse.	II	123

	Tomes.	Pages.
DROZ. — Balancier pour le monnoyage.	I	519
Coins.	III	333
Laminoirs.	X	186
Monnaies.	XI	503
———		504
Pompes à feu.	XIV	58
Virole brisée, pour le monnoyage.	XVI	623
DROZ, *de Besançon*. — Fromage divers.	VII	502
DRURY (C.). — Colle de pâte.	III	335
DUBOC *fils*. — Étoffes diverses.	VI	430
DUBOCHET, *de Nantes*. — Pompes à feu.	XIV	60
DUBOCHET. — Sel commun, ou muriate de soude.	XV	33
DUBOIS (J.), *de Lyon*. — Briquets pneumatiques.	II	199
DUBOIS *père et fils*, *du Mans*. — Étamines.	VI	337
DUBOIS (J.). — Robinets à piston, en fonte de fer.	XIV	471
DUBOIS, *de Lisieux*. — Toiles.	XVI	66
DUBOIS. — Zircon.	XVI	726
DUBOIS. — *Voyez* AROD-DUBOIS (*Mlle.*); DELADERRIERE-DUBOIS.		
DUBOIS-AIMÉ. — Hébreux.	VIII	535
Mer rouge.	XI	290
Nil.	XII	163
Peuples nomades.	XIII	188
DUBOIS-AUZOUX. — Cardes.	II	393
DUBOIS-FOUCOU. — Dents artificielles.	IV	500
		502
DUBOIS-FOURNIER. — Batistes.	II	19
DUBOSCQ-RIGAUT. — Mousselines, percales et calicots.	XII	2
DUBOUL. — Cordages.	III	462
DUBOUL. — *Voyez* VIBERT-DUBOUL.		
DUBOURG. — *Voyez* BUZOT-DUBOURG.		
DUBOURGUET. — Équations.	VI	201
DUBOURJAL. — Lampes diverses.	X	212
Moiré métallique.	XI	472
DUBREIL DE LANDAL. — Colza.	III	353
DUBREUIL. — *Voyez* DOUSSIN-DUBREUIL.		
DUBROCA. — Tabac.	XV	465
DUBUC. — Maréquerie.	XI	136
Opium.	XII	317
Pommes et poires.	XIV	46
Produits chimiques.	XIV	262
DUBUISSON. — Poissons.	XIII	579
DUBUISSON. — *Voyez* COUTURE-DUBUISSON.		
DUBURGUCE. — Liqueurs végétales.	X	347
DUBUSSOIR (C.-P.-N.). — Sirop d'orge.	XV	125
DUC. — Étamage des vases de cuivre.	VI	329
DUCHAMP. — Cuivre.	IV	311

	Tomes.	Pages.
Mines de cuivre.	XI	436
DUCHANOY. — Champignons.	III	1
DUCHAYLA. — Forces.	VII	310
DUCHEMIN. — Horlogerie.	IX	126
DUCHESNE, *d'Yvetot.* — Mousselines, percales et calicots.	XII	4
DUCHESNE. — Plantes.	XIII	435
DUCHET. — Colle-forte.	III	337
		338
DUCLOS. — Sucres indigènes.	XV	371
DUCOMMUN. — Eau.	V	224
DUCOS. — Chasses, pour les métiers à tisser.	III	64
DUCRAY *aîné.* — Chamoiserie et ganterie.	II	542
DUCREST (C.-L.), *de Genève.* — Cales flottantes.	II	308
Doublage des vaisseaux.	V	150
Navigation.	XII	117
Vaisseaux.	XVI	356
DUCREST. — Draps.	V	186
DUCROCQ. — Vigne.	XVI	532
DUCROTAT. — *Voyez* BLAINVILLE (H. DUCROTAT DE).		
DUCRUSEL. — Limes diverses.	X	301
DUCRUY *aîné.* — Ganterie.	VIII	58
DUDEVANT. — Panaris.	XII	525
DUFAUD, *de Grossouvre.* — Barres de fer.	I	548
Canons de fusil.	II	367
Fers.	VII	74
Fours pour l'affinage du fer.	VII	436
Houille.	IX	133
DUFAUD (G.), *fils, de Nevers.* — Fers.	VII	74
DUFAUD, *de Montataire.* — Fontes de fer.	VII	283
DUFFOUR (H.). — Mèches indigènes.	XI	208
DUFILS. — Art vétérinaire.	I	422
DUFORT. — Carton-cuir.	II	416
Embouchoirs.	VI	73
DUFOUGERAIS. — *Voyez* LADOUÈPE DUFOUGERAIS.		
DUFOUR (L.). — Arachnides quadripulmonaires.	I	360
Insectes du genre *Brachine.*	IX	360
DUFOUR. — Carthame.	II	414
DUFOUR, *d'Arras.* — Dentelles.	IV	482
		483
DUFOUR, *de Paris.* — Étoffes diverses.	VI	444
DUFOUR, *de Paris.* — Latrines inodores.	X	254
DUFOUR, *de Macon.* — Papiers peints.	XII	591
		592
DUFOUR, *de Paris.* — Puits en coffre.	XIV	286
DUFOUR. — *Voyez* GACON-DUFOUR.		
DUFRESNE (L.). — Balanus, ou glands de mer.	I	519
Entelles.	VI	131

	Tomes.	Pages.
Dufresne (P.). — Valérianées.	XVI	371
Dufresne. — *Voyez* Noir-Dufresne.		
Dugas *frères et compagnie.* — Rubans divers.	XIV	512
———		513
Soies grèges.	XV	156
Dugué. — Carotte.	II	408
Duhamel. — Plomb.	XIII	511
Dulac (*Mme. Veuve*). — Dentelles.	IV	483
Dulac. — *Voyez* Perrin-Dulac.		
Dulau. — Bordeaux.	II	156
Dulaurent. — Toiles de lin.	XVI	76
Duleau. — Fer forgé.	VII	43
Dulerain. — Toiles à voiles.	XVI	73
Dulong. — Acide muriatique oxigéné.	I	138
Azote.	I	493
Dilatation des solides, des liquides et des fluides élastiques à de hautes températures.	V	20
Fluides élastiques, liquides et solides.	VII	222
Phosphore.	XIII	281
Sels insolubles.	XV	49
Substance détonnante.	XV	308
Températures.	XV	586
Dulud *père.* — Mousselines, percales et calicots.	XII	3
Dumarais. — Fromages divers.	VII	505
Dumarest. — *Voyez* Rambert-Dumarest.		
Dumas. — Aciers.	I	173
Dumas, *de Paris.* — Basse guerrière.	II	3
Contre-basse guerrière.	III	438
Dumas (C.-L.), *de Montpellier.* — Corps humain.	IV	19
Épilepsie.	VI	161
Physiologie.	XIII	320
Sang.	XIV	581
Dumas, *de Lavelanet.* — Draps.	V	200
Dumas *fils, de Paris.* — Roulettes.	XIV	511
Dumas-Descombes. — Étoffes de soie, d'or et d'argent.	VI	421
		422
Dumény. — *Voyez* Delahaye-Dumény.		
Duméril, *de l'Institut.* — Abdomen.	I	88
Odorat.	XII	266
Poissons.	XIII	578
———	XIII	581
Vaisseaux lymphatiques.	XVI	367
Dumery. — Chapeaux d'hommes.	III	28
Dumery, *de St.-Julien-du-Sault.* — Fermoirs en acier.	VII	68
Duminy. — *Voyez* Gensse-Duminy *et compagnie.*		
Dumonceau. — Veilleuse.	XVI	445
Dumont, *de Metz.* — Balance-pendule.	I	513

	Tomes.	Pages.
Dumont, *de Lyon*. — Boutons de tombac.	II	181
Dumontier. — Cornes à lanternes.	III	474
Dumoulin. — Chamoiserie et ganterie.	II	542
Dumoutier. — Eaux.	V	332
Dunnage. — Chapeaux d'hommes.	III	28
Dupasquier. — Ostéocolle.	XII	438
Dupatis *frères*. — Toiles.	XVI	66
Dupatis. — *Voyez* Segrétain-Dupatis.		
Dupieu (J.). — Cristaux et Verres.	IV	226
Garde-vues.	VIII	80
Dupin (C.), *de l'Institut*. — Aurores boréales.	I	484
Géométrie rationnelle et analytique.	VIII	264
Réflexion.	XIV	403
Duplat, *de Paris*. — Gravure en taille de relief.	VIII	425
———		426
———		427
Musique.	XII	59
Pierre calcaire.	XIII	353
Stéréo-calli-typographie.	XV	279
Duplat. — Latrines inodores.	X	254
Dupleissier. — Toiles.	XVI	65
Dupoirier. — Pianos divers.	XIII	336
Dupont (J.-B.), *de Nieuport*. — Acier.	I	164
Dupont, *de Troyes*. — Basins et piqués.	II	3
Velventines.	XVI	458
Dupont (J.-B.), *de Paris*. — Cor.	III	454
Dupont, *de Paris*. — Marronier d'Inde.	XI	150
Dupont de Nemours, *de l'Institut*. — Fièvre jaune.	VII	112
Instinct des animaux.	IX	378
Duport, *de Tarrare*. — Mousselines, percales et calicots.	XII	2
Duport, *de Faverger*. — Mousselines, percales et calicots.	XII	2
Dupray. — Bléville.	II	125
Gournai.	VIII	379
Dupré. — Gravures en médailles et en pierres fines.	VIII	424
Dupuis. — Habitans des îles du golfe Persique et des côtes méridionales de la Perse et de la Carmanie ou du Kerman, jusqu'à l'Indus.	VIII	499
Pélasges.	XIII	126
Dupuis. — Roues à jantes larges.	XIV	503
Dupuy. — *Voyez* Pujol-Dupuy.		
Dupuytren. — Asphyxie par diverses causes et moyens curatifs.	I	440
Diabètes.	IV	523
Enfans monstrueux.	VI	116
Fœtus trouvé dans le ventre d'un jeune homme de quatorze ans.	VII	252
Gale.	VII	557

	Tomes.	Pages.
Larynx dans les eunuques.	X	252
Miasmes putrides.	XI	397
Nerfs du poumon.	XII	140
Os.	XII	418
Veau monstrueux.	XVI	391
Vertèbres.	XVI	519
DUPUYTREN (P.-L.), *de Paris.* — Acide acétique.	I	120
DUQUESNE, *de Valenciennes.* — Batistes.	II	19
DUQUESNE. — Élaiomètre, ou pèse-huile.	V	522
DURAND. — Chamoiserie et ganterie.	II	542
DURAND, *de Paris.* — Chanvre.	III	19
DURAND, *de Grandvillers* — Faux et faucilles.	VI	523
DURAND, *de Perpignan.* — Mérinos	XI	336
DURAND, *de Paris.* — Presses d'imprimerie.	XIV	239
DURAND-DAMIEN. — Draps.	V	201
DURAS. — Huiles et dégras propres à la fabrication des peaux et cuirs.	IX	182
DUREAU DE LAMALLE (A.-J.-C.-A.), *fils, de l'Institut.*—Frênes connus des anciens.	VII	491
Géographie physique de la mer Noire, de l'intérieur de l'Afrique et de la Méditerranée.	VIII	254
DURI — Fièvre scarlatine.	VII	124
DURIEUX. — Papier.	XII	565
DURIVOIRE. — Chanvre.	III	18
DURIVOIRE. — *Voyez* BILLION-DURIVOIRE.		
DUROCHEREAU. — *Voyez* SUIREAU-DUROCHEREAU.		
DUROSELLE *fils.* — Distillation.	V	192
DUSAULCHOY.—Tableaux et bas-reliefs reproduits par l'optique.	XV	495
DUSAUSSOY. — Bouches à feu.	II	168
DUSSEUIL. — Gouvernail.	VIII	381
DUSSOURDRAY. — Crics.	IV	194
DUTERTRE. — Cure extraordinaire.	IV	332
DUTERTRE. — *Voyez* PLAICHARD-DUTERTRE.		
DUTHEIL, *de l'Institut.* — Pompéii.	XIV	49
Tombeaux divers trouvés en France.	XVI	89
DUTILLEUL. — Étoffes diverses.	VI	426
Peluches de soie.	XIII	133
Velours divers.	XVI	456
DUTOUR DE SALVERT. — Digitale.	V	16
Glaux.	VIII	307
DUTROCHET. — Embryon végétal.	VI	73
Insectes.	IX	372
Oiseaux.	XII	279
Rotifères.	XIV	492
Vipère.	XVI	622
DUVAL, *de Paris.* — Armes.	I	400
DUVAL, *de Paris.* — Polyèdre à lampe.	XIV	3

	Tomes.	Pages.
DUVAL. — *Voyez* AMAURY-DUVAL.		
DUVAURE. — Engrais.	VI	118
Mûriers.	XII	49
DUVERGER. — *Voyez* PELLIER-DUVERGER (*Madame*).		
DUVERNE. — Seringues diverses.	XV	74
DUVERNOY (G.-L.). — Didelphe manicou.	V	6
Glandes salivaires dans les quatre classes d'animaux vertébrés.	VIII	301
Hymen.	IX	251
Tortues.	XVI	116
DYON *et compagnie*. — Tourbe.	XVI	132

E.

	Tomes.	Pages.
EBERHARD — Seringues diverses.	XV	73
EBINGRE. — Étoffes diverses.	VI	435
Toiles peintes.	XVI	82
ÉCHELLES (*Les fabriques des*). — Toiles.	XVI	67
ECKARDT. — Roue inclinée à palettes.	XIV	497
ECOUCHART. — Huile.	IX	137
ECTOT (D'). — *Voyez* MANOURY D'ECTOT.		
EDELCRANTZ. — Distillation.	V	69
EDELCRANTZ (D'). — Onguent pour les arbres.	XII	309
EDGEWORTH. — Serrures diverses.	XV	84
EDWARDS. — Caméléon minéral.	II	338
EDWARDS. — *Voyez* HUMPHREY-EDWARDS.		
EGOIN. — Bonneterie.	II	151
EKERMANS *et compagnie*. — Mortier hydrofuge.	XI	568
ELBEUF (*Les fabriques d'*). — Draps.	V	195
ELLIS (J.). — Cardes.	II	393
Coton.	IV	102
Forces helicoïdes, pour tondre les draps.	VII	311
Laine.	X	141
EMERIC-DAVID, *de l'Institut*. — Art Statuaire chez les anciens et les modernes.	I	415
EMY. — Niveau à lunette et à bulle d'air.	XII	181
ENFRIN. — *Voyez* DODÉ-ENFRIN.		
ENGELMANN, *de Mulhouse*. — Appareil à vapeur.	I	346
ENGELMANN, *de Paris*. — Lavis lithographique.	X	264
Lithographie.	X	370
ENGELVIN *frères*. — Bêches et pelles en fer.	II	22
ENOS. — Bonneterie.	II	151
ERARD *frères*. — Harpe.	VIII	516
———		520
Harpes à pédales et à renforcement.	VIII	521
Pianos divers.	XIII	339

	Tomes.	Pages.
Ernouf. — Caraïbes.	II	379
Escaut (*Les fabriques du département de l'*). — Toiles.	XVI	67
Esch (*Les fabriques d'*). — Draps.	V	194
Escomel. — Peaux.	XIII	87
Esnault. — Broderies.	II	201
		202
Espinay (d'). — *Voyez* Flandre d'Espinay.		
Esquirol. — Hallucination.	VIII	508
Manie.	XI	104
Estève. — Bleu anglais.	II	116
Estivaux. — Colle-forte.	III	338
Estribaud. — Campagne.	II	341
Etancelin. — Cité romaine trouvée dans les environs d'Eu.	III	241
Etienne. — Fer.	VII	22
Etteler. — Acier fondu.	I	169
Eusèbe Salverte. — La chapelle Godefroy.	X	104
Evreux (*Les fabriques d'*). — Coton.	IV	85
Toiles.	XVI	66
Eymieu. — Soie.	XV	141
Eymieu. — *Voyez* Pascal Eymieu.		
Eynard. — Asphalte.	I	439

F.

Fabré. — Eau de Cologne balsamée.	V	269
Fabre *frères*. — Eaux-de-vie.	V	367
Fabre (J.), *de Saint-Martin d'Orbe*. — Pompes diverses.	XIV	67
Torrens et rivières.	XVI	115
Fabroni. — Boisson composée avec des pousses d'arbres résineux.	II	148
Fagès. — Draps.	V	200
Tissus mérinos.	XVI	63
Faisan. — Émaux en bas-relief, propres à la bijouterie.	VI	52
Fallatieu. — Fer-blanc.	VII	32
———		33
Fils de fer et d'acier.	VII	158
		ibid.
Famin. — Réaumur.	XIV	398
Fanon. — Forêts.	VII	347
Ormes.	XII	408
Farina. — Crème du Cathay.	IV	187
Farrar (J.). — Coton.	IV	69
Fauche-Borel. — Souliers sans couture.	XV	233
Faujas de Saint-Fond. — Caout-chouc, ou bitume élastique fossile du Derbyshire.	II	371

	Tomes.	Pages.
Charbon fossile découvert à Naples.	III	41
Clotho.	III	268
Dent fossile d'éléphant.	IV	488
Farine fossile.	VI	514
Niedermennich.	XII	150
Palœotherium.	XII	516
Palmier fossile, dont un tronçon a été découvert au milieu d'une brèche volcanique de Montechio-Maggiore, dans le Vicentin.	XII	516
Plantes fossiles.	XIII	456
Poissons fossiles.	XIII	608
Trass, ou tuffa volcanique.	XVI	163
Turfa, ou mine d'ombre.	XVI	267
FAULER. — Maroquins.	XI	155
FAULQUIER. — Draps.	V	198
FAUQUIER. — Rots à tisser.	XIV	495
FAURE, *de Lyon*. — Bois indigènes.	II	147
FAURE. — Soies grèges.	XV	152
FAURE-BIGUET. — OEufs du lezard gris.	XII	274
FAUVEL. — Inscriptions grecques.	IX	354
FAUX (L.-M.). — Draps.	V	184
Laine.	X	131
FAVERET (C.-A.). — Cylindrimètre.	IV	365
Pendule à huit cadrans.	XIII	143
FAVERGER. — Montres.	XI	532
FAVEROT. — Piqués.	XIII	396
FAVIER. — Coton.	IV	94
FAVIER. — Cuirs.	IV	286
FAVRE *fils*, *de Nantes*. — Pompes à feu.	XIV	60
FAVRE, *de Toulon*. — Presse et procédé pour extraire l'huile des olives.	XIV	232
Presse horizontale, portative.	XIV	234
Presses hydrauliques.	XIV	241
FAVREAU. — Bas.	I	562
		570
FAYARD. — Couvertures en laine, en coton et en soie.	IV	165
FAYET (*Les fabriques du*). — Cadis.	II	260
Étamines.	VI	337
FAYNARD (J.). — Poudre anti-hémorragique.	XIV	199
FAYOLLE. — Tricots divers.	XVI	220
FÉLIX. — Chandeliers mécaniques et économiques.	III	4
FENEUILLE. — Staphysaigre.	XV	264
FERRAY. — Coton.	IV	84
FERRET. — Étoffes de soie.	VI	417
FERRY. — Chevaux.	III	118
FERUSSAC (DE). — *Voyez* AUDEBART DE FERUSSAC (D').		
FESQUET. — Velours divers.	XVI	458

	Tomes	Pages
Fessard. — Charrues diverses.	III	58
Feuchère. — Bronzes.	II	204
Feugré (de). — *Voyez* Fromage de Feugré.		
Feuillet. — Armes.	I	400
Platines de fusils.	XIII	494
Feuquerolles (*Les fabriques de*). — Nankins et Nankinettes.	XII	96
Fiard. — Draps.	V	198
Figuier. — Acétate de potasse.	I	111
Balaruc.	I	520
Chausse-trappe.	III	73
Hydrosulfure de soude.	IX	235
Liquides.	X	356
Muriate trisule d'or et de soude cristallisé.	XII	40
Or.	XII	354
Phosphate de soude.	XIII	264
Pois chiches.	XIII	559
Sel de seignette.	XV	39
Ussat.	XVI	328
Vinaigre.	XVI	571
Filhol. — Gravure dite *chalcographie*.	VIII	422
Finck (S.) *et compagnie*. — Tôles vernies.	XVI	88
		89
Firmas. — *Voyez* Hombres-Firmas (d').		
Fitch-John. — Calculateur marin.	II	302
Fizeau. — Batistes.	II	19
Flaguais. — Papiers peints.	XII	591
Flahault-Fokedey. — Potasse.	XIV	147
Flaix (de). — *Voyez* Legoux de Flaix.		
Flandre-d'Espinay. — Animaux.	I	315
Flandry. — Draps.	V	202
Flaugergues (H.). — Comètes.	III	368
Comètes principales, observées dans la période.	III	375
Eau.	V	241
Évaporation.	VI	475
Vénus.	XVI	463
Flavigny (L.-R.) *et fils*, *d'Elbeuf*. — Draps.	V	188
		189
		201
Flavigny (L.-F.), *des Andelys*. — Draps.	V	191
Ratines.	XIV	394
Fleuret. — Pierres factices.	XIII	362
Fleuri-Delorme. — Broderies.	II	201
		202
Fleuriau de Bellevue. — Pholades.	XIII	231
Pierres.	XIII	356
Fleurs (*Madame Veuve*). — Fils de fer et d'acier.	VII	151
		158

	Tomes.	Pages.
Fils de laiton.	VII	159
FLEURY *jeune, de l'Aigle.* — Fils de fer et d'acier.	VII	151
Fils de laiton.	VII	159
FLEURY. — Térébenthine superfine.	XV	594
FLEURY. — *Voyez* MASSEY-FLEURY		
FLICKWIER. — Distillation.	V	88
FLORER. — Goudron.	VIII	376
FLOTTE *frères.* — Draps.	V	200
FLUGGE. — Aubépine.	I	476
Primevère de Perrein.	XIV	250
FOCARD-CHATEAU. — Manèges et mécanismes s'y adaptant et en tenant lieu.	XI	98
Retardateur des fermentations.	XIV	447
Voitures diverses.	XVI	662
FOIX (*Les fabriques de*). — Draps.	V	194
FOKEDEY. — *Voyez* FLAHAULT-FOKEDEY.		
FONTAINE (*Les fabriques de*). — Alun artificiel.	I	269
FONTAINE (DE). — *Voyez* CARBON DE FONTAINE.		
FONTAINE-GUÉRARD (*Les filatures de*). — Coton.	IV	85
FONTEVRAULT (*Les fabriques de*). — Toiles.	XVI	68
FONVIELLE (*Les habitans de*). — Kermès.	X	80
FONZI. — Dents artificielles.	IV	501
FORCHT. — Bonneterie.	II	151
FORD — Draps.	V	158
FORD (J.). — Ustensiles de toutes formes.	XVI	339
FOREST. — Farines.	VI	515
FOREST, *de Lyon.* — Thermolampe portatif, au moyen du gaz hydrogène, appliqué à l'éclairage.	XVI	29
FOREST *père et fils, de Montereau.* — Toiles à voiles.	XVI	72
FORGET. — Papiers maroquinés.	XII	583
FORIR (D.). — Eaux.	V	333
FORLENZE. — Cataracte.	II	442
FORMEY. — Eau-de-vie de baies de pommes-de-terre.	V	297
FORTIA D'URBAN (DE). — Annibal.	I	323
Encyclopédies écrites dans toutes les langues.	VI	108
Généalogie de la maison de France.	VIII	210
Système préadamite.	XV	464
FORTIN. — Balance nouvelle.	I	512
Cercle mural.	II	458
Entonnoir à double robinet.	VI	138
Fourneau hydraulique et digesteur de Papin.	VII	384
Hydrauliques autoclaves et non autoclaves, chlamidés et non chlamidés.	IX	206
Instrumens de mathématiques, de physique, d'astronomie, d'optique, de marine, etc.	IX	473
Thermomètres divers.	XVI	38
FOSRA (DELLA). — *Voyez* CLAUDIO DELLA FOSRA.		

	Tomes.	Pages.
Fouache. — Moulins à sucre.	XI	604
Foucaud. — Bois.	II	135
Bois carbonisé.	II	137
Foucaud, *de Paris*. — Sucres.	XV	366
Foucou. — *Voyez* Dubois-Foucou.		
Fouet (J.). — Vaisseaux.	XVI	355
Fougère. — Cuivre verni.	IV	328
Fougerolles. — Faîtières.	VI	502
Mitres.	XI	458
Fougeron. — Oxides métalliques.	XII	490
Foullon. — Peignes.	XIII	93
Foulon. — Fosses d'aisances dites *appareils à vannes*.	VII	372
Fouque. — Alcalimètres.	I	242
Fouque, *de Pont-Saint-Ours*. — Fer-blanc.	VII	33
Fers.	VII	75
Tôles laminées.	XVI	87
Fouques, *de Toulouse*. — Poteries.	XIV	159
Fouques. — Raisin.	XIV	371
Fouques (C.), *de Paris*. — Savons divers, gâteaux, viande, liqueur lixivielle, colle.	XIV	618
Fouquet (C.). — Draps.	V	202
Serges.	XV	73
Fouquier. — Typhus.	XVI	284
———	XVI	288
Fouquier d'Inglebert. — Peignes pour les fabriques.	XIII	101
Four. — *Voyez* Masson-Four (P.-A.).		
Fourché. — Balances d'essai.	I	514
Romaine à queue oscillante.	XIV	482
Fourche. — Seringues diverses.	XV	75
Fourcroy (A.-F. de), *de l'Institut*. — Acide acéteux.	I	117
Acide benzoïque.	I	124
Acide fluorique.	I	131
Acide jaune.	I	133
Acide nitrique.	I	141
———		142
Acide prussique.	I	147
Acide pyroligneux.	I	149
Acide pyrotartareux.	I	152
Acides.	I	159
Acides végétaux.	I	161
Alumine.	I	266
Ammoniaque.	I	284
Asphyxie par diverses causes et moyens curatifs.	I	442
Bananier.	I	524
Baryte pure.	I	549
Bézoards.	II	60
Blé carié.	II	106

	Tomes.	Pages.
Cadavres.	II	238
Calculs, concrétions et bézoards.	II	304
Calculs, ou concrétions biliaires.	II	304
Carbonate de baryte natif, d'Altson-moor.	II	380
Carbonate de chaux.	II	384
Cerveau.	II	481
Cheval.	III	117
Chimie pneumatique appliquée à l'art de guérir, et propriétés médicamenteuses, des substances oxigénées.	III	159
Concrétions arthritiques.	III	411
Concrétions calculeuses, trouvées dans les viscères de divers animaux.	III	411
Corps.	III	497
Cuivre.	IV	314
Détonations par le choc.	IV	514
Eau.	V	242
Émail des dents.	VI	44
Enghien.	VI	117
Éther sulfurique.	VI	379
Fèves de marais.	VII	109
Foie humain.	VII	260
Fourmis.	VII	383
Froment.	VII	509
———	VII	511
Galvanisme.	VIII	38
Gaz acide muriatique oxigéné	VIII	128
Gaz azote, considéré comme principe des matières animales.	VIII	136
Gaz hydrogène.	VIII	155
Gaz oxidé d'azote.	VIII	181
Gélatine, considérée comme l'un des matériaux constituant les concrétions animales.	VIII	197
Germination.	VIII	271
Gomme élastique.	VIII	361
Grains.	VIII	385
Guano, engrais naturel des îlots de la mer du Sud, près les côtes du Pérou.	VIII	474
Ichtyophtalmite.	IX	269
Lait.	X	163
Larmes.	X	247
Lentilles.	X	271
Liquides.	X	359
Lupin.	X	509
Matière inflammable et détonante.	XI	175
Matières animales.	XI	181
Matières végétales.	XI	188
Mine de plomb verte.	XI	418

	Tomes.	Pages.
Mucus animal.	XII	22
Nitrates de mercure.	XII	179
Nitrite de mercure.	XII	180
Ognon cultivé.	XII	274
Orge.	XII	397
Os.	XII	420
Os humains.	XII	429
Oxalate calcaire.	XII	450
Oxides de mercure.	XII	478
Oxides métalliques.	XII	492
Phosphate acidule de chaux.	XIII	253
Phosphate de fer de l'île de France.	XIII	259
Phosphore.	XIII	293
Platine.	XIII	477
Poissons.	XIII	574
Pollen.	XIV	1
Poudre fulminante de mercure.	XIV	201
Sang.	XIV	580
———	XIV	584
Sel phosphorique terreux.	XV	43
Sels mercuriels.	XV	51
Sulfate de magnésie.	XV	388
Sulfate de mercure.	XV	394
Urée.	XVI	324
Urine humaine.	XVI	329
Vinaigre.	XVI	575
FOURDRIN. — Dentelles.	IV	484
FOURIER, *de l'Institut*. — Assurances.	I	460
Chaleur.	II	504
Globe terrestre.	VIII	321
———	VIII	339
Sciences.	XV	1
FOURMAND. — Machines.	X	537
FOURMY. — Alcarrazas, ou vases pour rafraîchir l'eau par évaporation.	I	244
Hygiocérames.	IX	243
Poterie.	XIV	153
Poteries.	XIV	154
Pyromètre en terre cuite.	XIV	307
Vernis divers.	XVI	478
FOURNET. — *Voyez* BORDEAUX-FOURNET.		
FOURNIER. — Alcohomètre.	I	251
FOURNIER, *de Paris*. — Chanvre et lin.	III	23
FOURNIER (J.-B.), *de Nîmes*. — Colza.	III	353
Distillation.	V	95

	Tomes.	Pages.
Huile de palma-christi, ou de ricin.	IX	147
———		151
Sucres indigènes.	XV	371
Fournier. — *Voyez* Dubois-Fournier.		
Fournier-Desormont — Rouleaux de friction.	XIV	511
Fournival. — Schals divers.	XIV	628
Fradin. — *Voyez* Brizé-Fradin.		
Fraiture *frères*. — Lanternes.	X	238
Photopériphore-cato-dioptrique.	XIII	306
Réverbères.	XIV	456
Francoeur. — Dessin.	IV	510
Tables et règles goniométriques.	XV	495
François. — Blé ergoté.	II	107
François-de-Neufchateau, *de l'Institut*. — Cafés indigènes.	II	272
Genêt commun, ou à balai.	VIII	235
Grains.	VIII	384
Lecture.	X	264
Franconi *père*. — Voiture nomade.	XVI	647
Franklin. — Foudre.	VII	376
Fréjacque. — Campage.	II	341
Fremin. — Bois.	II	134
Freminville (de). — Coronatus.	III	476
Dauphin.	IV	409
Mollusques.	XI	477
Poissons de l'ordre des branchiostéges.	XIII	592
Radiaires.	XIV	360
Frémy. — Acétate de potasse.	I	111
Baume de Tolu.	II	20
Gaz.	VIII	94
Huiles fixes.	IX	182
Frèrejean *frères* — Cuivre laminé et martelé.	IV	325
Fers.	VII	75
Tôles laminées.	XVI	88
Frérin. — Serrures diverses.	XV	83
Frérot *jeune*. — Couteaux à revers.	IV	159
Fresnel (A.). — Chaleur.	II	524
Courans électriques	IV	150
Lumière.	X	469
Rayons de lumière polarisée.	XIV	395
Fresnel. — *Voyez* Bouley-Fresnel.		
Frichot, *de Paris*. — Acier poli.	I	171
Frichot, *de Paris*. — Bois indigènes.	II	146
Frichot (L.-A.), *de Lisieux*. — Trombe.	XVI	237
Fries. — *Voyez* Blech-Fries *et compagnie*.		
Frigard. — *Voyez* Sainte-Marie Frigard.		
Frisou. — Blanc de céruse, ou blanc de plomb.	II	74
Frogier. — Pompes à feu.	XIV	66

	Tomes.	Pages.
FROMAGE DE FEUGRÉ. — Chenilles des avoines.	III	114
FROMENT, *de Rhetel.* — Tissus mérinos.	XVI	63
FROMENT, *de Paris.* — Tondeuses, ou machines à tondre les draps et autres étoffes.	XVI	95
FROMETERNE (*La manufacture de*). — Fer et zinc laminés.	VII	43
FROMOND. — Dentelles et tulles.	IV	485
FRONTIN. — Draps.	V	189
Schals divers.	XIV	626
FRUGES (*Les fabriques de*). — Draps.	V	194
FULTON. — *Voyez* ROBERT-FULTON.		
FUNKE. — Aunée.	I	480
FUREY-LABOULAYE. — Sangles.	XIV	591
Tissus.	XVI	50
FURSTENSTEIN (DE). — *Voyez* OYEN DE FURSTENSTEIN (D').		
FYOT. — Poulie mécanique.	XIV	207

G.

	Tomes.	Pages.
GABORY. — Cartes géographiques, découpées sur bois.	II	413
GABRIEL. — Champignons.	II	557
GACON-DUFOUR (*Mme.*). — Économie rurale et domestique.	V	440
GADOLIN. — Terres de nouvelles espèces.	XV	631
GAGNEAU. — Lampes diverses.	X	212
Lampes mécaniques.	X	217
GAILARD. — Pompes à incendies.	XIV	67
GAILLARD, *de Saint-Paul.* — Produits chimiques.	XIV	260
Sulfate de fer.	XV	383
GAILLARD *aîné*, *de Paris.* — Toiles métalliques.	XVI	80
		81
GAILLARD. — Voitures diverses.	XVI	664
GAILLAUD. — Optique achromatique.	XII	344
GAILLON. — Huîtres des Parcs.	IX	192
GAIN. — Teinture.	XV	577
GAIRAL. — Semoirs.	XV	60
GAJON *père et fils.* — Couvertures en laine, en coton et en soie.	IV	165
———		*ibid.*
Laine.	X	128
GALER-LIÉGEOIS. — Dentelles.	IV	483
GALÈS. — Bains de vapeur.	I	508
GALHOT. — Peaux.	XIII	87
GALIN. — Musique vocale.	XII	81
———		83
GALL. — Cerveau.	II	468
———	II	478
GALLE, *de Paris.* — Bronzes.	II	204

	Tomes.	Pages.
Galle, *de l'Institut.*—Gravure en médailles et en pierres fines.	VIII	423
Gallereux. — Cholera morbus.	III	201
Gallet. — Peinture sur verre	XIII	124
Gallet. — Sucre de canne.	XV	353
Gallier *frères.*— Cotonnades.	IV	104
Gallino. — Tulles divers.	XVI	259
Gallois. — Foyers de forges.	VII	438
Gallois. — Table à tondre les draps.	XV	484
Gambey. — Cercles de réflexion.	II	459
Instrumens de mathémathiques, de physique, d'astronomie, d'optique, de marine, etc.	IX	473
Gambu-Delarue. — Mouchoirs divers.	XI	577
Ganneron. — Charrues diverses.	III	58
Gardet (F.-P.-J.-H.). — Parafumée.	XII	596
Gardeur.—Pâte propre à recevoir des ornemens de sculpture.	XIII	61
Gardon. — Fils de laiton.	VII	159
Garetet. — Raisin.	XIV	375
Garisson. — Draps.	V	200
Garlepied. — Distillation.	V	135
Garnerin (A.-J.) .— Parachutes.	XII	595
Garnett (*Madame Veuve*). — Laine.	X	134
Garnier, *de Paris.* — Lampes à double courant d'air.	X	210
Garnier. — Thermomètre.	XVI	31
Garriga. — Indigo.	IX	315
Garrigou. — Aciers cémentés.	I	178
Faux et faucilles.	VI	524
		ibid.
Garroz (P.-A.). — Alcoholimètre.	I	251
Cuisines portatives et économiques.	IV	307
Mastic de bitume minéral.	XI	163
Télégraphes.	XV	582
Vaisseaux.	XVI	358
Voitures.	XVI	657
Gaspard. — Linge damassé.	X	325
Gasquet (de). — Oliviers.	XII	297
Gassicourt (de). — *Voyez* Cadet-de-Gassicourt.		
Gaston-Rosnay. — Ponts en fer.	XIV	94
Gatine. — Schals divers.	XIV	629
Gateau. — Noria.	XII	222
Presses mécaniques.	XIV	243
Gatteaux. — Monotypage.	XI	508
Gattelier. — Basins et piqués.	II	1
Gattey.— Arithmographe.	I	398
Jauge logarithmique.	X	24
Gau. — Toiles à voiles.	XVI	71
Gaubert. — Laines.	X	145
Gaucheret.—Écrans panoramas.	V	445

	Tomes.	Pages.
GAUDELET. — Pompes à incendies.	XIV	66
GAUDET. — Cafetières.	II	275
GAUDIN. — Papiers.	XII	578
GAUDRY *jeune*. — Casquets.	II	425
GAUJAC. — Colza.	III	351
Fèves.	VII	105
Laines.	X	146
Plantes oléagineuses.	XIII	461
Prairies artificielles.	XIV	224
GAULHEUR. — Toiles de lin.	XVI	76
GAULTHIER. — Coutils.	IV	160
GAULTIER. — Enseignement.	VI	122
GAULTIER (P.-H.). — Instrument propre à remplacer le plomb de sonde.	IX	449
GAULTIER-DE-CLAUBRY (H.). —Calculs formés dans les reins	II	307
Croup.	IV	269
Fucus.	VII	514
———	VII	515
Inuline.	IX	532
Iode.	IX	543
GAUTEROT. — Pierres lithographiques.	XIII	364
GAUTHEROT. — Galvanisme.	VIII	31
GAUTHIER, *de Rouen*. — Arbre de tour.	I	363
Outils.	XII	446
GAUTHIER (P.), *de Caen*. — Cuisses artificielles.	IV	311
GAUTHIER (S.), *de Caen*. — Dentelles.	IV	484
GAUTHIER, *de Mons*. — Étoffes de laine.	VI	415
Tricots divers.	XVI	208
		ibid.
GAUTHIER (J.), *de Caen*. — Horlogerie.	IX	130
Limes diverses.	X	304
GAUTHIER. — Produits chimiques.	XIV	261
GAUVILLIER. — Carotte.	II	408
Laines.	X	145
GAVET. — Coutellerie.	IV	159
GAVOTY. — Cordes.	III	462
GAWAN. — Bandages herniaires divers.	I	528
GAWEY. — Goudron.	VIII	376
GAY (A.), *de Paris*. — Apoplexie.	I	342
GAY (J.-P.-J.), *de Montpellier*.— Fouloires pour le raisin.	VII	377
Onguent basilicum.	XII	308
GAYARD. — Toiles.	XVI	66
GAYDET. — Étoffes diverses.	VI	430
GAY-LUSSAC, *de l'Institut*. — Acétate d'alumine.	I	107
Acide boracique ou borique.	I	125
Acide fluorique.	I	131
		ibid.

	Tomes	Pages
Acide hydro-sulfurique.	I	132
Acide hyposulfurique.	I	133
Acide muriatique oxigéné.	I	136
———		137
Acide prussique.	I	148
Acide urique.	I	158
Aéronautes.	I	188
Air.	I	223
———		226
Alcohol.	I	249
Argent.	I	383
Atmosphère.	I	471
Azote.	I	495
Calorique du vide.	II	323
Chaleur.	II	519
———	II	520
Chaux.	III	82
Corps.	III	477
Cyanogène.	IV	338
Éther hydriodique.	VI	348
Feu.	VII	87
Fibre musculaire.	VII	110
Forces magnétiques.	VII	312
Froid produit par la dilatation des gaz.	VII	499
Gaz.	VIII	107
Gaz et vapeurs.	VIII	143
Gaz hyriodique.	VIII	144
Hydriodates.	IX	209
Iodiates.	IX	533
Iode.	IX	537
———	IX	539
———	IX	542
———	IX	544
———	IX	546
Jourdain.	X	52
Lampe à air inflammable.	X	186
Manne.	XI	112
Mèche incendiaire d'invention anglaise.	XI	205
Mer morte.	XI	289
Métaux.	XI	347
———	XI	359
Océan atlantique.	XII	261
Oxide rouge de mercure.	XII	470
Oxides.	XII	471
Oxides de fer.	XII	474
Oxides métaliques.	XII	492
———	XII	496

	Tomes.	Pages.
Pile de Volta.	XIII	371
Pommes-de-terre.	XIV	41
Pompes à feu.	XIV	64
Potasse.	XIV	125
———	XIV	139
Potassium et sodium.	XIV	151
Raisin.	XIV	379
Sel métallique.	XV	43
Sels ammoniacaux.	XV	48
Sels triples.	XV	53
Soufre.	XV	230
Soufre et phosphore.	XV	232
Substances végétales et animales.	XV	334
Sulfate de magnésie.	XV	390
Sulfates.	XV	407
Toiles incombustibles.	XVI	79
Torpille.	XVI	111
Gazeran. — Aciers.	I	172
Gazzino (J.-F.).— Muriate de potasse.	XII	33
Soudes artificielles.	XV	207
Gélinsky. — Micromètres.	XI	404
Gendarme. — Fers à repasser.	VII	84
Gengembre, *père*. — Chaussures.	III	74
Instrumens de mathématiques, de physique, d'astronomie, d'optique, de marine, etc.	IX	471
Monnaies.	XI	503
Machines à feu.	X	547
Poudre.	XIV	170
Presses hydrauliques.	XIV	243
Gengembre *père et fils*.— Gaz hydrogène.	VIII	149
Gengembre *fils*. — Thermolampe portatif, au moyen du gaz hydrogène, appliqué à l'éclairage.	XVI	29
Genin. — Fers.	VII	73
Gennuys. — Chamoiserie et ganterie.	II	542
Gensoul (F.). — Cocons.	III	296
Gensse-Duminy. — Casimirs divers.	II	421
———		422
Draps.	V	205
Patencord.	XIII	64
Gentil, *de Vienne*. — Cartons à presser laminés et lustrés.	II	416
Gentil, *de Paris*. — Voitures.	XVI	650
Geoffroy. — *Voyez* Hannotin-Geoffroy.		
Geoffroy Saint-Hilaire (E.), *de l'Institut*.—Bichir, ou polytère.	II	62
Canard à bec courbe.	II	353
Cariama de Marcgrawe.	II	395
Céphaloptère.	II	454
Céphalotes, nouveau genre de la famille des chauve-souris	II	455

	Tomes.	Pages.
Cerf de la Louisiane.	II	460
Chauve-souris.	III	78
Chien mulet.	III	151
Corvus.	IV	47
Crocodile du Nil.	IV	227
———	IV	236
Crocodile.	IV	241
Cynocéphale.	IV	367
Dasyure.	IV	400
Éléphans.	VI	3
Émissoles.	VI	84
Glossophage.	VIII	342
Hydromys.	IX	227
Hyène d'Orient.	IX	242
Ichneumon.	IX	267
Jaguar.	X	9
Kanguroos.	X	64
Loris.	X	420
Maki.	XI	32
Manchots.	XI	94
Marsupiaux, ou didelphes.	XI	161
Mégadermes.	XI	260
Mollossus.	XI	475
Musaraigne.	XII	50
Musaraigne et mygale.	XII	51
Nyctères.	XII	248
Nyctinome d'Égypte.	XII	251
Oiseaux de proie diurnes.	XII	292
Orang-outangs.	XII	362
Oreillard vulgaire.	XII	385
Oryctérope.	XII	417
Peramèles.	XIII	159
Phallus impudicus.	XIII	197
Phascolomis.	XIII	204
Phœnicoptère.	XIII	229
Phyllostomes.	XIII	319
Poissons.	XIII	584
———	XIII	590
Poissons électriques.	XIII	601
Quadrumanes d'un genre inconnu.	XIV	327
Requin.	XIV	441
Rhinopome microphylle.	XIV	456
Serrasalme citharine.	XV	80
Taphien perforé.	XV	544
Théogonie des anciens Égyptiens.	XVI	23
Tortues molles.	XVI	118
Tyran-roi.	XVI	309

	Tomes.	Pages.
Vautours.	XVI	391
Zèbre.	XVI.	705
George. — Tôles laminées.	XVI	88
Georgeon. — Papiers.	XII	578
Georges, *d'Ondervillers.* — Acier	I	175
Georges, *de Paris.* — Globe géo-céleste.	VIII	310
Georges, *de Verrier.* — Laine.	X	131
Georges, *de Paris.* — Musique.	XII	59
Georget, *de Paris.* — Cache-entrées.	II	225
Mouvement de sûreté.	XII	13
Serrures diverses.	XV	89
		96
Georget. — Narbonne.	XII	100
Gérard, *de Namur.* — Blanc de céruse, ou blanc de plomb.	II	77
Gérard, *de Paris.*— Mousselines, percales et calicots.	XII	2
Gérard, *de Nîmes.* — Schals divers.	XIV	627
Gérard. — Vesce d'une espèce nouvelle.	XVI	521
Gérardot. — Sphère mécanique.	XV	249
Gerboin. — Galvanisme.	VIII	40
Niéderbrunn.	XII	150
Gerdret *aîné.* — Draps.	V	197
Gerentel. — Cornes à lanternes.	III	474
Gérhard-Boninger (J.). — Tableaux à l'huile.	XV	485
Gerin.— Pompe à deux pistons, dans le même corps.	XIV	52
Germain. — Plantes vireuses.	XIII	467
Gervais, *de Marseille.* — Bas de soie.	I	555
Gervais (*Mademoiselle*). — Vinification.	XVI	578
Gettliffe *père et fils.* — Tannage.	XV	532
Geyser *frères.* — Pendule à mouvement perpétuel.	XIII	141
Giani. — Soies grèges.	XV	152
Gibelin. — Gladiateur combattant.	VIII	296
Gilbert, *de Paris.* — Cheminées économiques.	III	114
Gilbert, *de Paris.* — Fièvre jaune.	VII	113
Vertige.	XVI	520
Gilbert. — Laines.	X	145
Gilet, *de Paris.* — Coutellerie.	IV	159
Gilet. — Terrasses.	XV	594
Gilles, *de Paris.* — Couvertures en laine, en coton et en soie.	IV	165
Gilles. — Harpes.	VIII	520
Gillet, *de Paris.* — Caractères d'imprimerie.	II	376
Gillet, *de Bruxelles.* — Tulles divers.	XVI	262
Voile de fil de dentelle.	XVI	641
Gillet-de-Laumont, *de l'Institut.* — Chromate de fer.	III	206
Cuivre arseniaté.	IV	317
Fer.	VI	555
Fer chromaté.	VII	38
Fer piciforme.	VII	64

	Tomes.	Pages.
Fourneaux d'essai.	VII	390
Pistons divers.	XIII	399
Source.	XV	225
Strontiane sulfatée de Sicile.	XV	295
Gilly *père*. — Esprits.	VI	292
Gincla. — *Voyez* Rivals-Gincla.		
Giobert. — Grains.	VIII	384
Magnésie.	XI	7
Girard, *de Renage*. — Aciers.	I	175
Girard *frères, de Paris*. — Chandeliers mécaniques et économiques.	III	5
Chanvre et lin.	III	24
Cristaux et verres.	IV	227
Lampes diverses.	X	212
Lampes hydrostatiques.	X	215
Machines à feu.	X	547
		549
Moulins à vent.	XI	610
Orgues.	XII	403
Tôles vernies.	XVI	89
Vapeur.	XVI	372
Girard, *de l'Institut* — Corps solides, composés de molécules agglutinées.	IV	40
Eau.	V	260
Égarement.	V	478
Égypte.	V	497
Égyptiens.	V	512
Fluides.	VII	201
Inondations souterraines.	IX	348
Nil.	XII	153
Nilomètres.	XII	171
Girard, *de Lyon*. — Égagropiles.	V	478
Tétanos rabien.	XV	649
Girard, *de Nîmes*. — Étoffes de soie.	VI	418
Girard, *de Doncin*. — Faux et faucilles.	VI	522
Girard *père et fils*. — Forces motrices obtenues des vagues de la mer.	VII	313
Girard, *de Marseille*. — Moulin à vapeur.	XI	586
Girard. — Savons.	XIV	617
Girardet. — Gravure en taille-douce.	VIII	429
Giraud, *de Paris*. — Chariot propre au transport des pierres.	III	45
Giraud, *de Marseille*. — Maroquins.	XI	155
Giraud, *d'Annonay*. — Peaux.	XIII	87
Giraudy de Bougon. — Poudres végétatives.	XIV	206
Girault. — Draps.	V	202
Girod Chantran. — Nielle.	XII	152
Rutabaga, ou navet de Suède.	XIV	550

	Tomes.	Pages.
Giroud (A.). — Soude.	XV	197
Giscard *aîné*. — Casimirs divers.	II	422
Gislain. — Tournant à vent.	XVI	140
Gleizer. — Maroquins.	XI	156
Gleizes (J.-A.). — Grau-d'Orgon.	VIII	413
Gloutier. — *Voyez* Bernaud-Gloutier.		
Gobelins (*La manufacture des*). — Tapis et tapisseries.	XV	552
Gobert. — Passementerie.	XIII	18
Godard *père et fils*, *de Châteauroux*. — Draps.	V	199
Godard, *d'Amiens*. — Laine.	X	121
Godard-Menesson. — Flanelles.	VII	178
Godart. — Étoffes diverses.	VI	444
Godefroy. — Bonneterie.	II	151
Godet, *de Bordeaux*. — Tan.	XV	529
Godet, *de Rouen*. — Velours divers.	XVI	455
		ibid.
Godin. — Bélier hydraulique, rural.	II	26
Leviers hydrauliques.	X	279
Soufflerie hydraulique.	XV	209
Godon Saint-Memin. — Chromate de mercure.	III	206
Goervic *et compagnie*. — Colle-forte.	III	337
Gohier. — Fourneaux portatifs, propres à divers usages.	VII	407
Gohin *frères*, *de Paris*. — Bleu de Prusse.	II	122
Couleurs diverses.	IV	128
Gohin (L.-G.), *de Paris*. — Cardes.	II	393
Goin. — Machines hydrauliques.	X	566
Gois *fils*. — Compas à l'usage des statuaires.	III	402
Gombert. — Coton.	IV	84
Fils.	VII	148
Rubans divers.	XIV	513
Gonault de Mouchaux. — Compas d'alliage.	III	406
Gondret. — Feu.	VII	88
Gonfreville. — Coton.	IV	94
		96
Gonin *aîné*. — Teinture.	XV	575
		576
Gonnaud. — Clous à vis.	III	270
Gonneville (*Les filatures de*). — Coton.	IV	85
Gonord. — Porcelaine.	XIV	101
Porcelaines diverses.	XIV	115
Goret. — Charrues diverses.	III	56
Gosse. — Professions insalubres.	XIV	262
Gosselin, *de Souppes*. — Cylindre à laminer.	IV	361
Gosselin, *de l'Institut*. — Géographie ancienne.	VIII	253
Gosset, *de Paris*. — Armes.	I	401
Carabine.	II	375
Gosset (*Madame Veuve*), *de Gavray*. — Crin.	IV	195

	Tomes.	Pages.
Gotten. — Lampe à niveau intermittent.	X	192
Goubau. — *Voyez* Bauson-Goubau.		
Goube. — Blés étrangers.	II	113
Goubert. — Thermomètres divers.	XVI	34
Goubet (*Mademoiselle*). — Rouge végétal, liquide.	XIV	507
Gouffier. — *Voyez* Choiseul Gouffier.		
Goulé. — Manéges et mécanismes s'y adaptant et en tenant lieu.	XI	99
Gounon. — Distillation.	V	134
Gounon (A.), *d'Agen*. — Toiles à voiles.	XVI	71
		ibid.
Goupil. — Fontes de fer.	VII	287
Goury *et compagnie*. — Quincaillerie.	XIV	340
Gout. — Étoffes de laine.	VI	416
Gouvy *frères*. — Aciers.	I	174
		175
Gouy. — Fils de lin.	VII	159
Graffe *frères*. — Cire à cacheter.	III	235
Grammaire. — Autoclave.	I	486
Grammont (de). — *Voyez* Vaccassy de Grammont.		
Grand *frères, de Bédarieux*. — Draps.	V	201
Grand (A.), *de Lyon*. — Étoffes de soie.	VI	418
Grand *frères, de Lyon*. — Étoffes de soie, d'or et d'argent.	VI	421
Grandin *aîné*. — Draps.	V	188
		189
		194
Grandpré. — *Voyez* Poullain-Granpré.		
Grand-Vallée. — *Voyez* Cally-Grand-Vallée.		
Grandvilliers (*Les fabriques de*). — Draps.	V	194
Granet. — Peinture.	XIII	108
Grangier *frères*. — Draps.	V	176
Grassal. — Musique.	XII	65
Grasse. — Coton.	IV	84
Grasset (C.), *de la Doue*. — Aciers.	I	175
Grasset (A.), *de Saint-Sauveur*. — Baléares.	I	522
Grassot. — Cheminées diverses.	III	104
Grave. — Marbre.	XI	128
Gravier. — Blé.	II	106
Gravier, *de Paris*. — Bois indigènes.	II	147
Green-Milner. — Chiffons de laine.	III	152
Grégoire, *de Paris*. — Couleurs.	IV	122
Grégoire, *de St-Quentin*. — Mousselines, percales et calicots.	XII	2
Grégoire, *de Paris*. — Tournoises, ou tissus circulaires plans.	XVI	145
Grégoire. — Velours.	XVI	453
Grémont. — Toiles peintes.	XVI	81
Gren. — Sulfate de soude.	XV	398
Grenet. — Colle forte des os.	III	339
Grenet, *de Paris*. — Pommes-de-terre.	XIV	30

	Tomes.	Pages.
GRENET-PELÉ. — Betteraves.	II	48
GRENIÉ. — Orgue rendu expressif par le moyen d'un plus ou moins grand volume d'air, comprimé dans le sommier.	XII	401
GRENOUILLET. — Fers.	VII	72
GRÉTRY, *de l'Institut*. — Musique.	XII	56
GREUTER *et compagnie*. — Schals divers.	XIV	628
GREVENICH. — Papier.	XII	564
		565
GRIÉBPL. — Cadran nocturne.	II	260
Pendule veilleuse.	XIII	152
GRIERSON. — Câbles en chaîne, pour la marine.	II	283
GRIGNET, *de Paris*. — Moulin à perler l'orge	XI	585
GRIGNET. — Tourbe.	XVI	134
GRILLE. — Oxigène.	XII	503
GRILLI. — Métal dit *artimomantico*.	XI	344
GRILLON (*Les fabriques de*). — Bas de coton.	I	554
GRILLON-VILLECLAIR. — Betteraves.	II	54
GRIMBLON. — Verres à vitre et autres.	XVI	491
GRIMOULT. — Briques.	II	193
GRIMPARD. — Sangles.	XIV	591
GRIVAUD (C.-M.). — Paris.	XIII	6
GROBERT. — Briquets pneumatiques.	II	198
GROETAERS. — Écluses.	V	410
GROGNIER, *de Lyon*. — Art vétérinaire.	I	422
GROGNIER. — Fromages divers.	VII	505
GRONDONA. — Velours divers.	XVI	456
GROS *aîné*. — Grains	VIII	387
GROS-DAVILLIER-ROMAN *et compagnie*. — Toiles peintes.	XVI	84
GROSJEAN. — Faux et faucilles.	VI	523
GROSSART. — Gomme élastique.	VIII	365
GROSSIN *aîné*. — Ligne traînante à détente.	X	286
GROUVEL. — Machine à bras, pour faire la farine de pommes-de-terre.	X	523
Pommes-de-terre.	XIV	36
GROUX. — Acier fondu.	I	169
GROVES. — Tour universel, propre à fabriquer les essieux et les boîtes des voitures.	XVI	126
GUELLE (DE). — *Voyez* BARRAT DE GUELLE.		
GUÉNIN. — Machines.	X	535
GUENTZ *et compagnie*. — Aciers.	I	174
Quincaillerie.	XIV	340
GUÉRARD. — Porcelaines diverses.	XIV	110
		112
GUÉRIN. — Canal du Languedoc.	II	352
GUÉRIN, *d'Imphy*. — Cuivre laminé et martelé	IV	327
Tôles laminées.	XVI	87
GUÉRIN *frères*. — Étain.	VI	311

	Tomes.	Pages.
GUÉRIN, *de Dilling*. — Faux et faucilles.	VI	523
Tôles laminées.	XVI	87
GUÉRIN. — Fontes de fer.	VII	294
GUÉRIN. — Sabots.	XIV	551
GUÉRIN, *de Bordeaux*. — Taille par l'appareil latéral	XV	526
GUÉRIN-PHILIPPON. — Étoffes de soie.	VI	418
Velours divers.	XVI	458
GUÉRINEAU, *de Valençay*. — Bas de coton.	I	554
GUÉRINEAU, *de Poitiers*. — Peaux.	XIII	87
GUÉRITANT. — Maladie nerveuse très-singulière.	XI	35
GUERIVIÈRE (DE). — *Voyez* MORIN DE GUERIVIÈRE; PASQUIER DE GUERIVIÈRE.		
GUEROULT, *de Rouen*. — Coton.	IV	83
		84
GUEROULT, *de Dijon*. — Laine.	X	137
GUERRAPAIN. — Abeilles.	I	99
Sophora.	XV	184
GUERRAZI. — Châtaignes.	III	66
GUERSENT. — Substances alimentaires.	XV	318
GUESNAL. — Calculateur mécanique.	II	303
GUEYMARD. — Fontes de fer.	VII	288
GUIBAL *jeune*. — Casimirs divers.	II	423
Draps.	V	188
		192
		202
GUIBAL-VEAUTE *fils aîné*. — Casimirs divers.	II	423
Draps.	V	199
GUIBERT. — Art militaire.	I	414
GUIBERT, *de Paris*. — Couleurs diverses.	IV	130
GUIBERT, *de Paris*. — Rasoirs.	XIV	391
GUIBOURT. — Mercure.	XI	304
Musc tonquin.	XII	54
GUICHARD-PORTAL. — Dentelles.	IV	482
		ibid.
GUICHARDIÈRE. — Chapeaux d'hommes.	III	28
		ibid.
	III	29
	III	29
	III	30
GUIDI. — Cheminées diverses	III	107
GUILBERT. — Miel.	XI	409
	XI	409
GUILBERT DE PIXÉRÉCOURT. — Mélodrame.	XI	274
GUILLAUME. — Bateau à double gouvernail.	II	6
GUILLAUME, *de Paris*. — Charrues diverses.	III	50
		53
		58

	Tomes.	Pages.
GUILLAUME, *de Paris*. — Éditions prototypes.	V	475
GUILLAUME. — Porcelaines diverses.	XIV	113
GUILLE. — Goudron.	VIII	378
GUILLEMET. — Draps.		201
Molletons.	XI	475
GUILLEMIN. — Parapluies.	XII	604
GUILLIERMONT. — Éther sulfurique.	VI	386
GUILLON (L.-C.-T.), *de Paris*. — Sirop de mélasse.	XV	119
Sirops.	XV	127
Sucres.	XV	358
		363
GUILLON, *de Paris*. — Voiture économique.	XVI	644
GUILLOT. — Ocre.	XII	262
GUILLOT. — Papiers.	XII	577
GUIN. — Amidon.	I	280
GUINCHET. — Vis d'Archimède.	XVI	627
GUIRAULT. — Draps.	V	200
GUIRAUT (F.-E.). — Typographie.	XVI	298
GURY. — Chapeaux de femmes.	III	30
GUY. — Distillation.	V	92
GUYBERT. — Étoffes de crin.	VI	415
GUYON. — Orfévrerie.	XII	388
GUYONNE-LEROI (*Madame*). — Vernis métalliques, préservant de la rouille le fer et le cuivre.	XVI	483
GUYS. — Rouissage de chanvre.	XIV	508
GUYTON DE MORVEAU, *de l'Institut*. — Affinités chimiques.	I	198
Air.	I	227
Alliage d'or et de platine.	I	256
Alliage du fer et de l'argent.	I	258
Appareils désinfectans.	I	354
Artillerie.	I	424
Blanc de zinc, pouvant remplacer le blanc de céruse.	II	82
Bouilloire s'adaptant aux bouches de chaleur.	II	173
Cheminées.	III	97
Corps odorans.	IV	29
Diamant.	IV	532
———		535
———	IV	550
Émanations.	VI	45
Étain.	VI	315
Eudiomètre, pour les gaz.	VI	459
Fer doux.	VII	39
Fièvres.	VII	125
Galvanisme.	VIII	53
Gaz oxide de carbone.	VIII	185
Gravimètre.	VIII	418
Hauts-fourneaux sans soufflet.	VIII	530

	Tomes.	Pages.
Hyacinthes.	IX	196
Hygromètres.	IX	249
Laboratoire économique.	X	90
Lapis lazuli.	X	240
Liqueurs salines.	X	345
Métaux ductiles.	XI	360
Minéraux.	XI	428
Muriate oxigéné de potasse.	XII	39
Pèse-liqueur, pour les sucres.	XIII	175
Pierre filtrante.	XIII	354
Platine.	XIII	476
———	XIII	476
Platinure et doublé de platine.	XIII	498
Poêle construit sur les principes des cheminées suédoises.	XIII	527
Prussiates.	XIV	282
Pyromètre de platine.	XIV	305
Respiration.	XIV	444
Sucre.	XV	349
Sucs végétaux.	XV	374
Sulfate de strontiane.	XV	401
Tabacs.	XV	480
Terres.	XV	616
Tungstène.	XVI	264
Verre.	XVI	485
Voies urinaires.	XVI	640
Zinc.	XVI	712

H.

HACHE. — Cardes.	II	391
HACHETTE. — Acier fondu.	I	170
Courbe.	IV	151
Développoïdes.	IV	516
Diamant.	IV	535
———	IV	550
Doubleur d'électricité.	V	151
Éprouvette, pour la poudre.	VI	170
Fluides.	VII	195
Force tangentielle, dans les machines à arbre tournant.	VII	307
Géométrie aux trois dimensions.	VIII	259
Héliostats.	VIII	543
Plans osculateurs qui résultent de l'intersection des deux surfaces.	XIII	432
Surfaces.	XV	416
Tangentes.	XV	531
Terre.	XV	614

	Tomes.	Pages.
HACKS. — Scies diverses.	XV	23
HACQUIN. — Tableaux.	XV	484
HADROT. — Cafetières.	II	274
Lampe à niveau alternatif.	X	190
HAENSER. — *Voyez* NOERDERS HAENSER.		
HAGUE. — Chauffage.	III	72
Machines à feu.	X	560
Procédé propre à chauffer les habitations, ateliers, et autres bâtimens; à chauffer ou sécher diverses substances, et à faire bouillir et évaporer les liquides, à l'aide d'appareils purgés d'air atmosphérique.	XIV	259
HAGUENOT. — Huile de palma-christi, ou de ricin.	IX	145
————		148
Sirop de kermès.	XV	118
HAILLER *et compagnie*. — Casquets.	II	425
HAINAULT. — Cheminées économiques.	III	111
HALDAT. — Encre.	VI	102
HALETTE. — Machine propre à perfectionner la fabrication des huiles.	X	534
Presse muette, comparée à la presse à coin.	XIV	234
HALL. — Basaltes.	I	570
Serpent à sonnettes.	XV	77
HALL. — Fils et tissus réticulaires.	VII	160
HALL. — *Voyez* MERLIN-HALL.		
HALLÉ, *de l'Institut*. — Déglutition de l'air.	IV	431
Galvanisme.	VIII	10
————		29
Vaccine.	XVI	348
		351
HALLEIM. — Nankins et nankinettes.	XII	96
HALLOY (D'). — *Voyez* OMALIUS D'HALLOY.		
HAMEL. — Chandelles-bougies.	III	9
HAMOIR. — Batistes.	II	18
		19
HANAPIER. — Casquets.	II	425
HANEISZ. — *Voyez* ARNAUD-HANEISZ.		
HANIN. — Charrues diverses.	III	61
HANIN. — Crétins du Valais.	IV	190
HANIN *père et fils, de Paris*. — Peson, ou romaine à cadran.	XIII	178
HANIN *fils, de Paris*. — Peson, ou romaine à cadran.	XIII	179
HANNAPIER. — Curvigraphe.	IV	333
HANNOTIN-GEOFFROY. — Mouchoirs divers.	XI	578
HAPEL-LACHENAYE. — Bananier.	I	525
Sucres.	XV	365
HARDACRE. — Graisse, pour enduire les agrès des vaisseaux, les rouages, etc.	VIII	395

	Tomes.	Pages.
HARDING. — Junon.	X	56
HAREL, *de Paris*. — Cheminées économiques.	III	111
Coquille à rôtir les viandes.	III	451
Cuisine.	IV	302
Poêle-fourneau.	XIII	532
HAREL. — Papier de paille.	XII	569
HARING. — Instrumens de mathématiques, de physique, d'astronomie, d'optique, de marine, etc.	IX	471 475
HART. — Bandages herniaires divers.	I	527
HARTMANN. — Pendules diverses.	XIII	157
HASSENFRATZ (J.-H.). — Alcogrades.	I	245
Argiles.	I	386
Colorisation.	III	349
Corps.	III	500
Fer.	VII	10
Fontes de fer.	VII	285
Gaz hydrogène.	VIII	145
Lumière.	X	436
Lumières et étoiles.	X	487
Oxides de fer.	XII	474
Pèse-solides.	XIII	176
Phosphate de soude.	XIII	262
Pougues.	XIV	206
Saint-Parize.	XIV	564
Salonigrades, ou instrument pour reconnaître, par la pesanteur spécifique, la proportion d'un sel déterminé dissous dans l'eau.	XIV	575
Sidérotechnie, ou art de traiter les minerais de fer.	XV	102
Soleil.	XV	157
Son.	XV	170
HATTENBERG. — Briques.	II	195
HAUMOND. — Bois indigènes.	II	148
HAUSSMANN *frères, de Logelbach*. — Lithographie.	X	370
Toiles peintes.	XVI	82 85
HAUSSMANN, *de Colmar*. — Garançage, rouge du Levant ou d'Andrinople.	VIII	59
Indigo.	IX	318
Pourpre-violet, et les différentes nuances que l'on peut en faire arriver.	XIV	212
HAUVOILE (*Les fabriques de*). — Draps.	V	194
HAÜY (R.-J.), *de l'Institut*. — Arragonite.	I	405
Arsenic sulfuré natif.	I	413
Béril.	II	31
Bismuth natif rhomboïdal.	II	69
Chaux natives diverses.	III	83

	Tomes.	Pages.
Cristaux.	IV	198
————	.	210
Cristaux de strontiane sulfatée.	IV	214
Cuivre arseniaté.	IV	317
Cymophanes.	IV	365
Diopside.	V	42
Dioptase.	V	47
Eau.	V	237
——	V	246
Euclase.	VI	451
Fassaïte.	VI	516
Fer.	VII	23
Fer arsénical.	VII	29
Fleurs desséchées.	VII	180
Gadolinite.	VII	540
Gemme orientale.	VIII	209
Hyacinthe.	IX	196
Leucite, ou grenat blanc.	X	274
Mellite, pierre de miel, ou honigstein.	XI	271
Mercure sulfuré.	XI	312
Minéraux.	XI	427
Mines de fer.	XI	437
Nickel.	XII	144
Physique.	XIII	323
Pierres précieuses.	XIII	364
Pléonaste.	XIII	505
Pycnite.	XIV	292
Quartz.	XIV	337
Soufre.	XV	216
Sphène.	XV	246
Strontiane carbonatée.	XV	292
———	XV	293
Substances minérales.	XV	322
Tourmalines diverses.	XVI	137
Zéolithes.	XVI	707
Zircon.	XVI	722
HAWKINS (S.).—Affûts de canon de remparts, ou de vaisseaux.	I	209
HAYER. — Chien considéré chez les Chinois, comme un des principaux moyens d'échange.	III	140
Chine.	III	178
Coquillages considérés comme ayant servi de monnaie à la Chine.	III	450
Monnaies chinoises.	XI	504
HAYOT. — Sarcloir à cheval.	XIV	594
HAZARD-MIRAULT. — Yeux artificiels.	XVI	704
HEATCOAT. — Dentelle.	IV	481
HEBERT (F.), *de Paris*. — Schals divers.	XIV	628

	Tomes.	Pages.
Hébert (J.), *de Vimoutiers*. — Toiles.	XVI	66
Hèbre. — Gondole.	VIII	373
Hébreard. — Homme dont les bras, les avant-bras, les cuisses et les jambes ne s'étaient pas développés.	IX	104
Hecht.— Niéderbrunn.	XII	150
Hecquet d'Orval. — Moquettes et velours en laine.	XI	560
Hectot. — Pornic.	XIV	119
Heilmann *frères et compagnie*. — Impression sur étoffes.	IX	291
Rouge d'Andrinople.	XIV	507
Heim (de). — Cuirs à rasoirs.	IV	288
Hélix. — Pierres factices.	XIII	364
Hellet *fils*. — Pompes à incendies.	XIV	66
Helmerick. — Gale.	VII	557
Henderson (J.). —Broches pour rôtir de grosses pièces, sans passer le fer au travers.	II	200
Maisons et édifices.	XI	28
Hénoby. — Cuirs imperméables.	IV	290
Henraux *jeune*. — Chardon métallique.	III	45
Henri, *de Paris*. — Boutons de métal.	II	180
Henri *aîné, d'Angoulême*. — Papiers.	XII	574
Henrion (J.-F.). — Cafetières.	II	274
Lampe à tuyaux et à courant d'air.	X	195
Henriot *aîné (Madame Veuve)*. — Flanelles.	VII	178
Henriot *frères, sœurs et compagnie*. —Molletons.	XI	475
Henry. — Éther sulfurique.	VI	382
Fer oxidé.	VII	59
Gentiane.	VIII	245
Huile de palme.	IX	151
Huile d'œufs.	IX	155
Huiles.	IX	171
Jalap.	X	11
Pommes.	XIV	27
Pulvérisation.	XIV	286
Rubarbes de Chine, de Moscovie et de France.	XIV	462
Sel de seignette.	XV	37
Sulfures.	XV	412
Terres de nouvelles espèces.	XV	635
Henry. — Fusils divers.	VII	532
Henry. — Pilotis.	XIII	377
Henry. — *Voyez* Sir-Henry.		
Herbelin (F.). — Rubans divers.	XIV	512
Herbertz. — Betteraves.	II	48
Herbet-de-Saint-Hilaire. — Velours divers.	XVI	458
Héré (du). — *Voyez* Hesselat du Héré.		
Herhan. — Formats solides.	VII	356
Stéréotypie.	XV	280
Typographie.	XVI	300

	Tomes.	Pages.
HÉRICART. — Chaussures.	III	74
HÉRICART DE THURY. — Brantus pantinin.	II	189
Catacombes de Paris.	II	441
Sonde des mines.	XV	181
HÉRISSON. — Fourneaux à chaudières.	VII	389
HERNAIS. — Montres.	XI	532
HÉRON-DE-VILLEFOSSE, *de l'Institut*. — Essieux divers.	VI	300
HERPIN. — Vins.	XVI	589
HERSTATT (J.-J). — Betteraves.	II	48
HERVIEUX. — Aréo-thermomètre.	I	382
HERVOIS. — Compte-pas, ou machines propres à mesurer les distances.	III	409
HERWIN *frères*. — Marais.	XI	126
HERZOG. — Filatures.	VII	141
HESSELAT-DU-HÉRÉ. — Cheminées économiques.	III	112
Tourbe.	XVI	134
HEUDIER. — Ouvrages imprimés.	XII	447
HEURTAUT-LAMERVILLE. — Laines.	X	145
Mérinos.	XI	336
HEUSSY *frères*. — Linge uni, damassé et ouvré, en fil ou en coton.	X	326
HEUTEN. — Casimirs divers.	II	422
HEYDWEILER. — Étoffes de soie.	VI	417
Laine.	X	141
Rubans divers.	XIV	531
Velours divers.	XVI	456 457
HEYMANN. — Seringues diverses.	XV	75
HILL. — Lin et chanvre.	X	323
HIMMER. — Laine.	X	144
HINDENLANG *père et fils*. — Duvet du cachemire.	V	212
HIRIGOYEN *fils*. — Papier syrien.	XII	573
HIRSCH. — Pâte de carton.	XIII	60
HISETTE (H.), *de Gand*. — Cheminées diverses.	III	103
HISETTE. — Cylindres en papier.	IV	364
HOENER. — Poteries.	XIV	155
HOFER *et compagnie*. — Impression sur étoffes.	IX	291
Toiles peintes.	XVI	85
HOFFMANN, *de Schelestat*. — Mèches rondes et plates.	XI	210
HOFFMANN. — Planches solides.	XIII	406
HOLIVE (P.). — Mouchoirs divers.	XI	576
HOLKER. — Produits chimiques.	XIV	261
HOLLEWEGER. — Soie.	XV	141
HOLTZAPFFEL. — Flûte traversière.	VII	233
HOMBERT. — Casimirs divers.	II	422
HOMBES (D^r). — Cocons.	III	295

	Tomes.	Pages.
Hombres-Firmas (L.-A. d'). — Cledos, ou séchoirs pour les châtaignes.	III	251
Fœtus trouvé dans le corps d'un chevreau femelle.	VII	250
Honnette *et fils* (*Madame Veuve*). — Cuirs corroyés.	IV	289
Hont d'Arcy (d'). — Lin et chanvre.	X	321
Horace Brunet. — *Voyez* Sastre *dit* Horace Brunet.		
Hortiez. — Cordages.	III	459
Hoselt *frères*. — Casimirs divers.	II	422
Houbigand. — Cartes à jouer.	II	414
Houel. — Dentelles.	IV	483
Houlet. — Corne.	III	471
———	III	472
Cornes, pour la marine.	III	475
Houlme (*Les filatures de*). — Coton.	IV	85
Houplines (*Les filatures de*). — Coton.	IV	85
Houton de Labillardière, *de l'Institut*. — Abeilles.	I	94
———	I	99
Acide muriatique.	I	136
Acide pyromucique.	I	151
Arbre à pain, cultivé.	I	363
Areng à sucre.	I	375
Cèdres du mont Liban.	II	448
Cocotier des Maldives.	III	298
Horloge de la mort.	IX	120
Hydrogène protophosphoré et perphosphoré.	IX	219
Nipa.	XII	175
Palmiers.	XII	521
Phormium tenax.	XIII	252
Sagoutier des Moluques.	XIV	558
Térébenthine.	XV	592
Hoyau. — Arithmographe.	I	399
Bateaux.	II	14
Hache-pailles.	VIII	504
Hu. — Presse à cric, à double engrenage.	XIV	230
Huard. — Sucres.	XV	356
Huart. — Fers.	VII	73
Huber (F.). — Abeilles.	I	90
———	I	94
Hubert (J.). — Arum, ou choux caraïbe.	I	429
Germination des graines.	VIII	273
Kaka-toddadi.	X	63
Hubert. — Basaltes.	I	570
Hubert. — Cordages.	III	459
Toiles à voiles et cordages.	XVI	74
Hubert, *de Rochefort*. — Glaces.	VIII	294
Moulin à draguer.	XI	582
Tarière à deux tranchans.	XV	556

	Tomes.	Pages.
HUGONET. — Charrues diverses.	III	61
HUGUET (J.). — Bateaux.	II	11
Danaïde, ou nouveau pressoir à vin.	IV	388
Moulins à vent.	XI	608
Pressoirs à vins.	XIV	247
Tuiles.	XVI	253
HUICH (P.-J.). — Plomb.	XIII	514
Tuyaux sans soudure.	XVI	281
HULLIN. — Tricots divers.	XVI	220
HULLOT *et compagnie*. — Cuirs teints et vernissés.	IV	299
HULSEMAN. — Fours à briques, à tuiles, à carreaux et à chaux.	VII	426
HULTEMANN. — Acier fondu.	I	169
HUMAN *et compagnie*. — Fer-blanc.	VII	33
Toiles laminées.	XVI	88
HUMBERT (T.). — Baleine.	I	522
HUMBLOT-CONTÉ. — Crayons divers.	IV	183
———		184
Crayons.	IV	185
HUMBOLDT (A. DE), *de l'Institut*. — Air.	I	223
———		224
Aiguille électrique.	I	308
Bonplandia angustura.	II	153
Cavernes.	II	445
Chimboraço.	III	152
Condor, ou vautour des Cordilières.	III	419
Crocodile.	IV	265
Culmus geniculatus.	IV	330
Dapêche.	IV	393
Électricité animale.	VI	3
Forces magnétiques.	VII	312
Gaz nitreux.	VIII	173
———	VIII	175
Géophages des Antilles.	VIII	265
Inde.	IX	306
Jorullo.	X	36
Lait des végétaux en général, et lait de l'arbre de la vache en particulier.	X	171
Lampe indépendante de l'atmosphère.	X	199
Lignes isothermes.	X	287
Magnétisme terrestre.	XI	17
Maracury.	XI	116
Melanocephala.	XI	265
Oxigène.	XII	502
Pichincha, montagne qui domine la ville de Quito.	XIII	342
Plantes.	XIII	434
Poissons.	XIII	583

	Tomes.	Pages.
Poissons électriques.	XIII	603
Prorocephalus crotali, ou vers intestins.	XIV	274
Soleil.	XV	158
Stéatornis.	XV	276
Torpille.	XVI	111
Volcans.	XVI	673
HUMPHREY EDWARDS. — Machines à feu.	X	555
Pompes à feu.	XIV	64
HUMPHRY-DAVY. — Galvanisme.	VIII	53
HUOT. — Basins et piqués.	II	2
HURET. — Cadenas à combinaison.	II	259
Compas à tracer des spirales.	III	403
Serrures diverses.	XV	96
HURFORD (J.). — Porcelaine.	XIV	102
HUSSON *frères*. — Teinture.	XV	573
HUSSON-VERDIER. — Minium.	XI	441
Produits chimiques.	XIV	260
HUVÉ. — Dents.	IV	490
HUVET. — Dentelles.	IV	483
HUZARD, *de l'Institut*. — Bidon.	II	62
Fractures dans les grands animaux.	VII	446
Laines.	X	145
———		146
Mérinos.	XI	334
Vertige.	XVI	520

I.

ICART. — Indigotiers divers.	IX	321
IMER. — Goudron.	VIII	376
IMPRIMERIE DU GOUVERNEMENT (L'). — Typographie.	XVI	300
INCARVILLE (*Les fabriques d'*). — Coton.	IV	85
INGLEBERT (D'). — *Voyez* FOUQUIER D'INGLEBERT.		
IRROY, *d'Arc*. — Aciers.	I	176
Fers.	VII	75
IRROY *père et fils*, *de Forges de la Hutte*. — Faux et faucilles.	VI	522
ISABEL. — Montres.	XI	531
ISNARD. — Betterave.	II	36
Betteraves.	II	58
ITARD. — Sourds-muets.	XV	236
IZAR. — Presses d'imprimerie.	XIV	237
IZARN (J.). — Galvanisme.	VIII	44
Lithologie atmosphérique.	X	370

J.

	Tomes	Pages.
JACKSON. — Acier fondu.	I	170
JACOB, *de Marseille.* — Borax raffiné.	II	155
JACOB (A.), *de Mulhouse.* — Coton.	IV	80
JACOB (*Madame Veuve*), *de Lyon.* — Étoffes de soie.	VI	417
JACOB, *de Paris.* — Meubles.	XI	391
———		*ibid.*
JACOB, *de Paris.* — Moulins à farine divers.	XI	602
JACOT. — Fers.	VII	75
JACQUART (J.-C.). — Étoffes diverses.	VI	436
———		444
Filets, pour la pêche.	VII	141
JACQUEMART. — Papiers peints.	XII	588
———		*ibid.*
———		591
JACQUET. — Canons de fusil.	II	368
Horlogerie.	IX	123
JACQUER. — Carotte.	II	408
JACQUIER. — Mouchoirs divers.	XI	576
JACQUINET. — Cheminées diverses.	III	109
JADELOT. — Gale.	VII	557
JAGERSCHMID. — Acide muriatique oxigéné.	I	139
JAHAN LHÉRITIER. — Draps.	V	202
JAIME. — Lampes diverses.	X	213
JALABERT. — Couverts en métal.	IV	161
JALAGUIER. — Molletons.	XI	475
JALLADE-LAFOND. — Bandages herniaires divers.	I	528
JALVI. — Draps.	V	200
JAMAIN *père et fils.* — Fer.	VII	1
JAMBON. — Planétaires.	XIII	414
———		417
JANDEAU. — Bas.	I	555
JANDEAU. — Machines à feu.	X	547
JANETY. — Étain.	VI	310
Platine.	XIII	486
———		489
JANETY *père et fils.* — Platine.	XIII	492
———		*ibid.*
JANETY *fils.* — Platine.	XIII	489
JANIN, *de Paris.* — Acier poli.	I	171
JANIN, *de Paris.* — Dorure sur bois.	V	147
JANNIN. — Tricots divers.	XVI	222
JANSON. — Houille.	IX	131
JANSSEN. — Clarinette.	III	245

	Tomes.	Pages.
Janti *père et fils*. — Peintures au ciment, sur la pierre et sur la terre cuite.	XIII	111
Janvier. — Pendules diverses.	XIII	156
Japy (F.). — Dents de roues.	IV	505
Emporte-pièces.	VI	89
Horlogerie.	IX	122
———		124
Laiton.	X	172
Lardon de potence.	X	247
Machine à percer droit à l'archet.	X	527
Piliers des cages de montres.	XIII	374
Piliers ronds ou carrés, pour les montres.	XIII	375
Tour en l'air.	XVI	126
Vis diverses.	XVI	628
		633
		ibid.
		634
Jaubert. — Chèvres de cachemire.	III	132
Jaume Saint-Hilaire. — Aspalathus.	I	437
Dicotylédones.	V	4
Plantes.	XIII	435
Writhia tinctoria et nerium tinctorium.	XVI	699
Jauvris. — Laques français.	X	245
Javal. — Phosphore.	XIII	290
Javelle. — Canons de fusils.	II	369
Jay (A.). — Peignes, pour les fabriques.	XIII	101
Jayt. — Liquides.	X	349
Jean, *de Paris*. — Billard d'une nouvelle construction.	II	65
Jean (J.-B.). — Gélatine.	VIII	198
Jeandeau. — Incendie.	IX	303
Jeannin (E.). — Tapis et tapisseries.	XV	554
Jeanson. — Grains et farines.	VIII	388
Jecker *frères, de Paris*. — Baromètres propres à mesurer la hauteur du sol.	I	546
Canne à lunettes.	II	359
Cercle.	II	457
Châsses de lunettes.	III	64
Compas azimutal à réflexion.	III	405
Épingles.	VI	164
———		*ibid.*
Instrumens de mathématiques, de physique, d'astronomie, d'optique, de marine, etc.	IX	470
———		471
———		*ibid.*
———		474
Vis diverses.	XVI	628
Jecker (F.-A.), *de Paris*. — Parapluies.	XII	603

	Tomes.	Pages.
JECKER, *de Massevaux*. — Vis diverses.	XVI	633
JENNEPIN. — Machine à naviguer, par l'action de l'eau accumulée sur un bateau moteur.	X	527
JEUFFROY, *de l'Inst*.—Gravure en médailles et en pierres fines.	VIII	424
JEUNESSE. — Selle ombrifère.	XV	47
JOANIS. — Bois.	II	137
JOANNE. — Chevaux.	III	124
JOBARD (A.). — Pastilles pectorales, incisives et calmantes.	XIII	57
JOBERT-LUCAS *et compagnie*. — Draps.	V	189
———		193
———		195
Laine.	X	121
Schals divers.	XIV	626
		ibid.
JOBEZ. — Fers.	VII	72
JOHANNOT. — Papiers.	XII	574
———		*ibid.*
JOHN. — *Voyez* FITCH-JOHN.		
JOHNSON *et compagnie*. — Moulins à farine divers.	XI	600
JOLIET. — Étoffes de crin.	VI	415
JOLIVET. — Tricots divers.	XVI	210
Tulles divers.	XVI	260
JOLLOIS. — Denderah.	IV	439
———	IV	450
———	IV	453
Esné.	VI	286
———	VI	289
Isis.	IX	570
Karnak.	X	70
Louqsor.	X	426
Med-à-moud.	XI	214
Médinet-Abou.	XI	233
Osymandyas.	XII	438
Qournah.	XIV	325
Ruines de Keft et de Qous anciennement *Coptos* et *Apollinopolis parva*.	XIV	535
Thèbes.	XVI	13
JOLY. — Lampes à double courant d'air.	X	207
JOLY, *de Saint-Quentin*.—Mousselines, percales et calicots.	XII	2
JOMARD (E.), *de l'Institut*.— Denderah.	IV	447
Edfou.	V	469
Empreintes.	VI	90
Heptanomide.	IX	1
Hermonthis, ou Erment.	IX	27
Hermopolis magna, ou Achmouneyn.	IX	34
Hypogées de la ville de Thèbes.	IX	261

	Tomes.	Pages.
Inscriptions recueillies en Égypte.	IX	356
Lac-Mœris.	X	100
Nazlet-el-Harydy.	XII	130
Nome Arsinoïte.	XII	208
Pyramide d'el-lahoun en Égypte.	XIV	295
Qaou, anciennement *Antæopolis*.	XIV	315
Qasr-Qeroun.	XIV	321
Ruines d'Abydus, ancienne ville de la Thébaïde.	XIV	516
Ruines d'Antinoé.	XIV	526
Ruines d'Éléphantine.	XIV	532
Ruines situées près de la pyramide d'Hâouarah, en Égypte, considérées comme les restes du labyrinthe, et comparaison de ces ruines avec les récits des anciens.	XIV	539
Syène.	XV	419
Système métrique des anciens Égyptiens et recherches sur leurs connaissances géométriques.	XV	451
JONNÈS (DE). — *Voyez* MOREAU DE JONNÈS.		
JORDAN-LECOINTE. — Cuisines portatives et économiques.	IV	307
JORDIS. — Globes de métal, pour être adaptés aux essieux de voitures.	VIII	341
JOSLÉ. — Roche-Posay.	XIV	474
JOSSE. — Crible ventilateur à cylindre.	IV	193
JOSSE, *de Rennes*. — Dents.	IV	490
JOUANNE. — Voiture dont on peut détacher le cheval en cas de danger.	XVI	641
JOUBERT. — Toiles à voiles.	XVI	71
JOUFFROY (DE). — Bateaux à vapeur.	II	14
Vapeur.	XVI	383
JOUGLAS. — Noir d'impression, pour la gravure en taille douce.	XII	184
JOURDAIN, *de Louviers*. — Draps.	V	198
JOURDAIN, *de Tarare*. — Mousselines, percales et calicots.	XII	2
JOURDAN *père et fils, de Lyon*. — Dentelles en soie, façon anglaise.	IV	484
Soie.	XV	140
Tulles divers.	XVI	262
JOURDAN, *de Paris*. — Mécanique adaptée au métier dit *à la Jacquard*.	XI	195
JOURDAN, *de Paris*. — Papiers peints.	XII	591
JOURJON. — Scies diverses.	XV	24
JOURNÉE. — Rots à tisser.	XIV	495
JOURNET. — Vanille.	XVI	372
JOURNU-AUBER. — Mérinos.	XI	336
JOUVANON. — Couvertures en laine, en coton et en soie.	IV	166
JOUVENCEL. — Bail à cheptel, pour l'exploitation des bêtes à laine.	I	506
JOUVET. — Marqueterie de métal	XI	157

	Tomes.	Page.
Marqueterie de métal dans le bois, propre à la décoration des meubles, appartemens, etc.	XI	157
Poinçons.	XIII	551
JUBERT. — Coton.	IV	72
JUBIÉ *frères*. — Soies grèges.	XV	151
JUDSON. — Bas.	I	570
Bonneterie.	II	151
JOGE-SAINT-MARTIN. — Noyer.	XII	244
JULIA. — Coton.	IV	94
Rennes.	XIV	427
Vins.	XVI	592
JULIEN DENIS. — Coton.	IV	83
		ibid.
Filatures.	VII	140
JULIEN LEROY. — Navettes volantes.	XII	115
Nuctographie, ou art d'écrire sans y voir.	XIII	245
Tricots divers.	XVI	220
JULLIEN (A.), *de Paris*. — Brosse pour détacher le dépôt qui se forme à la paroi intérieure des bouteilles.	II	205
Cannelles aérifères.	II	360
Caves.	II	446
Cœcographe, ou machine à l'aide de laquelle on peut écrire sans voir clair.	III	314
Dégoudronnoir.	IV	435
Distillation.	V	135
Entonnoir à douille horizontale.	VI	139
Entonnoirs aérifères.	VI	140
Louchets.	X	424
Syphon aérifère.	XV	429
Vignobles.	XVI	538
Vins.	XVI	591
Vins des anciens.	XVI	605
JULLIEN, *de Bourges*. — Coutellerie.	IV	160
JULLIEN, *de Marseille*. — Maroquins.	XI	155
JULLIEN DELARUE. — Étoffes diverses.	VI	429
		ibid.
JUMELIN. — Glaces.	VIII	289
JURINE. — Hyménoptères.	IX	259
Monocle, ou puce d'eau.	XI	505
JURY DE L'EXPOSITION (LE). — Coton	IV	85
———	IV	99
Crêpes.	IV	190
Cristaux-verres	IV	225
Draps.	V	202
Étain.	VI	321

	Tomes.	Pages.
Étoffes.	VI	397
Étoffes de soie.	VI	418
Faux et faucilles.	VI	525
Fers.	VII	76
Fil de bourre de soie.	VII	133
Gélatine.	VIII	204
Glaces.	VIII	289
———	VIII	293
Horlogerie.	IX	126
Laine.	X	121
Laines.	X	146
Laiton brut.	X	173
Laminage.	X	183
Limes diverses.	X	305
Lin.	X	316
Linge uni, damassé et ouvré, en fil ou en coton.	X	327
Maroquins.	XI	156
Mousselines, percales et calicots.	XII	4
Papiers.	XII	578
Papiers peints.	XII	592
Platine.	XIII	493
Poteries.	XIV	159
Savons.	XIV	617
Scies diverses.	XV	24
Soies grèges.	XV	154
Soude.	XV	199
Teinture.	XV	577
Tondeuses, ou machines à tondre les draps et autres étoffes.	XVI	95
Tréfilerie.	XVI	177
Tulles divers.	XVI	258
Violons.	XVI	622
JUSSIEU (A.-L. DE), *de l'Institut.* — Acicarpha.	I	116
Actinea hétérophylla.	I	179
Boopis.	II	153
Cantua de la famille des polémoniées.	II	370
Cerçodea.	II	459
Curanga.	IV	331
Dilléniacées.	V	28
Érica dabœcia.	VI	273
Gymnostyles.	VIII	488
Kleinia linearifolia.	X	87
Lauriers.	X	255
Listea.	X	361
Lobéliacées.	X	409
Melicocca.	XI	269
Monimiées.	XI	498

	Tomes.	Pages.
Phelipæa.	XIII	207
Plantes onagraires.	XIII	461
Stylidiées.	XV	305
Jussieu (L.-P. de). — Fer sulfuré blanc.	VII	66
Grenats de Finlande.	VIII	450

K.

Keckel. — Meubles.	XI	395
Keller. — Poteries.	XIV	157
Kempff. — Maroquins.	XI	155
Kénaudrer. — Suicide.	XV	376
Kennedy. — Basaltes.	I	570
Kerguidu (de). — *Voyez* Roquette de Kerguidu *père et fils*.		
Kessel. — Goudron.	VIII	376
Kettinguer *et fils*. — Impression sur étoffes.	IX	292
Keyser de l'Isle. — Instrument dit *harpe harmonico-forté*.	IX	447
Kirstein. — Bas-reliefs en argent.	I	573
Klaproth. — Basaltes.	I	570
Klarck. — Coton.	IV	73
Knachfuss. — Essieux divers.	VI	303
Koch. — Maladie vénérienne.	XI	33
Koch, *de Paris*. — Serrures diverses.	XV	82
Kock. — Tonneaux carrés.	XVI	103
Koechlin *frères*. — Coton.	IV	99
———		102
Impression sur étoffes.	IX	291
Schals divers.	XIV	629
Toiles peintes.	XVI	84
Koesné. — Papiers.	XII	574
Köhler. — Impression sur étoffes.	IX	292
Kreutzer. — Vernis divers.	XVI	475
Krey. — Cylindre à laminer.	IV	362
Kruines. — Flintglass.	VII	181
Instrumens de mathématiques, de physique, d'astronomie, d'optique, de marine, etc.	IX	471
Kunth (C.). — Cypéracées.	IV	369
Kurtz. — Acide pyroligneux.	I	150
Kusel. — Cuirs imperméables.	IV	294
Kutsch. — Instrumens de mathématiques, de physique, d'astronomie, d'optique, de marine, etc.	IX	468
———		471
Mètre.	XI	389
Kuttgens. — Casimirs.	II	424
Étoffes diverses.	VI	427
Kuttgens (X.), *fils*. — Draps.	V	185

Tomes. Pages.

L.

	Tomes.	Pages.
LABBÉ. — Fers.	VII	74
LABBÉ, *de Virofl....* — Tuyau à volant, pour filer le coton sans broches.	XVI	271
LABBEY. — Cheminées.	III	101
Ventilateurs.	XVI	461
LABERARDIÈRE (DE). — *Voyez* MILLEBET DE LABERARDIÈRE.		
LABERTHY. — Mécanique hydraulique, applicable aux moulins à blé et à huile.	XI	201
LABILLARDIÈRE (DE). — *Voyez* HOUTON DE LABILLARDIÈRE.		
LABOÈRE (*Les propriétaires des marais de*). — Marais.	XI	127
LABONTÉ. — Plaqué en platine.	XIII	469
LABORDE. — Vaccine.	XVI	348
LABORDE. — *Voyez* BADEIGTS-LABORDE.		
LABORIE *aîné*. — Blé.	II	102
LABOUISSE. — Vaccine.	XVI	350
LABOULAYE. — *Voyez* FURET-LABOULAYE.		
LABOULAYE MARILLAC (DE). — Couleurs diverses.	IV	129
LABOURDONNAYE (DE). — Ruche écossaise.	XIV	514
LABRANCHE. — Draps.	V	190
LABROSSE. — *Voyez* THAREAU LABROSSE.		
LACAILLETIÈRE (DE). — *Voyez* MAIGNEN DE LACAILLETIÈRE *fils*.		
LACASSAGNE. — Huile de palma-christi, ou de ricin.	IX	47
LACAZE. — Machines hydrauliques.	X	563
LACÉPÈDE (DE), *de l'Institut*. — Afrique.	I	210
Baleines.	I	522
Boa lisse.	II	127
Cobite anableps.	III	275
Discosure.	V	55
Disteires.	V	60
Dix-raies, ou lézard scinque.	V	137
Erpéton tentaculé.	VI	276
Fourmiliers.	VII	380
Globe terrestre.	VIII	311
Mammifères.	XI	44
Mastodonte.	XI	170
Monodactyle.	XI	507
Oiseaux.	XII	281
Poissons.	XIII	572
Poissons fossiles.	XIII	609
Polyodon feuille.	XIV	12
Protée, ou salamandre tétradactyle.	XIV	274
Serpens.	XV	76
Tétradactyle.	XV	656

	Tomes.	Pages.
LACHABEAUSSIÈRE (DE). — Ambotrace, ou instrument propre à écrire deux lettres à la fois.	I	275
Cheminées diverses.	III	107
Minudomètre.	XI	442
LACHAT. — Larve apode.	X	250
LACHAUME. — *Voyez* SIMON-LACHAUME.		
LACHENAYE. — *Voyez* HAPEL-LACHENAYE.		
LACOMBE *fils*. — Roue à tambour, destinée à faire tourner des tours à tirer la soie des cocons.	XIV	497
LACOSTE *aîné*. — Canal du Languedoc.	II	352
LACOSTE (J.), *jeune*. — Canal du Languedoc.	II	352
LACOSTE, *de Nîmes*. — Nankins et nankinettes.	XII	96
LACONDRENIÈRE (DE). — *Voyez* PEYRON DE LACONDRENIÈRE.		
LACOUR. — Art vétérinaire.	I	432
LACOURADE. — Papiers.	XII	578
LACRETELLE *jeune*, *de l'Institut*. — Histoire de France pendant le dix-huitième siècle.	IX	76
LACROIX. — Bâtiment propre à naviguer sans voiles, sans chevaux et sans rouages.	II	17
Eaux.	V	336
LACROIX, *de l'Institut*. — Équations différentielles.	VI	240
Fluides.	VII	187
LACROIX, *de Saint-Clair*. — Médecine vétérinaire.	XI	225
LACROIX, *d'Angoulême*. — Papiers.	XII	574
LACROIX *jeune*, *d'Angoulême*. — Papiers.	XII	578
LADOUÈPE-DUFOUGERAIS (B.-F.). — Cristal.	IV	195
Cristaux-verres.	IV	224
———		225
Flintglass.	VII	183
Surveillant.	XV	418
LADRIÈRE. — Mousselines, percales et calicots.	XII	3
LAENNEC. — Phthisie pulmonaire.	XIII	314
LAFFINEUR. — Faïence et poterie.	VI	528
Poteries.	XIV	155
LAFFONT. — Vaccine.	XVI	347
LAFITTE. — Seringues diverses.	XV	73
LAFOND, *de Toulouse*. — Audinac.	I	477
LAFOND. — Panthographes.	XII	551
LAFOND. — *Voyez* JALLADE-LAFOND.		
LAFONTAINE. — Taffetas gommés et cirés.	XV	524
LAFORET. — Soies grèges.	XV	152
LAFORET. — *Voyez* PAJOT-LAFORET.		
LAFOSSE. — Châtaigne.	III	67
Tubercules appelés vulgairement *châtaignes* ou *ergots* dans les chevaux.	XVI	249
LAFOSSE. — *Voyez* TOUCHARD-LAFOSSE.		
LAGORCE. — Schals divers.	XIV	628

	Tomes.	Pages.
LAGOUTTE (DE). — Carotte.	II	408
LAGRANGE (J.-L.), *de l'Institut*. — Constantes arbitraires.	III	430
Fonctions.	VII	265
Planètes.	XIII	421
LAGRANGE. — *Voyez* BOUILLON-LAGRANGE.		
LAGRÉNÉE. — Mosaïques modernes.	XI	574
LAGRIVE. — Étoffes de soie.	VI	417
LAGROYE. — *Voyez* MÉNARD-LAGROYE.		
LAHARPE (DE), *de l'Institut*. — Littérature.	X	376
LAHAUSSAGE. — Lampes diverses.	X	213
LAHOUSSAYE (DE). — *Voyez* NONAL DE LAHOUSSAYE.		
LAINÉ. — Orfèvres.	XII	388
LAIR. — Combustions humaines.	III	353
LAIR, *de Rochefort*. — Cordages.	III	459
LAJUMELIÈRE (DE). — Vésuve.	XVI	522
LALANDE (DE), *de l'Institut*. — Étoiles.	VI	445
Étoiles boréales.	VI	446
Mercure.	XI	301
Thermomètres divers.	XVI	34
Vénus.	XVI	463
LALANDE (J. DE). — Niger.	XII	153
LALLEMANT. — Schals divers.	XIV	629
LALOUET. — Balancier pour la fabrication des boutons.	I	518
LAMALLE (DE). — *Voyez* DUREAU DE LAMALLE (A.-J.-C.-A.), *fils*.		
LAMARCHE (DE). — Betteraves.	II	58
LAMARCK (DE), *de l'Institut*. — Amphibulime.	I	285
Astroïtes infundibuliformes.	I	470
Atmosphère.	I	473
Aurores boréales.	I	480
Calmar de la famille des polypes de mer.	II	312
Calyptrée.	II	326
Casque.	II	424
Cérites.	II	463
Chiroscélis.	III	182
Chiton.	III	182
Cône.	III	422
Cônes.	III	423
Corail.	III	455
Coralline.	III	456
Crassatelles.	IV	175
Crénatule.	IV	189
Cucullées.	IV	277
Cyclostome.	IV	351
Cymosaire.	IV	366
Dauphinule.	IV	410
Dicérate.	V	1
Discorbes.	V	54

	Tomes	Pages.
Donaces fossiles.	V	139
Émarginule.	VI	46
Éponges.	VI	165
Érycines fossiles.	VI	278
Filatures.	VII	140
Fissurelle.	VII	173
Flabellaria.	VII	177
Géodie.	VIII	252
Gorgone.	VIII	374
Huître.	IX	188
Lune.	X	498
——	X	504
Mactre fossile.	XI	1
Molécules essentielles des composés.	XI	474
Mollusques.	XI	477
Moule fossile.	XI	578
Nucule fossile.	XII	246
Ouragans.	XII	444
Patelle.	XIII	63
Pétoncle fossile.	XIII	182
Pinne fossile.	XIII	389
Polypiers empâtés.	XIV	17
Poulpe, vulgairement appelé *polype de mer*.	XIV	210
Sèche, vulgairement nommée *polype de mer*.	XV	29
Tubicinelle.	XVI	250
Volutes.	XVI	676
LAMARQUE, *de Paris*.— Parturateur.	XIII	12
LAMARQUE, *d'Oleron*. — Tricots divers.	XVI	209
LAMARTINIÈRE. — Hepatoxilon squali.	VIII	557
LAMBERT, *de Vienne*. — Draps.	V	199
LAMBERT, *de Lille*. — Filatures.	VII	140
LAMBERT, *de Paris*. — Pétrin mobile.	XIII	186
LAMBERT, *de Sèvres*. — Poteries.	XIV	156
Tour à guillocher les vases en terre noire.	XVI	123
LAMBERTIN.— Lampes propres à brûler des huiles et des graisses.	X	220
LAMBRY. — Vigne.	XVI	531
LAMERVILLE. — *Voyez* HEURTAUT-LAMERVILLE.		
LAMÉTHERIE (DE). Affinités chimiques.	I	208
Hommes.	IX	115
Huile d'olive.	IX	159
Substances simples ou élémentaires.	XV	321
LAMEYRAN. — Gaz.	VIII	94
LAMI (F.). — Machines.	X	537
LAMORINIÈRE (N. DE).— Poisson dit *pesq-bras* ou *gr. poisson*.	XIII	562
LAMORNAIS.—*Voyez* SALLENDROUZE LAMORNAIS.		
LAMOTHE. — Matières animales.	XI	180
LAMOTHE. — *Voyez* LIMOUSIN-LAMOTHE.		

	Tomes.	Pages.
LAMOTTE. — *Voyez* DELFAU *dit* LAMOTTE ; REMI-LAMOTTE.		
LAMOUROUX. — Acantophora.	I	103
Algues marines.	I	254
Amansia.	I	274
Aspérococcus.	I	439
Bryopsis.	II	212
Caulerpa.	II	443
Champia.	II	542
Chondrus.	III	202
Claudea.	III	247
Delesseria.	IV	436
Desmarestia.	IV	509
Dictyoptères, genre nouveau d'algues marines.	V	4
Dictyota, nouveau genre d'algues marines.	V	5
Dumontia.	V	210
Flabellaria.	VII	176
Fucus.	VII	513
Furcellaria.	VII	520
Gelidium.	VIII	209
Gigartina.	VIII	287
Hypnéa.	IX	261
Laminaria.	X	184
Laurencia.	X	255
Lucernaire campanulée.	X	428
Montée.	XI	520
Ophiure à six rayons.	XII	315
Osmundaria.	XII	437
Plocamium.	XIII	510
Polypiers coralligènes, non entièrement pierreux.	XIV	14
Polypiers fossiles.	XIV	20
Thalassiophytes non articulées.	XV	657
Varecs.	XVI	383
LAMPADIUS. — Acide nitrique.	I	143
LANASPÈZE. — Fumée.	VII	518
LANCELEVÉE. — Coton.	IV	65
LANCELIN (P.-F.). — Mondes.	XI	492
LANÇON. — Flintglass.	VII	181
———		*ibid.*
Stras.	XV	291
LANCOT. — Peaux.	XIII	85
LANCRET. — Courbe appelée lieu des centres de courbure, ou lieu des cercles osculateurs d'une courbe quelconque.	IV	152
Développoïdes.	IV	517
Hydrophiles et dytiques.	IX	229
Philæ.	XIII	214
LANDAL (DE). — *Voyez* DUBREIL DE LANDAL.		

	Tomes.	Pages.
LANDAYER. — Cordes plates.	III	464
LANDO. — Centaurea calcytrapa.	II	452
LANDOLLE. — Gravure sur le verre.	VIII	433
LANDON. — Gravure dite *chalcographie*.	VIII	422
LANDRIEUX. — Manèges et mécanismes s'y adaptant et en tenant lieu.	XI	99
LANGE, *de Paris*. — Lampes à courant d'air.	X	205
LANGE, *de Paris*. — Pommade méxicaine.	XIV	25
LANGLOIS, *de Bolbec*. — Fleurs.	VII	178
LANGLOIS. — Globes célestes et terrestres.	VIII	341
LANGLOIS (J.-K.), *de Bayeux*. — Porcelaines diverses.	XIV	116
Poteries.	XIV	159
LANGLOIS. — *Voyez* CARON-LANGLOIS.		
LANGOIROUX (L.). — Parapluies.	XII	601
LANGRES (*Les fabriques de*). — Coutellerie.	IV	159
LANGUILLE. — Dentelles.	IV	483
LANIER. — Hydromètre universel.	IX	226
Mètre.	XI	389
LANJUINAIS, *de l'Institut*. — Slaves.	XV	135
LANNOY (*Les fabriques de*). — Nankins et nankinettes.	XII	96
LANOÉ (DE). — *Voyez* AUBRY-DE-LANOÉ.		
LANOIX. — Cheveux.	III	125
LANSBERG. — Aix-la-Chapelle.	I	232
Bonnette.	II	153
LANSOT. — Parcheminerie.	XII	607
LAPANOUSE (DE). — Maïs.	XI	28
Sirop de maïs.	XV	119
LAPEYRE. — Vaccine.	XVI	348
LAPEYRIÈRE (C.) — Bandages herniaires divers	I	527
LAPEYROUSE. — *Voyez* PICOT LAPEYROUSE.		
LAPLACE, *de Valenciennes*. — Batistes.	II	19
LAPLACE (DE), *de l'Institut*. — Calcul des probabilités.	II	292
———	II	299
Corps.	III	486
Corps célestes.	III	507
Cristaux diaphanes.	IV	215
Équations séculaires du mouvement de la lune, de son apogée et de ses nœuds.	VI	253
Flux et reflux de la mer.	VII	234
Intégrales définies.	IX	496
———	IX	514
Jour.	X	41
Lune.	X	488
———	X	492
Marées.	XI	135
Mécanique céleste	XI	195
Monde.	XI	491

	Tomes.	Pages.
Optique de Ptolémée.	XII	344
Pendule.	XIII	135
Phénomènes capillaires.	XIII	208
Planètes.	XIII	429
Probabilités.	XIV	257
Saturne.	XIV	598
Son.	XV	174
Système solaire.	XV	464
Terre.	XV	595
——	XV	600
——	XV	608
LAPLAINE. — Peaux.	XIII	87
LAPLATTE (J.-B.). — Pilotis.	XIII	377
LAPORTE, *de Caen.* — Draps.	V	191
Tiretaines.	XVI	47
LAPORTE. — Enghien.	VI	117
LAPORTE. — Lanternes.	X	238
LAPOSTOLLE. — Potasse.	XIV	147
LARCHER. — Liquides animaux, soumis à l'action galvanique.	X	360
LARCHER. — Phœnix.	XIII	230
LARCHIER. — Charançons.	III	38
LAREILLET. — Chèvres indigènes.	III	139
LARESCHE. — Quadrature de montre à répétition, et machine à réveil.	XIV	327
LARGILLIÈRE. — Canons de fusil.	II	369
LARGUÈZE *cadet.* — Peaux.	XIII	87
LARIVE. — *Voyez* MAUDUIT-LARIVE.		
LAROCHE *aîné.* — Papiers.	XII	577
LAROCHE *puîné.* — Papiers.	XII	575
LAROCHE. — Raisin.	XIV	367
Sucres indigènes.	XV	371
LAROCHEFOUCAULT-LIANCOURT (DE), *de l'Inst.* — Agriculture.	I	214
LAROMIGUIÈRE. — Idées.	IX	273
LARREY (D.-J.). — Aiguilles pour les sutures et l'anévrisme.	I	220
Ambulances volantes.	I	278
Amputation du bras à l'article.	I	287
Cerveau.	II	486
Corps flottans et cartilagineux, contenus dans quelques articulations ginglymoïdes, et surtout au genou.	IV	11
Croup.	IV	272
Cuisse.	IV	308
Égypte.	V	484
Égyptiens.	V	506
Embaumement.	VI	54
Hydrothorax.	IX	241
Iris.	IX	565
Plique.	XIII	507

	Tomes.	Pages.
Répercussions blennorrhagiques.	XIV	434
Testicules.	XV	644
Tumeurs cancéreuses.	XVI	264
Ver.	XVI	465
Lartigue (F.). — Acide acétique.	I	118
Huile et pommade de sain-bois, ou garou pour remplacer les cantharides.	IX	162
Sain-bois.	XIV	559
Sirops de sucre brut.	XV	133
Lasalle (P. de). — Métiers à gazes.	XI	381
Lasarthe (de). — *Voyez* Moreau de Lasarthe.		
Lassaigne (J.-L.). — Acide pyro-urique.	I	153
Chara commun.	III	35
Chromate de plomb.	III	207
Cytisine.	IV	376
Écrevisses et autres crustacées.	V	558
Éther phosphorique.	VI	379
Fusain d'Europe.	VII	521
If.	IX	287
Kermès.	X	83
Soufre.	XV	224
Staphysaigre.	XV	264
Lassus (P.). — Langue.	X	232
Opium.	XII	317
Lasteyrie (C. P. de). — Cheval sans poils.	III	117
Coton.	IV	57
Couleur tirée d'un champignon.	IV	105
Cyperus esculentus.	IV	371
Dessins.	IV	511
Graisse pour adoucir le frottement des essieux de voiture, des engrenages et autres parties des machines.	VIII	394
Lithographie.	X	366
———		370
Merinos.	XI	326
Os.	XII	423
Perles artificielles.	XIII	163
Plumes métalliques.	XIII	522
Pommes-de-terre.	XIV	31
———	XIV	35
Riz.	XIV	467
Silos.	XV	106
Lasuze. — *Voyez* Caumont-Lasuze.		
Latour (D.). — Croup.	IV	268
Latour (A.), *fils*. — Rhumatismes.	XIV	464
Latour (de). — *Voyez* Cagnard de Latour ; Leschenault de Latour.		
Latour-d'Auvergne-Corbet. — Français.	VII	448

	Tomes.	Pages.
LATREILLE (P.-A.), *de l'Institut.* — Abeilles.	I	93
———	I	99
Bombex.	II	28
Cassides.	II	438
Faucheurs.	VI	517
Fourmi resserrée.	VII	379
Guêpes.	VIII	476
Ichneumons.	IX	269
Insecte que les anciens réputaient fort vénimeux, et qu'ils nommaient *Bupreste.*	IX	365
Insectes.	IX	370
———	IX	370
Iule aplati.	IX	579
Langoustes.	X	224
Pélécine.	XIII	131
Psylle.	XIV	283
Salamandres de France.	XIV	569
LAUBERT. — Noix de galle.	XII	189
Quinquina.	XIV	347
———	XIV	350
LAUDET. — Acide phosphorique.	I	145
LAUGIER (A.). — Acide muqueux.	I	134
Aérolithes.		184
Carottes.	II	408
Cobalt.	III	272
Cobalt arsenical.	III	273
Crayons lithographiques.	IV	185
Diopside.	V	43
Fer de Sibérie.	VII	38
Grammatiles blanche et grise du mont Saint-Gothard.	VIII	407
Grotte de l'arc, dans l'île de Caprée.	VIII	457
Mastic des sauvages.	XI	164
Méduses.	XI	232
Mine de plomb de Johann-Georgen-Staad.	XI	416
Muriate ammoniaco.	XII	27
Nickel et cobalt.	XII	148
Osmium.	XII	436
Oxides de titane et de cérium.	XII	481
Paranthine.	XII	597
Pierre silicéo-ferrugineuse.	XIII	355
Prehnite compacte de Reichenbach, près Oberstein.	XIV	228
Xanthorrhea hastilis.	XVI	701
Zéolithes.	XVI	710
LAUGIER *père et fils.* — Eau cosmétique.	V	265
Eau de Cologne.	V	267
———		269
Eau d'Ispahan.	V	308

	Tomes.	Pages.
Savon oriental.	XIV	609
LAUJORROIS. — Briques de diverses espèces.	II	193
Creusets.	IV	193
Poteries.	XIV	159
LAUMONIER. — Anatomie artificielle.	I	290
Hermaphrodisme.	IX	27
LAUMOND (DE). — *Voyez* GILLET DE LAUMOND.		
LAURENS. — Cafetières.	II	275
LAURENS. — Soude.	XV	200
LAURENT, *de Paris.* — Flûtes traversières.	VII	232
LAURENT, *de Paris.* — Gravure dite *Chalcographie.*	VIII	421
LAURENT, *de Paris.* — Lits pour les malades.	X	376
LAURENT (H.), *d'Amiens.* — Velours divers.	XVI	458
LAURENT, *de Saint-Amand.* — Vernis divers.	XVI	481
LAURENT-MORAND. — Velours divers.	XVI	456
LAUTH. — Phosphore considéré comme médicament.	XIII	286
LAUVERGNAT (L.). — Betteraves.	II	59
LAUWEREMBURG.— Gaz hydrogène carboné, retiré de l'éther et de l'alcohol.	VIII	159
LAVAL (*Les fabriques de*). — Toiles.	XVI	67
LAVALLÉE. — Gravure dite *Chalcographie.*	VIII	422
LAVEILLE *frères.* — Toiles.	XVI	68
LAVIGNE. — Aréomètres.	I	380
LAVIGNETTE. — Apoplexies.	I	346
LAVILLENEUVE. — *Voyez* MONTCLOUX-LAVILLENEUVE.		
LAVIT (J.-B.-O.). — Perspective.	XIII	173
LAVOCAT. — Briques de diverses espèces.	II	194
LAVOCAT. — Grains.	VIII	387
Moulinet.	XI	590
LAVOCAT. — Soupape hydraulique.	XV	233
Syphon destiné à augmenter la qualité des vins.	XV	431
LAVOISIER, *de l'Académie des sciences.*—Corps humain.	IV	20
Eau.	V	237
Platine.	XIII	485
Respiration.	XIV	443
Transpiration.	XVI	159
LEA-NAQUET. — Huile de célèbes.	IX	142
Huile de Macassar.	IX	144
LEARENWERTH. — Clous.	III	269
LEBAILLIF. — Tuyaux sans soudure.	XVI	279
LEBAILLY *fils.* — Filatures.	VII	141
LEBAS. — Crème.	IV	187
Poissons de mer.	XIII	596
LEBEAU. — Couverts plaqués en argent.	IV	161
Plaqué d'or et d'argent.	XIII	468
LEBEL. — Brai tiré de l'asphalte.	II	184
LEBERRIAYS. — Arbres fruitiers.	I	367

	Tomes.	Pages.
LEBLANC. — Cristaux.	IV	207
Sel ammoniac.	XV	32
Soude.	XV	192
LEBLANC, *de Marneval*. — Fers.	VII	73
LEBLANC. — Instrumens agricoles.	IX	467
LEBLANC, *d'Équilly*. — Plan militaire, concernant les attaques nocturnes.	XIII	405
LEBLANC-PAROISSIEN. — Draps.	V	171
Étoffes diverses.	VI	438
LEBLOND. — Antilles.	I	329
Poivrier.	XIII	611
Rocou.	XIV	481
LEBON (P.). — Bois.	II	136
Distillation.	V	61
Thermolampe.	XVI	28
LEBOUCHER VILLEGAUDIN. — Toiles à voiles.	XVI	73
LEBOULANGER. — Dentelles.	IV	483
LEBREC. — Chapeaux d'hommes.	III	28
LEBRETON. — Cuirs teints et vernissés.	IV	299
Vernis divers.	XVI	477
LEBRUN. — Cor.	III	454
LEBRUN, *de Paris*. — Coton.	IV	103
LECAMUS. — Draps.	V	189
———		194
Schals divers.	XIV	626
LECARON. — Velours.	XVI	454
LECERF. — *Voyez* MOREL-LECERF.		
LECHARTIER. — Papiers.	XII	575
LÉCHELLE (DE). — *Voyez* AMSTEIN DE LÉCHELLE.		
LECLERC *père et fils*, *de Brive-la-Gaillarde*. — Coton.	IV	85
LECLERC (C.). — Siamoises.	XV	102
LECLERCQ. — Savon préservatif de la syphilis.	XIV	609
LECOCQ. — Métiers à tisser.	XI	387
LECOFFRE (J.). — Rouleaux de pression, à l'usage des filatures de coton.	XIV	511
LECOINTE. — *Voyez* JORDAN-LECOINTE.		
LECOMTE, *de Caen*. — Blondes.	II	127
Dentelles.	IV	483
LECOMTE, *d'Évreux*. — Cuirs corroyés.	IV	289
LECOQ, *d'Alençon*. — Mousselines, percales et calicots.	XII	3
LECOQ, *de Rouen*. — Navettes volantes.	XII	117
LÉCOUFFÉ. — Tabatières plaquées en or, sur argent ou sur cuivre.	XV	483
LECOUR. — Cuivre.	IV	314
Étain.	VI	311
LECOURT. — Moulage des bouches à feu et des projectiles.	XI	578

	Tomes.	Pages.
LECOURTOIS (*Madame Veuve*). — Escalier hydraulique.	VI	283
LECOUTEUX. — Charrues diverses.	III	52
LEDHUY. — Lyre organisée.	X	519
LEDURE. — Bronzes.	II	204
LEFAY. — Coton.	IV	96
LEFEBURE. — OEil.	XII	267
LEFEBVRE. — Atlas botanique.	I	470
LEFEBVRE, *de Saint-Omer*. — Draps.	V	201
LEFÈVRE. — Bois de placage.	II	141
Scierie pour le bois de placage.	XV	14
Scies diverses.	XV	23
LEFÈVRE, *de Paris*. — Draps.	V	187
LEFÈVRE (J.-N.-F.), *d'Elbeuf*. — Draps.	V	188
———		189
Roue pour utiliser les chutes et cours d'eau.	XIV	497
LEFÈVRE, *de Paris*. — Encaustique pour conserver le tain des glaces.	VI	95
Glaces.	VIII	292
LEFÈVRE. — Essence d'huile de pétrole.	VI	296
LEFÈVRE, *de Paris*. — Indigo.	IX	316
LEFÈVRE. — Moulins à vent.	XI	610
LEFÈVRE, *de Paris*. — Porcelaines diverses.	XIV	112
LEFÈVRE. — Roches primitives, ou granits.	XIV	480
LEFÈVRE (P.) *et fils*, *de Tournay*. — Tapis et tapisseries.	XV	553
LEFÈVRE-MILLET. — Bonneterie.	II	152
LEFRANC-THIROIS. — Teinture.	XV	577
LEFRANÇOIS *père et fils*, *de Devillé*. — Soudes artificielles.	XV	205
LEFRANÇOIS (*Madame*). — Tablettes propres à trouver l'heure en mer, par la hauteur du soleil.	XV	501
LEFROY. — Lanternes.	X	238
LEGALLOIS.—Animaux à sang froid.	I	319
Chaleur animale.	II	528
Cochons d'Inde.	III	292
Cœur.	III	315
Force de vitalité d'animaux qui ont éprouvé des lésions organiques, ou l'amputation du chef.	VII	297
Galvanisme.	VIII	49
Mammifères et reptiles.	XI	88
Nerfs de la huitième paire.	XII	137
LEGENDRE, *de l'Institut*. — Comètes.	III	364
Ellipsoïdes homogènes.	VI	23
Géométrie élémentaire.	VIII	262
Intégrales définies.	IX	483
Moindres carrés.	XI	466
Sphéroïdes homogènes.	XV	262
Transcendantes elliptiques.	XVI	156

	Tomes.	Pages.
LÉGER. — Cartes à dentelles.	II	413
LÉGER, *de Paris*. — Moulin à manége.	XI	584
LÉGER-BOIZARD. — Bas.	I	569
LEGEY. — Compas à verge.	III	405
LEGOUPIL. — Coton.	IV	84
LEGOUX (C.). — Mécanique à piquer les cartes à dentelles.	XI	195
LEGOUY DE FLAIX. — Chaye.	III	91
LEGRAND (*Madame Veuve*). — Bas de fil.	I	554
LEGRAND (*Madame*), *de Paris*. — Cafés indigènes.	II	271
LEGRAND, *de Reims*. — Flanelles.	VII	178
LEGRAND (F.), *de Paris*. — Tricots divers.	XVI	218
———		224
Tulles divers.	XVI	259
LEGRAND D'AUSSY. — France.	VII	473
Sépultures anciennes et modernes de la France.	XV	71
LEGRAND-LEMOR. — Schals divers.	XIV	629
LEGRAS. — Cafés indigènes.	II	271
LEGRESSIER. — Briques de diverses espèces.	II	194
LEGROS. — Airelle ponctuée.	I	231
Chrysosplenium.	III	218
Saule à trois étamines.	XIV	602
LEGROS-D'ANIZY (A.). — Faïence.	VI	527
Four de boulangerie.	VII	427
Porcelaine.	XIV	102
———		106
Tuiles.	XVI	255
LEGUAY. — Perruques diverses.	XIII	164
LEGUIN, *de Paris*. — Compas quatre pointes.	III	404
LEGUIN. — Globes célestes et terrestres.	VIII	340
LEHOT. — Fluides.	VII	201
Galvanisme.	VIII	21
Tuyaux.	XVI	272
LEHOULT, *de Saint-Quentin*. — Basins et piqués.	II	3
Étoffes de coton.	VI	411
LEHOULT, *de Versailles*. — Basins et piqués.	II	3
Étoffes de coton.	VI	411
LEHOULT *jeune, et compagnie*. — Tissus.	XVI	62
LEHU. — Lampes diverses.	X	212
LEIGNADIER (J.-J.-A.). — Garderobes.	VIII	78
Plaques de propreté.	XIII	470
LEISTENSCHNEIDER. — Papier.	XII	563
LEJOILE. — *Voyez* RIVALS-LEJOILE ; RIVERY-LEJOILE.		
LELIÈVRE, *de l'Institut*. — Corindon.	III	467
Émeraudes trouvées en France.	VI	75
Lépidolithe.	X	273
Manganèse carbonaté ferrifère.	XI	101

	Tomes	Pages
Savons.	XIV	610
Soude.	XV	197
Sulfate de strontiane.	XV	404
Yénite.	XVI	703
Lelièvre, *de Rouen.* — Coton.	IV	83
		84
Lelong. — Émaux coloriés en relief.	VI	52
Lelouis. — Cuisines portatives et économiques.	IV	305
Distillation.	V	106
Lemaire. — Bains de vapeur.	I	510
Lemaire, *de Paris.* — Horlogerie.	IX	121
Lemaire *père et fils, de Paris.* — Peignes pour les fabriques.	XIII	101
Lemaire-Lisancourt. — Alcoholat de tolu.	I	251
Baume de tolu.	II	20
Lemaistre. — Bateau-canne.	II	7
Lemaistre. — Souliers sans couture.	XV	233
Lemaitre (J.) *et fils, de Bolbec.* — Coton.	IV	83
———		84
Filatures.	VII	14[illegible]
Lemaitre (*Madame Veuve*), *de Louviers.* — Draps.	V	199
Lemaitre, *du Mans.* — Étamines.	VI	337
Lemaitre. — Râteliers artificiels.	XIV	393
Lemaitre, *de Wierre-Effroy.* — Tuiles.	XVI	255
Leman (S.). — Gyrogonite.	VIII	494
Lemare, *de Paris.* — Autoclave.		485
Chaudière à vapeur.	III	70
Hydrauliques autoclaves et non autoclaves, chlamidés et non chlamidés.	IX	206
Lemare, *de Paris.* — Éditions prototypes.	V	475
Lemeneur. — Toiles de lin.	XVI	76
Lemercier. — Hernie de poumon.	IX	43
Lemercier. — Mâts pour les vaisseaux.	XI	194
Lemercier-Paillette. — Mousselines, percales et calicots.	XII	2
Lemire. — Clous fabriqués à froid.	III	269
Faux et faucilles.	VI	521
Fers.	VII	73
		76
Lemoine (J.-A.-M.), *de Paris.* — Compas profileur.	III	408
Instrument propre à prendre le profil de toutes sortes d'objets.	IX	448
Lemoine, *de Paris.* — Crayons divers.	IV	184
Lemoine, *de Condé-sur-Noireau* — Étoffes de coton.	VI	412
Lemor. — *Voyez* Legrand-Lemor.		
Lempereur (J.). — Toiles.	XVI	67
Lenfumey-Camusat. — Bas de coton.	I	554
———		555
Lenglet. — Batistes.	II	18

	Tomes.	Pages.
LENOIR, *de Paris.* — Bronzes.	II	204
LENOIR, *de Paris.*— Cercle répétiteur.	II	458
Échelle comparative de la pesanteur des métaux.	V	394
Instrumens de mathématiques, de physique, d'astronomie, d'optique, de marine, etc.	IX	468
———		470
———		*ibid.*
———		473
Niveau-cercle.	XII	182
Phare à réflecteurs paraboliques.	XIII	201
Sextant à réflexion.	XV	99
LENOIR *fils.* — Miroir parabolique.	XI	452
LENOIR (A.). — Étoffes anciennes.	VI	410
Tombeaux divers, trouvés en France.	XVI	89
Verre.	XVI	487
LENOIR, *de Beauvais.* — Foulons à fouler les draps.	VII	379
Moulins à pilons ou à foulons.	XI	602
LENOIR. — *Voyez* RICHARD-LENOIR.		
LENORMAND. — Cheminées.	III	100
LENORMAND, *de Paris.*— Distillation.	V	134
Eau-de-vie de marc de raisin.	V	298
Fusée.	VII	522
Futailles.	VII	539
Gaz hydrogène.	VIII	148
Lampes à double courant d'air.	X	209
Musique.	XII	65
Parachutes.	XII	594
Pendule de nouvelle construction.	XIII	148
LENORMAND. — Peaux.	XIII	76
Vernis divers.	XVI	482
Vert-de-gris, ou cristaux de Vénus.	XVI	517
LENORMAND. — Sculptures en bois.	XV	28
LENORMAND. — Terres.	XV	617
LENORMAND. — Yeux.	XVI	703
LENSSEN, *de Gladback.*— Étoffes.	VI	404
LENSSEN (J.), *de Venlo.*— Pipes en terre.	XIII	393
LENTEIGNE. — Papier.	XII	567
LÉONARD. — *Voyez* TOURNU-LÉONARD.		
LÉORIER. — Papiers.	XII	574
		577
LEPAGE, *de Paris.*— Fusils divers.	VII	536
Fusils.	VII	536
Platines de fusils.	XIII	494
Poire à poudre.	XIII	557
LEPAGE, *d'Orléans.* — Médecine des Chinois.	XI	222
LEPAUTE. — Horlogerie.	IX	122
LEPAUTE *fils.* — Horlogerie.	IX	124

	Tomes	Pages.
Lepaysan. — Étamines.	VI	337
Lepelletier, *de Paris.* — Filatures.	VII	141
Lepelletier, *du Tilleul.* — Fromages divers.	VII	505
Lepelletier. — Hyménoptères.	IX	258
Mirabilis hybrida.	XI	441
Lepère (G.). — Mer rouge.	XI	292
Nome maréotique.	XII	214
Pozzolanes naturelles et artificielles.	XIV	220
Lepers. — Dentelles.	IV	483
Lin.	X	316
Lepésant. — Chimie.	III	177
Instrumens de chimie.	IX	467
Lepeton. — Dentelles.	IV	483
Leprince. — Velours divers.	XVI	458
Lequeux. — Dentelles.	IV	484
Leray. — Betteraves.	II	49
Lerebours, *de Paris.* — Instrumens de mathématiques, de physique, d'astronomie, d'optique, de marine, etc.	IX	471
———		*ibid.*
———		473
Lampes diverses.	X	213
Lunettes diverses.		509
Objectifs achromatiques.	XII	260
Verres plans.	XVI	500
Lerebours, *de Lisieux.* — Teinture.	XV	561
Leroi. — *Voyez* Guyonne-Leroi (*Madame*)		
Leroux. — Fistules de l'estomac.	VII	174
Leroux. — Hyacinthus non scriptus.	IX	198
Opium.	XII	328
Leroy, *de Sedan.* — Casimirs.	II	421
Leroy. — Chauffage.	III	72
Leroy, *d'Orléans.* — Cordages.	III	459
———	III	461
Leroy. — Lampes diverses.	X	212
Leroy (J.-B.). — Paratonnerres.	XII	604
Leroy, *de Paris.* — Piqués en coton.	XIII	396
Leroy. — *Voyez* Alphonse Leroy; Alphonse Leroy *fils*; Julien Leroy.		
Lesage, *de Paris.* — Serrures diverses.	XV	91
Lesage. — Sous-courans d'une rivière.	XV	243
Leschenault de Latour. — Andira-harsfieldii.	I	301
Antiaris toxicaria.	I	327
Cachexie des moutons.	II	229
Upas	XVI	312
Leschevin. — Bois carbonisé.	II	137
Chrôme oxidé natif.	III	2[illegible]9
Poudre végétale fossile.	XIV	202

	Tomes.	Pages.
Lescure (*Les filatures de*). — Coton.	IV	85
Leshore. — Blanc de céruse, ou blanc de plomb.	II	76
Lescureux. — Linge uni, damassé et ouvré, en fil ou en coton.	X	325
Lesné. — Reliures diverses.	XIV	426
Lespinasse. — Niveau à planchette.	XII	181
Lespinois (de). — Blé germé.	II	110
Lessart. — *Voyez* Robert-Lessart.		
Lesueur (C.-A.). — Acipensère plein de taches.	I	178
Batrachoïde verneulle.	II	19
Botrylles étoilés.	II	164
Brosme jaune.	II	204
Caryophillie.	II	418
Ceste de Vénus.	II	490
Équorée.	VI	258
Firoles.	VII	171
Flustres et cellepores fossiles.	VII	229
Hyale.	IX	200
Mastic lithocolle.	XI	165
Méduses.	XI	230
Molves.	XI	489
Pimelodes.	XIII	380
Ptéropodes.	XIV	285
Pyrosomes.	XIV	309
Letixerant *et compagnie*. — Alènes.	I	253
Poinçons.	XIII	551
Létoile (de). — Linge uni, damassé et ouvré, en fil ou en coton.	X	326
Leuchsenring. — Cuirs.	IV	286
Leutner *et compagnie*. — Mousselines, percales et calicots.	XII	3
Levacher. — Fers.	VII	73
Levasseur, *du Mans*. — Charrues diverses.	III	58
Couvertures en laine, en coton et en soie.	IV	165
Levasseur, *de Paris*. — Toiles incombustibles.	XVI	79
Levavasseur (L.). — Fers, aciers et fontes.	VII	80
Level. — Blé semé au plantoir.	II	103
Lévesque (P.-C.), *de l'Institut*. — France.	VII	464
———	VII	482
Gaulois.	VIII	89
Grecs.	VIII	434
Hésiode.	IX	51
Histoire critique de la république romaine.	IX	72
Homère.	IX	85
Homme.	IX	91
Langue grecque.	X	235
Numa-Pompilius.	XII	248
Levrat. — Iris pseudo-acorus.	IX	567

	Tomes.	Pages.
LEVRAT *et compagnie*. — Plaqué d'or et d'argent.	XIII	468
		ibid.
LEVRAULT, *de Mendes*. — Étamines.	VI	337
LEVRAULT, *de Strasbourg*. — Typographie.	XVI	300
LEWILLE. — Charbon-de-terre.	III	41
LHÉRAULT. — *Voyez* BRASSET-LHÉRAULT.		
LHÉRITIER, *de l'Institut*. — Froid.	VII	497
LHÉRITIER. — *Voyez* JAHAN-LHÉRITIER ; RENARD-LHÉRITIER.		
LHÉRITIER-TEXIER. — Draps.	V	202
LHERMILLIER. — Foulons à fouler les draps.	VII	379
Moulins à pilons ou à foulons.	XI	602
LHERMITE. — Écritures.	V	462
LHEULIER. — Briquettes.	II	200
LHOMOND. — Acide pyroligneux.	I	150
Goudron.	VIII	378
LHOMOND. — Réflecteurs divers.	XIV	403
LHUILLIER. — Couverts plaqués en argent.	IV	161
LIANCOURT (*Les fabriques de*). — Bonneterie.	II	151
Coton.	IV	85
LIANCOURT. — *Voyez* LAROCHEFOUCAULT-LIANCOURT (DE).		
LIARD. — Bois.	II	134
LIAUTAUD. — Eau dite *des Alpes*.	V	308
LIBAUDE (*Madame*). — Verres à vitre et autres.	XVI	491
LIBES. — Élasticité.	V	528
LIÉBER. — Mèches à soufrer les vins.	XI	207
LIÉGE (*L'établissement formé à l'hospice de*). — Dentelles.	IV	483
LIÉGE (*La maison de force de*). — Draps.	V	190
LIÉGEOIS. — *Voyez* GALER-LIÉGEOIS.		
LIÉGROIS. — Cuirs teints et vernissés.	IV	299
Vernis divers.	XVI	478
LIETS. — Sécretaire nyctalope.	XV	30
LIEWEN-BAUWENS. — Basins et piqués.	II	1
———		2
Coton.	IV	69
		78
	IV	83
LIGNEREUX. — Meubles.	XI	394
LILLEBONNE (*Les filatures de*). — Coton.	IV	85
LIMES. — Électricité.	V	562
LIMOUSIN-LAMOTHE. — Huile de palma-christi, ou de ricin.	IX	145
		149
Ricin.	XIV	464
LINARD. — Coton.	IV	83
LISANCOURT. — *Voyez* LEMAIRE-LISANCOURT.		
LISFRANC DE SAINT-MARTIN (J.). — Amputation du bras à l'article.	I	287
Métatarse.	XI	347

	Tomes.	Pages.
Lisieux (*Les fabriques de*). — Toiles.	XVI	67
Lixon. — Vapeur.	XVI	382
Locard. — Filatures.	VII	141
Loch. — Quincaillerie.	XIV	340
Lodève (*Les filatures de*). — Draps.	V	194
Loffet. — Étoffes.	VI	397
Loignon (M.). — Draps.	V	200
Loisel. — Cuirs.	IV	285
Loiseleur-Deslongchamps. — Euphorbes.	VI	472
Globulaire turbith.	VIII	341
Narcisses indigènes.	XII	102
Opium.	XII	324
Pavots indigènes.	XIII	67
Lombard. — Abeilles.	I	97 *ibid.*
Lombard. — Marbre lumachelle.	XI	131
Lona-Calderon. — Voitures diverses.	XVI	663
Longuet *aîné*. — Bas de coton.	I	554
Loque. — Lampe ignifère.	X	199
Loques. — Sterc orat.	XV	278
Lordat. — Singe vert.	XV	108
Lorgeril (de). — Chèvres indigènes.	III	139
Lorgnier. — Tuiles.	XVI	255
Lorillard. — Bois indigènes.	II	146
Lorimier (de). — Chapiteau de lampe.	III	33
Vigne.	XVI	535
Lory. — Échappemens divers.	V	394
Horlogerie.	IX	126
Pendules diverses.	XIII	157
Lossen. — *Voyez* Clément Lossen.		
Lotz. — Cheminées diverses.	III	109
Louis (J.), *de Lyon*. — Dentelles, tulles et tricots.	IV	486
Pointes pour la fabrication du tulle.	XIII	555
Louis (N.), *de Paris*. — Tricots divers.	XVI	223 224
Louis (P.), *de Paris*. — Tricots divers.	XVI	224
Loup. — Aciers.	I	174
Fers.	VII	73
Loureiro. — Épidendron.	VI	151
Lousteau. — Chapeaux et schakos.	III	32
Schakos en tissu de matières filamenteuses.	XIV	621
Louviers (*Les fabriques de*). — Coton.	IV	85
Draps.	V	195
Nankins et nankinettes.	XII	96
Louvet (A.). — Dentelles, tulles et tricots.	IV	486
Tricots divers.	XVI	223 224

	Tomes.	Pages.
LOYSEL. — Papier.	XII	554
LOZE. — Sirops de sucre brut.	XV	133
LUCAS. — Canons de fusil.	II	369
Fusils divers.	VII	533
LUCAS. — *Voyez* JOBERT LUCAS *et compagnie*.		
LUINES. — Voitures diverses.	XVI	663
LUNEAU DE BOISJERMAIN. — Langue latine.	X	235
LUSSAC. — *Voyez* GAY-LUSSAC.		
LUTON. — Dorure sur cristaux.	V	149
Étiquettes inaltérables.	VI	393
LUTTIN. — Fromages divers.	VII	505
LUXEUL. — Orgue sans soufflet.	XII	402
LUZ (DE). — *Voyez* BARBÉ DE LUZ.		
LUZARCHE (L.). — Cadrans solaires.	II	263
Rapporteur pour la perspective linéaire.	XIV	389

M.

	Tomes.	Pages.
MAADEN. — Émaux en bas-relief, propres à la bijouterie.	VI	52
MAC-MAHON. — Mérinos.	XI	326
MACHIN. — Toiles.	XVI	65
MACHON *père et fils*. — Peigne mécanique, pour arracher les mauvaises herbes.	XIII	92
MACOUAN *et compagnie*. — Forces motrices.	VII	313
MACQUART. — Crémaillère pour lever les fardeaux.	IV	186
MACQUENHEIM *frères*. — Serrures diverses.	XV	83
MACQUER. — Broderies.	II	202
MADDEN (J.). — Chanvre et lin.	III	23
Lin et chanvre.	X	316
MADIOT. — Greffoir de nouvelle forme.	VIII	447
MAELZEL (J.). — Métronomes.	XI	390
Panharmonicon.	XII	530
MAGENDIE (F.), *de l'Institut*. — Acide prussique.	I	149
Animaux à sang rouge et chaud.	I	318
Antimoine.	I	341
Artères.	I	422
Cygne domestique.	IV	355
Émétique, ou tartrite antimonié de potasse.	VI	80
Épiglotte.	VI	157
Gaz intestinaux de l'homme sain.	VIII	168
Gravelle.	VIII	417
Ipécacuanha.	IX	549
Langue.	X	234
Morphine.	XI	566

	Tomes.	Pages.
OEsophage.	XII	269
Oiseaux.	XII	288
Transpiration.	XVI	161
Upas.	XVI	313
Veines.	XVI	447
Magnan, *de Paris*. — Charrues diverses.	III	49
Magnan (P.), *de Paris*. — Distillation.	V	134
Magnan, *de Marseille*. — Produits chimiques.	XIV	260
Sulfate de fer.	XV	383
Magnes. — Audinac.	I	477
Sainte-Quiterie.	XIV	566
Sirop de mûres.	XV	122
Tarascon.	XV	554
Mahieux. — Toiles de lin.	XVI	75
Mahon. — *Voyez* Mac-Mahon.		
Maignen de Lacailletière *fils*. — Charrues diverses.	III	58
Maigret. — Bois indigènes.	II	148
Maillard. — *Voyez* Dessigner-Maillard.		
Maillard-Salin. — Scies diverses.	XV	23
Maillet. — Foulons à fouler les draps.	VII	379
Moulins à pilons ou à foulons.	XI	602
Mailly (de) *frères*. — Beaucamps.	II	91
Main *frères*. — Peaux.	XIII	85
		ibid.
		86
		87
Maingon. — Carte trigonométrique.	II	413
Maire. — Nécessaires.	XII	133
Mairé-Voiserai. — Blé.	II	105
Maisonrouge. — *Voyez* Bonnet-Maisonrouge.		
Maizière (de). — Machines hydrauliques.	X	569
Maizières. — Manéges et mécanismes s'y adaptant et en tenant lieu.	XI	99
Peignes pour les fabriques.	XIII	102
Malaine. — Couleurs diverses.	IV	130
Malard. — Chapeaux.	III	30
Malartre. — Chapeaux d'hommes.	III	28
Jarre.	X	24
Peaux de lièvre.	XIII	87
Malaunay (*Les filatures de*). — Coton.	IV	85
Malet (de). — *Voyez* Bonnafox de Malet.		
Malézieux. — Mousselines, percales et calicots.	XII	3
Malgontier. — Mégisserie.	XI	263
Malherbe. — Fours à étendre les manchons de verre à vitre, et à sécher les billettes.	VII	429
Mallet. — Économie rurale.	V	439
Mallié *père et fils*. — Étoffes de soie.	VI	418

	Tomes.	Pages.
MALMÉDY (*Les tanneries de*). — Cuirs.	IV	286
MALMÉNAIDE *aîné*. — Papiers.	XII	574
MALOET. — Sirop pectoral.	XV	127
MALPAS. — Lampes économiques.	X	214
MALUS, *de l'Institut*. — Cristaux.	IV	211
Egypte.	V	489
Héliostats.	VIII	542
Lumière.	X	448
———	X	474
Optique.	XII	335
		339
MANCEAU (*Mademoiselle*). — Chapeaux de femme.	III	31
MANCEAUX. — Épée.	VI	149
MANCHON (*Madame*). — Dentelles.	IV	482
MANDEL. — Boules de mars dites *de Nancy*.	II	176
MANFREDI STELLA. — Bleu.	II	114
MANJOT. — Graisse et suif.	VIII	394
Suifs et graisses.	XV	378
MANOURY-D'ECTOT. — Colonne oscillante.	III	341
Danaïde.	IV	385
Feu.	VII	87
Hydréole.	IX	207
Machines.	X	536
Moulins à farine divers.	XI	594
Syphon intermittent.	XV	436
Volant dynamique, avec régulateur de force	XVI	665
MANTEL. — Étoffes de soie.	VI	418
MANTZ. — Impression sur étoffes.	IX	292
MAQUEMHEM. — Coton.	IV	74
MARC. — Agriculture.	I	214
MARC, *de Sainte-Menehould*. — Bois indigènes.	II	148
MARC, *de Paris*. — Combustions humaines.	III	355
MARC. — Sulfate de fer.	XV	387
MARC-BETHUNE. — Dentelles.	IV	483
MARCEL. — Empreintes.	VI	91
Nilomètres.	XII	168
MARCEL DE SERRES. — Air.	I	230
Alpiste dite *phalaris canariensis*.	I	265
Animaux.	I	312
Animaux articulés.	I	316
Bateau-traîneau, pour retirer les noyés qui sont sous la glace.	II	10
Diptères.	V	52
Hache-pailles.	VIII	506
Impression lithographique sur papier, toile ou étoffe.	IX	289
Insectes.	IX	376
Mer.	XI	185

	Tomes.	Pages.
Pompe d'Oberdam.	XIV	54
Savons de graisse.	XIV	618
MARCET. — *Voyez* BORDIER-MARCET.		
MARCHAIS. — Bleu français, remplaçant l'indigo.	II	123
Carthame.	II	414
Papayer.	XII	552
Plantes qui peuvent croître sur les sols les plus stériles.	XIII	464
MARCHAIS, *de Paris.* — Selle élastique.	XV	46
MARCHAND. — Oiseau Saint-Martin.	XII	277
MARCHAND. — Tinkal.	XVI	44
MARÉCHAL. — Mitres.	XI	458
		ibid.
MARESCOT. — Bouches à feu.	II	171
MARGUERIE. — Dés à coudre.	IV	508
MARGUERIE, *de Paris.* — Papiers peints.	XII	590
MARGUERITE (J.-P.-L.). — Chauffage.	III	72
Tourbe.	XVI	131
MARGUERON. — Huiles volatiles.	IX	185
	IX	187
MARI. — Oliviers.	XII	296
MARIE. — Mèches défuliginées.	XI	207
MARIEZ-BIGARD. — Mousselines, percales et calicots.	XII	2
MARILLAC. — *Voyez* LABOULAYE MARILLAC (DE).		
MARION. — Draps.	V	198
MARIOTTE. — Cadran de sûreté.	II	260
MARIOTTE. — Carreaux divers.	II	412
MARMOD *frères.* — Filatures.	VII	141
Mousselines, percales et calicots.	XII	2
MARMONT. — Miroir odontotechnique.	XI	452
MARMOT. — Betteraves.	II	49
MARPERGER. — Machines hydrauliques.	X	566
MARQUET. — Filatures.	VII	141
MARSAN. — Distillation.	V	135
MARSILLAC. — Orchis.	XII	383
MARTEL. — Cadis.	II	259
MARTEL *et fils.* — Draps.	V	188
		189
		193
MARTIAL-POINCELET. — Cacao.	II	223
Chocolat.	III	198
MARTIAN *frères.* — Fer-blanc.	VII	32
MARTIN, *de Paris.* — Cordages.	III	461
Crics.	IV	193
MARTIN, *d'Orléans.* — Couvertures en laine, en coton et en soie.	IV	165
MARTIN, *de Paris.*—Couvertures en laine, en coton et en soie.	IV	165

	Tome.	Pages.
———	IV	165
Martin, *de Clermont*. — Draps.	V	200
Martin. — Machines à feu.	X	552
Vapeur.	XVI	372
Martin, *de Paris*. — Plomb de chasse.	XIII	515
Martin, *de Bussy*. — Prairies artificielles.	XIV	227
Martin. — Régulateur universel des poids et mesures.	XIV	423
Martin, *de Montpellier*. — Sulfate de fer.	XV	383
Martin. — Velours.	XVI	454
Martin *fils aîné*, *de Pézénas*. — Vins.	XVI	611
Martini. — Lits pour les malades.	X	375
Martres. — Acide phosphorique.	I	146
Concrétions vésicales d'oxalate de chaux.	III	416
Mary. — Toiles incombustibles.	XVI	78
Mary, *de Lyon*. — Tricots divers.	XVI	231
Mascleff. — Sucres indigènes.	XV	369
Masquilier. — Gravure dite *Chalcographie*.	VIII	421
Massard (J.). — Fourneaux pour la conversion de la tourbe en charbon.	VII	412
Tourbe.	XVI	126
Massel. — Couvertures en laine, en coton et en soie.	IV	166
Massey-Fleury. — Mousselines, percales et calicots.	XII	2
Massias. — Velours divers.	XVI	458
Massimino. — Musique vocale.	XII	81
		82
Masson (*Madame*). — Papier écrit et imprimé.	XII	571
Masson-Four (P.-A.). — Ipécacuanha.	IX	559
Jouhe.	X	38
Massu *cadet*. — Chamoiserie et ganterie.	II	542
Massuco. — Scies.	XV	18
Massuyer. — Fièvre d'hôpital.	VII	112
Matagrin *et compagnie*. — Mousselines, percales et calicots.	XII	1
Matel. — Rasoirs.	XIV	390
Matelin. — Bronzes.	II	204
Carreaux divers.	II	412
Mathé. — Serrures diverses.	XV	90
Mather, *de Mons*. — Coton.	IV	78
———		*ibid.*
Lin cotonisé.	X	318
Mather (H.), *de Dunkerque*. — Velours divers.	XVI	454
Mathey-Dore. — Montres.	XI	534
Mathieu (A.-J.), *de Paris*. — Cardes.	II	393
Chariot à rouleaux.	III	46
Mathieu *et fils* (*Madame Veuve* H.), *de Dinant*. — Cartons à presser, laminés et lustrés.	II	417
Papiers.	XII	577
Mathieu, *de Limoges*. — Flanelles.	VII	178

	Tomes.	Pages.
MATHIEU, *de Brignoles*. — Soies grèges.	XV	152
MATHIEU DE DOMBASLE (C.-J.-A.). — Betteraves.	II	49
Distillation.	V	134
Eau-de-vie de baies de pommes-de-terre.	V	296
Fécule.	VI	535
Gruau d'avoine.	VIII	469
Pommes-de-terre	XIV	43
Potasse.	XIV	145
Raisin.	XIV	371
Salep indigène.	XIV	570
MATHIEUX. — Fers.	VII	72
MATHIS. — Tricots divers.	XVI	214
MATILDA TONE. — Fluides et corps qui peuvent être rendus fluides par le feu.	VII	226
MATILLOT. — *Voyez* BERNARD-MATILLOT.		
MATLER. — Maroquins.	XI	155
		ibid.
MATRAN *aîné*. — Patin brisé.	XIII	65
MATZ. — Briquettes.	II	200
MAUBON-RUPIED. — Draps.	V	201
MAUDET DE PENHOUET. — Ajonc.	I	235
Colza.	III	350
Plantes oléagineuses.	XIII	460
MAUDUIT LARIVE. — Montlignon.	XI	521
MAUGARD. — Papier de sûreté.	XII	569
MAUGÉ. — *Voyez* SALMON-MAUGÉ.		
MAUGET *frères*. — Schakos en soie-feutre.	XIV	621
MAUPAS. — *Voyez* RAST-MAUPAS.		
MAUPASSANT DE RANCY. — Bouchons de liége.	II	173
MAUPEOU. — Laine.	X	141
MAURIN. — Huile destinée à l'horlogerie et à adoucir les frottemens des machines délicates.	IX	154
MAURY *jeune*. — Draps.	V	201
MAYENCE (*Les fabriques de*). — Draps.	V	194
MAYENNE (*Les fabriques de*). — Toiles.	XVI	67
MAYER. — Huile de Macassar.	IX	144
MAYEUR. — Abeilles.	I	98
MAYEUVRE-DE-CHAMPVIEUX. — Duvet de chèvres.	V	212
MAYGRIER (J.-P.). — Dissection.	V	57
MAYSSIAT. — Rapporteur complémentaire.	XIV	388
MAZANDIER. — Acier fondu.	I	168
Aciers.	I	175
MAZARD DE CARELLE. — Homme ruminant.	IX	113
MAZEL. — Canaux de desséchement.	II	357
MAZELINE. — Draps.	V	174
	V	180
MAZZONI. — Bonnets tissus en laine.	II	152

	Tomes.	Pages.
Meantis (de). — Dentelles.	IV	483
Mechain, *de l'Institut*. — Comètes principales, observées dans la période.	III	369
———		*ibid.*
———		370
———		371
Méridienne.	XI	315
Meeus-Vanderborght. — Dentelles.	IV	484
Meglin. — Névralgie faciale, ou tic douloureux.	XII	142
Mehier. — Tissu pour meubles.	XVI	50
Mehul, *de l'Institut*. — Musique dramatique.	XII	79
		ibid.
Meiner. — Fers.	VII	72
Méjan. — Bas de soie.	I	555
Mella. — Cheminées diverses.	III	104
Cuisine-poêle.	IV	303
Mellier-Ribaucourt. — Mousselines, percales et calicots.	XII	3
Melun (*La maison centrale de*). — Flanelles.	VII	178
Mély (P.). — Serges.	XV	73
Ménard, *de Paris*. — Chocolat.	III	199
Ménard, *de Lunel*. — Distillation.	V	88
Ménard, *de Paris*. — Poteries.	XIV	154
Menard *cadet*, *de Nîmes*. — Tricots divers.	XVI	209
Menard-Lagroye. — Panopée.	XII	533
Ménault. — Machines à feu.	X	546
Mendès. — Eau-de-vie.	V	367
Menesson. — *Voyez* Godard-Menesson.		
Menil. — Coton.	IV	84
Menin (*Les fabriques de*). — Dentelles.	IV	483
Mentel. — Taffetas et satins.	XV	524
Mentelle (S.), *de l'Institut*. — Aiguille aimantée.	I	217
Menuret. — Cerisier.	II	460
Mentzer. — Mortiers de fonte tournés.	XI	570
Mérat, *d'Orléans*. — Casquets.	II	425
Mérat. — Hémorrhagies classées sous la désignation *d'exhalations sanguines*.	VIII	549
Méléna, ou mélœna.	XI	263
Mérat. — Ocre.	XII	262
Mercier *fils*. — Dentelles.	IV	483
Merijot. — Bougie.	II	173
Merimée. — Harpes.	VIII	520
Merimee, *de Paris*. — Rasoirs.	XIV	391
Meriqce (*Madame Veuve*). — Clous à vis.	III	270
Merle. — Draps.	V	198
Merlin, *de Strasbourg*. — Pont à bascule à trois leviers, ou pont-balance.	XIV	91
Merlin-Hall. — Faïence et poterie.	VI	528

	Tomes.	Pages.
Poteries.	XIV	154
MERTIAN (E.-B.). — Typographie.	XVI	301
MESMER. — Petite vérole.	XIII	182
MESSANCE. — Eaux stagnantes.	V	383
MESSIAT (H.), *fils*. — Nankins et nankinettes.	XII	95
MESSIER (C.), *de l'Institut*.— Comètes principales, observées dans la période.	III	369
Mercure.	XI	301
———	XI	307
Pallas.	XII	515
MESTIVIER. — Batistes.	II	18
		19
METEIL. — Chimie.	III	177
Instrumens de chimie.	IX	467
MÉTRASSE. — Acide muriatique oxigéné.	I	138
METTON *frères*. — Épingles.	VI	164
MEULLERSTEN. — Vernis divers.	XVI	475
MEUNIER *fils*. — Étoffes diverses.	VI	430
		438
MEYNIER *et compagnie*. — Rubans divers.	XIV	512
MEYRAC *fils*. — Crème de tartre soluble.	IV	187
Eau.	V	251
Gamarde.	VIII	54
MÉZIÈRES. — Carton-pierre.	II	416
MICHALON. — Cheveux.	III	126
Compas à huit pointes.	III	404
MICHAUD, *de Paris*. — Plaqué en platine.	XIII	469
MICHAUD, *de Lyon*. — Soies grèges.	XV	154
MICHAUX (A.F-.), *fils*. — Cassia.	II	438
Corypha.	IV	48
Quercitron.	XIV	339
Robinia viscosa.	XIV	472
MICHEL (C.-N.), *de Paris*. — Filigrane.	VII	146
MICHEL, *de Paris*. — Gravure coloriée.	VIII	420
MICHEL, *de Paris*. — Pommade mexicaine.	XIV	25
MICHEL, *de Marseille*. — Soufre.	XV	218
		222
MICHEL. — Teinture.	XV	573
MICHELET. — Fils.	VII	148
MICHIELS *aîné*. — Lanternes.	X	238
Photopériphore-catodioptrique.	XIII	306
Réverbères.	XIV	456
MIEG *et compagnie*. — Schals divers.	XIV	628
Toiles peintes.	XVI	82
MIGEON. — Épingles.	VI	165
Fils de fer et d'acier.	VII	158
MIGER (F.). — Hydrophile.	IX	228

	Tomes.	Pages.
Hydrophiles et dytiques.	IX	229
MIGNARD-BILLINGE. — Acier tréfilé, pour aiguilles.	I	172
Canne universelle, ou parapluie français.	II	360
Fils de fer et d'acier.	VII	157
MIGNERON. — Chaudières en bois.	III	70
Zinc.	XVI	715
MILCENT-SCHERCKINBICK. — Chapeaux de femme.	III	31
MILET (A.). — Soude.	XV	199
MILLAU. — Savons.	XIV	617
MILLE (A.). — Coton.	IV	85
MILLE, *de Marseille.* — Maroquins.	XI	155
MILLERANT. — Chocolat.	III	196
MILLERET DE LABÉRARDIÈRE. — Acier fondu.	I	170
Aciers.	I	175
MILLET. — Cheminées diverses.	III	104
MILLET. — *Voyez* LEFÈVRE-MILLET.		
MILLET DE MUREAU (L.-A.). — Voyages.	XVI	682
MILLIEN. — Bois.	II	137
MILLIN (A.-L.), *de l'Institut.* — Arimaspes.	I	398
MILLING. — Gravure dite *Chalcographie.*	VIII	422
MILLOT (J.-A.). — Code des bonnes mères, ou médecine perfectionnée.	III	312
MILLOT, *de Neuville-au-Pont.* — Louchets.	X	423
MILN (J.), *père.* — Cardes.	II	391
Coton.	IV	72
Soie.	XV	141
MILNER. — *Voyez* GREEN-MILNER.		
MINGRE-BAGUENEAU. — Casquets.	II	425
MIQUE *et compagnie.* — Poteries.	XIV	159
MIRAULT. — *Voyez* HAZARD-MIRAULT.		
MIRBEL, *de l'Institut.* — Cupressus.	IV	330
Éphédra.	VI	150
Fleurs.	VII	180
Germination et graine.	VIII	275
Juniperus.	X	55
Labiées.	X	88
Liber.	X	280
Nelumbo nucifera.	XII	136
Organisation végétale.	XII	392
Ovules.	XII	448
Polytrichum commune.	XIV	21
Ramondia.	XIV	387
Thuya.	XVI	42
Végétaux.	XVI	398
	XVI	418
MIREPOIX (*Les fabriques de*). — Draps.	V	194
MIROGLIO. — Chapeaux d'hommes.	III	27

	Tomes.	Pages.
MISSIESSY. — *Voyez* BURGES MISSIESSY (E.).		
MITTENHOFF. — Poteries.	XIV	155
		157
MOINET. — Velventines.	XVI	458
MOIRIA. — Charrette-tombereau.	III	48
MOISSARD. — Chapeaux d'hommes.	III	28
MOISSON. — Tricots divers.	XVI	227
MOJON (J.). — Eau-de-vie d'arbouse et de ronce.	V	293
MOLARD (C.), *de l'Institut.* — Betteraves.	II	57
Canne hydraulique.	II	360
Chanvre et lin.	III	15
Cisailles à couteaux circulaires, propres à découper les métaux laminés.	III	238
Coton.	IV	65
Couleurs.	IV	123
Essieux divers.	VI	302
Graines oléagineuses.	VIII	383
Planches gravées diverses.	XIII	405
Presse à bascule.	XIV	229
Soie.	XV	139
Vis diverses.	XVI	629
MOLARD *jeune.* — Charrues diverses.	III	90
Coton.	IV	66
Houe à cheval, ou charrue fouilleuse.	IX	130
Instrumens agricoles.	IX	466
Moulins à vent.	XI	611
Sarcleur à trois coupans mobiles.	XIV	594
MOLAS. — Fièvre rebelle.	VII	123
MOLINE. — Huile.	IX	137
MOLLÉ. — Caractères d'imprimerie.	II	378
Fonte et gravure de caractères.	VII	279
MOLLERAT. — Acide acétique.	I	118
———		124
Bois.	II	134
Briques.	II	195
Charbonnières.	III	43
Soudes artificielles.	XV	205
MONDEZ (J.-B.). — Assolement des terres.	I	450
MONGE, *de l'Institut.* — Aiguille aimantée.	I	217
Air.	I	220
Courbes du second degré.	IV	153
Feutrage.	VII	97
Fontaine de Moïse.	VII	277
Frimas.	VII	496
Géométrie.	VIII	258
Géométrie descriptive.	VIII	251
Grêle.	VIII	417

	Tomes.	Pages.
Météorologie.	XI	363
Mirage.	XI	444
Neige.	XII	134
Pluie.	XIII	522
Tonnerre.	XVI	106
Trombes.	XVI	239
Vents.	XVI	461
MONGEZ, *de l'Institut*. — Baumier de la Mecque.	II	21
Cacholong.	II	230
Citrum, ou citrus.	III	242
Costumes des anciens.	IV	49
Épée de bronze, trouvée dans une tourbière.	VI	149
Gaulois.	VIII	94
Gladiateurs.	VIII	298
Meules de moulin antiques, trouvées près d'Abbeville.	XI	395
Opobalsamum, ou baume de la Mecque.	XII	331
Persépolis.	XIII	169
Poids et mesures des anciens.	XIII	545
Signaux des anciens.	XV	103
Vases antiques.	XVI	387
MONHEIM (J.-P.-J.). — Aix-la-Chapelle.	I	232
MONIER, *de Morlaix*. — Chandelles-bougies.	III	9
MONIER. — Mûrier blanc.	XII	48
MONIER DE SIROD. — Papiers.	XII	575
MONIÈRE. — Cuirs dits *vaches lissées*.	IV	289
MONNEL. — Liquides.	X	349
MONS (J.-B.). — Draps.	V	205
Papiers.	XII	581
Toiles imperméables.	XVI	78
MONTAGNE. — Chanvre.	III	22
MONTASSIER. — Goudron minéral.	VIII	378
MONTAUD (DE). — *Voyez* CHAMBON DE MONTAUD (*Mme*. A.); CHAMBON DE MONTAUD.		
MONTBRET (DE). — *Voyez* COQUEBERT DE MONTBRET.		
MONTCLOUX-LAVILLENEUVE. — Dorures à l'huile, en or bruni, sur toutes sortes d'objets de métal verni.	V	145
Laques français.	X	245
Métal verni.	XI	345
Porcelaines diverses.	XIV	110
MONTEBOURG (*L'hospice de*). — Étoffes diverses.	VI	430
MONTÈGRE. — Digestion dans l'homme.	V	14
MONTEIRO. — Chaux natives diverses.	III	85
MONTERRAT *et fils*. — Étoffes de soie.	VI	418
———		*ibid.*
Étoffes diverses.	VI	428
MONTFLEURY (DE). — Habillement nautique.	VIII	498
MONTFORT (DE). — *Voyez* DENYS DE MONTFORT.		

	Tomes.	Pages.
MONTGOLFIER (J.), *de l'Institut.* — Bateaux.	II	14
Belier hydraulique.	II	23
Blanc de céruse, ou blanc de plomb.	II	79
Calorimètre.	II	322
Chariot à vapeur.	III	47
Évaporatoires divers.	VI	479
Graines oléagineuses.	VIII	383
Papiers.	XII	574
MONTGOLFIER *fils.* — Belier hydraulique.	II	25
MONTHERMÉ (*La verrerie de*). — Verres à vitre et autres.	XVI	491
		494
MONTMOUCEAU. — Aciers cémentés.	I	178
Limes diverses.	X	305
MONTOLIEU (*Les fabriques de*). — Draps.	V	195
MONTRESSE. — Violier.	XVI	618
MONTROND. — Mandeure.	XI	96
MONTU. — Monnaies.	XI	590
Sonomètres.	XV	183
Sphère harmonique.	XV	247
MOOR (J.). — Bas.	I	559
MORAND. — Goître.	VIII	353
MORAND, *d'Amiens.* — Velours.	XVI	452
Velours divers.	XVI	456
MORAND. — *Voyez* LAURENT-MORAND.		
MORDET. — Col de femur.	III	333
Extension continuelle.	VI	500
MOREAU, *de Chantilly.* — Dentelles.	IV	483
MOREAU *et fils.* — Dentelles.	IV	483
MOREAU *frères, d'Angers.* — Mouchoirs divers.	XI	576
MOREAU (J.-P.), *d'Anvers.* — Pont d'une seule arche.	XIV	92
MOREAU DE JONNÈS. — Aviculaire.	I	489
Couleuvre couresse des Antilles.	IV	141
Fièvre jaune.	VII	116
MOREAU DE LA SARTHE (J.-L.). — Cerveau.	II	473
MOREAU-VINÇARD. — Jeu du berger.	X	34
MOREL, *de Paris.* — Classeur, serre-papier.	III	246
MOREL, *de Paris.* — Gravure en taille-douce.	VIII	429
MOREL, *de Besançon.* — Papiers.	XII	575
MOREL. — Système acoustique, nouveau et universel de la théorie musicale, ou musique expliquée.	XV	436
MOREL DE VINDÉ. — Bêtes à laine.	II	34
Récoltes enlevées avant d'être venues en graine.	XIV	401
MOREL-LECERF. — Cadrans solaires.	II	262
MOREZ. — Draps.	V	189
MORGAN. — Velours divers.	XVI	455
		ibid.
MORIN DE GUERIVIÈRE. — Glaces avec ou sans tain.	VIII	295
MORISE. — Bêtes à laine.	II	34

	Tomes.	Pages.
MORIZE. — Cafetières.	II	275
MOROGUES (DE). — *Voyez* BIGOT DE MOROGUES.		
MORTELECQUE. — Peinture sur verre.	XIII	123
MORVEAU (DE). — *Voyez* GUYTON DE MORVEAU.		
MOSCATI. — Miasmes putrides.	XI	397
MOTT *frères*. — Instrumens de musique.	IX	475
MOUCHAUX. — *Voyez* GONAULT DE MOUCHAUX.		
MOUCHEL *et fils*. — Fils de fer et d'acier.	VII	151
		158
MOUGEOT. — Coutellerie.	IV	159
MOUGNET. — Guitare-lyre.	VIII	481
MOULIN. — Toiles de lin.	XVI	76
MOULINS (*Les fabriques de*). — Coutellerie.	IV	159
MOURET (E.). — Fils de fer et d'acier.	VII	151
Fils de laiton.	VII	159
MOURET DE BARTERAND. — Fils de fer et d'acier.	VII	158
MOURGUES. — Filatures.	VII	140
Semoirs.	XV	64
MOURLAT. — Foyers économiques.	VII	444
MOUROT. — Poteries.	XIV	155
		157
MOUSSÉ. — Moulin cribleur, pour nettoyer le grain.	XI	587
MOUSSY. — Art vétérinaire.	I	422
MOUTONNIER. — *Voyez* ANDRODIA-MOUTONNIER.		
MOYAUX. — Betteraves.	II	54
MOZARD (J.). — Arbres.	I	365
Eau-de-vie de pommes-de-terre.	V	305
MOZZANINO. — Cheminées économiques.	III	110
MUGUET (F.). — Noyer.	XII	244
MUHLERT. — Mouvement circulaire horizontal, produit au moyen du vent et de l'eau courante.	XII	12
MULLET. — Étoffes diverses.	VI	427
MULLIER. — Eau.	V	223
MULOT. — Fœtus de sept mois, né avec un renversement des membres abdominaux.	VII	246
MUNIER. — Lin et chanvre.	X	316
MUNTZER. — Maroquins.	XI	155
MURAT. — Pipes en acier poli.	XIII	392
MUREAU (DE). — *Voyez* MILLET DE MUREAU (L.-A.).		
MURET. — Draps.	V	200
		202
MURITH. — Jorat.	X	35
MUSIGNY (DE). — Battoirs à grains.	II	20
Socs de charrue.	XV	139
Terres de nouvelles espèces.	XV	635
MUSSEAU. — Limes diverses.	X	306
MUTHON. — Cristaux métalliques.	IV	223

N.

	Tomes.	Pages.
Nachet. — Alcornoque.	I	252
Naff. — Education.	V	477
Nalder. — Bretelles élastiques.	II	192
Gomme élastique.	VIII	366
Ressorts élastiques.	XIV	447
Namur (*Les fabriques de*). — Cuivre laminé et martelé.	IV	326
Nantua (*Les fabriques de*). — Nankins et nankinettes.	XII	96
Nantes. — Pompes foulantes et aspirantes.	XIV	90
Serrures diverses.	XV	93
Napioné. — Argent.	I	382
Napoléon, *de l'Institut*. — Tactique militaire.	XV	505
Napoly *et compagnie*. — Rubans divers.	XIV	512
Naquet. — *Voyez* Léa-Naquet.		
Nasarzewski. — Pierres de couleur, imitant la mosaïque.	XIII	359
Nast *frères*. — Cafetières.	II	275
Porcelaine.	XIV	98
Porcelaines diverses.	XIV	112
		115
Nathaniel-Cutting. — Cordages.	III	461
Naudin. — Brosses à dents.	II	206
Jeu des coureurs.	X	31
Navez. — Aciers.	I	175
Navier. — Eaux.	V	337
Forces vives.	VII	337
Gaz.	VIII	122
Moulin à ailes horizontales.	XI	581
Moulins à farine divers.	XI	601
Roues à élever l'eau.	XIV	501
Nazo (J.). — Eau-de-vie.	V	292
Eaux-de-vie.	V	367
Nebel-Crépus. — Cuirs imperméables.	IV	292
		297
Neboux. — Phthisie.	XIII	309
Necker. — Platine.	XIII	488
Née. — Gravure dite *Chalcographie*.	VIII	422
Néergaard. — Haüyne.	VIII	534
Négasseck. — Seringues diverses.	XV	75
Nemours (de). — *Voyez* Dupont de Nemours.		
Neppel (P.). — Porcelaine.	XIV	104
Porcelaines diverses.	XIV	113
Nérand *frères*. — Rubans de fer.	XIV	511
Néret. — Eaux.	V	334
Netto (J.-F.). — Chandelles.	III	6
Neufchateau (de). — *Voyez* François de Neufchateau.		
Neuflize (de). — *Voyez* Poupart de Neuflize.		

	Tomes.	Pages.
NEUSS (*Les fabriques de*). — Nankins et nankinettes.	XII	96
NICOD *fils*. — Faux et faucilles.	VI	523
		524
NICOLAS. — Chanvre.	III	17
	III	18
NICOLAS. — OEil.	XII	267
NICOLAS. — Salines des départemens de la Meurthe, du Jura, du Doubs et du Mont-Blanc.	XIV	572
NICOLAS. — *Voyez* PAUL NICOLAS.		
NICOLE. — Eau de mer.	V	284
NICOLET. — Poudres végétatives.	XIV	204
NICOLLE. — Nankins et nankinettes.	XII	95
NICOLLET. — Comètes principales, observées dans la période.	III	379
Lune.	X	501
NIEPCE. — Pyréolophore.	XIV	303
NIEPSE. — Pierres lithographiques.	XIII	364
NIMI (*La faïencerie du faubourg*). — Poteries.	XIV	155
NIORT (*Les fabriques de*). — Chamoiserie et ganterie.	II	542
NOAILLES *fils*. — Soies grèges.	XV	153
NOEL *et compagnie*. — Coton.	IV	83
		84
NOEL, *de Rouen*. — Poissons.	XIII	577
NOEL-CHAMPOISEAU. — Soies grèges.	XV	153
NOERDERS-HAENSER. — Pipes en terre.	XIII	393
NOGENT-LE-ROTROU (*Les fabriques de*). — Étamines.	VI	336
NOIR. — Mosaïques modernes.	XI	574
NOIR-DUFRESNE. — Basins et piqués.	II	1
		2
NONAL DE LAHOUSSAYE (DE). — Roche aux Fées.	XIV	475
NORBEC (DE). — *Voyez* TEXIER DE NORBEC.		
NORIET. — Balancier à compensation, pour les pendules.	I	515
Pendules compensateurs.	XIII	155
NOURY. — Peignes pour les fabriques.	XIII	102
NYSTEN. — Gaz.	VIII	102
Opium.	XII	318
Urine.	XVI	328
Vers à soie.	XVI	506

O.

OBERKAMPF. — Blanchîment par l'acide muriatique oxigéné.	II	91
Toiles peintes.	XVI	82
		83
OBERKAMPF *fils*. — Or.	XII	359
Toiles peintes.	XVI	84
OBERLIN. — Pyrolle à ombelles.	XIV	304
OBERSTEIN (*Les fabriques d'*). — Pierres taillées.	XIII	368

	Tomes.	Pages.
OBERWESEL (*Les fabriques d'*). — Draps.	V	194
OBSON (H. D'), *fils*. — Mortiers de fonte tournés.	XI	569
ODENT. — Papiers.	XII	574
ODIER. — Femme.	VI	539
ODIORNE (G.). — Horizon artificiel.	IX	118
Lock perpétuel.	X	410
ODIOT. — Orfévrerie.	XII	387
ODY *et compagnie*. — Bandages herniaires divers.	I	527
OLBERS. — Planètes.	XIII	419
OLIVE (J.). — Serrures diverses.	XV	83
		88
OLIVIER *de Paris*. — Calorifères.	II	313
OLIVIER. — Gerboises.	VIII	270
Kermès.	X	80
Mus typhlus.	XII	49
Sirops aromatiques.	XV	131
OLIVIER. — Musique.	XII	61
OLLAT. — Peluches de soie.	XIII	134
OLLIVIER, *de Paris*. — Camées.	II	329
Carreaux divers.	II	411
Couverte imitant le bronze antique.	IV	160
Minium.	XI	439
Tables planes en terre, propres à recevoir des inscriptions ou ornemens quelconques, et qui, fabriquées sans colombin jusqu'à une dimension excédant huit pouces, ne sont susceptibles ni de *cossiner* ni de *truiter*.	XV	498
OLLIVIER. — Chaussures.	III	74
OLOMBEL. — Draps.	V	200
OMALIUS D'HALLOY (J.-J.). — Optique.	XII	337
OMOUTON. — Rots à tisser.	XIV	495
O'NÉAL. — Chanvre et lin.	III	23
ONFROY. — Dentelles.	IV	482
OPENHEIM. — Poteries.	XIV	157
OPOIX. — Médecines.	XI	225
ORBACH. — Étoffes de soie.	VI	417
ORDINAIRE (D.). — Agriculture.	I	214
Pommes-de-terre.	XIV	36
O'REILLY. — Blanchîment par la vapeur.	II	93
Distillation.	V	65
Machines à feu.	X	544
Machines soufflantes.	X	572
ORFILA (P.). — Calculs, ou concrétions biliaires.	II	306
Charbon.	III	38
Morphine.	XI	565
Toxicologie générale, considérée sous les rapports de la physiologie, de la pathologie et de la médecine légale.	XVI	146
ORFORD. — Coton.	IV	102

	Tomes.	Pages.
Ormeaux. — Moulins à farine divers.	XI	601
Orsel-Desaprès (J.). — Couveuse pour faire éclore les vers à soie.	IV	166
Orval (d'). — *Voyez* Hecquet d'Orval.		
Osvald. — *Voyez* Varnad-Osvald.		
Oudet. — Bandages herniaires divers.	I	526
Jambes artificielles.	X	17
Oudin. — Montres.	XI	531
		534
Ourches (d'). — Forêts.	VII	345
Plantes oléagineuses.	XIII	461
Oursin-Caze *frères*. — Cuirs corroyés.	IV	289
Ourthe (*Les fabriques du département de l'*) — Draps.	V	195
Oury. — Maroquins.	XI	156
Oyen Furstenstein (d'). — Essieux divers.	VI	304
Moyeux en métal.	XII	21
Oyon. — Tourbe.	XVI	133

P.

Pacchiani. — Bonnets tissus en laine.	II	152
Paifer. — Pommes-de-terre.	XIV	44
Paillart *frères*. — Assiettes de terre blanche	I	419
Faïence.	VI	527
Paillart-Vaillant. — Cuirs.	IV	287
Peaux.	XIII	87
Paillette. — Huile des plantes oléagineuses.	IX	144
Mull-jennys.	XII	26
Paillette. — *Voyez* Lemercier-Paillette.		
Paillot *père et fils*. — Fers.	VII	74
Paisant. — Matières animales.	XI	180
Pajot-Descharmes. — Fours à réverbère.	VII	433
Glaces.	VIII	294
Os considérés comme engrais.	XII	419
Verres à vitre et autres.	XVI	492
Pajot-Laforest. — Bursæ mucosæ.	II	220
Femmes enceintes.	VI	551
Opiat contre la syphilis.	XII	316
Papiers, parchemins, livres, etc.	XII	587
Poudres fulminantes.	XIV	202
Palette. — Perruques et faux toupets	XIII	167
Palfrène. — Teinture.	XV	576
Palisot de Beauvois, *de l'Institut*. — Anthonotha.	I	326
Aspidium subquinquefidum.	I	445
Atractoceros.	I	476
Carex, ou laiches.	II	395
Champignons.	II	544

	Tomes.	Pages.
Commeline douteuse.	III	386
Feuilles.	VII	92
———	VII	93
Landolphia.	X	224
Lasiantera.	X	253
Lentilles d'eau, ou lemma.	X	272
Mousses et lycopodes.	XI	613
Pandanus.	XII	529
Plantes dormeuses.	XIII	451
Porana.	XIV	98
Quiscalis.	XIV	357
Raphia.	XIV	388
Séve.	XV	99
Spathodea.	XV	245
Sterculia acuminata.	XV	278
Ventenate.	XVI	460
Xilopie.	XVI	703
PALLUEL (DE). — *Voyez* CRETTÉ DE PALLUEL.		
PALOT. — *Voyez* BOIXOT - PALOT *et compagnie.*		
PAMARD. — Draps.	V	190
		192
PANTON. — Vapeur.	XVI	383
PAPINAUD. — Plaqué d'or et d'argent.	XIII	468
PAPST. — Bois indigènes.	II	146
Meubles.	XI	395
PARAVEY (DE). — Ardoises.	I	372
PARENT. — Étoffes diverses.	VI	430
PARIS (*Les armuriers de*). — Armes.	I	400
PARIS (*Les fabriques de*). — Coton.	IV	85
Coutellerie.	IV	159
PARIS, *de Tarascon.* — Agriculture.	I	214
PARIS, *de Nismes.* — Évaporation permanente.	VI	477
PARIS, *de Paris.* — Verre.	XVI	485
PARIS DE BOISROUVRAY. — Aiguille aimantée.	I	218
PARISOT. — Clous à vis.	III	270
PARMENTIER, *de l'Institut.* — Aloès.	I	263
Anil.	I	310
Café.	II	264
Coton.	IV	58
Duvet.	V	212
Eau considérée relativement à ses propriétés économiques.	V	229
Hydromels vineux, simples et composés.	IX	224
Lait.	X	156
Liquides.	X	358
OEufs.	XII	273
Orge mondé.	XII	400

	Tomes.	Pages.
Plâtre.	XIII	501
Pommes-de-terre.	XIV	30
Raisins.	XIV	383
Raisins secs.	XIV	383
Séné.	XV	67
Sucre.	XV	351
Thé.	XV	661
Truffes.	XVI	242
Vernis divers.	XVI	480
Viandes.	XVI	522
Vinaigre.	XVI	560
Vins.	XVI	581
———	XVI	593
Vins médicinaux.	XVI	610
Paroisse (J.-B.). — Moxa.	XII	20
Paroissien. — *Voyez* Leblanc-Paroissien.		
Paroletti. — Lingotière.	X	328
Vers à soie.	XVI	504
Paroy (de). — Poteries.	XIV	158
Parseval (M.-A.), *de l'Institut.* — Équations de la propagation du son.	VI	234
Fluides.	VII	191
Pascal, *de Montolieu.* — Draps.	V	188
Pascal, *de Vienne.* — Draps.	V	198
Pascal *fils.* — Draps.	V	198
Pascal-Etmieu. — Bourre de soie.	II	178
Paschal *aîné.* — Chapeaux d'hommes.	III	27
Pasquier. — Huîtres.	IX	189
Pasquier de Guérivière. — Acier fondu.	I	170
Passé. — Lampes hydrostatiques.	X	217
Pastoret (de), *de l'Institut.* — Bestiaux servant à payer les impôts chez les premiers Romains.	II	33
Pastré. — Distillation.	V	135
Patoin. — Dorure sur cristaux.	V	149
Patoulet. — Couverts plaqués en argent.	IV	161
Plaqué d'or et d'argent.	XIII	468
Patrix. — Arsenic considéré comme poison et comme remède.	I	411
Patto. — Draps.	V	200
Patureau. — Basins et piqués.	II	1
		ibid.
Paul *et compagnie.* — Eaux minérales artificielles.	V	375
Filtre pour clarifier l'eau.	VII	160
Paul-Nicolas. — Lampes économiques.	X	213
Paulet. — Champignons.	II	557
Paulet, *de St.-Quentin.* — Linons.	X	335
Paulet *fils aîné, de Margevois.* — Pompes diverses.	XIV	72
Paulmier. — Lithographie.	X	370

	Tomes.	Pages.
Pauly. — Fusils divers.	VII	534
Pauwels *fils*. — Marmite économique, propre à la cuisson des substances alimentaires.	XI	138
Pavie (B.). — Pastel.	XIII	42
Teinture.	XV	561
Pavy. — Damas et étoffes brochées.	IV	385
Étoffes de soie, d'or et d'argent.	VI	421
Payan. — Fers.	VII	75
Payard. — Bains.	I	507
Payen (A.). — Charbon.	III	38
Craie.	IV	171
Dippel.	V	51
Matières animales.	XI	179
Produits chimiques.	XIV	259
———		262
Sel ammoniac.	XV	32
Payen *et compagnie, de Marseille*. — Savons.	XIV	617
Payn *fils*. — Bas de coton.	I	553
Payne (J.). — Horace.	IX	118
Paysant — *Voyez* Samuel Paysant.		
Paysse. — Luts.	X	511
Oxides de mercure.	XII	479
Tongres.	XVI	96
Pécantin. — Moulins à farine divers.	XI	602
Pécard *fils*. — Minium.	XI	441
———		*ibid.*
Produits chimiques.	XIV	259
		262
Pecqueur. — Pendules diverses.	XIII	157
Pein. — Acier.	I	167
Ciseaux.	III	240
Peix. — Parapluies.	XII	601
Pelé. — *Voyez* Grenet-Pelé.		
Pélisson. — Draps.	V	190
———		193
Tricots divers.	XVI	208
Pelletan *fils*. — Acide sulfurique.	I	157
Gaz acide-muriatique.	VIII	128
Produits chimiques.	XIV	260
Soude.	XV	189
Pelletan. — Machine de rotation, propre à imprimer au fer toutes les formes usitées dans le commerce.	X	535
Pelletier. — Allumettes.		262
Matières filamenteuses.	XI	188
Pelletier (J.), *de l'Institut*. — Ambre gris.	I	277
Antimoine.	I	338
Arsenic.	I	412

	Tomes.	Pages.
Bismuth.	II	67
Brucine.	II	207
Carbonate d'ammoniaque.	II	380
Carbonate de potasse.	II	385
Carbonate de strychnine.	II	389
Carmin.	II	400
Cendres bleues.	II	449
Cinchonin, ou cinchonine.	III	229
Cochenille.	III	283
————	III	289
Curcuma.	IV	332
Ellébore blanc.	VI	19
Étain.	VI	311
Feuilles.	VII	90
Fève de Saint-Ignace.	VII	104
Goître.	VIII	354
Gomme d'olivier.	VIII	359
Gomme élastique.	VIII	367
Ipécacuanha.	IX	549
Livres et estampes.	X	407
Médicinier cathartique.	XI	229
Métal des cloches.	XI	342
Muriate d'étain.	XII	33
Muriate sur-oxigéné de potasse.	XII	39
Myrrhe.	XII	94
Opoponax.	XII	333
Or.	XII	345
——	XII	360
Orcanettes d'Orient.	XII	374
Phosphate de soude.	XIII	263
Phosphore.	XIII	292
Phosphure d'argent.	XIII	301
Phosphure de cuivre.	XIII	302
Phosphure de fer.	XIII	302
Phosphure de platine.	XIII	303
Phosphure d'or.	XIII	304
Plomb blanc.	XIII	515
Plomb spathique.	XIII	520
Résine.	XIV	443
Sagapenum, ou gomme séraphique.	XIV	557
Santal rouge.	XIV	593
Savon acétique éthéré.	XIV	603
Savons.	XIV	610
Sirops de sucre de canne, de miel et de betterave.	XV	133
Soude.	XV	197
Strychnine.	XV	297
Tannin.	XV	559

	Tomes.	Pages.
Venin du crapaud.	XVI	459
PELLETIER, *de Saint-Quentin.* — Linge uni, damassé et ouvré, en fil ou en coton.	X	326
PELLETIER (B.), *fils.* — Phosphate calcaire.	XIII	255
Santal.	XV	71
PELLIER-DUVERGER (*Madame*). — Étoffes de coton.	VI	412
PELLUARD *et compagnie.* — Cardes.	II	390
PELTEREAU *jeune.* — Abeilles.	I	99
Vigne.	XVI	537
PENEL. — Fracture.	VII	445
PENET. — Dentelles fond fil, or et argent.	IV	485
PENHOUET (DE). — *Voyez* MAUDET DE PENHOUET.		
PENIÈRES. — Noyer.	XII	244
PENIET. — Pistolets.	XIII	398
PEPIN. — Schals divers.	XIV	627
PÉRARDET. — Fers.	VII	72
PERCY, *de l'Institut.* — Vaccine.	XVI	351
Voracité extraordinaire, observée dans un homme.	XVI	679
PERDREAU. — Soies.	XV	150
PERDU. — Dorure sur cristaux.	V	149
		ibid.
PERDUCET. — Peaux.	XIII	85
		ibid.
PÉRELLE (A.), *fils.* — Tissus.	XVI	59
PÉRÈS. — Mosaïques en terre cuite.	XI	574
PÉRIAUX. — Caractères pour l'impres. des cartes géographiques.	II	379
PERINET. — Eau.	V	237
PÉRISSOT. — Bateau à machine hydraulique.	II	6
PERNE. — Musique.	XII	67
Organo-lyricon.	XII	395
PERNON (C.). — Étoffes de soie, or et argent.	VI	420
Taffetas et satins.	XV	523
Velours divers.	XVI	455
PÉRON (F.). — Ceste de Vénus.	II	490
Chaleur.	II	502
Cymbulée.	IV	365
Dyssenterie des pays chauds.	V	220
Équorée.	VI	258
Firoles.	VII	171
Force physique des peuples sauvages, comparée à celles des nations civilisées.	VII	299
Mastic lithocolle.	XI	165
Méduses.	XI	230
Mer.	XI	286
———	XI	287
Nautilus spirula.	XII	112

	Tomes.	Pages.
Oiseaux observés, pendant la traversée de Timor, au cap sud de la terre de Van-Diémen.	XII	287
Ptéropodes.	XIV	285
Température de la mer, des animaux qui y vivent et de l'air.	XV	586
Terres australes.	XV	630
PERPÈRE. — Raisin.	XIV	372
PERPIGNAN (*L'hospice de la Miséricorde de*). — Draps.	V	201
PERRICAT — *Voyez* ASSIER-PERRICAT.		
PERRIER (S.), *de l'Institut*. — Cristaux-verres.	IV	225
Machines à feu.	X	543
———		554
Moulins à farine divers.	XI	593
Presses hydrauliques.	XIV	239
PERRIER, *d'Annonay*. — Mégisserie.	XI	263
PERRIER *et compagnie, de Vizille*. — Toiles peintes.	XVI	82
PERRIN. — Chapeaux d'hommes.	III	27
PERRIN *frères*. — Siamoises.	XV	101
PERRIN, *de Paris*. — Toiles métalliques.	XVI	79
PERRIN *et compagnie*. — Vapeur.	XVI	382
PERRIN. — *Voyez* DIDELOT-PERRIN.		
PERRIN-DULAC. — Agriculture.	I	214
PERRONY. — Tricots divers.	XVI	231
Tulles divers.	XVI	260
PERROT. — Vaccin.	XVI	342
PERSEVALLE. — Limes.	X	306
PERTHUIS (DE). — Marais.	XI	118
PERTUIS. — Potasse.	XIV	131
PESCHE. — Thé.	XV	659
PESCHIER. — Blés avariés.	II	111
PESCHOT. — Chronomètre français.	III	212
PESSINA. — Moutons.	XII	8
PETAZZI. — Boisdorff.	XIV	482
PETIT. — Dilatation des solides, des liquides et des fluides élastiques à de hautes températures.	V	20
Fluides élastiques, liquides et solides.	VII	222
Forces vives.	VII	324
Liquides.	X	351
Températures.	XV	586
PETIT, *de Vaugoin*. — Projectiles.	XIV	267
PETIT. — Téterelle mammiforme, destinée à l'allaitement artificiel des enfans.	XV	655
PETIT (A.). — Typhus.	XVI	284
———	XVI	288
Urètre.	XVI	327
PETITBLED. — Patins destinés à exécuter, dans les appartemens, les mêmes mouvemens que sur la glace.	XIII	66

	Tomes.	Pages.
PETIT-COURONNE (*Les filatures de*). — Coton.	IV	85
Filatures.	VII	141
PETITJEAN. — Étoffes de coton.	VI	412
PETIT-PIERRE. — Canons.	II	366
Limes.	X	307
Machine à canneler.	X	525
Machine à graver la taille-douce.	X	526
Plate-forme.	XIII	475
Roues.	XIV	499
PETIT-PIERRE. — Toiles peintes.	XVI	83
PETIT-RADEL, *de l'Institut.* — Caroubier.	II	410
Pélasges.	XIII	131
PETIT-THOUARS (DU). — *Voyez* AUBERT DU PETIT-THOUARS.		
PETIT-WALLE. — Coutellerie.	IV	159
———		*ibid.*
Rasoirs.	XIV	389
		ibid.
PETON *père et fils, de Louviers.* — Casimirs divers.	II	421
———		*ibid.*
———		423
Draps.	V	189
PETON, *d'Elbeuf.* — Draps.	V	200
PEUCHET. — Vues de statistique, ou aperçu des progrès de cette science depuis 1789.	XVI	690
PEUGEOT *frères.* — Acier fondu.	I	169
Aciers.	I	175
———		176
Aciers cémentés.	I	176
Scies diverses.	XV	23
PEUILLAT. — Onguent mercuriel double.	XII	308
PEULVAY. — Eaux.	V	336
PEYRARD. — Miroir ardent.	XI	450
PEYRE *et compagnie.* — Casimirs divers.	II	422
PEYRE, *de l'Institut.* — Trèves.	XVI	187
PEYRON DE LACONDRENIÈRE. — Hommes.	IX	115
PEYTAVIN. — Couleurs diverses.	IV	130
PÉZÉNAS. — Sucres indigènes.	XV	371
PFEIFFER *et compagnie.* — Pianos divers.	XIII	338
———		340
PHILIPPON. — *Voyez* GUÉRIN-PHILIPPON.		
PHILLIPS. — Sinombre.	XV	109
PHILLIX (F.). — Clous à vis.	III	270
PIANE. — Harpe.	VIII	520
PIAT (C.). — Linge uni, damassé et ouvré, en fil ou en coton.	X	326
PIAUD. — Dentelle.	IV	455
PIAULT (C.), *de Paris.* — Cheminées.	III	99

	Tomes.	Pages.
Piault. — Lampe à mèche plate, à simple courant d'air et à cheminée de verre ovale.	X	189
Piault. — Pendules compensateurs.	XIII	154
Piazzi. — Planètes.	XIII	420
Picard, *de l'Institut.* — Comédie d'observation, ou sujets dramatiques puisés dans la société contemporaine.	III	360
Picard. — Mines.	XI	434
Picard (P.-T.), *de Rouen.* — Poêle à fourneau et à four.	XIII	526
Pichon. — Betteraves.	II	54
Pickfort *et compagnie.* — Coton.	IV	63
Picot. — Pompes à incendies.	XIV	66
Picot-Lapeyrouse (P.). — Androsace diapensioides.	I	303
Antirrhinum sempervirens.	I	341
Bellevalia.	II	27
Campanules.	II	344
Orobes des Pyrénées.	XII	412
Picoux. — Couverts plaqués en argent.	IV	161
Pictet (C.). — Aérolithes.	I	183
Casseroles.	II	437
Cercles de réflexion.	II	459
Géodésie.	VIII	246
Maïs.	XI	26
Perspective.	XIII	172
Théodolite.	XVI	21
Pictet (C.). — Schals divers.	XIV	622
Pied. — Voies alimentaires.	XVI	638
Piéron. — *Voyez* Ansart-Piéron.		
Pierre. — *Voyez* Petit-Pierre.		
Pierruges. — Vis d'Archimède.	XVI	627
Pihan *père, de Lieurey.* — Sangles.	XIV	591 *ibid.*
Pihan *fils, de Paris.* — Sangles.	XIV	591 *ibid.*
Pilet. — Moulin à eau et à vent.	XI	583
Moulin à manége.	XI	584
Moulins à farine divers.	XI	602
Pillardeau. — Bateaux.	II	14
Machine de rotation, propre à imprimer au fer toutes les formes usitées dans le commerce.	X	535
Pillet *frères.* — Étoffes diverses.	VI	429
Pillioud. — Doublé en or et en argent.	V	150
Plaqué d'or et d'argent.	XIII	469
Pinabel. — Promeneuse d'enfant.	XIV	267
Pinard. — Caractères d'imprimerie.	II	376
Pine. — Pendule, ou balancier.	XIII	151

	Tomes.	Pages.
PINEL *père et fils*, *de Maromme*. — Coton.	IV	84
PINEL, *de l'Institut*. — Esquinancie membraneuse, ou angine polypeuse.	VI	293
Isolateurs du calorique.	IX	575
Nosographie philosophique, ou méthode de l'analyse appliquée à la médecine.	XII	226
PINIAUX *fils*. — Sucres.	XV	359
PINOCELLI. — Étoffes de soie.	VI	418
PINSON. — Étoffes diverses.	VI	430
PIRANESI *frères*. — Gravure dite *Chalcographie*.	VIII	421
Poteries.	XIV	155
PISSON. — *Voyez* DELAHAYE-PISSON.		
PIVER. — Poudre favorite des sultanes.	XIV	201
PIXÉRÉCOURT (DE). — *Voyez* GUILBERT DE PIXÉRÉCOURT.		
PLACE. — Draps.	V	172
PLAICHARD-DUTERTRE *frères*. — Mouchoirs divers.	XI	576
PLAIDEUX. — Charrues diverses.	III	58
PLANCHE (L.-A.). — Amidon.	I	279
Colombo.	III	340
Corne de cerf.	III	473
Eau éthérée camphrée.	V	308
Eaux minérales acidules.	V	373
Étain.	VI	306
Éther acétique.	VI	345
Éther sulfurique.	VI	384
Gonorrhée.	VIII	374
Huile de palma-christi, ou de ricin.	IX	144
Huile d'œufs.	IX	155
Huiles fixes.	IX	183
Jalap.	X	13
———	X	15
Liqueur de nitre camphrée.	X	337
Liqueurs pour préparer les bains d'eaux sulfureuses artificielles.	X	343
Magnésie.	XI	6
Muriate de mercure sublimé.	XII	30
Phosphate d'ammoniaque.	XIII	257
Pommade mercurielle, au beurre de cacao.	XIV	24
Quinquina jaune.	XIV	355
Salsepareille grise ou fausse.	XIV	577
Savon sulfuré de soude.	XIV	610
Sirop balsamique de tolu.	XV	113
Sirop de mou de veau, simple et très-concentré.	XV	121
Zinc.	XVI	718
PLANCHE *aîné*, *de Pézénas*. — Sucres indigènes.	XV	371
Vins.	XVI	601
PLANT. — Voitures diverses.	XVI	663

	Tomes.	Pages.
PLANTA. — Vers à soie.	XVI	509
PLANTIER. — Aciers.	I	174
PLATEL. — *Voyez* THILLAYE-PLATEL.		
PLÉNEY. — Eau de Cologne.	V	268
PLEY. — Draps.	V	201
PLEYEL (J.). — Cordes métalliques.	III	463
PLUCHARD-BRABANT (C.). — Blanchîment du lin, du chanvre et du coton.	II	96
PLUMMER. — Cuirs.	III	285
		ibid.
PLUQUET. — Sirops acides.	XV	130
PLUVINAGE. — Mousselines, percales et calicots.	XII	1
PLUVINET *frères*. — Charbon.	III	38
Fours à plâtre rectangulaires.	VII	433
Matières animales.	XI	179
Produits chimiques.	XIV	262
Sel ammoniac.	XV	32
POBECHEIM. — Coton.	IV	67
Filatures.	VII	140
Matières filamenteuses.	XI	185
POCHON (J.-M.). — Ventilateurs.	XVI	460
POGGI. — Pétrole.	XIII	188
POIDEBARD. — Soies grèges.	XV	153
Vers à soie.	XVI	512
POINCELET. — *Voyez* MARTIAL-POINCELET.		
POINSOT (L.), *de l'Institut*. — Mathématiques.	XI	170
Nombres.	XII	199
Polygones et polyèdres.	XIV	7
POIRSON. — Globes célestes et terrestres.	VIII	341
POISNEL. — Voitures diverses.	XVI	663
POISSON, *de l'Institut*. — Constantes arbitraires.	III	431
Corps solides.	IV	37
Eau de la Seine.	V	278
Électricité.	V	569
Équation qui se présente dans la théorie des attractions des sphéroïdes.	VI	174
Équations.	VI	197
Équations aux différences partielles.	VI	210
Équations générales du mouvement.	VI	245
Fluides élastiques.	VII	219
Instrumens à vent.	IX	463
Intégrales définies.	IX	486
Intégrales maximus et minimus.	IX	517
Intégrales multiples.	IX	521
Jour moyen.	X	49
Lune.	X	503

	Tomes.	Pages.
. Mouvement d'un système de corps, en supposant les masses variables.	XII	13
Ondes.	XII	298
Planètes.	XIII	425
Plaques élastiques.	XIII	470
Son.	XV	173
Sphère qui en touche quatre autres.	XV	253
Terre.	XV	605
Trente et quarante.	XVI	178
POITEAU (A.). — Arachide.	I	359
Éleutheranthera.	VI	13
Flacurtia domingensis.	VII	177
Graminées.	VIII	396
Ovieda.	XII	448
Pédilanthe.	XIII	91
Stevensia.	XV	282
Thouinia.	XVI	41
POITEVIN. — Faïence et poterie.	VI	529
POITIERS (*Le dépôt de mendicité de*). — Draps.	V	195
POITTEVIN. — Filatures.	VII	141
POMIÈS. — Noyer.	XII	244
PONCE. — Arts du dessin.	I	426
PONCELET *frères*. — Acier fondu.	I	168
Calamine, ou oxide de zinc.	II	288
Fer.	VII	1
PONCÈLET. — *Voyez* RYS-PONCELET.		
PONS. — Comètes principales, observées dans la période.	III	371
———		375
———		377
———		378
———		379
———		382
PONS, *de Saint-Nicolas d'Aliermont*. — Horlogerie.	IX	122
PONS, *de Paris*. — Pendules diverses.	XIII	157
PONS (H.). — Serrures diverses.	XV	89
PONT. — Huiles végétales.	IX	184
PONT-AUDEMER (*Les fabriques de*). — Coton.	IV	85
Cuirs corroyés.	IV	289
PONT-EN-ROYANS (*Les fabriques de*). — Draps.	V	194
PONTIER. — Chromate de fer.	III	205
Sel de Saturne.	XV	34
PONTORSON (*L'hospice de*). — Dentelles.	IV	484
POPUL–S. — Montagnes artificielles dites *de santé*.	XI	517
PORLIER. — Papier.	XII	565
PORTAL, *de l'Institut*. — Apoplexie.	I	345
Cœur.	III	325

	Tomes.	Pages.
Excroissance fongueuse, dans le canal intestinal et dans d'autres parties internes.	VI	486
Maladies héréditaires.	XI	35
Membrane pupillaire.	XI	283
Moelle épinière.	XI	463
Or.	XII	360
Péritoine.	XIII	162
Sirop anti-scorbutique.	XV	112
Vomissement.	XVI	679
PORTAL. — *Voyez* GUICHARD-PORTAL.		
POTEL. — Gaz acide muriatique oxigéné.	VIII	133
POTEL (J.). — Machine propre à mettre en mouvement, à l'aide d'un seul homme, une corderie, une plaquerie et un laminoir.	X	533
Mécanisme propre à mettre à la fois en mouvement une corderie, une plaquerie et un laminoir, à l'aide d'un seul ouvrier.	XI	204
POTERAT. — Caractères d'imprimerie.	II	377
Caractères pour l'impression des cartes géographiques.	II	379
POTERAT. — Champ-lever.	II	542
POTERAT. — Montres.	XI	533
POTHIER *frères*. — Hameçons.	VIII	509
POTHIEZ. — Étampes pour découper des lames de métal.	VI	337
POTOT. — Cuirs imperméables.	IV	289
		291
POTTER (C.), *de Paris*. — Blanchîment par l'acide muriatique oxigéné.	II	91
Chiffons.	III	152
Foyers économiques.	VII	444
POTTER *père et fils*, *de Chantilly*. — Faïence et poterie.	VI	528
Porcelaine.	XIV	100
Poteries.	XIV	154
Terres.	XV	629
Tourbe.	XVI	133
POTTET. — Armes.	I	401
Fusils divers.	VII	536
Platines de fusils.	XIII	408
POUCHET (L.-E.), *de Rouen*. — Coton.	IV	64
———		72
Cuivre.	IV	314
Filatures.	VII	140
Roulage.	XIV	508
POUCHET *fils*, *de Bolbec*. — Impression sur étoffes.	IX	292
POUDRES ET SALPÊTRES (*La direction des*). — Chlorures de potassium et de sodium.	III	194
Potasse.	XIV	127
POUILLET. — Lumière.	X	468

	Tomes.	Pages.
Pouillot. — Tricots divers.	XVI	220
Poujol. — Étoffes de soie, d'or et d'argent.	IV	421
Poujols. — Coton.	IV	74
Pujol. — Couvertures en laine, en coton et en soie.	IV	165
———		*ibid.*
Molletons.	XI	475
Poulain-de-Boutancourt. — Fers.	VII	75
Poulain-Grandprey. — Prairies artificielles.	XIV	227
Poullain Sainte-Foix (A.-A.). — Fourneaux pour la conversion de la tourbe en charbon.	VII	411
———		412
Tourbe.	XVI	126
Poullard. — *Voyez* Courbet-Poullard.		
Poulleau. — Orchestrino.	XII	375
Poumier. — Bagnères-Adour.	I	500
Bagnères de Luchon.	I	503
Barèges.	I	539
Cambo.	II	328
Capbern.	II	374
Cauterets.	II	444
Labassère.	X	88
Saint-Sauveur.	XIV	564
Poupard de Neuflize *et fils*. — Casimirs divers.	II	422
Draps.	V	197
Laine.	X	120
Tondeuses, ou machines à tondre les draps et autres étoffes.	XVI	95
Poupelet. — Papiers.	XII	575
Pousset. — *Voyez* Arnaud-Pousset.		
Poussin. — Toiles.	XVI	66
Poutet. — Huile d'olive.	IX	158
Raisin.	XIV	374
	XIV	380
Pouyat. — Porcelaines diverses.	XIV	113
Poyet. — Ponts en bois et en fer.	XIV	93
Poyféré de Cère. — Mérinos.	XI	332
	XI	337
Pradier. — Goutte.	VIII	379
Pradier, *de Paris*. — Nacre de perle.	XII	95
Pradier, *de Paris*. — Pâte minérale, destinée à aiguiser les rasoirs.	XIII	61
Rasoirs.	XIV	390
Pradier, *de Paris*. — Pince pour timbrer les toiles de coton et autres étoffes.	XIII	387
Pradier, *de Versailles*. — Vigne.	XVI	537
Préaux. — Cerisier anglais.	II	461
Prélat. — Fusils divers.	VII	536

	Tomes.	Pages.
Platines de fusils.	XIII	495
PREUSS. — Gaz hydrogène.	VIII	148
PRÉLONG. — Caméléon.	II	330
PRÉVOST, *de Paris.* — Jambes artificielles.	X	18
Mains artificielles.	XI	24
PRÉVOST. — Panorama.	XII	550
PRÉVOST. — *Voyez* BÉNÉDICT-PRÉVOST.		
PRÉVOT (V.). — Plantes qui peuvent croître sur les sols les plus stériles.	XIII	463
PRIEUR (C.-A.). — Couleurs.	IV	111
Couleurs irisées des corps réduits en pellicules minces.	IV	131
Lumière.	X	475
PRIEUR, *de Paris.* — Papiers peints.	XII	591
PRINCEPS. — Bandes à pansemens.	I	528
Machine à cannettes, à l'usage des tissus en soie et en coton.	X	525
PRINET. — Camp flottant.	II	341
PRIVAT. — Distillation.	V	155
PRIVAT *aîné, de Mèze.* — Distillation.	V	135
Sucre concret.	XV	352
Sucres indigènes.	XV	371
PRIVAT, *de Nîmes.* — Étoffes de soie.	VI	418
PRIVAT. — Machine à centrer.	X	525
Tissus.	XVI	61
PRIVAT. — Mèches dites *anglaises.*	XI	207
PRIVAT, *de Lodève.* — Roues à aubes.	XIV	500
PRIVAT. — Soufflets de forge.	XV	214
PRONY (DE), *de l'Institut.* — Canaux.	II	355
Condensateur de forces.	II	417
Eau de la Seine.	V	278
Eaux.	V	324
Eaux courantes.	V	339
Marais pontins.	XI	127
Monnaies.	XI	502
Mouvemens circulaires continus.	XII	18
Pendule.	XIII	134
———		139
Perpendicules métalliques, destinées à reconnaître et calculer les mouvemens des grands édifices.	XIII	168
Pouce de fontainier.	XIV	165
Poussée des terres et épaisseur des murs de revêtement.	XIV	215
Support de balance.	XV	415
Syphon pour élever l'eau.	XV	432
Tables logarithmiques ou trigonométriques.	XV	496
Tourbe.	XVI	135
PROST *frères.* — Régulateur de tissage.	XIV	423
Tissus.	XVI	61

	Tomes.	Pages
Proust, *de l'Institut.* — Artillerie.	I	425
Caillé.	II	276
Carbonate de cuivre.	II	383
Caséate d'ammoniaque.	II	420
Éther sulfurique.	VI	380
Fer natif du Pérou.	VII	59
Fromages divers.	VII	506
Poudre à canon.	XIV	171
Raisin.	XIV	362
Tannin.	XV	533
Zinc.	XVI	715
Provencal. — Air.	I	224
Nerfs du poumon.	XII	141
Poissons.	XIII	583
Respiration.	XIV	445
Prudhomme. — Aurores boréales.	I	480
Prunelle. — Animaux.	I	313
Chauve-souris.	III	76
Prunellé. — *Voyez* Bizemont-Prunellé.		
Prunet. — Molletons.	XI	475
Prungniaud. — Cuirs.	IV	287
Cuirs corroyés.	IV	289
Feuilles d'or et d'argent.	VII	96
Puibusque (de). — Faïence.	VI	527
Puichard. — Fers.	VII	72
Puissan. — Balancier pour la fabrication des boutons.	I	518
Puissant. — Méridiens et parallèles.	XI	318
Trigonométrie sphéroïdique.	XVI	232
Pujol-Dupuy. — Fours de boulangerie.	VII	427
Purgold. — Reliures diverses.	XIV	426
Puteaux. — Meubles.	XI	395
Puymaurin (C. de). — Ciment imperméable.	III	226
Rouleau à battre le blé.	XIV	509
Puymorin. — Noir d'os.	XII	184
Peintures au lait.	XIII	116

Q.

Quatremère de Quincy, *de l'Institut.* — Gladiateur combattant.	VIII	296
Temples.	XV	590
Quatremère Disjonval. — Arbres.	I	366
Arrosemens.	I	409
Boisson militaire, en remplacement de celle acidulée par le vinaigre.	II	149
Ficelle.	VII	111
Quenedey. — Pierres lithographiques.	XIII	364
Platines de fusils.	XIII	495

	Tomes.	Pages.
QUESNAY. — Toiles.	XVI	68
QUESNÉ. — Draps.	V	200
QUESNEL. — Crayons divers.	IV	185
Tablettes pour les écoles.	XV	501
QUESNOY (*Les fabriques de*). — Draps.	V	194
QUEST. — Briquettes.	II	200
QUÉTIER (P.-H.-A.). — Tuyaux sans couture.	XVI	274
QUÉVAL *et compagnie*. — Toiles à voiles.	XVI	71
	XVI	73
QUIEY. — Coches, ou diligences.	III	290
QUILLET. — Pompes foulantes et aspirantes.	XIV	91
QUINCY (DE). — *Voyez* QUATREMÈRE DE QUINCY.		
QUINET. — Bandages herniaires.	I	527
QUINQUANDOU. — Acier fondu.	I	168
Aciers.	I	175
QUINQUANDOU, *de Nîmes*. — Sucres indigènes.	XV	371
QUINTENZ. — Moteurs divers.	XI	575
QUINTOIE. — Substances alimentaires.	XV	321
QUINZE-VINGTS (*Les ateliers des*). — Draps.	V	190

R.

RABOISSON. — Vins.	XVI	590
RABOUIN. — Papiers.	XII	574
RACHON. — Draps.	V	195
Ratines.	XIV	394
RACINE. — Horlogerie.	IX	123
RADEL. — *Voyez* PETIT-RADEL.		
RAEDEL. — Cardes.	II	393
RAEPSEL — *Voyez* VANDERSCHELDEN-RAEPSEL *et compagnie*		
RAFFENEAU-DELILLE (A.). — Doum, ou palmier de la Thébaïde.	V	152
Lichens.	X	282
Lotus d'Égypte.	X	422
Plantes.	XIII	438
Upas.	XVI	313
RAGEY. — Crêpes.	IV	190
RAIGE (R.). — Zodiaque nominal et primitif des anciens Égyptiens.	XVI	727
RAIMON-SÉVENNES *et fils*. — Casimirs divers.	II	422
RAIMOND. — Passerina nivalis.	XIII	18
RAINGO (Z.-J.), *aîné*. — Pendule à sphère mouvante.	XIII	147
RAMBERT-DUMAREST. — Gravure en médailles et en pierres fines.	VIII	423
RAMBOURG. — Fers.	VII	75
RAMIER *père et fils*. — Rubans divers.	XIV	512
RAMOND, *de l'Institut*. — Baguères.	I	499

	Tomes.	Pages.
Baromètre.	I	539
Basaltes.	I	570
Chrysanthemum maximum.	III	214
Crocus multifidus.	IV	266
Geum pyrenæum.	VIII	286
Merendera bulbocodium.	XI	313
Météorologie.	XI	379
Montagnes.	XI	513
———	XI	515
Montagnes moyennes et inférieures de la vallée de l'Adour.	XI	518
Mont-Perdu.	XI	524
Monts-dores et Monts-domes.	XI	525
Ocellaria.	XII	261
Pyrénées.	XIV	296
Renoncule aquatique.	XIV	430
Scilla umbellata.	XV	26
RAMPASSE. — Mine de fer.	XI	413
Soude boratée.	XV	205
RAMUS. — Soufflets à cylindres.	XV	213
RANCY (DE). — *Voyez* MAUPASSANT DE RANCY.		
RANQUE. — Dippel.	V	51
RAOUL. — Limes diverses.	X	301
		ibid.
RASCALON. — Décors sur glaces.	IV	429
Ornemens dorés.	XII	410
RAST MAUPAS. — Bière.	II	64
Cirier.	III	236
Crêpes.	IV	190
Moulin à écraser le raisin.	XI	583
Soies.	XV	142
RATHELOT. — Mèche combustible.	XI	205
RATIER. — Agriculture.	I	214
Mûriers.	XII	49
Soies blanches.	XV	150
RATTON. — Chondromètre.	III	202
RAULIN, *de Rouen.* — Coton.	IV	84
RAULIN, *de St.-Gilles.* — Coton.	IV	85
RAULIN. — Élixir de Raulin.	VI	14
RAUQUE. — Gale.	VII	550
RAVELET. — Fourneaux économiques divers.	VII	402
Mitres.	XI	457
RAVELET. — Vaccine.	XVI	348
RAVINA. — Chapeaux de femme.	III	31
RAVINAT. — Étoffes diverses.	VI	427
Tissu pour meubles.	XVI	50
RAWLE. — Coton.	IV	78

	Tomes.	Pages
Laine.	X	143
Rouleaux, ou cylindres gravés pour l'impression des tissus.	XIV	511
Tissus.	XVI	59
RAY, *de Belzentier*. — Cuirs dits *Vaches lissées*.	IV	289
RAY. — Régulateur universel des poids et mesures.	XIV	423
RAYMOND. — Bateaux mécaniques.	II	17
RAYMOND, *de Lyon*. — Bleu.	II	115
Bleu de Prusse.	II	122
———		123
Chlore, ou chlorine.	III	190
Soies.	XV	146
RAYMOND, *de Romans*. — Chaux.	III	80
RAYMOND. — Gaz hydrogène phosphoré.	VIII	166
RAYMOND, *de Paris*. — Selle élastique.	XV	46
RAYMOND (*Madame Veuve*). — *Voyez* BOISRICHARD *Veuve* RAYMOND (*Madame*).		
RÉAL. — Filtres forcés.	VII	166
REBOUL, *de Calvisson*. — Distillation.	V	101
REBOUL, *de Pézénas*. — Distillation.	V	102
Vins.	XVI	601
REBOUL (H.). — Eudiomètre atmosphérique.	VI	455
REBOULH (D.). — Campagne.	II	341
Rennes.	XIV	417
RÉCAMIER. — Térébenthine.	XV	593
RECICOURT (*Madame Veuve* DE), *de Rennes*. — Draps.	V	189
———		193
Schals divers.	XIV	626
RÉCICOURT. — Mécanisme pour apprécier la résistance qu'éprouvent les bateaux.	XI	202
RECOULÈS. — Draps.	V	202
REDON. — Vapeur.	XVI	382
REDOUTÉ. — Iconographie, ou manière d'imprimer en couleur, avec une seule planche.	IX	271
REGNAULT. — Briques de diverses espèces.	II	193
REGNAULT. — Nil.	XII	167
REGNIER. — Anémomètres.	I	303
Bassinet de sûreté.	II	4
Blémomètre.	II	110
Blutoir.	II	127
Boîte fulminante.	II	150
Briquet à lanterne, armé d'une baïonnette.	II	196
Cache-entrées.	II	223
———		225
Cadenas à combinaison.	II	257
Cafetière pour la toilette.	II	273
Caisson de voyage.	II	285

	Tomes.	Pages.
Casse-fil.	II	437
Cisaille pour tailler les arbustes.	III	238
Claquet de sûreté.	III	244
Dynamomètre.	V	213
———		219
Dynamomètre destiné à comparer les différens degrés de force des laines.	V	219
Éprouvettes pour la poudre.	VI	169
Éteignoir mécanique.	VI	343
Étoupille inflammable.	VI	449
Fauteuil portoir.	VI	521
Fermeture de secrétaire.	VII	68
Fusils de munition.	VII	538
Incendie.	IX	295
———		303
Manivelle à ressort.	XI	109
Méridien.	XI	315
Panier en forme de niche, pour les incendies.	XII	531
Paratonnerres.	XII	606
Piquet à thermomètre.	XIII	396
Pistolet à réveil.	XIII	397
Platines de fusil.	XIII	498
Pont mécanique.	XIV	93
Presses à timbre sec.	XIV	234
Reumamètre.	XIV	448
Serrures diverses.	XV	82
———		83
———		91
———		93
———		96
Thermomètres divers.	XVI	31
Vigne.	XVI	535
Regnier (L.). — Journaliers.	X	53
Roues à jantes larges.	XIV	502
Regnoult. — *Voyez* Didelot-Regnoult.		
Rein. — Alcornoque.	I	253
Reine, *de Paris.* — Bonneterie.	II	152
Reine, *de Paris.* — Goudron minéral.	VIII	378
Reingpach. — Clous à vis.	III	270
Reinhard (F.). — Typographie.	XVI	301
Reiser. — Chaudière carrée.	III	70
Reliacq. — Plateaux en tôle à bords droits, estampés d'un seul coup de marteau.	XIII	474
Relivi (J.-B.). — Eau-de-vie d'arbouse et de ronce.	V	295
Remi-Lamotte. — Faux et faucilles.	VI	523
Rémusat. — *Voyez* Abel-Rémusat.		
Remy *et compagnie.* — Fourneaux économiques divers.	VII	403

	Tomes.	Pages.
Remy. — Velours divers.	XVI	458
Remy. — *Voyez* Baligot-Remy.		
Renard (C.). — Soies.	XV	150
Renard-Lhéritier. — Draps.	V	202
Renaud. — Bateaux à vapeur.	II	15
Cric hydraulique.	IV	193
Renaudin. — Harmonica.	VIII	511
Renault, *d'Alençon*. — Agates.	I	213
Renault. — Bateaux.	II	13
Renault (J.-L.). — Diligence hydropneumatique.	V	27
Renette. — Platines de fusils.	XIII	497
Rennes (*La maison centrale de*). — Siamoises.	XV	102
Toiles.	XVI	68
Renon. — Briquet à muriate suroxigéné.	II	197
Renon, *de Condom*. — Métiers à tisser.	XI	382
Renou. — Source perpétuelle de lumière.	XV	236
Renoult. — *Voyez* Desjardins-Renoult.		
Résat. — Eau-de-vie de pommes-de-terre.	V	305
Résat, *de Remiremont*. — Muriate de baryte.	XII	28
Nitrates de mercure.	XII	179
Raisin.	XIV	361
Résès. — Lumière.	X	461
Reueiller. — Hémiplégie.	VIII	549
Reumont (G.). — Aix-la-Chapelle.	I	232
Rever. — Vieil-Évreux.	XVI	529
Reverchon. — Étoffes diverses.	VI	414
Réville. — Gravure dite *Chalcographie*.	VIII	422
Revol. — Creusets.	IV	192
Faïence et poterie.	VI	528
Poteries.	XIV	154
Revol, *de Paris*. — Dessins sur les étoffes destinées à la broderie.	IV	513
Revol *neveu*. — Fours propres à cuire la faïence avec du charbon-de-terre.	VII	437
Rey. — Bitume minéral.	II	72
Toiles absorbantes.	XVI	75
Rey. — *Voyez* Tachart-Rey.		
Reymond. — Creusets.	IV	192
Reynaud. — Draps.	V	158
Rhé. — Cercle.	II	457
Rheims (*Les fabriques de*). — Étoffes diverses.	VI	426
		427
Rhodes. — Vers intestinaux.	XVI	513
Rhodez (*Les fabriques de*). — Étamines.	VI	336
———		337
Étoffes diverses.	VI	427
Finettes.	VII	170

	Tomes.	Pages.
Serges.	XV	72
——		73
Tricots divers.	XVI	208
		209
Rhulhière. — Histoire de l'anarchie de Pologne.	IX	77
Ribaucourt (de). — Encre.	VI	103
Encre d'imprimerie.	VI	104
Encre rouge.	VI	104
Encres de sympathie.	VI	104
Ribaucourt. — *Voyez* Mellier-Ribaucourt.		
Ribes. — Œil.	XII	268
Riboud (T.).—Oliphant, ou grand cornet trouvé dans le département de l'Ain.	XII	294
Riboulleau. — Draps.	V	198
Ricci (D.). — Râteliers artificiels.	XIV	393
Richard. — Bagnères de Luchon.	I	500
Richard, *de Paris*. — Basins et piqués.	II	1
		2
		ibid.
Richard. — Elodea guyanensis.	VI	28
Orchidées.	XII	380
Richard. — Gélatine.	VIII	198
Richard, *de Rhodez*. — Pommes-de-terre.	XIV	36
Richard, *de Paris*. — Tissu-tulle.	XVI	50
Richard-Lenoir. — Coton.	IV	83
Richardson. — Basaltes.	I	570
Riché. — Ichneumons.	IX	269
Richer. — Chariot de presse d'imprimerie.	III	47
Richer *père et fils*. — Instrumens de mathématiques, de physique, d'astronomie, d'optique, de marine, etc.	IX	474
Théodolithe.	XVI	22
Richer *fils aîné*.— Instrumens de mathématiques, de physique, d'astronomie, d'optique, de marine, etc.	IX	475
Miroirs parallèles.	XI	455
Richerand (A.). — Nosographie chirurgicale.	XII	225
Physiologie.	XIII	321
Tumeurs cancereuses.	XVI	263
Richoud. — Papiers peints.	XII	592
Rideau. — Blanc de céruse, ou blanc de plomb.	II	75
Rideau *aîné et compagnie, de Kérinon*.—Produits chimiques.	XIV	259
Sel ammoniac.	XV	32
Ridel (F.). — Toiles.	XVI	68
Ridel-Beaupré. — Toiles de lin.	XVI	75
Rieg. — Brûlure.	II	210
Riffault. — Galvanisme.	VIII	53
Riffault (A.). — Sulfate double d'alumine et d'ammoniaque.	XV	405

	Tomes.	Pages.
RIFFÉ. — Brouettes, ou chaises roulantes à bras.	II	207
RIGAL. — Étoffes de soie.	VI	417
RIGAUD. — Charrues diverses.	III	58
RIGAUT. — *Voyez* DUBOSCQ-RIGAUT.		
RIGOL. — Velours divers.	XVI	456
RIGOLET. — Tubes-lunettes.	XVI	250
RIGONDET. — Dessins sur les étoffes destinées à la broderie.	IV	513
Étoffes.	VI	395
RIONDEL *aîné*. — Fers.	VII	74
RISLER. — Toiles peintes.	XVI	83
RISSEAU. — Nice.	XII	143
RIVALS-GINCLA. — Aciers.	I	176
Fers.	VII	76
Limes diverses.	X	305
RIVALS-LEJOILE. — Serrures diverses.	XV	96
RIVAZ (I. DE). — Gaz hydrogène.	VIII	154
RIVERY *père et fils*. — Coton.	IV	73
Serrures diverses.	XV	89
RIVERY-LEJOILE. — Entrées de serrures.	VI	144
RIVEY. — Incendie.	IX	305
ROACH (F.). — Bateau de pêche.	II	7
ROANNE (*Les filatures de*). — Coton.	IV	85
ROARD. — Blanc de céruse, ou blanc de plomb.	II	80
Bleu de Prusse.	II	122
Garance.	VIII	64
Laines.	X	153
Mordans employés dans la teinture.	XI	560
Oxide de fer.	XII	465
Soies.	XV	141
ROBERT, *de Paris*. — Colle-forte.	III	339
Gélatine.	VIII	204
ROBERT, *de Rouen*. — Fécule.	VI	534
Forges.	VII	349
Lichen.	X	281
Sextius.	XV	101
ROBERT, *du Puy*. — Dentelles.	IV	488
ROBERT, *de Paris*. — Garde-Note.	VIII	78
ROBERT (F.), *de Besançon*. — Horlogerie.	IX	121
ROBERT (N.-L.), *d'Essone*. — Papier.	XII	559
ROBERT, *de Paris*. — Papiers peints.	XII	588
———	IV	590
ROBERT (L.), *de Privas*. — Soies grèges.	XV	153
ROBERT-BÉNARD. — Toiles.	XVI	69
ROBERT-FULTON. — Cordages.	III	461
Écluses à sas mobile et à plan incliné.	V	410
Panorama.	XII	545
ROBERT-LESSART. — Lampes à double courant d'air.	X	210

	Tomes.	Pages.
Robertson. — Aéronautes.	I	185
Galvanisme.	VIII	13
Galvanomètre, ou mesure du galvanisme.	VIII	54
Gravure en taille-douce.	VIII	430
Lampes diverses.	X	212
Phantascope.	XIII	199
Pierres ayant la propriété de se mouvoir elles-mêmes.	XIII	359
Verre, baudruche, ou papier huilé.	XVI	488
Robillard. — Gravure dite *Chalcographie*.	VIII	421
Robin, *de Quintiny*. — Caisse métalli-mécanique.	II	285
Robin, *de Rochevillers*. — Fers.	VII	72
Robin *frères*, *de Paris*. — Pendules diverses.	XIII	157
Robinson (W.). — Chanvre et lin.	III	22
Robiquet. — Acide boracique ou borique.	I	127
Antimoine.	I	338
Arome.	I	402
Asperges.	I	438
Baryte pure.	I	550
Eau régale et d'antimoine.	V	321
Fer oxidulé.	VII	62
Nickel.	XII	147
Réglisse.	XIV	417
Succin	XV	340
Tinkal.	XVI	44
Robline *jeune*. — Reps de coton.	XIV	439
Rochard (C.). — Draps.	V	190
		193
Roche. — Bois.	II	137
Rocheblane. — Vers à soie.	XVI	512
Rochebrune. — Papiers.	XII	574
Rochet, *de Faucogney*. — Émeri.	VI	76
Rochet, *de Bèze*. — Fers.	VII	73
———		76
Limes diverses.	X	305
Roues en fonte.	XIV	504
Socs de charrue.	XV	139
Tôles laminées.	XVI	88
Rochet, *d'Audincourt*. — Fers.	VII	73
Tôles laminées.	XVI	87
Rochette *père*. — Polygraphes.	XIV	12
Rochon. — Chandelles économiques.	III	10
Rochon, *de l'Institut*. — Corne artificielle.	III	473
Gazes métalliques.	VIII	186
Instrumens de mathématiques, de physique, d'astronomie, d'optique, de marine, etc.	IX	472
Mica foliacé.	XI	400

	Tomes.	Pages.
Micromètres.	XI	402
Prismes divers.	XIV	252
Toiles métalliques.	XVI	80
Rodet. — Médecine vétérinaire.	XI	225
Rodier (C.). — Coton.	IV	74
Soie.	XV	141
Rodrigue.— Intégrales doubles.	IX	515
Roederer (L.). — Papiers maroquinés.	XII	581
Roelant. — Savons.	XIV	617
Roer (*Les fabriques du département de la*). — Draps.	V	195
Roger. — Bagnères-de-Luchon.	I	500
Roger (J.-A.), *de Paris*. — Calorifères.	II	321
Roger, *d'Emphernel*. — Draps.	V	200
Roger (W.), *de Mons*. — Gomme arabique.	VIII	358
Roggero. — Chanvre.	III	21
Perspective.	XIII	171
Rogier. — Tapis et tapisseries.	XV	552
		553
Rogniat — Moulins à vent.	XI	604
Rogues. — Draps.	V	200
Roguin. — Bois.	II	132
Roguinot. — Couvertures en laine, en coton et en soie.	IV	166
Rohberger de Vausenville. — Gammographie.	VIII	55
Roland *père*. — Dentelles.	IV	482
		ibid.
Rolch *jeune*. — Monnaies.	XI	504
Roller. — Pianos divers.	XIII	341
Transpositeur.	XVI	163
Roman. — *Voyez* Gros-Davillier-Roman *et compagnie*.		
Romancé. — Moulins à farine divers.	XI	602
Romand (*Madame Veuve*). — Chamoiserie et ganterie.	II	542
Romanet. — Flanelles.	VII	178
Romilly (*La fabrique de*). — Feuilles à doublage.	VII	95
Fils de fer et d'acier.	VII	158
Romilly (de). — *Voyez* Worms de Romilly.		
Romorantin (*Les fabriques de*). — Draps.	V	194
Rondinelli. — Moteurs divers.	XI	575
Rooy. — Tabac.	XV	468
Roquette de Kerguidu *père et fils*. — Traîneau tranchant à conversion centrale.	XVI	154
Rose (A.). — Draps.	V	199
Rosnay. — *Voyez* Gaston-Rosnay.		
Rossignol. — Coton.	IV	84
Roswag *père et fils*. — Gazes métalliques.	VIII	186
Peignes pour les fabriques.	XIII	101
Toiles métalliques.	XVI	80
Roth. — Cuir.	IV	282

	Tomes.	Pages.
Rottang. — Casquets.	II	425
Rouan (J.-B.). — Bateau insubmergible.	II	8
Roubaix (*Les fabriques de*). — Coton.	IV	85
Nankins et nankinettes.	XII	96
Rouch. — Cafetières.	II	274
Rouchon. — Pots et coquemars en fonte de fer.	XIV	164
Rouchon. — Sucres indigènes.	XV	371
Rouen (*Les fabriques de*). — Coton.	IV	85
Nankins et nankinettes.	XII	96
Rouen (*La maison de détention de*). — Toiles.	XVI	68
Rouget (M.-A.-D.). — Accouchemens.	I	105
Fauteuil mécanique.	VI	521
Rouillet. — Pompes diverses.	XIV	72
Rouillure. — Séné.	XV	65
Roumieu *frères*. — Chanvre.	III	25
Rouques. — Pastel.	XIII	34
Produits chimiques.	XIV	262
Rousseau, *de Paris*. — Machine à trames.	X	529
Rousseau. — Serrures diverses.	XV	86
Rousseau, *de Clairvaux*. — Verres à vitre et autres.	XVI	491
Roussel-Bloquet. — Velventines.	XVI	458
Roussilhy. — Carotte.	II	408
Roussille-Chamseru. — Plique.	XIII	507
Roustaing. — Tombeaux divers trouvés en France.	XVI	94
Roux (H.), *de Paris*. — Fusils divers.	VII	536
Pistolets à percussion.	XIII	398
Roux, *de Lyon*. — Peluches de soie.	XIII	134
Rouy, *de Sedan*. — Casimirs divers.	II	421
Rouy, *de Paris*. — Dés à coudre.	IV	508
Rouy. — Planétaires.	XIII	416
Rouyer (P.-C.). — Embaumement des anciens Egyptiens.	VI	56
Rouyer *et compagnie, de Carignan*. — Fer-blanc.	VII	33
Rowson-Wood. — Presses d'imprimerie.	XIV	239
Royel. — Mécanisme destiné à faire basculer le levier de la mécanique dite *à la Jacquart*, adaptée au métier à la zurichoise.	XI	202
Navettes de métiers à la zurichoise.	XII	113
Royer. — Fers.	VII	75
Royer (J.-P.). — Peaux.	XIII	87
Roza. — Chaînes de fil de fer.	II	499
Rozier. — Cloches en terre cuite.	III	268
Rozière. — Gebel - Selseleh.	VIII	189
Isthme de Captos.	IX	578
Mer rouge.	XI	293
Ophiodes, ou topazos et montagnes des émeraudes.	XII	313
Thébaïde.	XVI	8
Rubl. — Cordages.	III	459

	Tomes.	Pages.
Ruelle. — Cancer.	II	358
Ruelle (M.-J.), *de Paris*. — Harpe.	VIII	512
		513
Ruffet. — Coupe-cep.	IV	142
Ruffié. — Faux et faucilles.	VI	524
Limes diverses.	X	305
Rohland. — Plantes exposées au soleil.	XIII	452
Rumfort (de). — Chaleur.	II	500
———	II	526
Chaudière propre à économiser le combustible.	III	71
Eau.	V	224
———	V	236
Liquides.	X	349
Lit économique.	X	362
Lumière.	X	467
———	X	476
Rayons solaires.	XIV	397
Vases de porcelaine, dorés ou non dorés.	XVI	388
Verres dépolis.	XVI	494
Rupied. — *Voyez* Maubon-Rupied.		
Russinger. — Creusets.	IV	192
Porcelaines diverses.	XIV	113
Ruyter de Warfusée. — Courans de l'Océan.	IV	147
Ryot (de). — Cadrans carrés, pour montres et pendules.	II	262
Rys-Poncelet. — Gaz hydrogène.	VIII	146

S.

	Tomes.	Pages.
Sabardin (J.-P. de). — Vélocifères.	XVI	451
Sabatier, *de Nevers*. — Aciers.	I	174
Fers.	VII	71
Limes diverses.	X	301
Sabatier, *de l'Institut*. — Enfans.	VI	114
Fœtus.	VII	242
Mâchoires.	X	580
Sang.	XIV	586
Taille.	XV	525
Tumeur produite par la bile, et retenue dans la vésicule du fiel, par un engorgement du canal colédoque.	XVI	262
Sabatier, *de Paris*. — Serrures diverses.	XV	81
Sacy (de). — *Voyez* Silvestre de Sacy.		
Sage, *de l'Institut*. — Acide nitreux.	I	140
Aérolithes.	I	182
Argent rouge du Pérou et de Sainte-Marie.	I	383
Bleu martial fossile, cristallisé.	II	125

	Tomes.	Pages
Bois fossiles.	II	139
Cuivre rouge.	IV	327
Émeri.	VI	76
Galène.	VII	558
Marmorilio.	XI	138
Mine de plomb cuivreuse.	XI	416
Mine de plomb terreuse.	XI	417
Plombagine.	XIII	521
Safran nouvellement cueilli.	XIV	556
Tain et poliment des glaces.	XV	527
Varecs.	XVI	385
SAGERET. — Pommes-de-terre.	XIV	33
SAGET, *de Paris.* — Bouteilles de verre.	II	180
SAGET, *de Bordeaux.* — Moulins à farine divers.	XI	602
SAGLIO *et compagnie.* — Fer-blanc.	VII	33
Tôles laminées.	XVI	88
SAGNIER. — Parapluies.	XII	598 602
SAGUIEL *et compagnie.* — Laine.	X	118
SAILLANT. — Plaqué d'or et d'argent.	XIII	468
Tabatières plaquées en or, sur argent ou sur cuivre.	XV	483
SAILLARD *aîné.* — Fils de laiton.	VII	159
Zinc.	XVI	715
SAINT-AFFRIQUE (*Les fabriques de*). — Cadis.	II	261
Étamines.	VI	336
Ratines.	XIV	394
SAINT-AMANS. — Centaurées de deux espèces.	II	453
Hiéracium.	IX	60
SAINT-AMANS (DE). — *Voyez* BOURDON-DE-SAINT-AMANS.		
SAINT-BEL (*Les entrepreneurs des mines de*). — Cuivre laminé et martelé.	IV	325
SAINT-BRYS. — Aciers cémentés.	I	178
Limes diverses.	X	305
SAINT-CHAMOND (*Les fabriques de*). — Rubans divers.	XIV	513
SAINT-CHINIAN (*Les fabriques de*). — Draps.	V	194
SAINT-CÔME (*Les fabriques de*). — Flanelles.	VII	178
SAINT-CRICQ-CAZEAUX. — Faïence et Poterie.	VI	529
SAINT-DENIS (DE) — Balance-pendule.	I	514
SAINT-ÉTIENNE (*Les fabriques de*). — Armes.	I	400
Coutellerie.	IV	159
Outils.	XII	446
Quincaillerie.	XIV	340
Rubans divers.	XIV	512 513
Serrures diverses.	XV	83
SAINT-FOND (DE). — *Voyez* FAUJAS DE SAINT-FOND.		
SAINT-GENIEZ (*Les fabriques de*). — Cadis.	II	259

	Tomes	Pages.
Etamines.	VI	36
———		37
Tricots divers.	XVI	208
SAINT-GÉNIS. — El-Kab, ou Eléthyia.	VI	16
Panopolis, ou Chemmis, aujourd'hui *Akhmym*.	XII	534
SAINT-GEORGES (*Les fabriques de*). — Alun artificiel.	I	269
SAINT-GIRONS (*Les fabriques de*). — Draps.	V	194.
SAINT-GOBAIN (*La manufacture de*). — Glaces.	VIII	289
Verre.	XVI	487
SAINT-HAOUEN (DE). — Télégraphes.	XV	583
SAINT-HILAIRE (A. DE). — Cucurbitacées.	IV	278
Digitale.	V	16
Glaux.	VIII	307
Hyacinthus non-scriptus.	IX	199
Scabieuse.	XIV	618
Tragus.	XVI	154
SAINT-HILAIRE. — *Voyez* GEOFFROY SAINT-HILAIRE; HERBET DE SAINT-HILAIRE; JAUME SAINT-HILAIRE.		
SAINT-HIPPOLYTE (*Les fabriques de*). — Tricots divers.	XVI	209
SAINT-JAMES (*Les fabriques de*). — Toiles.	XVI	67
SAINT-JORRE. — Dentelles.	IV	482
SAINT-LAURENT. — *Voyez* DESQUIROS *née* SAINT-LAURENT (*Mme.*)		
SAINT-LAZARE (*Les ateliers de*). — Broderies.	II	202
SAINT-LÉGER. — Fonte et gravure de caractères.	VII	280
SAINT-LÉGER. — *Voyez* DIDOT-SAINT-LÉGER.		
SAINT-LÔ (*Les fabriques de*). — Serges.	XV	73
SAINT-MANDÉ (*Les fabriques de*). — Dentelles.	IV	483
SAINT-MARC. — Toiles à voiles.	XVI	71
		ibid.
SAINT-MARTIN. — Nécessaires à jeu.	XII	133
SAINT-MARTIN. — *Voyez* JUGE-SAINT-MARTIN; LISFRANC-DE-SAINT-MARTIN.		
SAINT-MAURICE (*Les fabriques de*). — Filatures.	VII	141
SAINT-MÉMIN. — *Voyez* GODON-SAINT-MÉMIN.		
SAINT-MORYS. — *Voyez* VIALART-SAINT-MORYS.		
SAINT-NICOLAS-D'ALIERMONT (*Les fabriques de*). — Horlogerie.	IX	122
SAINT-OMER (*Les fabriques de*). — Draps.	V	194
SAINT-OURENS. — Arachide.	I	359
SAINT-PAUL. — Toiles métalliques.	XVI	79
		80
SAINT-PAUL (DE). — *Voyez* CASAURANE-DE-SAINT-PAUL.		
SAINT-PUAR (DE). — Alidographe.	I	256
SAINT-PIERRE. — Foucaude.	VII	376
Magdelaine.	XI	6
Malou.	XI	43
SAINT-PIERRE (DE). — *Voyez* BERNARDIN-DE-SAINT-PIERRE.		
SAINT-PIERRE-DE-VAUVRAY (*Les filatures de*). — Coton.	IV	85

	Tomes.	Pages.
SAINT-PONS (*Les fabriques de*). — Draps.	V	194
SAINT-QUENTIN (*Les fabriques de*). — Coton.	IV	85
Linons.	X	335
SAINT-QUIRIN (*La manufacture de*).—Verres à vitre et autres.	XVI	494
SAINT-RAMBERT (*Les fabriques de*). — Toiles.	XVI	67
SAINT-REMY. — Dentelles.	IV	482
		483
		484
SAINT-RIQUIER *jeune*. — Rubans divers.	XIV	512
SAINT-VINCENT (DE). — *Voyez* BORY DE SAINT-VINCENT.		
SAINTE-ANNE (DE). — *Voyez* CHRISTIAN DE SAINTE-ANNE.		
SAINTE-FOIX. — *Voyez* POULLAIN SAINTE-FOIX.		
SAINTE-MARIE FRIGARD. — Draps.	V	198
SAISSET. — Draps.	V	200
SAISSY. — Animaux.	I	313
SAKOSKI. — Bottes sans couture.	II	168
Formes et embouchoirs.	VII	365
SALABERT. — Blé.	II	106
Salabertrain.	XIV	568
SALADIN, *de Strasbourg*. — Air.	I	223
SALADIN. — Coton.	IV	79
SALAIGNAC *fils*. — Nitrate d'argent.	XII	176
SALANDIÈRE. — Sangsues mécaniques.	XIV	592
SALÈS. — Draps.	V	202
SALEUX (*Les filatures de*). — Coton.	IV	85
SALICHON (J.). — Air.	I	231
SALIN. — *Voyez* MAILLARD-SALIN.		
SALLENDROUZE-LAMORNAIS. — Tapis et tapisseries.	XV	552
		553
SALLERON *père et fils*. — Cuirs.	IV	286
Cuirs corroyés.	IV	289
		ibid.
SALMADE. — Phthisie pulmonaire.	XIII	311
Rachitis.	XIV	358
SALME. — Charrues diverses.	III	53
		58
SALMON. — Acier fondu.	I	170
SALMON *et compagnie*. — Bandages herniaires divers.	I	527
SALMON-MAUGÉ *et compagnie*.— Sabots en fonte de fer, pour empêcher les fourmis de monter sur les arbres encaissés.	XIV	551
Substances alimentaires.	XV	321
SALNEUVE (F.). — Machines.	X	536
Pas de vis.	XIII	13
Presses à timbre sec.	XIV	234
SALOMON. — Aciers.	I	175
SALUCES (DE). — Nitre.	XII	180
SALVERT (DE). — *Voyez* DUTOUR DE SALVERT.		

	Tomes.	Pages.
SALVERTE. — *Voyez* EUSÈBE SALVERTE.		
SAMSON. — Basins et piqués.	II	1
SAMUEL. — Mousselines, percales et calicots.	XII	2
SAMUEL-PAYSANT. — Draps.	V	190
SANCEROTTE. — Teigne.	XV	560
SANDOZ. — Horlogerie.	IX	122
SANDRIN. — Tissus.	XVI	61
SANERSCHAWBENHEIM (*La sucrerie de*). — Betteraves.	II	59
SANS *et compagnie.* — Faux et faucilles.	VI	524
SANTONAX VUARIN. (*Mademoiselle.*)—Nankins et nankinettes.	XII	95
SARASIN. — Tétanos.	XV	646
SARGESIT. — Bois.	II	132
SARRAZIN (J.-M.). — Chapeaux.	III	30
Laine.	X	123
SARTON *père.* — Houille.	IX	136
Minerai.	XI	419
SARTORES. — Seringues diverses.	XV	75
SASTRE *dit* HORACE BRUNET. — Reliures diverses.	XIV	426
SATIÈRE (J.-B.). — Animaux domestiques.	I	320
SAUDRIN. — Étoffes diverses.	VI	429
SAULNIER. — Monnaies.	XI	503
SAULZAIS. — Fourneaux pour la conversion de la tourbe en charbon.	VII	412
SAUSSURE (T. DE). — Alcohol.	I	247
Cyanomètres.	IV	342
Diaphanomètre.	IV	555
Essence d'anis.	VI	293
Essence de citron.	VI	294
Essence de lavande.	VI	296
Essence de romarin.	VI	297
Essence de rose.	VI	299
Éther sulfurique.	VI	383
Gaz.	VIII	104
Gaz hydrogène.	VIII	156
Gaz oléfiant.	VIII	179
Graisse de porc.	VIII	392
Huile d'olive.	IX	159
Huiles.	IX	174
———	IX	175
———	IX	178
———	IX	180
Lumière.	X	481
Phosphates de potasse, de soude et de chaux.	XIII	271
Végétation.	XVI	397
SAUTERMEISTER. — Basse-orgue.	II	3
SAUVAGE — Cylindres réacteurs.	IV	364
SAUVIAC (DE). — Turquoises artificielles.	XVI	270

	Tomes.	Pages.
Sauze. — Faïence et poterie.	VI	528
Savarin (de). — *Voyez* Brillat de Savarin.		
Savart (F.). — Instrumens à cordes et à archet.	IX	451
Lames de verre.	X	179
Savary, *de Rouen*. — Produits chimiques.	XIV	260
Savary (C.), *de Coutances*. — Toiles.	XVI	66
Save. — Capbern.	II	372
Encausse.	VI	93
Sainte-Marie.	XIV	565
Siradan.	XV	109
Savigny (de), *de l'Institut*. — Abeilles.	I	94
Animaux composés.	I	319
Nymphœa.	XII	255
Savonnerie (*La manufacture de la*). — Tapis et tapisseries.	XV	553
Savoye *et compagnie*. — Faux et faucilles.	VI	523
Saxelbye. — Blanc de céruse, ou blanc de plomb.	II	75
Schauenburg. — Chouette funèbre.	III	204
Scheibler. — Chevilles mécaniques, pour basses et guitares.	III	127
Schell. — Aéro-clavicorde.	I	180
Scherckinbick. — *Voyez* Milcent Scherckinbick.		
Schey. — Acier poli.	I	171
		ibid.
		ibid.
Schirat. — Abeilles.	I	99
Schleicher. — Fils de laiton.	VII	159
Schlumberger (D.). — Filatures.	VII	141
Toiles peintes.	XVI	86
Schmidt. — Gril aérien.	VIII	454
Schmitt (T.). — Pianos divers.	XIII	334
		338
Schmolder. — Acier fondu.	I	169
Schoedelin. — Acide acétique.	I	124
Schoelcher. — Porcelaines diverses.	XIV	115
Schonbert. — Cupressus.	IV	330
Fleurs.	VII	180
Juniperus.	X	55
Polytrichum commune.	XIV	21
Thuya.	XVI	42
Schonendall-d'Arimont *père et fils*. — Tissus.	XVI	57
Schreiber. — Fer natif.	VII	56
Schuldres. — Bassinoire.	II	4
Brûloir à café, en terre cuite.	II	208
Schurnck. — Maroquins.	XI	156
Schutte. — Velours.	XVI	454
Schweighaeuser. — Émaux.	VI	52
Fer.	VI	555
Vernis divers.	XVI	481

	Tomes.	Pages.
SCHWICKARDI. — Chaufferette-lanterne.	III	72
Étriers à lanterne.	VI	450
Réchauds et surtouts, pour le service de la table.	XIV	400
SCHWILGUÉ, *de Schelestat*.—Pendule à calendrier perpétuel.	XIII	143
SCHWILGUÉ. — Pus et suppuration.	XIV	288
SCRIBE-BROHON. — Batistes.	II	19
SCRIVE *et fils* (*Madame*). — Cardes.	II	391
———	II	393
SCULLY. — *Voyez* DERRY-SCULLY.		
SECOND. — Clavi-harpe.	III	250
SEDAN (*Les fabriques de*). — Draps.	V	193
SÉDILLOT. — Aboul-Hassan.	I	99
SEELS (J.-B.). — Tricots divers.	XVI	209
SEGHERS. — Toiles et taffetas cirés et vernis.	XVI	76
SEGRÉTAIN. — Toiles.	XVI	66
SEGRETAIN-DUPATIS. — Toiles.	XVI	68
SEGUIN (A.). — Aérolithes.	I	182
———		183
Albumine.	I	238
Aluns divers.	I	271
Café.	II	267
Cinabre, ou vermillon.	III	228
Colle-forte.	III	338
Colophane.	III	343
Corps humain.	IV	20
Cuirs.	IV	284
Degras, ou matière à corroyer.	IV	435
Eau.	V	242
Fermentation.	VII	67
Gaz hydrogène.	VIII	155
Gazomètre.	VIII	187
Gélatine.	VIII	199
Lampes diverses.	X	212
Opium.	XII	325
———		326
Papier de paille.	XII	568
Quinquina.	XIV	349
Respiration.	XIV	443
Sel triple, composé d'acide sulfurique, de soude et d'ammoniaque.	XV	45
Transpiration.	XVI	159
Vaisseaux absorbans et exhalans.	XVI	360
Végétation.	XVI	393
SEGUIN *père et fils, de Lyon*.—Étoffes de soie, or et argent.	VI	421
		ibid.
SEGUIN, *de Château-Gonthier*. — Toiles.	XVI	68

	Tomes.	Pages.
Ségur (de), *de l'Institut*. — Histoire des principaux événemens du règne de Frédéric Guillaume, roi de Prusse.	IX	80
Seib.—Impressions lithographiques sur papier, toile ou étoffe.	IX	291
Seillères. — Draps.	V	201
Sellier. — Filatures.	VII	141
Selves. — Lithographie.	X	370
Senée. — Cafetières.	II	274
Senebier. — Germination des graines.	VIII	273
Huiles.	IX	163
Senefelder. — *Voyez* Aloys Senefelder.		
Sengensse (J.-J.). — Cholera morbus.	III	200
Senlis (*Les filatures de*). — Coton.	IV	85
Sennemand. — Draps.	V	202
Sense. — Aune cylindrique.	I	480
Sercilly. — Aciers.	I	174
Serisiat. — Étoffes de soie.	VI	417
Serra (de). — *Voyez* Correa de Serra.		
Serres, *d'Embrun* — Tuyaux sans couture.	XVI	275
Chèvres indigènes.	III	139
Serres (J.), *de Montauban*. — Draps.	V	195
Étamines.	VI	337
Ratines.	XIV	394
Serres (de). — *Voyez* Marcel-de-Serres.		
Serullas. — Potassium et sodium.	XIV	152
Serves, *d'Auvernet*. — Papiers.	XII	578
Serves (P.), *de Chamalières*. — Papiers.	XII	575
Sette. — Papiers.	XII	575
Sevennes *frères*, *de Rouen*. — Étoffes.	VI	397
Velours divers.	XVI	455
Sevennes *frères*, *de Marjevols*. — Pompes diverses.	XIV	72
Sevennes (J.). — Tondeuses, ou machines à tondre les draps et autres étoffes.	XVI	95
———		*ibid.*
Sevennes (E.), *de Rouen*. — Velours divers.	XVI	456
Sevennes. — *Voyez* Raimon-Sevennes *et compagnie*.		
Sèvres (*La manufacture de*). — Porcelaines diverses.	XIV	110
———		112
———		116
Siauve. — Fourneaux économiques divers.	VII	399
Sievrac. — Célérifères.	II	448
Silveira. — Zircone.	XVI	726
Silvestre, *de l'Institut*. — Eau.	V	227
Électricité.	VI	2
Laines.	X	145
Poissons.	XIII	580
Sels employés comme engrais.	XV	48
Silvestre de Sacy, *de l'Institut*. — Assassins.	I	445

	Tomes.	Pages.
Chrestomathie arabe.	III	205
Égypte.	V	488
Gênes.	VIII	234
SILVY. — Femme qui avait avalé une grande quantité d'aiguilles et d'épingles.	VI	541
SIMARD. — Mosaïques modernes.	XI	574
SIMIER. — Reliures diverses.	XIV	426
SIMIOT. — Basson.	II	5
SIMON (A.), *de l'Abergement-lès-Seurre.* — Arpentage.	I	405
SIMON. — Cheminées diverses.	III	109
Cheminées économiques.	III	112
SIMON. — Mousselines, percales et calicots.	XII	1
SIMON, *de Paris.* — Papiers peints.	XII	590
		592
SIMON. — Tricots divers.	XVI	209
———	XVI	220
SIMON *fils*, *de Bruxelles.* — Voitures diverses.	XVI	663
SIMON-LACHAUME. — Draps.	V	201
Serges.	XV	73
SIMONIN. — Céromimême.	II	466
SIMONS. — Étoffes de laine.	VI	416
Schals divers.	XIV	629
SINETI. — Pressoirs à huile.	XIV	244
SINGER. — Fours à briques, à tuiles, à carreaux et à chaux.	VII	418
SIR-HENRY. — Trépan.	XVI	185
SIRET. — Raisin.	XIV	375
SIROD (DE). — *Voyez* MONIER DE SIROD.		
SIRVANTON *et compagnie.* — Rubans divers.	XIV	512
SISMONDE-SISMONDI. — Histoire des Républiques italiennes du moyen âge.	IX	82
SIVART. — Serrures diverses.	XV	86
SIVET. — Miel.	XI	406
SIX (R.). — Incendies.	IX	306
SIZAIRE. — Distillation.	V	104
SKOLA (J.). — Mécanisme à substituer à la mécanique de Jacquart.	XI	202
SMITH (J.). — Bidon-filtre pour la troupe.	II	62
Eau.	V	222
Eaux.	V	330
Filtre marin.	VII	161
Filtre portatif.	VII	162
Filtres de charbon.	VII	163
———		165
Fontaine domestique.	VII	276
Tonneaux-filtres.	XVI	103
SMITH (J.), *de Paris.* — Cuirs imperméables.	IV	289
SMITH. — Mastic et ornemens.	XI	164

	Tomes.	Pages.
Smith (W.), *de Paris*. — Vernis divers.	XVI	481
Société d'agriculture de la Lys (la). — Froment.	VII	509
Société d'agriculture de Seine-et-Oise (la). — Claveau.	III	248
Société d'agriculture de Toulouse (la). — Blé.	II	103
Société d'émulation du Var (la). — Tournesol.	XVI	144
Société d'encouragement (la). — Draps.	V	173
Dynamomètre.	V	218
Limes diverses.	X	302
Société galvanique (la). — Galvanisme.	VIII	51
Société médicale d'émulation (la). — Insuflation d'un fluide dans les veines d'un animal vivant.	IX	483
Société pastorale de Mandria de Chivas (la). — Mandria de Chivas.	XI	96
Sokolnicki. — Géodésigraphe.	VIII	251
Solages. — Machines hydrauliques.	X	568
Plan incliné.	XIII	403
Solanet. — Draps.	V	202
Soleil. — Instrumens de mathématiques, de physique, d'astronomie, d'optique, de marine, etc.	IX	474
Opticonograpte.	XII	334
Pronopiographe.	XIV	268
Solichère. — Chaussures.	III	74
Solimani. — Distillation.	V	72
Vers à soie.	XVI	505
Soller. — Eau.	V	224
Sollern. — Cuirs à rasoirs.	IV	287
Sollier *fils*. — Toiles à voiles.	XVI	71
		ibid.
Sommessous (J.-J.). — Mérinos.	XI	337
Sonneck. — Jambes artificielles.	X	18
Sonnini. — Asclépiade de Syrie.	I	429
Chanvre.	III	15
Cuirs teints et vernissés.	IV	300
Julienne considérée comme plante oléagineuse.	X	55
Soret. — Corindon.	III	469
Sotter *et compagnie*. — Quincaillerie.	XIV	340
Soubielle. — Soupes économiques.	XV	234
Soudan — Fourneaux économiques divers.	VII	405
Soudra. — Dentelles.	IV	482
Souillard. — Matière plastique.	XI	178
Souppes (*La manufacture de*). — Cylindres a laminer.	IV	361
Souton. — Savons.	XIV	617
Spalanzanni. — Basaltes.	I	570
Spinola. — Poissons du golfe de Gênes.	XIII	596
Spontini. — Musique dramatique.	XII	78
Spooner. — Épingles.	VI	165
Spooner. — *Voyez* Andrew-Spooner.		

	Tomes.	Pages.
Spurhzeim. — Cerveau.	II	478
Stamm. — Quincaillerie.	XIV	340
Stammler *frères*. — Maillage de fil de fer et de laiton.	XI	23
Toiles métalliques.	XVI	81
Stedrauski. — Percales.	III	161
Steel. — Machines à feu.	X	561
Steinacher (P.-A.). — Acétate d'ammoniaque.	I	108
Aconit-napel.	I	179
Carbonate de potasse.	II	386
Fer.	VII	16
Huile volatile de roses.	IX	162
Oxide blanc de phosphore.	XII	459
Stella. — *Voyez* Manfredi-Stella.		
Stembach. — Cartons à presser, laminés et lustrés.	II	417
Stevenart. — Blanc de céruse, ou blanc de plomb.	II	77
Stevens. — *Voyez* Desforges Stevens.		
Stevinson. — Faïence.	VI	526
Stolberg (*Les fabriques de*). — Cuivre laminé et martelé.	IV	326
Stoltenhof *et compagnie*. — Casimirs divers.	II	422
Stone, *de Mesly, près Charenton*. — Distillation.	V	67
Stone (T.). — Étoffes.	VI	401
Stone. — Faïence.	VI	527
Porcelaine.	XIV	102
Stoby (W.). — Bleu céleste.	II	116
Soies.	XV	146
Straubhart. — Mosaïques modernes.	XI	574
Planches gravées diverses.	XIII	406
Subit. — Émaux en bas-relief, propres à la bijouterie.	VI	52
Suireau-Durochereau. — Eau de Cologne.	V	266
———		269
Sureda. — Coton.	IV	78
Fuseau mécanique.	VII	522
Suriray. — Eau de la mer.	V	275
Suterre. — Linons.	X	335
Sutorius. — Presses d'imprimerie.	XIV	237

T.

Tadarin. — Tour à tirer la soie.	XVI	124
Tabourier. — Schakos en soie-feutre.	XIV	621
Tachard-Rey. — Draps.	V	202
Tachouzin. — Distillation.	V	134
Taffaert. — Bleu artificiel.	II	116
Tamponet. — Caméléa blanc.	II	330
Tardieu (A.). — Gravure en taille douce.	VIII	429

	Tomes.	Pages.
TARDIF *fils aîné et sœur.* — Dentelles.	IV	483
TARLAY. — Gouges.	VIII	378
TARRY. — Encre indélébile.	VI	107
TARTAS-BOYAVAL. — Draps.	V	201
TATIN. — Eau propre à détruire les insectes.	V	320
TAURIN *frères.* — Draps.	V	186
TAVAN, *de Paris.* — Échappemens divers.	V	393
TAVERNIER. — Échappemens divers.	V	394
TAVERNIER, *de Paris.* — Tôles vernies.	XVI	89
TEILLARD. — Cisaille d'établi.	III	238
TEILLARD, *de Sedan.* — Roue spirale, pour le tour.	XIV	498
TEISSIÈRE *et compagnie.* — Étoffes de coton.	VI	411
TELLIER (J.-F.-J.), *d'Orléans.* — Bateaux.	II	13
Diligence hydropneumatique.	V	27
TELLIER, *de Paris.* — Perruques diverses.	XIII	167
Tricots divers.	XVI	231
TENANT. — Iridium.	IX	565
Osmium.	XII	435
TENON, *de l'Institut.* — Bec-de-lièvre.	II	21
Chapeliers.	III	32
Cheval.	III	115
Cortical osseux.	IV	47
Crâne humain.	IV	171
Matrice.	XI	191
OEil.	XII	267
Trépan.	XVI	185
TERNAUX *aîné.* — Blé.	II	104
Chèvres de Cachemire.	III	132
Laine.	X	118
		121
TERNAUX *frères.* — Cachemires français.	II	226
		227
Casimirs divers.	II	421
		ibid.
		422
Draps.	V	187
		188
		192
		196
Duvet de cygne.	V	212
Sati-draps.	XIV	596
Teinture.	XV	579
TERNAUX *père et fils.* — Cachemires français.	II	228
Casimirs divers.	II	423
Courtes-pointes en mérinos.	IV	158
Couvre-pieds en cachemire façon de l'Inde.	IV	167
Draps.	V	196

	Tomes.	Pages.
Étoffes diverses.	VI	428
Schals divers.	XIV	627
TERRAGE (DU). — *Voyez* VILLIERS DU TERRAGE.		
TERRET. — Étoffes de soie.	XI	417
TERRIEN-CESBRON. — Mouchoirs divers.	XI	576
TESSIER, *de l'Institut.* — Blé.	II	109
Coton.	IV	53
Défrichement.	IV	430
Falère.	VI	504
Froment.	VII	509
Kermès.	X	80
Laines.	X	145
Loups.	X	425
Mérinos.	XI	335
TESTU. — Voitures diverses.	XVI	664
TEXIER. — Ganterie.	VIII	58
TÉXIER. — *Voyez* LHÉRITIER-TEXIER.		
TEXIER DE NORBEC. — Artillerie.	I	423
THARREAU. — Mouchoirs divers.	XI	576
THARREAU-LABROSSE. — Mouchoirs divers.	XI	577
THAYER (J.). — Panorama.	XII	550
THEDENAT. — Draps.	V	202
THENARD, *de l'Institut.* — Acétite de plomb.	I	114
Acide boracique ou borique.	I	125
Acide fluorique.	I	131
Acide muriatique.	I	135
Acide muriatique oxigéné.	I	136
———		138
Acide phosphoreux.	I	145
Acide sébacique.	I	154
Acide tartareux.	I	157
Acides.	I	159
Acides végétaux.	I	162
Albumine.	I	239
Alcohol.	I	247
Arseniate de cobalt.	I	410
Bile du bœuf.	II	64
Bleu d'azur.	II	117
Diabétès.	IV	524
Eau oxigénée.	V	311
———	V	320
Étain.	VI	313
Éther muriatique.	VI	353
Éther nitrique.	VI	375
Fer.	VII	7
Gaz ammoniac.	VIII	134
Gaz oxide d'azote.	VIII	181

	Tomes.	Pages.
Huiles.	IX	166
Hydrosulfures.	IX	238
Lait.	X	164
Liqueur fumante de Cadet.	X	338
Miasmes putrides.	XI	397
Miel.	XI	407
Mordans employés dans la teinture.	XI	560
Muriates métalliques.	XII	47
Nickel.	VII	145
Orpiment et réalgar.	XII	413
Oxide d'antimoine.	XII	462
Oxides et acides oxigénés.	XII	481
Oxigène.	XII	497
Phosphate de cobalt.	XIII	258
Phosphates de soude et d'ammoniaque.	XIII	266
Phosphore.	XIII	293
Pile de Volta.	XIII	371
Potasse.	XIV	125
———	XIV	139
Potassium et sodium.	XIV	151
Provins.	XIV	276
Sels ammoniacaux.	XV	48
Sels triples, alcalins et terreux.	XV	54
Sels triples, qui résultent de la combinaison de l'acide tartareux avec les bases salsifiables.	XV	57
Soufre et phosphore.	XV	232
Substances végétales et animales.	XV	334
Sueur.	XV	375
Tartrites acidules, alcalins, terreux et métalliques.	XV	558
THÉOLEYRE. — Étoffes diverses.	VI	426
Peluches de soie.	XIII	133
Velours divers.	XVI	456
THÉRIAT. — Fers.	VII	75
THÉVENIN. — Acide tartrique.	I	157
THEVÉNIN. — Mains artificielles.	XI	24
THÉVENIN. — Peinture.	XIII	108
THIBAULT, *de Grenoble*. — Chamoiserie et ganterie.	II	542
THIBAULT, *de Paris*. — Cire à cacheter.	III	235
THIBAUT, *de Paris*. — Chapeaux de femme.	II	31
THIBAUT. — Couvertures en laine, en coton et en soie.	IV	165
THIBERGHIEN *frères*. — Basins et piqués.	II	2
Coton.	IV	85
Linge uni, damassé et ouvré, en fil et en coton.	X	326
THIBIERGE. — Moutarde noire.	XII	6
THIÉBAUD *et compagnie*. — Sel gemme.	XV	41
THIELLAY (L.-F.). — Antimoine.	I	338
THIERRY *fils*. — Bagnoles.	I	503

	Tomes.	Pages.
Oxigène.	XII	496
THIERRY. — Pommes-de-terre.	XIV	42
THIERS (*Les fabriques de*). — Coutellerie.	IV	159
THIÉRY. — Betteraves.	II	55
THILLAYE *fils*. — Chaleur animale.	II	528
THILLAYE, *de Paris*. — Vidange des fosses d'aisances, puisards, etc.	XVI	527
THILLAYE-PLATEL. — Tourbe.	XVI	129
THILORIER (J.-C.). — Boîte à feu.	II	149
Courans de l'air et de l'eau.	IV	145
Forges de campagne sans soufflet.	VII	355
Forges ordinaires.	VII	356
Hydrophlogose.	IX	233
Phloscope.	XIII	228
Poêle-cuisine fumivore.	XIII	533
Poêles fumivores.	XIII	538
Pyropane.	XIV	308
Radeau plongeur.	XIV	359
Réchaud.	XIV	400
Soufflet hydrostatique.	XV	212
Usine à feu.	XVI	337
Voitures diverses.	XVI	664
THIOLIER. — Rubans de fer.	XIV	511
THIRIA *fils*. — Blanc raffiné dit *blanc d'Espagne*.	II	82
THIROIS. — *Voyez* LEFRANC-THIROIS.		
THIROUIN, *de Paris*. — Boutons de métal.	II	180
THIROUIN. — Coutils.	IV	160
THIVILLE (DE). — Agriculture.	I	213
Laines.	X	146
Roulage.	XIV	509
THOMAS. — Arithmomètre.	I	399
THOMAS, *de Waterloo*. — Blés étrangers.	II	112
THOMAS (T.), *de Paris*. — Cuirs imperméables.	IV	289
		294
		299
THOMAS *père et fils*, *d'Abbeville*. — Linge uni, damassé et ouvré, en fil ou en coton.	X	325
THOMAS (J.-B.), *de Montpellier*. — Mouchoirs divers.	XI	577
THOMAS (J.-N.), *d'Ivetot*. — Peignes pour les fabriques.	XIII	102
Piqués.	XIII	396
Rots à tisser.	XIV	495
		ibid.
THOMAS, *de Grevenbroich*. — Planches gravées diverses.	XIII	406
THOMAS. — Tonneaux.	XVI	100
THOMASSIN. — Dentelle.	IV	481
Dentelles.	IV	483
		484

	Tomes.	Pages.
Tulles divers.	XVI	262
Thompson. — Gravure en taille de relief.	VIII	427
Thomyre. — Bronzes.	II	204
Thonnelier. — Sel gemme.	XV	42
Thorel. — Toiles.	XVI	68
Thorin, *de Paris*. — Amidon de pommes-de-terre.	I	282
Thorin (J.-L.), *de Paris*. — Fourneaux pour la conversion de la tourbe en charbon.	VII	408
Thoron (J.), *et compagnie*. — Draps.	V	188
Thory. — Harpe d'harmonie.	VIII	520
Thouars. — *Voyez* Aubert du Petit-Thouars.		
Thouin (A.), *de l'Institut*. — Bruyères.	II	210
Châssis portatifs, pour les jardins.	III	65
Chou-marin.	III	204
Cloches à facettes.	III	267
Coignassier de la Chine.	III	331
Contre-sols.	III	438
Greffe dite *du Muséum*.	VIII	443
Jamrosade.	X	19
Mâchefer.	X	520
Patates.	XIII	59
Pêcher.	XIII	88
Phormium tenax.	XIII	247
Pins.	XIII	390
Poirier du Mont-Sinaï.	XIII	557
Pommes-de-terre.	XIV	33
Serpent à sonnettes.	XV	76
Souchet.	XV	187
Végétaux.	XVI	423
Thouvenin. — Reliures diverses.	XIV	426
Thouzas. — Jayet.	X	30
Thuez. — Machines hydrauliques.	X	565
Thuillière *jeune*. — Distillation.	V	135
Thury (de). — *Voyez* Héricart-de-Thury.		
Tieulen. — Mousselines, percales et calicots.	XII	4
Tingry (P.-F.) — Évian.	VI	484
Vernis.	XVI	469
Tirel *fils*. — Draps.	V	198
Tison. — Draps.	V	190
Tisserand. — Lait.	X	169
Tissier *jeune*. — Sucres et cassonade	XV	367
Tissot. — Chanvre.	III	22
Lin.	X	314
Tissot, *de Paris*. — Cornes à lanternes.	III	474
Peignes.	XIII	93
Tivolier (J.-B.). — Toiles.	XVI	66
Tocquet. — Serrures diverses.	XV	92

	Tomes.	Pages.
Toggia. — Art vétérinaire.	I	422
Tollard *aîné*. — Acacia-robinier.	I	100
Tombini. — Planétaires.	XIII	419
Tone. — *Voyez* Matilda Tone.		
Torchon. — Baignoire pour les chevaux.	I	505
Tordeux. — Eau.	V	243
Féron.	VII	68
Touboulic. — Machine à plonger dite *ichtisandre*.	X	527
Pompes à incendies.	XIV	66
Touchard-Lafosse. — Danse théâtrale.	IV	391
Déclamation théâtrale.	IV	412
Éloquence militaire.	VI	28
Industrie.	IX	323
Littérature dramatique.	X	387
Romans.	XIV	486
Tableaux de mœurs, ou peinture des mœurs françaises, au commencement du dix-neuvième siècle.	XV	488
Théâtre.	XV	662
Théâtres du Grand-Opéra et de l'Opéra-Comique.	XVI	1
Travaux de l'art statuaire.	XVI	164
Tribune et tribunaux.	XVI	191
Toulouse (*Les filatures de*). — Coton.	IV	85
Toulouse. — Voitures diverses.	XVI	663
Tourasse. — Halage mobile.	VIII	508
Sucre.	XV	349
Vis diverses.	XVI	634
Tourdes. — Fibrine du sang.	VII	111
Tourengin (F.). — Draps.	V	201
Tourlet. — Cerveau.	II	471
Tournant. — Verres d'optique.	XVI	495
Tournier. — Aciers.	I	175
Tournon. — Étoffes.	VI	393
Tournoux. — Outils.	XII	446
Tournu-Léonard. — Alliage métallique, ou similor.	I	259
Alliage métallique, imitant l'argent au titre.	I	260
Alliage métallique, pour la couverture des édifices et le doublage des vaisseaux.	I	261
Vis diverses.	XVI	629
Touroude. — Scies diverses.	XV	22
Tourrot. — Doublé en or et en argent.	V	150
Plaqué d'or et d'argent.	XIII	469
Tours (*Les fabriques de*). — Étoffes de soie.	VI	416
Toussaint *père et fils*. — Acier.	I	165
Acier poli.	I	171
Toutain. — Toiles.	XVI	68
Toutin *père et fils*. — Couvertures en laine, en coton et en soie.	IV	166

	Tomes.	Pages.
TRABUCHI *frères*. — Terre-cuite.	XV	615
TRACY (DE). — *Voyez* DESTUTT DE TRACY.		
TRANTE.— Cité romaine, trouvée dans les environs d'Eu.	III	241
TRAULLÉ. — Cétacées.	II	491
TRAVADE. — Humeur arthritique.	IX	194
TRÉCHART. — Incendie.	IX	298
TRÉGAN. — Eaux-de-vie.	V	367
TREMERY. — Électricité.	V	561
Magnétisme.	XI	12
TRÉMOLIÈRE. — Caout-chouc du figuier.	II	371
TREUTTEL. — Gravure dite *Chalcographie*.	VIII	422
TRICOT (*Les fabriques de*). — Draps.	V	194
TRISTAN (J.). — Pinus de Linnée.	XIII	392
Sphœroma dydima.	XV	263
TROCHU. — Arbres résineux.	I	369
TROTTY. — Filatures.	VII	140
———		*ibid.*
Lin.	X	315
TROUSSET. — Transpiration.	XVI	160
TROUVILLE. — Machines hydrauliques.	X	561
TRUCHET. — Enduit pour les couvertures en chaume.	VI	113
TRY (DE). — *Voyez* CUVELIER DE TRY.		
TSCHAGGENY. — Bois de placage.	II	140
TSCHIFFELI. — Engrais.	VI	118
TSCHIRSCKI. — Aero-clavicorde.	I	180
TULLE (*La manufacture de*). — Fusils divers.	VII	536
TURCOING (*Les fabriques de*).— Coton.	IV	85
Nankins et nankinettes.	XII	96
TURGIS. — Draps.	V	198
TURPIN (P.-J.-F.). — Anatomie végétale comparée.	I	292
Cypselea humifusa.	IV	374
Graminées.	VIII	404
Palmiers.	XII	522
Plantes.	XIII	437
TUSSAC (F.-R. DE). — Akée.	I	236
Rhum.	XIV	463

U.

UHLBORN (T.), *et compagnie*. — Coton.	IV	79
Planches gravées diverses.	XIII	406
URBACH. — Velours divers.	XVI	456
URBAN (D'). — *Voyez* FORTIA D'URBAN (DE).		
UTZSCHNEIDER *et compagnie*. — Faïence et poterie.	VI	528
		ibid.
		529

	Tomes.	Pages.
Minium.	XI	441
Pâte rouge non émaillée.	XIII	61
Poteries.	XIV	156
———		158
Produits chimiques.	XIV	259

V.

VACCASSY DE GRAMMONT. — Ramasse.	XIV	387
VACHER. — Étoffes de soie.	VI	417
VACHETTE. — Bacs.	I	496
VACHETTE *jeune de Paris*. — Robinets propres aux conduits d'eau.	XIV	471
VAGINA-DEMERESE. — Soies grèges.	XV	152
VAIDY. — Gale.	VII	558
VAILLANT — Lampes diverses.	X	212
VAILLANT. — *Voyez* PAILLARD-VAILLANT.		
VALAT. — Mouchoirs divers.	XI	577
VALCOURT *aîné*. — Presses à vis.	XIV	235
VALENCIENNES (*Les fabriques de*). — Coton.	IV	85
Linons.	X	325
Nankins et nankinettes.	XII	96
VALENCIENNES (A.). — Langrayens.	X	228
VALENTIN. — Cuirs teints et vernissés.	IV	299
Vernis divers.	XVI	478
VALERIUS. — Bandages herniaires divers.	I	528
VALETTE, *de Paris*. — Baignoires.	I	506
Bains à domicile.	I	507
VALETTE. — Couvertures en laine, en coton et en soie.	IV	166
VALFRESNE. — *Voyez* DEBRAY-VALFRESNE.		
VALIN. — Marbres précieux.	XI	132
VALLE. — *Voyez* COQUET-VALLE.		
VALLÉE (A.). — Cylindre évaporateur.	IV	360
VALLÉE, *de Paris*. — Éther sulfurique.	VI	382
VALLÉE *jeune*, *de Rouen*. — Mouchoirs divers.	XI	577
VALLÉE. — *Voyez* CALLY-GRAND-VALLÉE.		
VALLET. — Glaces.	VIII	292
VALLET. — Moiré métallique.	XI	473
VALLOIS. — Poêles économiques.	XIII	536
VALLON. — Étoupe.	VI	447
VALLON, *de Paris*. — Perruques diverses.	XIII	167
VALOGNES (*Les fabriques de*). — Porcelaines diverses.	XIV	110
———		113
VALTER. — Verres à vitre et autres.	XVI	491
VALZ. — Réticules à sommets alternes.	XIV	448
VANDEBERGUE *et compagnie*. Couvertures en laine, en		

	Tomes.	Pages.
coton et en soie.	IV	165
———		*ibid.*
Laine.	X	128
VANDENBROECK. — Acier fondu.	I	169
VANDERBORGHT. — *Voyez* MEEUS VANDERBORGHT.		
VANDERMESCH. — Basins et piqués.	II	3
Chanvre et lin.	III	25
VANDERSCHELDEN-RAEPSEL *et comp.*—Bleu pâle dit *bleu-hollande.*	II	124
VANDERTEEN. — *Voyez* CORNEILLE-VANDERTEEN.		
VANDESSEL *et compagnie.* — Dentelles.	IV	482
		ibid.
		ibid.
		484
VANHOP. — Tricots divers.	XVI	209
VANMONS. — Éther muriatique.	VI	349
VANNES (*Les fabriques de*). — Étoffes de coton.	VI	411
VANNIER. — Cuirs.	IV	285
VANIRSAMBURG. — Étoffes de soie, or et argent.	VI	421
VANTROOST. — Gaz hydrogène carboné, retiré de l'éther et de l'alcohol.	VIII	159
VARDEL. — Fers.	VII	72
VARENNES (DE). — *Voyez* VIEILH DE VARENNES.		
VARIN. — Ibéride.	IX	265
VARNIER. — Boulets en fer battu.	II	176
VARNOD-OSVALD. — Distillation.	V	135
VASSALI (M.-A.) — Coton.	IV	59
VASSE. — Cheminées économiques.	III	114
VATINEL. — Basins et piqués.	II	1
		2
VATRIN. — Eau.	V	223
Muriate de soude.	XII	33
Sel commun, ou muriate de soude.	XV	33
VAUCELLES (*Les fabriques de*). — Nankins et nankinettes.	XII	96
VAUCHELET. — Étoffes.	VI	394
Peinture sur velours de soie et sur velours de coton.	XIII	124
VAUCHER. — Conferves.	III	425
Genève.	VIII	239
Tubulaires d'eau douce.	XVI	251
VAUCLUSE (*Les fabriques de*). — Fer-blanc.	VII	32
VAUDIN. — Chaînes de fil de fer.	II	498
VAUMORELLES. — *Voyez* CAULLE DE VAUMORELLES.		
VAUQUELIN, *de l'Institut.* — Acide aceteux.	I	117
Acide benzoïque.	I	124
Acide chlorique.	I	128
Acide citrique.	I	130
Acide fluorique.	I	131

	Tomes.	Pages.
Acide jaune.	I	133
Acide nitrique.	I	142
Acide prussique.	I	147
Acide pyroligneux.	I	149
Acide pyrotartareux.	I	152
Acide sorbique.	I	155
Acides.	I	159
Acides végétaux.	I	161
Aérolithes.	I	182
Alcali vauqueline.	I	241
Aluns divers.	I	270
Analcime.	I	289
Anemone pratensis.	I	305
Arbres.	I	363
Arséniate de cuivre natif.	I	410
Arséniate de fer natif.	I	411
Asperges.	I	438
Bagnoles.	I	503
Bananier.	I	524
Baryte pure.	I	549
Belladone.	II	27
Béril.	II	30
		31
Bezoards.	II	60
Blé carié.	II	106
Boracite.	II	154
Brochet.	II	201
Calaguala.	II	286
Carbonate de potasse.	II	388
Casse.	II	427
Castines.	II	440
Cerite.	II	462
Cerveau.	II	484
Chabasie de l'île de Féroé.	II	497
Champignons.	II	552
Cheval.	III	117
Cheveux.	III	124
Chlorates à base terreuse.	III	183
Chlorates alcalins.	III	183
Chlorates métalliques.	III	184
Chlorite blanche.	III	191
Chlorure de baryte, mélangé d'acétate.	III	193
Chrôme, ou métal trouvé dans le plomb rouge de Sibérie.	III	208
Chrysolithe.	III	218
Chyse du cheval.	III	218
Concrétions arthritiques.	III	411

	Tomes.	Pages.
Concrétions calculeuses, trouvées dans les viscères de divers animaux.	III	411
———		412
Coquille d'huître.	III	451
Coquille d'œuf.	III	452
Cubèbes.	IV	275
Cuivre.	IV	314
———	IV	315
———	IV	316
Cuivre arseniaté lamelliforme.	IV	318
Cuivre hydraté silicifère.	IV	318
Cuivre-laiton.	IV	325
Cuivres carbonatés, bleu et vert, de Chessy, près Lyon.	IV	329
Cyanogène.	IV	339
Daphné alpina.	IV	394
Datholithe, ou chaux boratée-siliceuse.	IV	402
Détonations par le choc.	IV	514
Diaspore.	IV	556
Dioptase.	V	48
Dissolutions salines.	V	59
Eau.	V	235
———	V	242
Eau de l'amnios de femme et de vache.	V	275
Eaux sures des amidonniers.	V	384
Ellébore d'hiver.	VI	19
Émail des dents.	VI	44
Émeri de l'île de Gersey.	VI	76
Ergot.	VI	269
Étain.	VI	307
Étain et plomb.	VI	322
Éther sulfurique.	VI	379
Éthiops martial.	VI	392
Euclase.	VI	453
Excroissance végétale.	VI	494
Fer oxidé bleu.	VII	61
Fers et aciers.	VII	84
Fèves de marais.	VII	109
Fluate d'alumine.	VII	184
Foie de raie.	VII	258
Fonte qui s'attache aux parois des hauts-fourneaux.	VII	280
Fourmis.	VII	383
Froment.	VII	509
———	VII	511
Gadolinite.	VII	541
Gaz hydrogène.	VIII	155
Gaz nitreux.	VIII	173
Gaz oxide d'azote.	VIII	181

	Tomes.	Pages.
Gaz oxigène.	VIII	185
Germination.	VIII	271
Glucine.	VIII	346
Gomme.	VIII	356
Gomme kino.	VIII	368
Gomme résine de Madagascar.	VIII	369
Gommes.	VIII	371
Gommes arabique et adragante.	VIII	371
Graine de lin.	VIII	382
Grains.	VIII	385
Gratiole.	VIII	408
Guano, engrais naturel des ilots de la mer du Sud, près les côtes du Pérou.	VIII	474
Hyacinthes.	IX	197
Hydrogène sulfuré.	IX	223
Hydro-sulfure de potasse.	IX	234
Hydro-sulfure sulfuré de soude.	IX	237
Ichtyophtalmite.	IX	269
Insectes.	IX	374
Laines.	X	149
Lait.	X	163
Laiton.	X	172
Larmes.	X	247
Lentilles.	X	271
Leucite.	X	274
Linge taché par les préparations de plomb et de mercure.	X	327
Liqueur pour rendre les étoffes imperméables.	X	341
Liquides.	X	359
Lithion.	X	365
Madréporite à odeur de truffes.	XI	3
Malambo.	XI	38
Malate de chaux.	XI	41
Marronier d'Inde.	XI	139
Matière cérébrale de l'homme.	XI	174
Matière inflammable et détonante.	XI	175
Matières animales.	XI	181
Mellite.	XI	272
Mettemberg.	XI	391
Mine d'antimoine.	XI	411
Minéral américain.	XI	424
Minérale de l'Amérique septentrionale.	XI	425
Mines de fer.	XI	436
Mucilage de la graine de lin.	XII	21
Mucus animal.	XII	22
Muriacite de Salzbourg.	XII	27
Muriate ammoniaco d'iridium.	XII	28
Muriate de potasse et d'iridium.	XII	32

	Tomes.	Pages.
Muriate de soude.	XII	32
Muriate et oxide de platine.	XII	36
Ognon cultivé.	XII	274
Oisanite.	XII	275
Opium indigène.	XII	330
Or.	XII	351
Orge.	XII	397
Ormes.	XII	406
Os.	XII	420
Os humains.	XII	429
Osmium.	XII	436
Oxalate calcaire.	XII	450
Oxide de manganèse sulfuré de Nagyag.	XII	465
Oxide d'osmium.	XII	467
Oxide de plomb brun et suroxigéné.	XII	468
Oxides noirs de manganèse.	XII	478
Palladium.	XII	510
Papayer.	XII	552
Péridot.	XIII	161
Phosphate acide de potasse.	XIII	253
Phosphate acidule de chaux.	XIII	253
Phosphate d'alumine.	XIII	256
Phosphate natif de fer, mélangé de manganèse.	XIII	264
Phosphore.	XIII	293
Pierre perlée de Cinapecuaro, au Mexique.	XIII	355
Platine.	XIII	475
———	XIII	477
———		484
Plombières.	XIII	521
Poissons.	XIII	574
Pommes-de-terre.	XIV	40
Porcelaine.	XIV	99
Potasse.	XIV	131
Potassium.	XIV	150
Propolis.	XIV	269
Provins.	XIV	276
Quinquina.	XIV	341
Riz.	XIV	469
Rubis.	XIV	513
Salsola soda.	XIV	587
Salsola tragus.	XIV	578
Sang.	XIV	580
Sang des animaux.	XIV	587
Sarcolite.	XIV	595
Sel phosphorique terreux.	XV	43
Sels triples de platine.	XV	56
Sommite.	XV	166

	Tomes.	Pages.
Sorbier.	XV	185
Soufre.	XV	223
———	XV	226
———	XV	229
Stéatites.	XV	274
Strontiane et baryte.	XV	294
Substance terreuse.	XV	316
Suint.	XV	378
Sulfate de platine.	XV	395
Sulfate de strontiane.	XV	403
Sulfure de platine.	XV	409
Sulfure d'iridium.	XV	411
Sulfures.	XV	414
Tabacs.	XV	469
Tartrite acidule de potasse.	XV	557
Terre servant de nourriture aux habitans de la Nouvelle-Calédonie.	XV	615
Titane cristallisé.	XVI	64
Urée.	XVI	324
Urine humaine.	XVI	329
———		331
Urines de divers animaux.	XVI	335
Varecs.	XVI	384
Végétaux.	XVI	428
———	XVI	432
Verre d'antimoine.	XVI	489
Vinaigre.	XVI	575
Zéolithes.	XVI	709
Zinc.	XVI	712
VAUQUELIN (C.-J.-B.), *de Rouen*. — Eau de Cologne.	V	267
VAUSENVILLE (DE). — *Voyez* ROHBERGER DE VAUSENVILLE.		
VAUTIER. — Coton.	IV	80
VAUTRIN. — Tissus.	XVI	51
VAUVILLIERS. — Pilotis.	XIII	375
VAYZON. — Moquettes et velours en laine.	XI	560
VAYSSE. — Bonnets tissus en laine.	II	153
VEAU-DELAUNAY. — Grotte des fées.	VIII	460
VEAUTE. — *Voyez* GUIBAL VEAUTE *fils aîné*.		
VELAI. — Papiers peints.	XII	592
VENTENAT, *de l'Institut*. — Amaranthoïdes.	I	274
Anamenia coriacea.	I	289
Aya-pana.	I	492
Banera rubioïdes	I	528
Boronia pinnata.	II	159
Calomeria.	II	312
Cineraria hirsuta.	III	233
Diosma.	V	49

	Tomes.	Pages.
Echium caudicans.	V	397
Epigea repens.	VI	157
Ericæfolia.	VI	273
Gnaphalium.	VIII	348
Goudenia.	VIII	375
Josephinia.	X	37
Ligulatum.	X	296
Lotus anthilloïdes.	X	422
Mespilus japonica.	XI	342
Metrosideros floribunda.	XI	390
Mousses.	XI	612
Phallus.	XIII	193
Psoralea melilotoïdes.	XIV	283
Serratifolia.	XV	81
Solenandria cordifolia.	XV	165
Sparrmannia africana.	XV	244
Sterculia monosperma.	XV	279
Volkameria fragrans.	XVI	676
VENZEL. — Fleurs artificielles.	VII	180
VERDIER, *de Montpellier*. — Mouchoirs divers.	XI	577
VERDIER. — *Voyez* HUSSON-VERDIER.		
VEREA. — *Voyez* BERNARDIN VEREA.		
VERGER (P.-C.-H.). — Aérostat-baleine.	I	191
VERGÈS. — Mûrier blanc.	XII	48
VERGNE. — Saint-Félix de Bagnières, près Condat.	XVI	561
VERHELST. — Plomb.	XIII	514
VÉRIGNY (DE). — Voies romaines.	XVI	640
VERMONT *frères*. — Cuirs.	IV	285
VERNANT. — Globes en cristal, ou en verre dépoli.	VIII	341
VERNERT. — Garde-vues.	VIII	80
VERNET *et compagnie*. — Creusets.	IV	192
VERNEUR. — Creugenat.	IV	191
VERNON (*Les filatures de*). — Coton.	IV	85
VERNON. — Pompes diverses.	XIV	69
VERNY. — Draps.	V	196
		193
VÉRON. — Couvertures en laine, en coton et en soie.	IV	165
VERRIÈRE. — Mousselines, percales et calicots.	XII	1
VERSAILLES (*Les filatures de*). — Coton.	IV	85
VERVIERS (*Les fabriques de*). — Draps.	V	195
VERVINS (*Les fabriques de*). — Toiles.	XVI	67
VERZY. — Lampes verzyennes.	X	222
Lampes verzyennes, phariques, ou titannes.	X	223
VESION. — Tibia de bœuf.	XVI	143
VÉTILLARD. — Toiles.	XVI	66
VEYDEN *et compagnie*. — Mousselines, percales et calicots.	XII	2
VEYRAT. — Couverts en fer battu et poli.	IV	161
VEYTARD (X.). — Cristaux-verres.	IV	224

	Tomes.	Pages.
Vialard. — Ouvrages imprimés.	XII	447
Vialard Saint-Morys. — Laversines.	X	256
Vialetes d'Aignan. — Cadis.	II	259
Draps	V	189
Étamines.	VI	337
Vialon. — Cylindre à hélices.	IV	360
Viardot. — Bas.	I	560
Viard — Teinture.	XV	575
Vibert (F.). — Fourneaux pour la conversion de la tourbe en charbon.	VII	412
Tourbe.	XVI	126
Vibert. — Moules à fondre les caractères d'imprimerie.	XI	580
Vibert-Duboul (*Madame*). — Poudres végétatives.	XIV	204
Vicat. — Béton, ou mortier propre à être employé dans l'eau.	II	35
Chaux de construction.	III	89
Ciment calcaire.	III	225
Mortier ordinaire.	XI	568
Vick. — Gaz hydrogène carboné, retiré de l'éther et de l'alcohol.	VIII	159
Vicq-d'Azir. — OEuf.	XII	271
Vidal *et compagnie*. — Casquets.	II	425
Vidal. — Voitures.	XVI	662
Vidot (F.-F.). — Aloès.	I	264
Vidron. — Dents.	IV	499
Vielle. — Fourneaux économiques divers.	VII	402
Vieil-Salm (*Les habitans de*). — Pierres à rasoirs.	XIII	359
Vieilh de Varennes. — Toiles incombustibles.	XVI	79
Viené (G.). — Fil de carret de toute grosseur et longueur.	VII	134
Vienne (*Les fabriques de*). — Étamines.	VI	337
Ratines.	XIV	395
Viglietti. — Soies grèges.	XV	152
Vignau. — Schakos en soie-feutre.	XIV	621
Vigneron (C.). — Draps.	V	161
Métiers à tisser.	XI	386
Tordoir-ourdissoir.	XVI	110
Vignolet *frères*. — Cordages.	III	459
———	III	461
Vilcot. — Stéatites.	XV	275
Vilet. — *Voyez* Damart-Vilet.		
Villain. — Camphre.	II	349
Villain, *de Rouen*. — Hydre hydraulique.	IX	206
Villalon Calero. — Cacao	II	223
Étoffes diverses.	VI	444
Villard — Niveau d'eau.	XII	182
Villarmain. — Papiers.	XII	574
Villars — Bois fossiles.	II	40

	Tomes.	Pages
Villars, *de Paris*. — Papiers peints.	XII	591
Villars (D.), *de Strasbourg*. — Rob anti-syphilitique.	XIV	470
Villeclair. — *Voyez* Grillon-Villeclair.		
Villedieu (*Les fabriques de*). — Cuivre laminé et martelé.	IV	326
Villefosse (de). — *Voyez* Héron de Villefosse.		
Villegaudin — *Voyez* Leboucher-Villegaudin.		
Villeroy. — Poteries.	XIV	155
Villers (de). — *Voyez* Bidault de Villers.		
Villette. — Goutte.	VIII	381
Villiers. — *Voyez* Brochant de Villiers.		
Villiers du Terrage. — Mandeure.	XI	96
Villoteau. — Instrumens de musique chez les Orientaux.	IX	475
Monumens de l'Égypte.	XI	536
Vimeux (*Les ouvriers de*). — Platines de fusils.	XIII	494
Vinçard. — Caractères d'imprimerie.	II	376
Vinçard. — *Voyez* Moreau-Vinçard.		
Vincent. — Aréomètres.	I	378
Pièces d'or.	XIII	344
Vincent. — *Voyez* Benoît Vincent.		
Vinchon. — Cristaux-verres.	IV	225
Verres à vitre et autres.	XVI	491
Vincis — Faux et faucilles.	VI	522
Vindé (de). — *Voyez* Morel de Vindé.		
Vion. — Peignes pour les fabriques.	XIII	102
Vire (*Les fabriques de*). — Draps.	V	195
Virey (J.-J.). — Animaux médecins d'eux-mêmes.	I	321
Cucurbitacées.	IV	277
Cypéracées.	IV	370
Dodonœa angustifolia.	V	138
Eau-de-vie de baies de pommes-de-terre.	V	298
Encens.	VI	96
Erythrinum monospermum.	VI	281
Erythroxylum peruvianum.	VI	281
Eupatoires.	VI	468
Fève tonka, ou tonca, ou tongo.	VII	105
Gales des végétaux.	VIII	1
Gomme kino.	VIII	368
Huiles.	IX	168
Médecine.	XI	220
Médicamens simples du règne végétal.	XI	227
Mouvement vital dans l'homme, les animaux et les végétaux.	XII	15
Naphte.	XII	96
Népenthès.	XII	136
Nourriture des anciens, comparée à celle des modernes.	XII	234
Plantes vireuses.	XIII	465
Pommade astringente de verjus.	XIV	22

	Tomes.	Pages.
Salsepareille grise ou fausse.	XIV	577
Sandaron, ou sandarous, résine transparente de l'Orient et de l'Inde.	XIV	579
Sirops de sucre de canne, de miel et de betterave.	XV	133
Substances phosphorescentes.	XV	330
Végétaux en général.	XVI	441
Volcans.	XVI	665
VISSER. — Coutils.	IV	160
VITALIS. — Coton.	IV	99
———		102
Eau anti-vénérienne.	V	264
Mercure et argent.	XI	310
Pyrolignite de fer.	XIV	304
Sulfate de fer.	XV	380
Teinture.	XV	576
VITRÉ (*Les fabriques de*). — Toiles.	XVI	67
VITTE (*Madame Veuve*). — Broderies.	II	202
VIVIEN (L.). — Éclairage.	V	399
Lampe à coupole.	X	188
Réverbères.	XIV	455
VIVIER. — Draps.	V	200
VIVIÉS *et fils*. — Jayet.	X	30
VIVION. — Chaussure.	III	73
VOGEL (A.). — Aloès succotrin et hépatique.	I	265
Curcuma.	IV	332
Eau.	V	242
Eaux de mers qui baignent les côtes de France.	V	367
Eaux minérales qui renferment du muriate de chaux, avec des sulfates solubles.	V	380
Force décomposante du principe sucré, sur les sels et sur les oxides métalliques.	VII	295
Gaz hydrogène sulfuré.	VIII	167
Iris de Florence.	IX	566
Lait.	X	167
Laumonite.	X	254
Lumière.	X	486
Mercure.	XI	302
———.	XI	308
Oxides métalliques.	XII	489
Safran.	XIV	555
Scammonées d'Alep et de Smyrne.	XIV	619
Scille.	XV	26
Sirop d'amidon.	XV	116
Soufre.	XV	231
Succin.	XV	345
Sucre.	XV	348
Urine humaine.	XVI	332

	Tomes.	Pages.
Zinc.	XVI	720
Voiserai. — *Voyez* Mairé-Voiserai.		
Volney (C.-F. de), *de l'Institut.* — Cèdres du mont Liban.	II	448
Thé.	XV	658
Volpelius. — Blanc minéral.	II	82
Bleu de Prusse.	II	122
Sel ammoniac.	XV	32
Volta (A.). — Orages accompagnés de grêle.	XII	373
Voyenne. — Cheminées diverses.	III	104
Fourneaux économiques divers.	VII	397
Poêles Voyenne.	XIII	540
Vuarin. — *Voyez* Santonax-Vuarin (*Mademoiselle*).		

W.

Wagner, *de Paris.* — Bois indigènes.	II	143
———	II	147
Wagner, *de Paris.* — Horlogerie.	IX	125
Wagner, *d'Arras.* — Pianos divers.	XIII	341
Walckenaer, *de l'Institut.* — Égyptiens.	V	516
Walker (J.), *fils.* — Bretelles élastiques.	II	191
Ganterie.	VIII	58
Wallard. — Coton.	IV	103
Huile de graine de cotonnier.	IX	143
Walle. — *Voyez* Petit-Walle.		
Walsch. — Coton.	IV	74
Walter *et compagnie.* — Cristaux-verres.	IV	224
		225
		ibid.
Walters. — Vaisseaux.	XVI	355
Warfusée. — *Voyez* Ruyter de Warfusée.		
Wathier. — Draps.	V	169
———	V	180
Weber, *de Paris.* — Laine.	X	139
Weber. — Rouge de Turquie, d'Andrinople, ou des Indes.	XIV	507
Weber, *de Mulhausen.* — Voiture sans essieu.	XVI	648
Webers. — Trass, ou tuffa volcanique.	XVI	163
Weil. — *Voyez* Baruch-Weil *frères.*		
Weiss. — Langues.	X	236
Welter. — Acier fondu.	I	170
Welter, *de Paris.* — Fils.	VII	148
Wendel (de). — Fontes de fer.	VII	286
Werly. — Nappes et serviettes de toutes grandeurs, avec dessins et paysages.	XII	99
Parallèle universel.	XII	597

	Tomes.	Pages.
WERNER. — Basaltes.	I	570
WERNER, *de Paris*. — Bois indigènes.	II	148
WESSERLING (*Les filatures de*). — Coton.	IV	85
WETTHER. — Acide hyposulfurique.	I	133
WHITE (J.), *de Paris*. — Anguille, ou navire brisé.	I	308
Cardes.	II	391
Clous d'épingles.	III	270
Engrenage continu.	VI	119
Horlogerie.	IX	123
Limes diverses.	X	300
Matières filamenteuses.	XI	185
Mouvement circulaire, dans un plan donné à volonté.	XII	10
WHITE. — Chandelles-bougies.	III	7
WIDMER (S.). — Blanchîment par l'acide muriatique oxigéné.	II	91
Coton.	IV	102
Toiles peintes.	XVI	85
WIÉLAND. — *Voyez* DOUAULT-WIÉLAND.		
WILCOX (J.) — Chapeaux d'hommes.	III	26
WILCOX. — Gaz hydrogène.	VIII	145
Pompes à feu.	XIV	61
WILHEM (B.). — Musique vocale.	XII	81
		88
WILLAUMEZ. — Ténériffe.	XV	591
WILLIAC. — Machines soufflantes.	X	577
WILLIAMSON (T.). — Fourneaux économiques divers.	VII	403
WILLIOT. — Étoffes.	VI	397
WILTZ (*Les fabriques de*). — Draps.	V	194
WINDSOR *fils*. — Transfigurateur, ou kaléidoscope.	XVI	158
WINGERTER. — Pipes en terre.	XIII	393
WINSOR. — Gaz hydrogène.	VIII	148
WOOD. — *Voyez* ROWSON-WOOD.		
WORMS DE ROMILLY. — Cuivre laminé et martelé.	IV	327
WOUTERS. — Faïence et poterie.	VI	528
WRIGHT. — Colonnes cylindriques et coniques.	III	343
WURTZ. — Gravure dite *Chalcographie*.	VIII	422
WURTZ, *de Strasbourg*. — Vases en fonte de fer.	XVI	390
WUY. — Bleu français, remplaçant l'indigo.	II	123

Y.

YEMENIS. — Étoffes de soie, or et argent.	VI	421
YPRES (*Les fabriques d'*). — Dentelles.	IV	483
YVART, *de l'Institut*. — Assolement des terres.	I	449
Charrues.	III	53
Économie rurale.	V	439

	Tomes.	Pages.
Jachères.	X	1
Maisons-sous-Alfort.	XI	30
Terres.	XV	618
Yver, *de Caen*. — Plomb de chasse.	XIII	517
Yver, *de Vimoutiers*. — Toiles	XVI	66
———		68
Yvort. — Sphéroïdes homogènes.	XV	262
Yvré (*Les filatures de*). — Coton.	IV	85

Z.

Zach (de). — Feu blanc indien.	VII	89
Zanetti *aîné*. — Froid artificiel.	VII	498
Liquides animaux soumis à l'action galvanique.	X	360
Zeiler. — Cristaux-verres.	IV	224
———		*ibid.*
———		225
Ziegler *et compagnie*. — Schals divers.	XIV	628
Zuber. — Papiers peints.	XII	591

ANONYMES.

	Tomes.	Pages
Acier.	I	165
Agates.	I	213
Alliage métallique, sans usage déterminé.	I	261
Ambre gris.	I	277
Amphithéâtre romain de Poitiers.	I	287
Amusemens coptographiques.	I	289
Antimoine oxidé natif.	I	341
Antimoine sulfuré natif.	I	341
Arbres.	I	365
Arbres fruitiers.	I	368
———		369
Arçons des chapeliers.	I	370
Aéromètres.	I	380
Arles.	I	399
Arrakatscha.	I	409

	Tomes.	Pages.
Asphyxie par diverses causes, et moyens curatifs.	I	442
Aspics d'Europe, ou aspics-vipères.	I	444
Assassins.	I	447
Badigeon au lait.	I	497
Bagnères de Luchon.	I	501
———	I	501
Bergeries.	II	30
Bismuth.	II	68
Blés étrangers.	II	112
Blés mouillés.	II	113
Bois de construction.	II	130
——		*ibid.*
Bois.	II	134
Boules de mars dites *de Nancy*	II	174
Boulogne.	II	177
Brou.	II	206
Cabestan.	II	222
Camphre.	II	350
———	II	352
Caricatures.	II	398
Caverne dans les environs de Nice.	II	445
Cerisier.	II	461
Champignons.	II	545
Chandelles.	III	6
Charançons.	III	38
Charrues diverses.	III	53
Chauve-souris fossile.	III	79
Cheminées de cuisine.	III	103
Chèvres d'Angora.	III	128
Chèvres indigènes.	III	139
Chlorite d'argent.	III	192
Chronomètre français.	III	212
Cire.	III	234
Climat de l'Europe.	III	258
Colle de pâte.	III	336
Comètes principales, observées dans la période.	III	377
Concrétion pierreuse, d'un développement extraordinaire.	III	410
Concrétions urinaires.	III	416
Constitution médicale.	III	435
Corne.	III	469
———	III	470
———		471
Cosmorama.	IV	48
Coton.	IV	58
———		61
Crayons divers.	IV	184

	Tomes.	Pages.
Crins.	IV	195
Cuirs teints et vernissés.	IV	300
———		*ibid.*
Curiosolites.	IV	333
Cycle épique.	IV	346
Dactylographe.	IV	377
Dartres.	IV	397
Dent fossile d'éléphant.	IV	488
Distillation.	V	131
Draps.	V	191
Eau de mer.	V	283
———	V	284
Eaux.	V	363
Électricité.	V	556
Ellipsographes.	VI	23
Encres indélébiles.	VI	107
Enfans monstrueux.	VI	115
Engrais.	VI	118
———		119
———		*ibid.*
Épilepsie.	VI	160
Épine-vinette.	VI	163
Épizooties endémiques.	VI	165
Fer.	VI	553
——	VI	557
——	VII	13
Fer-blanc.	VII	33
Fer carburé.	VII	37
Feuilles de plomb.	VII	96
Figuier.	VII	133
Filtres de charbon.	VII	163
Foie de soufre alcalin, employé comme remède contre le croup, la coqueluche et le catarrhe pulmonaire.	VII	259
Fontaine pour conserver l'eau chaude pendant long-temps.	VII	278
Fontes de fer.	VII	281
Fruits.	VII	513
Fumée.	VII	517
Gadoue artificielle.	VII	548
Gales des végétaux.	VIII	1
Galvanisme.	VIII	23
Gaz hydrogène.	VIII	148
Grains récoltés dans un temps pluvieux.	VIII	389
Guerre.	VIII	478
Haut-fourneau.	VIII	523
Hernies.	IX	44
Hommes-porc-épics.	IX	115

	Tomes	Pages
Houille dite *incombustible*.	IX	136
Huile d'anis.	IX	138
Huiles animales.	IX	181
Hydropisie.	IX	232
Hydrosulfure de soude.	IX	235
Immersion.	IX	288
Incendie.	IX	305
Inde.	IX	312
Inflammation par le choc du bois carbonifié.	IX	341
Inscription gothique.	IX	350
Inscriptions.	IX	353
Instruction publique.	IX	404
Irrigation des terres.	IX	568
Irrigations.	IX	569
Italica.	IX	577
Laine et soie.	X	144
Lait.	X	169
Laitue.	X	176
Lamas.	X	178
Limaçons.	X	300
Livre rouge.	X	408
Machines.	X	537
Machines soufflantes.	X	577
Maïs d'Amérique et de Philadelphie.	XI	28
Malain.	XI	38
Marseille.	XI	160
Mastic inaltérable.	XI	165
Mastic pour les conduits d'eau.	XI	167
Mastic qui résiste à l'action du feu et de l'eau.	XI	168
Médailles.	XI	217
———		*ibid.*
———		*ibid.*
Mélodrame.	XI	280
Membranes muqueuses.	XI	284
Mérinos.	XI	326
———		336
Métaux.	XI	353
Météores.	XI	362
———		*ibid.*
Mont-Auxois.	XI	509
Monumens publics.	XI	537
Mortiers de fonte tournés.	XI	570
Mosaïques.	XI	572
Mosaïques antiques.	XI	572
———		*ibid.*
———		*ibid.*
Moulins à sucre.	XI	603

	Tomes	Pages.
Moulins à vent.	XI	607
Moxa.	XII	19
Musc artificiel.	XII	54
Nasium.	XII	105
Nébulosités.	XII	132
Notes de musique.	XII	234
Ocre jaune.	XII	264
Oiseaux, souris et chenilles.	XII	293
Os fossiles.	XII	424
Oxide de zinc.	XII	470
Paille, jonc et bois.	XII	506
Papier écrit et imprimé.	XII	571
Papiers.	XII	580
Pastel.	XIII	21
Pâtes colorées, pour poêles, vases, etc.	XIII	64
Peaux.	XIII	80
Peignes pour fabriquer les vis.	XIII	100
Peinture.	XIII	102
Peinture à la gouache.	XIII	110
Pellicule formée par le lait et le vinaigre.	XIII	132
Pendule à cadran carré.	XIII	143
Périgueux.	XIII	161
Philologie.	XIII	219
Pilules de Stahl.	XIII	379
Plantes exposées au soleil.	XIII	454
Plâtre.	XIII	500
Plâtre-ciment.	XIII	504
Plomb arsénié aciculaire.	XIII	515
Poils et cheveux.	XIII	530
Ponts en fer.	XIV	96
———	-	97
Potasse.	XIV	134
Poudre à canon anglaise, comparée à la poudre française.	XIV	197
Pressoirs à huile.	XIV	244
Pressoirs à vin.	XIV	245
Puits artésiens.	XIV	285
Raisins.	XIV	378
Rutabaga, ou navet de Suède.	XIV	549
Saint Gervais.	XIV	562
Scies.	XV	19
Sels.	XV	47
Seltz.	XV	59
Semoirs.	XV	64
Soupes économiques.	XV	234
Stéréotypie.	XV	280
Sucres et cassonades.	XV	368

	Tomes.	Pages.
Sucres indigènes.	XV	371
Taureaux et vaches suisses.	XV	560
Terre minérale.	XV	615
Terres et gravois.	XV	641
Thé.	XV	661
Thuy.	XVI	42
Tombeaux divers trouvés en France.	XVI	94
Tour où fut enfermée Jeanne d'Arc.	XVI	126
Tourbe.	XVI	127
Vaches laitières.	XVI	354
Vases antiques.	XVI	387
———		388
Vénus Anadyomène.	XVI	463
Vernis.	XVI	474
———	XVI	475
Vers à soie.	XVI	505
Viciquin.	XVI	527
Vinaigre.	XVI	570
Vins.	XVI	590
———	XVI	592
Vis d'Archimède.	XVI	626
Voitures diverses.	XVI	664
Zèbre.	XVI	705

FIN DE LA TABLE DES AUTEURS ET DES ANONYMES.

ERRATA.

Tomes.	Pages.	
II.	73.	Bivulves. — *Lisez* Bivalves.
III.	177.	Chimie. — *Voyez* Philosophie chimique. Dictionnaire annuel 1821.
IV.	226.	Cristaux. — *Voyez* Macle. Dictionnaire annuel 1821.
IV.	391.	Danse théâtrale. — *Voyez* Pantomime. Dictionnaire annuel 1821.
IV.	508.	Dépôt salifère. — *Voyez* Villierzka. Dictionnaire annuel 1821.
V.	156.	Draisiennes. — *Voyez* Vélocipèdes. Dictionnaire annuel 1821.
V.	383.	Eaux salpétrées. — *Voyez* Végétaux (Combustion des). Dictionnaire annuel 1821.
V.	436.	Écoles spéciales. — *Voyez* Perspective ; Pharmacie ; Ponts et chaussées ; Stéréotomie. Dictionnaire annuel 1821.
V.	445.	Écorces fébrifuges. — *Voy.* Quinquina français. *Tome XIV.*
VI.	473.	Euphotides. — *Voyez* Orphiolithes. Dictionnaire annuel 1821.
VII.	321.	Forté-Piano. — *Voyez* Pianos divers. *Tome XIII.*
VIII.	197.	Gecko Mabouia des Antilles. — *Voyez* Mabouia des murailles. Dictionnaire annuel 1821.
VIII.	245.	Génie maritime. — *Voy.* Ingénieurs de vaisseaux. *Tome IX.*
VIII.	408.	Grand-livre de la dette publique. — *Voyez* Rentes perpétuelles (Grand-livre des). *Tome XIV.*
VIII.	408.	Granit des Alpes. — *Voyez* Roches granitoïdes du Mont-Blanc. Dictionnaire annuel 1821.
VIII.	521.	Harpe harmonico-forte. — *Voyez* Instrument dit *Harpe harmonico-forte.* *Tome IX.*
IX.	184.	Huiles minérales. (Procédé pour les débarrasser de leur mauvaise odeur). — *Voyez* Pétrole de Travers. Dictionnaire annuel 1821.
IX.	232.	Hydrophobie. — *Voyez* Rage. Dictionnaire annuel 1821.
IX.	293.	Imprimerie (Progrès de l'). — *Supprimez* le mot Machines, et *lisez* Stéréotypie, au lieu de Stéréotypage.
IX.	306.	Incrustations. — *Voyez* Mosaïques modernes. *Tome XI.*
X.	17.	Jalousies. — *Voyez* Persiennes. Dictionnaire annuel 1821.
X.	268.	Législation. — *Voyez* Tribune et tribunaux. (Éloquence qui leur est propre, et considérations sur ses progrès depuis 1789.) *Tome XVI.*
X.	561.	Machines à imprimer. — *Voyez* Presses d'imprimerie. *Tome XIV.*

ERRATA.

Tomes.	Pages.	
X.	561.	Machines à tisser. — *Voyez* Métiers à tisser. *Tome XI.*
XI.	481.	Mollusques. — *Voyez* Ptéropodes. *Tome. XIV.*
XII.	142.	Nerium tinctorium. — *Voyez* Writhia tinctoria et Nerium tinctorium. *Tome. XVI.*
XII.	177.	Nitrate de potasse. — *Voyez* Muriate de potasse et d'Iridium. *Tome XII.*
XII.	468.	Oxide de platine. — *Voyez* Muriate de platine. Dictionnaire annuel 1821.
XII.	374.	Orateurs du barreau. — *Voyez* Tribune et Tribunaux. (Éloquence qui leur est propre et considération sur ses progrès depuis 1789.) *Tome XVI.*
XII.	496.	Oxigène. (Sa combinaison avec l'eau.) — *Voyez* Eau. Dictionnaire annuel 1821.
XII.	504.	Oximels. — *Voyez* Sirops acides végétaux. Dictionnaire annuel 1821.
XIII.	320.	Physétères. — *Voyez* Cétacées des mers du Japon. Dictionnaire annuel 1821.
XIII.	364.	Pierres météoriques. — *Voyez* Aérolithes. *Tome I.*
XIII.	397.	Pistachiers (Puceron des). — *Voyez* Galles et Vésicules des pistachiers. *Tome VIII.*
XIII.	550.	Poils (Machine à carder et à mélanger les). — *Voyez* Laine (Machines à préparer et à filer la). *Tome X.*
XIV.	282.	Prussire. — *Voyez* Radical prussique. Dictionnaire annuel 1821.
XIV.	285.	Puceron de térébinthe. — *Voyez* Galles et Vésicules des pistachiers. *Tome VIII.*
XIV.	357	Quinzecord (Nouvelle espèce de velours). — *Voyez* Velveret. Dictionnaire annuel 1821.
XVI.	517.	Vert-de-gris ou Cristaux de Vernis. — *Lisez* Cristaux de Vénus.

FIN.

www.ingramcontent.com/pod-product-compliance
Ingram Content Group UK Ltd.
Pitfield, Milton Keynes, MK11 3LW, UK
UKHW021844190726
13855UKWH00001B/134